华龙系列用户要求文件

中国核能行业协会
华龙国际核电技术有限公司 编著

中国原子能出版社

图书在版编目（CIP）数据

华龙系列用户要求文件 / 中国核能行业协会，华龙国际核电技术有限公司编著. — 北京 ：中国原子能出版社，2022.4
ISBN 978-7-5221-1928-1

Ⅰ. ①华… Ⅱ. ①中… ②华… Ⅲ. ①核电工业-工业技术 Ⅳ. ①TL

中国版本图书馆 CIP 数据核字(2022)第069952号

华龙系列用户要求文件

出版发行	中国原子能出版社（北京市海淀区阜成路 43 号　100048）
责任编辑	胡晓彤
责任印制	赵　明
装帧设计	侯怡璇
印　　刷	北京金港印刷有限公司
开　　本	787 mm×1092 mm　1/16
印　　张	22. 625　　**字　数**　510 千字
版　　次	2022 年 4 月第 1 版　2022 年 7 月第 2 次印刷
书　　号	ISBN 978-7-5221-1928-1　　**定　价**　**188. 00** 元

网址：http://www. aep. com. cn　　**E-mail：atomep123@126. com**
发行电话：010-68452845

编　委　会

序

“华龙一号”是中国核工业集团有限公司、中国广核集团有限公司在30余年科研、设计、建设、运行和管理经验的基础上，研发设计的三代压水堆核电创新成果，满足当前国际最高安全标准，具有完全自主知识产权。目前，“华龙一号”全球首堆福清核电5号机组、海外首堆巴基斯坦卡拉奇2号机组已于2021年先后投入商运，采用“华龙一号”技术的漳州核电1、2号，太平岭核电1、2号，三澳核电1、2号，昌江核电3、4号机组于2020年、2021年也相继开工建设，标志着我国自主三代核电已进入批量化建设阶段。

为了适应我国核电发展的新形势，总结华龙核电技术的工程实践和经验反馈，统一用户要求，形成行业共识，推动华龙核电技术方案的标准化，提升经济性和品牌竞争力，为后续华龙核电技术新建项目在安全、性能、经济性等方面提出统一的输入要求，并在研发、设计、建造和运行等方面进行规范和指导，中国核能行业协会组织开展了《华龙系列用户要求文件》(HUR）的编制工作。

HUR的编制，由华龙国际核电技术有限公司作为技术责任单位，联合中国核能电力股份有限公司、中国广核电力股份有限公司、生态环境部核与辐射安全中心、华东电力设计院有限公司等单位共同完成。编制过程中，各参编单位、各专业组在领导小组和专家组的指导下，充分协调、研究、讨论，并经多渠道大范围征求意见、多层级评审、多轮次修改完善，保证了编制工作的高质量完成。

HUR共分16章，从通用要求、总体要求和具体要求三个层次，完整地阐述了华龙系列核电厂的用户要求，结构合理，范围完整，技术内容准确，满足用户的使用要求。它的编制填补了我国先进压水堆核电用户要求文件的空白，为华龙技术的持续改进和创新提供了技术性支撑和方向性指导，对提高华龙品牌的竞争力、助推华龙技术“走出去”、推进核能行业高质量发展具有重要意义。

2020年9月22日，习近平主席在第七十五届联合国大会上提出，我国二氧化碳排放力争于2030年前达到峰值，努力争取2060年前实现碳中和。发展核电是应对气候变化，促进低碳转型，优化能源结构，构建多元化清洁能源体系的重要举措，在实现碳达峰碳中和目标中具有不可或缺的作用。2021年10月24日，中共中央、国务院发布《关于完整准确全面贯彻新发展理念做好碳达峰碳中和工作的意见》，国务院印发《2030年前碳达峰行动方案》，均将“积极安全有序发展核电”

作为重点任务部署。2022 年 1 月 24 日，习近平总书记在中共中央政治局第三十六次集体学习时重申，积极安全有序发展核电。华龙技术是当前和今后一段时期我国核电发展的主力机型，如同 20 世纪 90 年代《先进轻水堆用户要求文件》（URD）和《轻水堆核电厂欧洲用户要求文件》（EUR）规范并促进了世界三代核电技术的发展一样，期望 HUR 的编制和发布也能为推进我国核电积极安全有序发展、助力碳达峰碳中和目标的实现做出积极的贡献。

中国核能行业协会副理事长兼秘书长

2022 年 4 月

前　言

《2021年国务院政府工作报告》和《中华人民共和国国民经济和社会发展第十四个五年规划和2035年远景目标纲要》都从不同层面提出了积极有序发展核电的目标。作为第三代核电技术，华龙技术电厂是“十四五”规划中主要的技术路线选项，对于构建我国现代能源体系具有至关重要的作用，有望得到更广泛的发展。

为促进我国华龙核电技术发展和项目建设，中国核能行业协会组织行业力量共同编制了《华龙系列用户要求文件》（HUR），华龙国际核电技术有限公司为技术责任单位，中国核工业集团有限公司相关单位、中国广核集团有限公司相关单位、生态环境部核与辐射安全中心、华东电力设计院有限公司等单位参加了编制。国内其他相关单位为编制工作提供了多方面的支持和帮助。

HUR从编制到成书历时约两年。2020年6月起，编写工作正式启动。经过多轮研究和讨论，确定了HUR的框架和基本内容，随后用几个月时间编写完成了征求意见稿和送审稿。2020年11月30日，中国核能行业协会组织召开了第一次送审稿专家审查会，与会专家对送审稿构架和基本内容给予了充分肯定，同时也提出了一些修改意见。经过几轮修改，2021年5月，编写组再次向全行业征求意见，并根据征集到的意见进一步对文件进行了修订。2021年12月，中国核能行业协会第二次组织业内专家对修订稿进行评审，评审结论认为：HUR结合了国内核电的工程实践和经验反馈，从通用要求、总体要求和具体要求三个层次完整阐述了华龙系列电厂的用户要求，结构合理，范围完整，技术内容准确，满足用户的使用要求。

HUR的第1层次为第1章“通用要求”，提出了包括纵深防御、能动与非能动安全措施、人因、事故工况要求、安全监管、标准化、简化、成熟技术、可维修性和可靠性、质量保证、经济性、实物保护、环境友好和经验反馈等14项指导原则，以及对安全性、经济性、性能、可建造性和设计过程等5个方面的顶层要求，是对整个华龙技术电厂总概性的要求，也是后面两个层次要求的前提和基础。第2层次为第2章“总体要求”，提出了包括安全设计要求、安全分级、性能设计要求、结构设计基准、内外部灾害防护总原则、建造和可建造性、可运行性和可维修性、质量保证、执照申请、设计过程、设备状态监测和便于退役的设计要求等12个方面的总体要求。虽然没有严格对应关系，第2层次要求仍然可以看作是第1层次所述原则和要求的进一步分解和细化。第3层次为第3~16章“具体要求”，详细描述了

第 1 章　通用要求

本章确定了采用华龙系列的核电厂（即华龙技术电厂）的总体要求，包括概述、指导原则、顶层要求和应用说明。本文件是华龙技术电厂的持续改进与创新的指导性文件，是华龙技术电厂持续改进与创新的原则和依据。

1.1　概述

1.1.1　背景

华龙技术电厂采用中国自主开发的第三代压水堆技术，充分汲取了我国三十多年的核电设计、建造和运行经验，主要技术经过多年的科学研究、自主研发、设计建造和试验验证。华龙技术电厂采用成熟的压水堆技术，具有安全性高，成熟性好、经济性具有竞争力的特点，并在工程实践中不断优化，持续改进提升。

制定华龙技术电厂用户要求文件，统一用户要求，形成行业共识，目的是进一步推动“核电技术方案的标准化、系列化，提升经济性、品牌竞争力”。从用户要求角度，对后续应用华龙系列的新建项目在安全、性能、经济性等方面提出统一的顶层输入要求，在研发、设计、建造等方面进行规范。

《华龙系列用户要求文件》（HUR）编制工作由中国核能行业协会组织，华龙国际核电技术有限公司为技术责任单位，中国核工业集团有限公司相关单位、中国广核集团有限公司相关单位、国家核安全监管技术支持机构、华东电力设计院有限公司等单位参加了编制。国内其他相关单位也为编制工作提供了多方面的支持和帮助。

1.1.2　目的和范围

HUR 的目的是对华龙技术电厂选址、设计、建造、调试、运行、退役等方面的要求进行统一规范。本文件是华龙技术电厂持续改进与创新的指导性文件，是华龙技术电厂持续改进与创新的原则和依据。

1.1.3　文件结构

HUR 分为 3 个层次，分别是通用要求、总体要求和具体要求。HUR 提出的要求框架覆盖了所有华龙技术电厂，文件结构如图 1-1 所示。

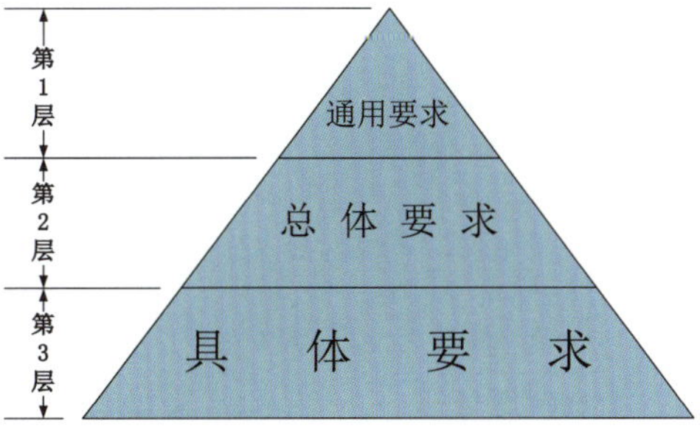

图 1-1　文件结构

HUR 的结构由 3 部分组成。第 1 部分为第 1 章“通用要求”，提出了 14 项指导原则，5 类顶层要求和应用要求。第 1 章对华龙技术电厂的指导原则和顶层设计要求进行了详细描述，覆盖了所有的华龙技术电厂。这些通用要求也是对整个华龙技术电厂设计最具影响力的要求，基于此构成了后面特定类型要求的基础。第 2 部分为第 2 章“总体要求”，提出了 13 个方面的总体性要求。虽然没有严格对应关系，第 2 部分仍然可以看作是第 1 部分提及的原则和要求的进一步分解细化。第 3 部分为第 3 章~第 16 章，详细确立了 14 个专业领域的技术要求。第 3 部分可以看作是第 2 部分的具体体现，具体要求见第 3 章~第 16 章。

1.2 指导原则

华龙技术在研发和持续改进的过程中，总结了国内外核电厂在建设过程中业主普遍关注的各种问题，以及安全评审过程中普遍关注的领域，确定了 14 项指导原则作为华龙技术电厂的最高目标。14 项指导原则分别是：

（1）纵深防御。

（2）能动与非能动安全措施。

（3）人因工程。

（4）事故工况要求。

（5）安全监管。

（6）标准化。

（7）简化。

（8）成熟技术。

（9）可维修性和可靠性。

（10）质量保证。

（11）经济性。

（12）实物保护。

（13）环境友好。

（14）经验反馈。

HUR 全文都围绕着指导原则进行层层展开。后续的顶层要求基于指导原则，选定了安全性、经济性、性能、可建造性和设计过程等五方面，提出了包络性要求，确定了华龙技术电厂需要完成的任务。

华龙技术电厂法规标准采用原则如下：

（1）法律法规

对于中国政府颁布的现行有效的有关核电厂安全和环境保护的国家法律、行政法规、政府部门规章、指导性技术文件，要求强制执行的，华龙技术电厂遵照执行。遵循的法律法规如下：

1）全国人大制定的核安全有关法律。

2）国务院制定的核安全行政条例。

3）国务院各部门发布的部门规章或重要国家标准。

4）国家核安全局发布的核安全导则。

5）《“华龙一号”融合方案核电项目安全审评原则》（国核安发〔2019〕83 号）。

此外，华龙技术电厂参照国际原子能机构所颁布的最新安全标准要求。

（2）技术标准

华龙技术电厂构筑物、系统、设备的设计建造主要遵循中国国家标准和行业标准，参照国外标准。

1.2.1 纵深防御

华龙技术电厂应用纵深防御理念以防止事故发生和减轻事故后果。纵深防御理念贯彻于华龙技术电厂安全有关的全部活动，涉及华龙技术电厂各种功率及停堆状态下有关的组织、人员行为或设计，以保证这些活动均置于各种独立的、不同层次措施的防御之下。纵深防御（DiD）各层次分别是：

（1）第 1 层次（DiD-1）通过按照恰当的质量水平和经验证的工程实践正确并保守地选址、设计、建造、维修和运行华龙技术电厂，防止华龙技术电厂偏离正常运行及防止安全重要物项的故障。

（2）第 2 层次（DiD-2）通过检测和

控制偏离正常运行状态，并能使华龙技术电厂回到正常运行状态或安全状态，以防止预计运行事件升级为事故工况。

（3）第 3 层次（DiD-3）通过固有安全特性、安全系统和规程防止造成反应堆堆芯损伤或需要采取场外干预措施的放射性释放，并能使华龙技术电厂回到安全状态。

（4）第 4 层次（DiD-4）通过控制事故进展和减轻严重事故的后果来减轻第三层次纵深防御失效所导致的事故后果。这要求可能导致早期放射性释放或者大量放射性释放的事件序列被实际消除。

（5）第 5 层次（DiD-5）通过配备适当的应急设施及场内、场外应急响应计划和响应程序减轻可能由事故工况引起潜在的放射性物质释放造成的放射性后果。

1.2.2 能动与非能动安全措施

华龙技术电厂安全措施采用能动与非能动技术。能动安全措施是指利用能动部件的安全措施。能动部件是依靠触发、机械运动或动力源等外部输入而执行功能的部件。能动安全措施应该遵循简化原则并采用高可靠性设备。

非能动安全措施是指利用非能动部件的安全措施。主要依赖于自然力。非能动部件是指不依靠触发、机械运动或动力源等外部输入而执行功能的部件。与能动安全措施一样，非能动安全措施也应进行充分论证和必要的试验验证。

设计基准工况（DBC）和设计扩展工况（DEC）下都可以适当采用能动与非能动相结合的安全措施。

1.2.3 人因工程

华龙技术电厂在设计过程初期就必须在系统、设备设计时采用系统性方法考虑人因工程（包括人机接口），并贯彻于设计全过程。人因工程工作应考虑组建具有设计、运行、维修经验的多学科人因工程团队。设计时充分考虑在运华龙技术电厂的运行、维修、延寿和退役的经验反馈，考虑未来运行和设备维护的需求。在所有运行工况下，华龙技术电厂设计应在考虑操作员工作负荷的情况下支持操作员成功执行控制、监测、诊断和操作等任务。人因工程活动范围重点在主控制室，远程停堆站，技术支持中心，就地控制站和应急指挥中心等，运行人员工作场所、工作环境以及人机接口的设计符合人体工效学和人因原则；适当阶段对人因有关的特性进行验证和确认。

1.2.4 事故工况要求

华龙技术电厂遵循安全监管部门制定的安全设计基准，其中包括设计基准工况 DBC-2~4 和设计扩展工况（DEC）的设计和评价方法及其对应的验收准则。DBC-2~4 的划分原则满足《压水堆核电厂工况分类》（NB/T 20035—2011），其放射性验收准则满足《核动力厂环境辐射防护规定》（GB 6249—2011）的要求。DBC-2~4 通常要求采用保守的假设和计算方法，采用安全级系统，并满足单一故障准则，同时保守考虑非安全系统动作。DEC 可以采用现实假设和最佳估算法，其采用的安全系统可以不满足单一故障准则。DEC 的划分原则参考《核动力厂设计安全规定》（HAF102—2016）和《核动力厂确定论安全分析》（国核安发〔2021〕115 号）进行制订，其放射性验收准则满足《“华龙一号”融合方案核电项目安全审评原则》（国核安发〔2019〕83 号）的要求。另外，为了增强华龙技术电厂应对事故的能力以及运行的灵活性，可以提出额外的安全裕量要求，以实现华龙技术电厂安全性与经济性的平衡，达到最佳的社会效益。

1.2.5 安全监管

为了保证执照申请的高度有效性和一致性，项目需要较为稳定的安全监管，以跟踪并督促解决执照申请过程中未能及时解决的条件或共性安全问题，例如安全分析报告（SAR）评审问题、建造许可证（CP）条件、《“华龙一号”融合方案核电项目安全审评原则》（国核安发〔2019〕83号）以及国内外同类项目的审评问题等。

1.2.6 标准化

HUR通过建立通用的技术要求，详细地阐述华龙技术电厂的主要特征，以更好地指导标准化设计。持续开展核电设计标准化工作，需要开发行业内和安全监管部门都认可的技术要求，同时制定相关法规对标准化进行补充，为华龙技术电厂设计、运行和安全监管的标准化设计决策提供依据。

1.2.7 简化

简化原则是强调在满足安全要求的前提下，华龙技术电厂的设计、建造和运行等各个方面都要追求简化。设计需要从优化成本的角度上对方案进行比选，并在设计决策中赋予方案简化更高的重要性。设计在多方面都应遵循简化原则，特别是方便运行。简化对于提高华龙技术电厂的抗事故能力、防止堆芯损坏和缓解事故后果方面均有明显贡献，同时可提高经济性。简化要求包括：

（1）在确保安全的前提下，简化系统，提高设备可靠性。

（2）重要功能采用的系统、阀门、泵、仪表和其他机械和电气设备数量应减少。

（3）提供优化的人机界面以方便运行，适应操作员的需求和能力。

（4）系统和部件的设计应确保技术改进可以减少在各种运行工况下对操作员的依赖。

（5）华龙技术电厂应设计成在所有运行模式下可简化操作，包括操作员判断和处理正常和事故工况的操作。

（6）使用最少数量的仪表、控制功能和控制回路，仪控系统试验和维修应比在役核电厂简化。

（7）保护逻辑和驱动系统应简化。

（8）安全系统尽量简化，降低复杂性。

（9）设计应简化建造过程，如：“模块化建造”等。

1.2.8 成熟技术

华龙技术电厂采用已验证技术（包括系统和部件设计及设计软件、可维修性和可运行性以及建造等技术）的目的，是利用现有压水堆的丰富经验，最大限度地降低用户风险，确保可靠性，控制进度和成本。

华龙技术电厂设计应充分借鉴已投运核电厂的设计、建造和运行经验，详细研究良好经验、重大事件和意外停堆，并在华龙技术电厂设计中体现。

华龙技术电厂应积极使用先进的技术。当用的先进设计或设施从未经过实践验证，或出现与已有工程实践存在不同的情况时，应通过开展具有特定验收准则的性能试验、或通过其他相关应用中获得的运行经验的检验，来证明其安全性是可靠的。先进的设计、设施或实践必须在应用前经过充分的试验，并在使用过程中保持监测，以验证能够达到预期效果。

1.2.9 可维修性和可靠性

华龙技术电厂在设计之初就应秉承着在整个寿期内易于维修的理念，采用标准化部件、提高设备可靠性、减少设备维修工作量、减少职业照射，满足现有维修需求。在华龙技术电厂初步设计时就应预先考虑到在全寿期内进行的设备和系统检查、测试、维修和更换等支持性活动，并确保留有足够的通道、存放空间、工具等，还应考虑维修活动的环境条件。

华龙技术电厂需要高可靠性的设备以提高发电可靠性。根据在役核电厂经验，只有系统性地处理好设备可靠性问题，电厂才能可靠地持续运行发电。在关键和重要部件的设计、采购、储存、建造和测试过程中应关注和加强设备可靠性，制定并维护一个可靠性设计大纲，以提高华龙技术电厂发电可靠性。

1.2.10 质量保证

华龙技术电厂必须制定和实施质量保证大纲，以便对华龙技术电厂的管理、实施和评价进行总体策划。质量保证大纲包括保证华龙技术电厂的每个构筑物、系统和部件（SSC）以及总体设计质量的措施，还包括确定和纠正设计缺陷、检验设计的恰当性和控制设计变更的措施，更加详细的要求参看《核电厂质量保证安全规定》（HAF003）。

华龙技术电厂设计包括变更、修改或安全改进，应按照合适的工程规范和标准所确定的程序进行，并应体现适用的要求和设计基准，确定和控制设计接口。

华龙技术电厂设计（包括设计手段和设计输入与输出）的恰当与否，应由原先从事此工作的人员以外的个人或团体进行验证和确认。在设计和建造过程中应尽早完成验证、确认和批准，最迟不晚于首次装料。

1.2.11 经济性

华龙技术电厂的经济性原则如下：

（1）在满足 HUR 的安全原则前提下，尽可能优化经济性，包括尽量节省土地占用，缩小建筑面积，缩短建造周期、提高华龙技术电厂可利用率、延长设计寿命，以降低建造成本和发电成本。

（2）在机组负荷因子达到 80% 的前提下，发电成本和上网电价具有市场竞争力，以抵消较高的投资风险。

（3）对成本风险因素进行量化处理，以确保对发电成本的有效控制。

（4）经济评价体系采用《核电厂建设项目经济评价方法》（NB/T 20048—2011）。

1.2.12 实物保护

华龙技术电厂应设置实物保护系统和相关管理措施，管理程序和响应力量。防止对核材料的蓄意偷窃和对核设施的蓄意破坏。实物保护系统设计根据保护目标实施分级分区防护，并配置相应的设备和响应力量，具有防止蓄意破坏的能力和延迟蓄意破坏行动的能力。实物保护系统网络需采取保护措施，确保实物保护网络安全。

1.2.13 环境友好

华龙技术电厂环境友好原则包括如下三个方面：

（1）华龙技术电厂对周围环境及人群应是友好的。为实现该原则，华龙技术电厂应采取具体要求以限制正常运行时的放射性释放，对固态放射性废物的产生量、液态及气态放射性物质的释放量进行限制。应采用先进的废物处理技术，满足可合理达到的尽量低（ALARA）原则和废物最小化原则。此外，华龙技术电厂的有害化学废物释放也应满足法律法规及标准的要求。

(2) 华龙技术电厂应造福当地社会，通过安全运行、经济贡献、低成本服务、应急计划区最小化、良好的建筑设计、以及上面提到的正常运行废物限制等方面的要求来达到该目标。

(3) 华龙技术电厂设计应保证事故工况下放射性释放后果的控制，做到可合理达到的尽量低。

1.2.14 经验反馈

华龙技术电厂应遵循如下的经验反馈原则：

(1) 制定并有效实施在建和在役电厂经验反馈大纲或管理程序。

(2) 及时响应国家核安全局提出的经验反馈管理要求，与国家核安全局在经验反馈方面保持良好沟通与配合。

(3) 采用国家核安全局推荐的分析方法调查研究运行事件，并及时向国家核安全局报告。

(4) 定期向国家核安全局提交内部事件的清单和摘要，并根据国家核安全局要求提交相应的内部事件报告。

(5) 便于退役的设计、建造和运行的经验反馈。

1.3 顶层要求

顶层要求基于指导原则，选定了安全性、经济性、性能、可建造性和设计过程等五方面，提出了包络性要求，规定了华龙技术电厂需要完成的整体目标。顶层要求包括：

(1) 安全性。

(2) 经济性。

(3) 性能。

(4) 可建造性。

(5) 设计过程。

后续的总体要求又基于顶层要求及指导原则，为选定的华龙技术电厂提供了更加详细的技术层面指导，明确了实现华龙技术电厂各方面目标的途径。

1.3.1 安全性

华龙技术电厂的安全性通过满足安全设计要求实现，安全设计要求包括一般要求和华龙技术电厂要求。其中一般要求与纵深防御的五个层次相适应，华龙技术电厂要求给出华龙技术电厂的特有安全设计要求。

1.3.1.1 一般要求

1.3.1.1.1 防止偏离正常运行及防止安全重要物项的故障

防止偏离正常运行及防止安全重要物项的故障是 DiD-1 要求，此层次要求：

(1) 如第 1.2 节指导原则所述，应重点关注简化原则。

(2) 设计应留有足够裕量，以保证华龙技术电厂具备更高的稳定性和可靠性，包括：

1) 反应堆设计在满足安全要求的前提下应有 15%的热工设计裕量；

2) 采用大容量稳压器和大容量蒸汽发生器二次侧；

3) 正常运行时压力容器最大出口温度不超过 330 ℃。

(3) SL-2 地震为 0.3g，可根据厂址地震条件进行设计改进（如 0.2g）。

(4) 反应堆设计应保证在所有功率运行工况下慢化剂反应性系数为负值。

(5) 根据在役轻水堆电厂的大量运行经验选择最佳材料和水化学条件。

(6) 采用正确、保守的方式，对华龙技术电厂进行维修和运行。

(7) 充分利用成熟的电厂运行经验。

1.3.1.1.2　防止事故发生

通过检测和控制偏离正常运行状态，以防止预计运行事件升级为事故工况，是DiD-2的要求。要求如下：

(1) 设置特定的系统和设施，通过安全分析确认其有效性，并制定运行规程以防止发生始发事件，或尽量减小其造成的后果，使华龙技术电厂回到安全状态。

(2) 使用先进的仪控系统尽可能保证正常运行期间无差错，并能快速精确地诊断偏离正常运行。

(3) 使用成熟的诊断监测技术来监测泄漏、振动和其他潜在问题，以减小重要转动设备和高压系统失效的可能。

(4) 操作员应有足够时间判断、决策需要采取的动作。

1.3.1.1.3　防止堆芯损坏

防止堆芯损坏是DiD-3的要求，主要针对专设的安全系统，要求如下：

(1) 设计人员应提供有助于预防堆芯和乏燃料组件损坏的事故管理技术基础，包括从设计和厂址两方面考虑的可信内、外部事件清单中选取可信的最不利组合原则。

(2) 设计人员应最大限度地考虑反应堆和乏燃料水池冷却和补水设备的可用性。这些特殊考虑包括冷却和补水设备标高和位置的多样化，以及冷却和补水水源的多样化。当常设设备或水源因故障不可用时，应能提供便捷的可替代临时设施，能够实现不同列/分区间的手动交叉连接。

(3) 设计人员应使交/直流电源系统或设备的可用性最大化。这些特殊考虑包括交/直流电源系统标高和位置的多样化。当常设电源系统因故障不可用时，应能提供便捷的可替代临时设施，能够实现不同列/分区间的手动交叉连接。

(4) 华龙技术电厂安全系统设计和分析以及安全系统对管理要求的瞬态和事故的响应必须满足适用的核安全监管要求。

(5) 在偏离正常运行事件中，操作员应及时观察、准确判断。华龙技术电厂设计应给操作员足够长的时间判断华龙技术电厂状态并决定采取何种操作。设计应保证任何时候都不会阻碍操作员的操作。华龙技术电厂设计应保证只要有效的安全系统触发信号存在，操作员就不能无视安全系统功能。

(6) 需增强应对比设计基准事故更严重的或包含多重故障的事故的承受能力，避免不可接受的放射性后果，以进一步改进华龙技术电厂的安全性。设计必须考虑这些DEC来确定额外的事故假设，并针对这类事故制定切实可行的预防和缓解措施，以及配套的事故管理策略及导则。

(7) 主控室操作员应当知悉华龙技术电厂在正常、异常、DBC和假定的DEC下所有堆芯冷却模式的状态，并在需要时将这些状态信息提供给应急响应决策人员。主控室操作员应当知道如何启动每一种堆芯冷却模式。

(8) 设计应使用概率安全评价(PSA)方法评价CDF值，并经设计人员确认该值小于1.0×10^{-5}/堆·年，包括内部事件和外部事件。施工图设计阶段也应开展PSA，设计人员可以借此识别和解决任何潜在的堆芯损坏和风险薄弱点。PSA应为编制和确定华龙技术电厂技术规格书、应急规程导则以及维修优先级提供参考。

(9) 设计人员应定义技术基准，使

华龙技术电厂整个寿期内都能够维持高风险系统、结构和部件的设计可靠性，满足关键的 PSA 假设。

1.3.1.1.4 限制裂变产物释放

限制裂变产物释放是 DiD-4 安全要求，其设计要求应满足我国核安全法规和标准要求。这些设计要求包括：

(1) 开展严重事故预防和缓解措施研究。设计人员应对严重事故进程和严重事故现象有深刻的认识。燃料丧失完整性和堆芯熔融可能造成不可容忍的严重后果，因此要求华龙技术电厂配备可靠的、时间敏感的安全相关系统和严重事故预防缓解系统。

(2) 在电厂设计中应尽早确定严重事故应对策略（例如规程），同时不断发展 PSA，以提高华龙技术电厂安全和缓解行动的可靠性和及时性。

(3) 华龙技术电厂设计应具备高可靠性的反应堆冷却能力，应提供具有多样化的安全注入方式，并在设计中考虑事故后产生的悬浮碎片、固体颗粒和纤维对流动通道的影响。

(4) 安全壳厂房应设计得坚固、自由容积足够大并配套相应的安全壳系统，用于热量排出和裂变产物滞留。安全壳设计压力应基于最不利的冷却剂丧失事故或蒸汽管道破裂事故。

(5) 事故源项分析方法可参照《压水堆核电厂设计基准事故源项分析准则》（NB/T 20444—2017RK），在适用的情况下采用更先进的分析方法。

(6) 华龙技术电厂应控制安全壳内氢气浓度，保证在可燃气体控制系统可用的情况下安全壳内的可燃气体浓度在燃料包壳活性段区域完全氧化产生氢气时不会超过 10%，使用最佳估算方法估算压力容器内和压力容器外共同产生的氢气总量，并证明满足严重事故缓解要求。

(7) 应提供措施以防止安全壳内和/或其他厂房内不可控的氢气聚集。

(8) 通过工程措施预防可能同时出现或导致安全壳失效的（如安全壳旁通和安全壳直接加热序列）堆芯损坏序列，使这些序列出现概率极小。

(9) 确保安全壳完整性的安全壳系统的部件（如安全壳隔离阀）应具备冗余性，并尽可能与失效会导致堆芯损坏的系统完全独立，以避免引起共因失效。

(10) 应采用 PSA 评估严重事故风险，证明二级 PSA 分析中总的 LRF 小于 1.0×10^{-6}/堆·年，在确定厂址边界时应考虑堆芯熔化事故，且满足《核动力厂环境辐射防护规定》（GB 6249—2011）中对选址假想事故放射性后果的剂量限值要求。

(11) 临时存放区、通往厂区路径、厂区入口、主要通道、路径和使用点应能适应预留设备的移动和使用，这些设备在严重事故工况（DEC-B）策略和程序中应保证可信度。确保可迅速进入首选和备用设备的存放地点，以实施事故缓解响应。

(12) 设计应确保所用的标准机械和电气接口与厂内和厂外预先部署的 DEC 缓解设备（移动电源、移动水源等）的兼容性。

(13) 设计中应为备用的泵和备用水源提供可达、简单和尽量冗余的连接点和接口，这些泵和水源在 DEC 策略和规程中应保证可靠。

(14) 设计中应为备用的电源提供可达、简单和尽量冗余的连接点和接口，这些电源在 DEC 策略和规程中应保证可靠。

1.3.1.1.5　厂内、厂外应急

厂内、厂外应急为纵深防御原则的第五层，目的是减轻可能由事故工况引起的潜在放射性释放造成的放射性后果。此层次要求配备恰当的应急设施，制订用于厂内、厂外应急响应的应急计划和应急程序。

1.3.1.2　华龙技术电厂要求

以下是对于华龙技术电厂的顶层安全要求：

（1）至少应从电网引入两路相互独立的交流电源，以降低丧失厂外电的影响。

（2）留给操作员的响应时间尽可能长。如果发生事故，操作员可不干预时间应不小于 30 分钟。

（3）在丧失全部给水的事故情况下，无需操作员干预，华龙技术电厂利用非能动的余热排出措施，应确保至少 2 小时内燃料不损伤，以维持堆芯的有效冷却和结构完整。

（4）华龙技术电厂应能承受丧失厂外和厂内交流电源 8 小时，而不会导致燃料损坏。

（5）除了为每个安全系列提供一个独立的、安全相关的厂内交流电源外，华龙技术电厂设计中还应提供一个厂内交流电源来应对全厂断电（SBO）的风险。

（6）设计基准事故工况下，总的最大泄漏率为 24 小时内不超过安全壳内气体总体积的 0.3%。

（7）安全系统相对于现有华龙技术电厂尽量简化，降低复杂度，可以采用全新设计方案，包括能动与非能动技术，尽量减少能动设备的数量，例如可以合并安全系统等。安全系统还应借鉴在役华龙技术电厂的运行经验。

1.3.2　经济性

本文件要求确保华龙技术电厂的发电成本与当前国内外其他三代堆型相比具有竞争力。在机组负荷因子达到 80% 的前提下，与沿海省份新建百万千瓦级燃煤机组相比具有竞争力。

1.3.3　性能

华龙技术电厂性能设计要求分为五类。第一类规定了华龙技术电厂特性的要求，例如功率和设计寿命；第二类规定了机动和瞬态响应要求，例如启堆、停堆和负荷跟踪要求；第三类是可靠性和可用率要求；第四类是运行、维修和试验要求；第五类是仪控系统要求。

1.3.3.1　华龙技术电厂特性

华龙技术电厂特性具体如下：

（1）华龙技术电厂中，“华龙一号”机组额定电功率约为百万千瓦。

（2）华龙技术电厂设计寿命 60 年并考虑延寿。在寿期内，应考虑部件更换，同时应进行数据采集和分析以支持材料的设计寿命，并且应重点关注相关材料问题，如疲劳、腐蚀、热老化和辐照脆化效应。

（3）华龙技术电厂应具有在 18～24 个月换料周期（从换料后启动到下一个换料后启动）下运行的能力。

（4）燃料的机械设计应保证组件燃耗能至少达到 52 000 MWd/tU。

（5）由于制造缺陷导致的早期燃料失效率应小于 1/50 000。

（6）放射性废物和水处理系统、华龙技术电厂屏蔽设计基准使用的燃料破损率应与监管要求保持一致。评价正常运行的性能时，燃料元件破损率取 0.25%。

（7）设计和建造应保证华龙技术电

厂排出的放射性气体、液体废物量不大于中国在役同类型电厂平均水平。放射性废物宜离堆处理，在正常运行过程中，最终送往处置场的待处置固体废物年产生量小于 50 m^3/堆·年。厂内放射性固体废物暂存库贮存量不应低于华龙技术电厂三个月所产生的废物量，并且不超过电厂五年所产生的废物量。

（8）湿法贮存容量应保证华龙技术电厂可以贮存 10 个燃料循环堆芯卸出的乏燃料组件加上一个全堆芯的卸料量。

（9）平均职业照射集体剂量小于 0.6 人·Sv/（堆·年）。

1.3.3.2 机动和瞬态响应要求

华龙技术电厂机动和瞬态响应要求如下：

（1）应具有负荷跟踪能力，即在前 85%燃料循环长度中负荷跟踪深度至少达到 50%FP。

（2）应适应电网正常的频率变化。

（3）应允许发电机从 100%或较低功率甩负荷，而不会导致反应堆停堆或汽轮机停机，并且可以在最小厂用电负荷下继续稳定运行。

（4）延伸运行（SO）模式下应确保常规岛所有的系统、设备安全运行；保护系统应具有适用性，控制系统的参数应作相应调整。

1.3.3.3 可靠性和可利用率要求

华龙技术电厂可靠性和可利用率要求如下：

（1）华龙技术电厂非计划自动紧急停堆数应该小于 1 次/堆·年。

（2）全寿期内平均每年的可利用率不低于 90%。

华龙技术电厂可利用率应按下列公式计算：可利用率（%）=（$T-P-F$）/T，其中：

T：给定的日历时间，通常为 1 年；

P：在时间 T 内电厂计划停堆时间；

F：在时间 T 内强迫停堆时间。

当计算华龙技术电厂平均可利用率时，推荐考虑下列因素，并满足最少为 90%的可利用率要求。

（1）正常换料大修，平均每次不超过 24 天。

（2）汽轮机大修，平均每次不超过 38 天。

（3）在役检查大修（十年换料大修），平均每次不超过 54 天。

（4）非计划停堆时间，平均不超过 5 天/年。

（5）对于设计阶段，因无法计划但不可避免的特殊活动（比如重大部件的更换和维修）而造成的大修延长，在寿期内不应该超过 150 天。

1.3.3.4 运行、维修和试验要求

华龙技术电厂运行、维修和试验要求如下：

（1）应通过采取相关措施保证电厂运行的简便性，如在检测、控制和保护功能中使用现代数字技术、对异常工况的准确响应、设计裕量和考虑操作员工作环境。

（2）应考虑对在役电厂存在的运行和维修问题进行识别和提供解决方案。

（3）为了满足简化要求，应通过标准化来尽量减少设备类型，如阀门、泵、仪表和电气等设备，这里不包括为满足多样性以防止共因故障的那些设备。

（4）应在保证电厂设计可利用率限值的前提下便于更换设备，包括蒸汽发生器等主要设备。

（5）设备设计应减少和简化维修需

求，并尽可能使维修便捷。

(6) 系统布置应考虑维修的需要，如进入通道、维修空间、堆放空间和重物吊装。

(7) 应保证设备维修和试验环境满足工作条件，包括温度、剂量、通风和照明。

(8) 应采取相关措施以便于使用机器人进行电厂维修活动。这些措施包括提供便于移动的布置空间、进入设备必要的进口、机器人通讯以及机器人储存和去污。

(9) 监督试验应能够简单直接地检测出系统性能。电厂的设备和布置应使检查试验便捷和简单。适当情况下，可以延长两次之间的时间间隔。如果必须在大修期间执行，则应确保试验不会成为大修的关键路径。

1.3.3.5　数字化技术及人机接口要求

华龙技术电厂的数字化技术及人机接口顶层要求如下：

(1) 应使用现代数字技术，包括光纤技术，用于监测、控制和保护功能。经过可靠性验证后，现代数字通信可用于任何功能，包括安全功能，其可降低整个电厂电缆敷设的成本和复杂性。

(2) 现有的监管要求规定保护系统必须分组并且进行隔离。对于华龙技术电厂主要的控制和监测功能，保护系统应采用以下措施来提高可靠性，将主要功能进行分组、组内冗余设备隔离并采用容错设备。防止故障在冗余设备之间传递或从一个分组传递到另一个分组。

(3) 仪控系统设计应与其他专业设计充分结合且反复进行迭代，并使用实体模型（mock-ups）、动态仿真以及在设计中纳入运行和维护人员提供的输入。

(4) 主控室设计应保证任何运行模式下指定数量的操作员（2 人或 3 人）都可以操纵电厂。应有足够的空间和适当的布置保证最多可以容纳 10 人。设计应保证正常功率运行时，一个操作员可以控制电厂。

(5) 主控室应包含多个相同的紧凑的操作员工作单元，每个操作单元带有多个显示和控制装置，提供对报警、显示器和控制装置的有序、分层访问。每一操作单元都能够执行主控室的所有功能，并且可以支持操作员的工作。主控室还包括一个机组长工作单元。

(6) 主控室应使用现代化显示器，以提供信息跟踪功能、有效的数据、报警优先级和监控功能，以及具有嵌入式动态指示和报警信息的正常、异常和应急操作规程。

(7) 主控室应包括专用大屏幕，该大屏幕提供一体化集成的设备状态、设备参数和报警显示。

(8) 主控室和控制站环境（技术支持中心、远程停堆站），如照度和眩光控制、供暖、通风和空调（HVAC）、噪声、颜色等，应通过提供舒适、专业的环境氛围以提高操作员的效率和警觉性。

(9) 就地控制的设计应与主控室系统一样严格，使用一致的标识和术语。需要特别注意的是可视性、颜色编码、入口、照明和通信。

1.3.4　可建造性

华龙技术电厂的可建造性要求包含如下方面：建造周期和设计进度要求、建造和设计协调、先进建造技术、一体化建造计划和进度，以及确保建造适宜性的检查、试验和分析。

1.3.4.1　设计完成度要求

结构混凝土开始浇灌前，设计文件和

图纸应能满足现场施工、安审、设备采购等按工程计划正常进行，以便用于建造、采购或其他用途。应完成用于提供给供应商开展相关设计需要的接口资料。

建造人员应参与设计过程，以保证建造要求得到充分落实。设计过程中应明确考虑简化、便利建造和调试的设计规定。应采用标准化的组件尺寸、类型和安装接口，以提高生产效率，减少材料种类。应规定合理的建造误差，以减少不必要的返工，提高生产效率。应对以往建造问题的经验进行总结，确保在新的设计和建造过程中应用这些经验。

广泛采用数字仪表和控制系统以减少电缆敷设。建议将成套设备和结构部件模块化，采用模块化时应预留空间用于维修、试验。

1.3.4.2 一体化建造计划和进度

建造开始前，应由总承包方或业主统一组织，使设计方、建造方和调试方利用主要供应商和分包商的输入信息联合制定一份详细的现场建造计划，确定总体方案，并建立制定和评价进度的基准。应联合制定详细的进度，包括设计、采购、建造和启动调试、业主验收。启动调试要求中，应建立系统移交顺序和进度的逻辑，包括定义系统边界、建立系统编号和确保按时移交的要求。

应使用适用于特定活动（如焊缝的数量、电缆的长度）的定量方法来监督建造进度，从而及时做出进度评估，并预估进度拖延，确保能够及时采取适当的行动解决问题，保证进度里程碑的实现。进度应随着建造进度进行更新，以真实反映实际的建造状态。

1.3.4.3 确保建造适宜性

设计方应制定试验、监督和分析计划以及相应的验收准则，以证明电厂建造和运营满足相关法律、法规要求，并提供相应的技术基准。验收准则的内容和详细程度应保证监管方可以验证是否满足验收准则。

建设方应制定材料采购程序并在程序中规定分承包活动相关内容，包括投标、裁决和分合同的行政管理。

1.3.5 设计过程

本章节提出了华龙技术电厂的设计过程要求。该设计过程包括各种活动，例如：开发、试验、分析、技术规格书和图纸的准备、建模、报告编制、执照申请、建造、以及电厂调试和向运行人员的移交。顶层设计过程要求分为四方面内容：设计一体化、技术状态管理、信息管理系统和工程验证。

1.3.5.1 设计一体化

早期对华龙技术电厂设计重要的所有因素进行综合和成套，已经表明可以改善电厂整个寿期内的费用，减少计划停堆时间。设计单位应使项目作为一个单一、完整的过程来管理，设计单位有责任将这些要求转化为在所有设计过程中各方都应遵循的专门要求和程序。设计单位应为电厂中的每一个系统或子系统制定一个顶层设计准则，该顶层设计准则文件应足够完备，以便能够从顶层设计要求开发出合格的设计和评价竣工电厂。各专业间的设计审查应贯穿于整个设计和建造的过程之中。设计单位应提供一个模拟机/性能模型，在研究电厂响应、电厂控制和控制室设计的人因工程方面，以及在电厂的正常、异常和事故运行程序方面，模拟机可以作为设计工具使用。

1.3.5.2 技术状态管理

设计单位应制定一套综合的技术状态

管理程序以确保电厂结构、系统、部件和计算机软件满足已确认的设计要求。实施技术状态管理的目的是在华龙技术电厂的设计要求、物项技术状态和技术状态信息之间建立三者的一致性，在华龙技术电厂寿期内，特别是在产生技术状态变更时保持这种一致性，并在电厂全寿期内确保设计基准得到维护。

设计和建造阶段的目标重点是实现三者之间的一致性，是通过设计建造过程，逐步形成三者一致性的过程。

技术状态管理程序应适用于电厂整个寿期，包括设计阶段，并应提供给业主在调试和运行中使用。技术状态管理程序包括如下要素：

（1）用于控制及保证设计基准文件使用的方法。

（2）用于确保所有硬件和软件设计满足设计基准文件的验证方法。

（3）变更控制方法：确保初始设计的所有变更得到相应级别的设计单位和业主审批，并用文件记录，在电厂整个寿期内进行保存。

（4）确保程序数据收集、更新、修改、传播和安全的验证过程和审计过程。

（5）技术状态管理程序和数据的定期审计和审查。

1.3.5.3　信息管理系统

设计单位应在设计过程中使用适当的计算机硬件和软件建立、管理和运营信息管理系统（IMS），并将其移交给业主，以供建造、调试、运营和退役时使用。华龙技术电厂业主应提供一个有效的方法来获得、贮存、检索和使用文件和数据（包括分析结果），对设计、建造、启动、运行、维修和退役，这些文件和数据是必需的。应在设计和建造期间，以及将华龙技术电厂移交给运营单位以后，有效的使用计算机辅助设计和进行工程管理。应保证建造和运行所需的信息都贮存在信息管理系统中，并且在华龙技术电厂被移交给业主后是可用的。

1.3.5.4　工程验证

作为设计过程的一部分，设计单位应确定并完成必要的工程现场验证活动，以证实该装置的适当性。这些工程验证是除了建造工作的正常质量控制验证以外的活动。适用下列专门的要求：

（1）建造早期就应确定工程验证活动并安排进度。

（2）工程验证活动应包括地震检测以验证概率安全分析（PSA）中所有主要的假设。

（3）设计单位应尽实际可能减少建造过程中工程验证的复杂度和范围。必须进行验证的地方，设计人员应制定大纲，包括检测目标和范围、评价过程以及不满足设计目的的项目的解决过程。

1.4　应用说明

1.4.1　概述

本节的目的是讨论实施的合理情景。实施包括华龙技术电厂的详细设计、验证、执照申请、施工等各个过程。对实施情景的讨论则涵盖关于时间、建设需求、利益相关方以及监管者的假设。

1.4.2　实施条件

华龙技术电厂未来的发展，基于以下事实：

（1）电力需求和政策环境方面，要“制定 2030 年前碳排放达峰行动方案，优化产业结构和能源结构，推动煤炭清洁高效利用，大力发展新能源，在确保安全的前提下积极有序发展核电”。我国“十四五”规划也明确提出，要“推进能源革命，建设清洁低碳、安全高效的能源体系，提高能源供给保障能力。安全稳妥推动沿海核电建设，建设一批多能互补的清洁能源基地，非化石能源占能源消费总量比重提高到 20% 左右”。随着“30-60”碳达峰、碳中和目标的提出，电力系统将成为未来低碳能源体系的核心系统，而核电作为电力系统的重要组成部分，其发展具有刚性需求。

（2）我国电力具有独立、公众参与和数据共享的体制特点，具体如下：

1）架构独立性方面，中国的电力工业实行厂网分开。核电作为电力的重要选择，由各相关企业分别进行设计、建造、调试和运行。核电的执照由国务院核安全监督管理部门负责颁发，项目由国家发展改革部门报国务院核准后出具核准文件。核电首先应该开展初步可行性研究、可行性研究以获得项目核准。项目获得核准后，必须向国务院核安全监督管理部门提交执照申请文件，例如《安全分析报告》和《环境影响评价报告》。公众参与方面，中国核电在选址、建造、调试、运行和退役阶段环境影响评价均需要按照我国法规标准开展公众参与活动。

2）数据共享方面，中国核电运行阶段的数据，例如正常停堆、事故停堆和设备可靠性数据，应分层级在行业内进行共享，有利于经验反馈，促进行业发展。

（3）监管架构方面，华龙技术电厂严格满足我国核安全法规规定的监管架构，接受安全审评，包括《安全分析报告》和《环境影响评价报告》的审评。

1.4.3 实施过程

为满足华龙技术电厂未来发展，假定以下实施方案：

（1）把握适当时机建设华龙技术电厂项目，应安排在不受国家政策或额外的执照申请要求限制的时期前后。

（2）安全监管部门审查 HUR 并提出咨询意见，以表明华龙技术电厂已有的稳定监管基础。

（3）华龙技术电厂落地在具体项目后，应该按照《核电厂安全许可证件的申请和颁发》（HAF001/01—1993）要求提供支持性材料，获得安全监管当局批准。

（4）全范围的标准电厂设计。

1）华龙技术电厂在开工前，投资方应该完成项目组建和资金全部到位。资金在以下两个阶段注入：

①明确厂址、标准电厂设计和执照申请；

②建造。

2）华龙技术电厂标准早期设计有如下重要步骤：

①投资方可以选择华龙系列作为设计方案，然后启动工程建设直至完工。工程建设假定在华龙技术电厂完成大部分施工图设计的基础上再需要 30 个月。尽管大量的启动资金来源于第二阶段投资（设备制造和建造），本阶段仍然是一个重要的阶段。它的费用并非都是工程费用，也包括了华龙技术电厂设备采购。采购必须在设备的采购技术规格书完成后才能进行。某些情况下需要尽早订购材料，特别是在建设计划中必须早点安装的长周期材料。提前采购假定在里程碑“浇筑第 1 罐混凝土”前 30 个月启动。

②厂址选择和评审。第一个华龙技术电厂按照有关核安全法规进行选址、评审和执照申请。厂址选择评审通过后确定了最短的总体进度，可以分别开展建造和运

行准备活动。从执照申请承诺到商业运行的时长可以缩短大约 12 个月。能开展有限的建造工作包括厂址准备、临时设施建造和主要的负挖。采用现有的厂址可以更加快捷地开展厂址选择和评审。

(5) 执照申请方面，华龙技术电厂严格按照核安全法规的要求开展执照申请。

(6) 建造进度要求方面，业主承诺在设计启动和厂址获批之后的 12 个月开工。从这一刻，华龙技术电厂的投资方必须承诺完成施工图设计和建造的启动资金。这是一项郑重的承诺，但是风险可以管控。建造周期从业主承诺算起到商业运行，可以满足 72 个月的最高要求。

第 2 章　总体要求

2.1　概述

本节主要介绍华龙技术电厂的总体要求，范围包括：安全设计、安全分级、性能设计、结构设计、内外部灾害防护总原则、建造和可建造性、可运行性和可维修性、质量保证、执照申请、设计过程、设备状态监测、便于退役的设计等方面的要求。本节为其余各节提出了华龙技术电厂设计的总体框架。其余各节提供了保证华龙技术电厂安全和性能的特定要求。

2.2　安全设计要求

2.2.1　概述

本节确定了华龙技术电厂安全设计的主要要求。华龙技术电厂对纵深防御要求包括五个层次，详见 1.2.1 节。包括以下具体要求：提高华龙技术电厂抵御事故的能力，提高防止堆芯损坏的能力，或缓解堆芯损坏事故的后果。

安全设计要求包括以下两方面：

为满足核安全准则要求，必须分析一系列事故、相关的边界条件和假设。对于设计基准工况分析，必须采用保守的、经国家核安全局认可的计算方法和假设开展，或采用经国家核安全局认可的最佳估算加不确定性分析方法开展，应根据非安全级系统是否受事故影响，考虑非安全级系统在安全分析中的可用性，且满足核安全的强制性可接受准则。对于发生多重失效的事故如未能紧急停堆的预计瞬态（ATWS）和全厂断电（SBO）事故，以及发生堆芯熔化的严重事故，可采用现实假设和最佳估算方法。严重事故预防引入监管政策层级的指导，在严重事故下提供更高的安全壳完整性和放射性物质低泄漏保障。

满足核安全准则要求以外的额外要求，这些要求提供额外的安全保障。这是在业主倡导下确定的，以加强投资保护和严重事故防护。加强投资保护强调了业主降低财政风险，同时通过提升事故预防以提高安全期望，相关分析可采用现实假设和最佳估算方法。

2.2.2　厂址要求

华龙技术电厂的标准设计应以表 2-1（华龙技术电厂包络的厂址设计参数）列出的包络性设计参数为基础，该标准设计或基于标准设计进行厂址适应性修改的优化设计应能适用于中国大部分可用的厂址。设计人员应在开始详细的、特定厂址的设计之前审查这些参数。对于业主确定的厂址，以书面形式告知业主任何需要评估和可能修改的设计参数。最终所用的设计参数应由业主以书面形式批准。

表 2-1　厂址设计包络性参数

参　数	数　值
一、采暖、通风与空气调节的设计参数	
冬季采暖室外计算温度	−16 ℃
冬季空调室外计算温度	−19 ℃
冬季通风室外计算温度	−14 ℃
夏季通风室外计算温度	33 ℃
夏季空调室外计算干球温度	36 ℃
夏季空调室外计算湿球温度	29 ℃
冬季空调室外计算相对湿度	83%
夏季通风室外计算相对湿度	87%
最高正常设计干球温度	35 ℃
最高正常设计湿球温度	29 ℃
最低正常设计干球温度	−22 ℃
最低正常设计湿球温度	−23 ℃
最高安全设计干球温度	44 ℃
最高安全设计湿球温度	35.0 ℃
最低安全设计干球温度	−26.0 ℃
最低安全设计湿球温度	−27.0 ℃
二、极端温度	
100 年一遇极端最高气温	44 ℃
100 年一遇极端最低气温	−33 ℃
三、极端降水/降雪	
100 年一遇最大雪压	0.8 kN/m^2
可能最大降水量	1600 mm/24 h
四、极端风速（厂址地坪 10 米高度处设计基准风速）	
100 年一遇最大风速（10 分钟平均风速）	55 m/s
100 年一遇极大风速（3 秒阵风）	80 m/s
五、龙卷风	
最大风速	102.8 m/s
平移风速	20.6 m/s
最大切向风速	82.2 m/s

续表

参 数	数 值
五、龙卷风	
最大切向风速半径	45.7 m
压力降	8.3 kPa
压降速率	3.7 kPa/s
六、最高设计水位	
设计基准洪水位	设计厂坪标高以下
七、海水水温	
T7	33 ℃
八、极限安全地震	
极限安全地震	0.30g，可根据厂址地震条件进行适应性修改
地面基岩加速度反应谱	RG1.60 谱或改进的 RG1.60 谱
九、工程地质参数（优先采用基岩厂址）	
静态地基承载力特征值	≥0.34 MPa
剪切波速	≥300 m/s
液化程度	无
十、爆炸冲击波	
最大超压	10 kPa
持续期	300 ms
波形	阶梯前置三角波

注：(1) 本列表为华龙技术目标厂址环境的包络性参数，华龙标准设计方案可直接应用或经过基于厂址的适应性修改后应用于本表包络的目标厂址。

(2) 100 年一遇极端最高/最低气温根据《核电厂厂址选择的极端气象事件》(HAD101/10)要求确定，可通过对厂址及区域内的代表性气象站的可靠数据进行统计分析并获取极值分布进行确定，一般遵循耿贝尔分布。

(3) 设计基准洪水位根据《滨海核电厂厂址设计基准洪水的确定》(HAD101/09) 要求进行确定。

(4) 设计基准水温宜采用每年最高第七个日平均水温的历年平均值 (T7)，并考虑温排水对取水水温的影响。

2.2.3 抗事故能力要求

华龙技术电厂的设计特征：利用安全系统来实现安全并保护业主的投资，但同时还要尽可能减少对安全系统的依赖。应当简化安全系统，降低系统的复杂性，执行安全功能应保持系统相互独立、应尽量避免系统重新排布，以及尽量减少能动部件的数量。采用的设计特征详见以下各节。

(1) 简化

华龙技术电厂设计的简化要求见第 1.2.7 节，可加强抗事故能力的设计简化包括但不限于：

1）重要功能采用的系统、阀门、泵、仪表和其他机械和电气设备数量应尽量少；

2）提供人机界面以简化运行，适应操作员的需求和能力；

3）系统和部件的设计应确保尽量减少在正常和瞬态运行工况下对操作员的依赖；

4）提供相比于在役电厂更加简化的控制和保护逻辑及驱动系统；

5）设计应简化建造过程，如："模块化建造"等。

（2）设计裕量

为了提高抗事故能力，华龙技术电厂的设计应留有足够的裕量。关键的设计裕量要求包括：

1）在预计运行事件（中等频率事件）情况下，电厂设计应有15%热工裕量；

2）为运行瞬态提供充分裕量，如采用大容量的反应堆压力容器、大容量的稳压器、二次侧大容量的蒸汽发生器、足够长的瞬态工况响应时间等设计特征；

3）提供足够的裕量以减少超过运行限值和条件的可能性；

4）在正常运行范围和反应堆停堆整定值间提供足够裕量，使电厂可利用率达到预期目标。

（3）材料和水化学

应基于核电厂广泛的运行经验，在设计中综合考虑安全性、可获得性、经济性、环境友好性等方面选用材料和水化学条件。

（4）诊断性监测

1）在泄漏探测、震动和其他潜在问题中，采用经证明的诊断监测技术；

2）在设计和采购开始时，确定对设备运行、设备可靠性例行监测和诊断性监测的要求。

（5）反应性系数

反应堆的设计应在功率工况下慢化剂反应性系数为负。

2.2.4 防止堆芯损坏的要求

防止堆芯损坏的要求主要应用于安全系统，包括应对设计基准工况和设计扩展工况的安全系统。

（1）一般要求

1）华龙技术电厂设计人员应定义并分析设计基准事故及未造成明显堆芯损坏的设计扩展工况，设计应适应这些事件。华龙技术电厂对这些事件的分析应表明：

①在执照申请中开展的设计基准事故分析及未造成明显堆芯损坏的设计扩展工况分析满足国家核安全局的准则；

②设计特征足以保护业主的投资。

2）华龙技术电厂设计人员应确定一整套安全有关的设计基准事故、瞬态和未造成明显堆芯损坏的设计扩展工况，且此项工作应在符合进度安排的设计进程内尽早完成。

3）对安全有关的设计基准事故、瞬态和未造成明显堆芯损坏的设计扩展工况的任何改变均应论证。

4）除了安全级的保护系统和保护通道外，还应设计备用的保护系统和保护通道，如多样化驱动系统及配套的备用保护通道。

5）设计人员应开展最佳估算分析，以支持正常、瞬态、应急运行规程的制定及操作员培训材料的编制，并提供运行导则。

6）华龙技术电厂的设计应允许操作员有足够的时间来评估电厂状态，并决定采取何种手动操作，该时间应不低于30分钟。

7）设计应将系统相互作用的可能性降到最低，应消除在设计或审查过程中发现的任何不利的系统相互作用。

8）对于华龙技术电厂，至少应能提供两列实体隔离的厂内应急交流电源。

9）设计应有能力在安全系统驱动信号有效时防止操作员误动作。

10）对于设计基准事故，应采用安全级设备，基于最严苛的单一故障假设，使华龙技术电厂达到安全状态。

（2）核监管要求

设计人员应对电厂预期的工艺参数变化和设备故障的响应进行分析评价。

1）预计运行事件和事故

表2-2（始发事件示例和频率分类）给出了应进行分析的典型预计运行事件和事故。核电厂在这些事件中应能仅利用安全相关设备达到安全状态。

2）设计人员应进行审查，确认是否应增加适用于电厂特定设计的始发事件。审查应重点关注电厂独有的特征。增加的单一始发事件类型包括但不限于：

①导致与电厂正常运行相关的系统或设备失效的能动设备失效或操作员失误，如泵、阀门、控制器等。

②备用系统或设备的意外运行，包括安全系统设备。

③非能动失效，如管道破裂或断裂。

④丧失厂外电源或应急交流电源。

⑤含有气态或液态放射性的能动或非能动设备失效或故障。

包含能动设备多重故障的事件如ATWS和SBO，其分析和验收准则应分别满足相关要求。

3）表2-2（始发事件示例和频率分类）中的始发事件应按表中给出的发生频率并参考成熟工程经验进行分类。

表2-2　始发事件示例和频率分类

1	二次侧排热增加		频率分类[1]
	1.1	给水系统故障导致给水温度降低	中等
	1.2	给水系统故障导致给水流量增加	中等
	1.3	蒸汽系统故障导致蒸汽流量增加	中等
	1.4	蒸汽发生器释放阀或安全阀误开启	稀有
	1.5	安全壳内或安全壳外蒸汽管道破裂[2]	稀有或极限
	1.6	非能动余热排出系统误启动	稀有
2	二次侧排热减少		频率分类[1]
	2.1	蒸汽系统故障导致蒸汽流量减小	中等
	2.2	失去厂外电负荷	中等
	2.3	汽轮机停机	中等
	2.4	主蒸汽隔离阀意外关闭	中等
	2.5	冷凝器丧失真空	中等或稀有
	2.6	失去厂外或厂内交流电源[3]	中等

续表

2	二次侧排热减少		频率分类[1]
	2.7	失去正常给水	中等
	2.8	主给水管道破裂	极限
3	反应堆冷却剂流量降低		频率分类[1]
	3.1	反应堆冷却剂泵停转	中等
	3.2	反应堆冷却剂泵卡轴	极限
	3.3	反应堆冷却剂泵断轴	极限
4	反应性和功率分布异常		频率分类[1]
	4.1	次临界或低功率下控制棒不可控提出（假设堆芯和反应堆冷却剂最不利的反应性工况）[4]	中等
	4.2	功率运行工况下最严重后果的控制棒不可控提出（假设堆芯和反应堆冷却剂最不利的反应性工况）[4]	中等
	4.3	控制棒误操作（系统故障或人为失误）[4]	中等
	4.4	在错误温度启动停运环路	中等
	4.5	导致反应堆冷却剂硼浓度降低的故障	中等
	4.6	燃料组件误操作	极限
	4.7	弹棒事故	极限
5	反应堆冷却剂装量增加		频率分类[1]
	5.1	功率运行工况下高压补给系统误启动（如应急硼注入系统误动作）	中等
	5.2	导致反应堆冷却剂装量增加的化学和容积控制系统故障	中等
6	反应堆冷却剂装量减少		频率分类[1]
	6.1	稳压器安全阀误开启	稀有
	6.2	贯穿安全壳的与反应堆冷却剂系统相连的仪表管线或其他管线破裂	稀有
	6.3	蒸汽发生器传热管破裂[5]	稀有
	6.4	不同尺寸管道破裂导致的反应堆冷却剂丧失[6]	稀有或极限
7	子系统或部件的放射性释放		频率分类[7]
	7.1	放射性废气系统破裂或故障	null
	7.2	放射性废液系统破裂或故障	null
	7.3	液体储存罐失效造成的假想放射性释放	null
	7.4	安全壳和乏燃料厂房内燃料操作基准事故	极限
	7.5	乏燃料容器跌落事故	极限

续表

8	设计扩展工况-A(8)		
	8.1	完全丧失给水	DEC-A
	8.2	SBO 事故	DEC-A
	8.3	未能紧急停堆的预计瞬态	DEC-A
	8.4	蒸汽发生器多根传热管破裂	DEC-A
	8.5	主蒸汽管道破裂诱发蒸汽发生器传热管破裂	DEC-A
9	设计扩展工况-B(9)		
	9.1	冷却剂丧失事故叠加安全注入失效	DEC-B

注：(1) 始发事件频率中，中等、稀有和极限事故分别对应中等频率事件（DBC-2)、稀有事故（DBC-3）和极限事故（DBC-4)。

(2) 小尺寸蒸汽管道破裂为“稀有”、主蒸汽管道破裂为“极限”。

(3) 短时间失去交流电源为“中等”、长时间失去交流电源为“稀有”。

(4) 某些设计特征以及闭锁和检查将避免控制棒组件故障。

(5) 该事故为稀有事故，但在厂外放射性后果评估中，伴随事故并发碘峰的蒸汽发生器传热管破裂按“稀有”事故验收，伴随事故前碘峰的蒸汽发生器传热管破裂按“极限”事故验收。

(6) 电厂功率运行工况下的小尺寸管道破裂导致的反应堆冷却剂丧失为“稀有”，停堆工况下的小尺寸管道破裂导致的反应堆冷却剂丧失为“极限”，大尺寸管道破裂导致的反应堆冷却剂丧失为“极限”。

(7) 与燃料无关的放射性源（如放射性废气处理系统、放射性废液处理系统）泄漏或故障导致的事件不进行频率分类，其剂量后果的可接受准则参照《核动力厂环境辐射防护规定》（GB 6249—2011）中对稀有事故的剂量限值要求。

(8) 仅列出典型的 DEC-A 的事故序列。

(9) 仅列出典型的 DEC-B 的事故序列。

若华龙技术电厂采用先进技术，拟消除表 2-2 中的始发事件，或降低其发生频率或减轻其后果，则应对这些始发事件或其发生频率进行修正，并给出合理评价。

在没有其他独立事件发生的情况下，任一类别中的事件本身不能造成更严重的事故。

4）应根据新增事件的发生频率或参考成熟工程经验，将新增事件归到其中一个类别中。对于新增的始发事件，设计人员应记录将其按频率分类的基准。

5）单一故障

对于设计基准工况，设计人员应确认与始发事件同时发生的可能的单一故障。

所选择的单一故障对始发事件后果的影响是最不利的，详见表 2-3。需考虑的单一故障包括但不限于：

①能动部件失效

不能动作；

误动作。

②电气设备失效

电源的一个序列失效；

虚假信号和共用传感器失效；

动作部件的单一故障关联的无效信号。

③非能动失效（始发事件后 24 小时）

阀门的密封填料泄漏；

密封泄漏；

法兰泄漏。

单一故障示例见表 2-3：华龙技术电厂单一故障示例。

表 2-3　单一故障示例

蒸汽排大气系统 1. 不能按需要模式打开： 1）一个阀不能打开； 2）几个阀不能打开。 2. 不能按需求快速打开： 1）一个阀门不能快速打开； 2）有阀门不能快速打开。
3. 在完成蒸汽排放后不能关闭： 1）一个阀门不能关闭； 2）几个阀门不能关闭。
反应性控制系统 1. 单根控制棒卡死，其余控制棒可移动； 2. 一个控制棒组卡死，其余子组可移动； 3. 一个调节棒组不能插入或抽出，其余组可插入抽出； 4. 反应性控制系统不能正确控制棒提出； 5. 在禁止自动提棒或禁止提棒情况下控制棒提出； 6. 不能实现阻止提棒功能（从反应性控制系统收到错误提棒命令，控制棒提出）； 7. 错误的实施阻止提棒功能（一个控制棒在需要提出时不能提出）； 8. 在需要时棒组抽或插失步。
主蒸汽供应系统 1. 在主蒸汽隔离信号触发时，一个主蒸汽隔离阀不能关闭； 2. 一个主蒸汽安全阀不能回座； 3. 一个大气释放阀不能再关闭。
应急给水系统 一台应急给水系统不能投入
稳压器安全和卸压阀 一个安全阀不能回座
安注系统 1. 一个安注箱阀门不能打开； 2. 一个 IRWST 阀门在需要时不能打开； 3. 一个减压阀在需要时不能打开。

续表

厂内应急电源系统 1. 丧失一列直流电源； 2. 丧失一列交流电源。
反应堆保护系统 不能假设整个系统失效。系统的设计应能保证在最不利的单一故障情况下系统仍能执行其功能。
专设安全系统驱动系统 不能假设整个系统失效。系统的设计应能保证在最不利的单一故障情况下系统仍能执行其功能。

6）燃料、反应堆压力边界和安全壳设计限值

燃料、反应堆压力边界满足与事故类别对应的特定限值，安全壳满足特定的温度和压力限值，具体限值见表2-4：“分析限值”。应按事故分析相关要求，对所分析事件下核电厂响应重要的关键参数做出假设。

7）剂量后果限值

设计人员应对以下事件进行后果分析：

①中等频率事件，在考虑单一故障情况下，安全分析表明不会达到特定的燃料设计限值；

②稀有事故和极限事故，剂量后果的可接受准则见《核动力厂环境辐射防护规定》（GB 6249—2011），详见表2-4“分析限值”。

③非燃料放射源（如放射性废气处理系统、放射性废液处理系统等）泄漏或故障，剂量后果的可接受准则参照《核动力厂环境辐射防护规定》（GB 6249—2011）中对稀有事故的剂量限值要求，详见表2-4“分析限值”。

8）对于新增事故，燃料、反应堆压力边界应满足的限值、安全壳应满足的温度和压力限值、厂外放射性剂量后果验收准则见表2-4“分析限值”。相对于表2-4更详细的验收准则或解耦准则由设计人员提供。

表2-4　分析限值(1)

表**2-4**（a）：燃料、反应堆压力边界应满足的限值

频　率	燃料限值	反应堆压力边界限值
中等频率事件	最小 DNBR>DNBR 限值（95/95）	<100%设计压力
稀有事故		<110%设计压力 （所有安全阀可用） <120%设计压力 （一个安全阀失效）
LOCAs	与极限事故 LOCAs 相同，可采用堆芯不裸露、堆芯温度无明显上升等解耦准则	

续表

频　率	燃料限值	反应堆压力边界限值
其他事故	与具体事故相关，采用的限值包括但不限于： 最小 DNBR>DNBR 限值（95/95），如全失流事故； 发生 DNB 的燃料棒份额<限值，如功率下单棒失控提出事故； 乏燃料水池温度<限值等。	
极限事故		<130%设计压力
LOCAs	燃料包壳峰值温度<1204 ℃ 燃料包壳氧化厚度<17%包壳厚度 氢气产生量<1%理论产量 堆芯保持可冷却的几何形状 可保持堆芯长期冷却	
其他事故	与具体事故相关，采用的限值包括但不限于： 最小 DNBR>DNBR 限值（95/95），如主蒸汽管道破裂事故； 发生 DNB 的燃料棒份额<限值，如弹棒事故； 芯块发生熔化的燃料棒份额<限值，如弹棒事故； 反应堆冷却剂饱和裕量>限值，如给水管道断裂事故； 乏燃料水池温度<限值等。	
DEC-A	除乏燃料水池事故外，满足极限事故限值 乏燃料水池事故不允许燃料组件裸露	<130%设计压力

表 **2-4**（b）：安全壳设计限值

安全壳设计限值
峰值压力<设计压力 0.52 MPa・a 峰值温度<设计温度 145 ℃（露点温度）
事故发生 24 小时后，安全壳压力<DBC 事故峰值压力的 50%

表 **2-4**（c）：剂量后果限值

事故分类	验收限值
DBC-3[(2)]	事故后 2 小时在非居住区边界及在整个事故持续期间在规划限制区外边界全身有效剂量小于 5 mSv，甲状腺当量剂量小于 50 mSv
DBC-4[(2)]	事故后 2 小时在非居住区边界及在整个事故持续期间在规划限制区外边界全身有效剂量小于 0.1 Sv，甲状腺当量剂量小于 1 Sv

续表

事故分类	验收限值
DEC-A	非居住区边界上任何个人在事故的整个持续时期内（可取 30 天）通过烟云浸没外照射和吸入内照射途径所接受的全身有效剂量小于 10 mSv
选址假想事故[2]	考虑保守的大气弥散条件，事故后任意 2 小时在非居住区边界及在整个事故持续期间（可取 30 天）在规划限制区外边界通过烟云浸没外照射和吸入内照射途径所接受的有效剂量不得大于 0.25 Sv；在事故的整个持续期间内，厂址半径 80 km 范围内公众群体通过上述两条照射途径接受的集体有效剂量应小于 2×10^4 人·Sv。

注：1）放射性后果分析所用的燃料包壳失效输入数据基于最小 DNBR 限值（双 95%）。

2）采用《核动力厂环境辐射防护规定》（GB 6249—2011）中的验收限值。非燃料放射性源（如放射性废气处理系统、放射性废液处理系统）泄漏或故障，剂量后果的可接受准则参照《核动力厂环境辐射防护规定》（GB 6249—2011）中对稀有事故的剂量限值要求。

9）华龙技术电厂应允许足够的操作员响应时间。对于所分析的瞬态和事故，第一个关键信号后至少 30 分钟内无需操作员干预即能满足相关限值要求，其中设计基准工况还应考虑单一故障。表 2-5“提升电厂响应时间的特性”包含了对操作员时间的特定要求。

表 2-5　提升电厂响应时间的特性

响应时间		工程判断	电厂特性
自动响应			
1	应定义厂内交流电源的启动和加载时间，以维持电厂寿期内高可靠性	增加柴油机加载序列时间，在控制系统设计中允许更长的响应时间，减少交流电源维护问题	厂内交流电源设备
2	应不要求 30 秒内自动启动或隔离流体系统（如安全壳隔离），不包括主蒸汽或主给水隔离	选择经证明的硬件，减小对更昂贵且需要更多维护的快速动作阀门的依赖	设备响应时间
操作员响应			
1	在正常给水流量全部丧失事件中，为了防止 SG 蒸干，不要求在 30 分钟内手动启动启动给水	允许防止 SG 蒸干的充足响应时间。最小化蒸干 SG 再灌水的疲劳应力。SG 蒸干后避免反应堆冷却剂系统（RCS）加热和主回路流体排放	SG 装量
2	不要求在 30 分钟内手动控制备用给水流量以防止 RCS 过冷	备用给水流量过大可引起 RCS 快速冷却。提供充足的响应时间，确保由冷却剂收缩和压力降低导致的稳压器水位下降不会触发卸压系统	RCS 过度冷却、失去 RCS 压力控制

续表

响应时间		工程判断	电厂特性
3	低水位报警后30分钟内，不要求手动控制上充和下泄以控制稳压器水位	改进RCS压力控制。低水位预报警和报警将允许操作员有充足时间手动控制冷却剂装量补充	RCS压力控制和稳压器装量
4	在SGTR事故后30分钟内，不要求操作员采取手动动作防止SG满溢	为操作员提供充足时间隔离受影响的SG	RCS装量和热量导出

10）除了独立的、安全级的交流电源，华龙技术电厂应提供非安全级的、后备厂内交流电源，如SBO柴油机，以降低SBO的风险。

11）应使用PSA来评价设计阶段核电厂的堆芯损坏频率，并确认该频率小于等于1.0×10^{-5}/堆·年，其分析范围包括内部事件和外部事件（不包括恐怖袭击事件），分析工况包括功率工况、低功率和停堆工况，且在设计过程中持续更新PSA。

12）应制定应急操作规程和严重事故管理导则，用于确保预防和缓解堆芯损坏，满足厂外剂量限值。应将电厂设计基准转换成运行限值和运行响应，进而由业主将其写入规程指南和培训。应使用电厂详细的PSA和其他相关信息来确认电厂设计与应急操作规程和严重事故管理导则是相容的。

13）内外部灾害

①设计人员应针对内部灾害做出相应设计，如：

管道泄漏和破裂；

容器、水箱、泵和阀门失效；

内部飞射物；

重物坠落；

内部爆炸；

内部火灾；

内部水淹等。

②设计人员应针对外部灾害做出相应设计，如：

地震；

飞机撞击；

爆炸压力波；

风（包括极端风、龙卷风、台风）；

雪；

降雨和外部水淹；

洪水；

极端气温及湿度条件；

极端冷却水温度；

雷击及电磁干扰等。

（3）满足核安全准则要求以外的额外要求

1）要求华龙技术电厂的永久设备应能与厂外救援移动设备便捷连接。并要求尽可能的减小在连接这些设备时受到的放射性照射；

2）设计人员应使用PSA来识别并解决任何可能的堆芯损坏和风险薄弱环节，并为华龙技术电厂技术规格书、应急规程导则以及维修优先级的编制和确定提供参考；

3）作为PSA工作的一部分，设计人员应完整定义并记录PSA的技术基准，以便使业主确保风险重要的系统、构筑物和部件的可靠性能得到维持，从而确保在电厂整个寿期内能满足PSA的关键假设；

4）对于持续改进的华龙技术电厂，

在发生 SL-2 地震后，应采用性价比高且合理可行的措施，充分利用非安全级设备的抗震性能，以使后备、多样的堆芯冷却可用性最大化。应特别注意设备锚固、构筑物—系统间相互作用、支持系统间的接口等。应通过力学或其他对比方法来确认构筑物和设备的抗震能力，以证明所采用的设备满足相关要求。

2.2.5 缓解要求

（1）应设置安全壳厂房和相关的安全壳系统，以便在设计基准工况下排出热量并包容放射性物质。安全壳设计压力应基于最极限的冷却剂丧失事故或主蒸汽管道断裂事故。应证明在安全壳设计泄漏率为0.3%ΔV/天的情况下满足《核动力厂环境辐射防护规定》（GB 6249—2011）规定的各类事故放射性后果可接受限值要求。

（2）设计基准事故源项分析应采用基于物理机理的源项。裂变产物从燃料中释放的起始时间、释放持续时长、核素种类、裂变产物释放量、碘的化学形态等参照《压水堆核电厂设计基准事故源项分析准则》（NB/T 20444—2017RK）。

（3）华龙技术电厂设计应设置可燃气体控制系统以便在发生堆芯损坏事故后维持安全壳内可燃气体浓度小于可能会发生燃爆或爆炸的水平，避免威胁到安全壳的完整性。设计应保证发生氢气产生事件期间或之后，能够执行必要的事故预防和缓解功能。在可燃气体控制系统作用下，氢气总量相当于堆芯活性段区域100%燃料包壳氧化产氢量时，安全壳内平均氢气体积浓度不超过10%。

（4）应通过设计上的固有保守性和其他措施来提供充分的严重事故缓解措施，用以限制对安全壳的直接加热、保证堆芯碎片的冷却、避免氢气达到可燃爆浓度、防止安全壳晚期超压以及避免安全壳旁通等。

（5）在评估华龙技术电厂对严重事故缓解措施的充分性时，考虑满足监管要求的保守性和超出监管最低要求的设计裕量。

（6）应利用PSA评价严重事故风险，设计人员应证明每堆年发生大量放射性物质释放的概率低于10^{-6}/堆·年。PSA分析范围应包括内部事件和外部事件（不包括恐怖袭击事件），分析工况包括功率工况，低功率和停堆工况。

2.2.6 分析要求和可接受准则

（1）总体要求

1）对于为了满足法规标准要求而进行的设计基准工况分析，必须采用保守的、经国家核安全局认可的计算方法和假设开展，或采用经国家核安全局认可的最佳估算加不确定性分析方法开展。对于设计扩展工况及满足核安全准则要求以外的额外要求相关的分析，可采用现实假设和最佳估算方法。包括内外部事件的PSA分析可用于评价华龙技术电厂设计及其满足风险评价准则的能力；

2）设计人员应采用基于所分析事故或瞬态的实际物理状态的分析假设和限值，而不是选择便于分析的假设和限值。保守性应与监管要求保持一致；

3）分析技术应通过先前的使用经验证明是成熟的。如使用新技术或对现有技术进行修改，则应进行确认和评价。

（2）满足核监管的分析要求

1）对于为了满足核安全准则要求而进行的事故或瞬态分析，设计人员应向业主提交对于关键假设、所用方法和验收准则的描述；

2）应使用国家核安全局认证的方法；

3）对于提交给国家核安全局的执照申请分析，电源的处理应与国内相关要求保持一致；

4）所假设的操作员动作应满足国家核安全局的要求。任何关于操作员动作的必要假设都应基于经验丰富的操作员的人因工程评价；

5）验收准则应与国家核安全局的要求相一致。

（3）满足核安全准则要求以外的额外要求

1）设计人员应定义这些要求和验收准则，这些要求和验收准则应基于最佳估算模型。这些模型应通过华龙技术电厂运行数据或适当的试验数据进行验证。使用最佳估算参数的设计基准工况分析程序可用于证明满足投资保护和设计扩展工况要求；

2）对厂外及辅助电源的可用性评估和应用应基于华龙技术电厂所处的实际状态和环境条件。

2.2.7 应急计划的准则和方法

华龙技术电厂的设计应允许应急计划的简化和标准化。在制定应急计划中考虑的放射性源项、应急计划区划分、应急干预的准备、实施和管理等相关要求参照《核动力厂环境辐射防护规定》（GB 6249—2011）、《电离辐射防护与辐射源安全基本标准》（GB 18871—2002）和《核电厂应急计划与准备准则 第 1 部分：应急计划区的划分》（GB/T 17680.1—2008）。电厂设计应满足两个应急计划技术准则：安全壳性能和厂外剂量，在具体评估中应论证符合这两个准则。

设计人员应开展补充 PSA 评估，用于支持对两个应急计划准则的评估。

（1）安全壳性能准则

对于华龙技术电厂应急计划，应具有能力处理严重事故对安全壳的挑战，这包括采用设计措施和设计特征防止出现安全壳旁通的堆芯损坏序列、承受堆芯损坏序列施加的载荷。

从燃料开始释放裂变产物起约 24 小时的时间内，不应超过 LOCA 质能释放加燃料包壳氧化反应的载荷限值。

提供实现安全壳的现场手动过滤排放和远程自动过滤排放的措施。

超过 24 小时后提供防止裂变产物从安全壳不可控释放的措施。

（2）剂量准则

对于设计基准工况，根据《核动力厂环境辐射防护规定》（GB 6249—2011）的要求，需对非居住区边界和规划限制区边界的人员剂量进行计算，以保证剂量限值满足国标要求。对于设计扩展工况，根据监管部门制定的核安全审评原则评估放射性后果，以保证剂量限值满足安全审评要求。

（3）PSA 补充评估

应开展 PSA 评价以证明满足如下安全目标：

1）堆芯损坏频率（CDF）$\leqslant 1.0\times 10^{-5}$/堆·年；

2）大量放射性释放频率（LRF）$\leqslant 1.0\times 10^{-6}$/堆·年。

（4）论证安全壳性能准则的方法

设计人员应证明与堆芯损坏序列有关的压力和温度荷载不会超过安全壳设计压力及相应的饱和温度。堆芯损坏序列的特征如下：

1）安全壳是隔离的，确保安全壳的完整性（如没有发生旁通）；

2）反应堆冷却剂系统降压至 <2.0 MPa；

3）安全壳热量充分排出；

4）可燃气体控制系统在运行。

评估荷载时可采用最佳估算方法，应使用公认的工业计算机程序。

(5) 源项和剂量计算方法

设计基准源项计算应基于保守的分析方法和假设，可参照《压水堆核电厂设计基准事故源项分析准则》(NB/T 20444—2017RK) 中规定的方法和假设，设计扩展工况源项计算可基于最佳估算的分析方法和假设。剂量计算的方法应满足国家法规和标准的要求。

应用于事故后果评价的大气弥散因子、剂量转换因子、干沉积速率、呼吸率等的计算模型或具体数值遵照《电离辐射防护与辐射源安全基本标准》(GB 18871—2002) 的要求，在适用时，可采用 IAEA 第 19 号报告、国际放射防护委员会 (ICRP) 71 号报告中给出的计算模型或数值。

2.3 安全分级

2.3.1 概述

核电厂在正常运行、灾害、事故过程中的安全是依靠 SSC 执行安全功能来实现。安全分级的目的是确保物项的设计、制造、建造、调试和运行采用恰当的要求，以确保物项在所有预期的运行工况下有适宜的质量，确保安全功能的实现。安全分级既影响核设施的安全性，同样也严重影响核电发展的成本和代价。

2.3.2 方法与原则

华龙技术电厂参照《用于沸水堆、压水堆和压力管式反应堆的安全功能和部件分级》(HAD102/03) 的分级方法。

为保证必要的安全性，电厂设计必须满足下列总的安全要求：

(1) 必须为在某些运行工况和事故工况期间和之后的安全停堆和维持安全停堆状态提供必要的手段。

(2) 必须在某些运行工况和事故工况期间和之后，为停堆后从堆芯排出余热提供必要的手段。

(3) 必须为减少可能的放射性物质释放、为保证运行工况期间和之后的任何释放不超过规定限值、事故工况期间和之后的任何释放不超过可接受的限值提供必要的手段。

(4) 执行安全功能的设备和部件按照对安全重要的程度进行分级。考虑的安全功能采用《用于沸水堆、压水堆和压力管式反应堆的安全功能和部件分级》(HAD102/03) 中2. 2节所列安全功能条目。

(5) 设备和部件分为如下 3 个安全级和 1 个非安全级：

1) 安全 1 级

安全 1 级包括为防止堆芯裂变产物总量的会产生实质性影响的份额在有关的安全系统不起作用时释放到周围环境所必需的那些安全功能。

2) 安全 2 级

安全 2 级包括为减轻某一事故后果所必需的那些安全功能，如果没有这些安全功能的作用，该事故可能导致堆芯裂变产物总量的会产生实质性影响的份额释放到周围环境。只有在另一安全功能初始失效后才有必要考虑这些属于二级的安全功能失效的后果。

安全 2 级还包括为防止预计运行事件发展为事故工况所必需的那些安全功能，但是不包括只对另一安全功能起支持作用的那些安全功能。

安全 2 级还包括这样一些安全功能，这些功能（如反应堆余热的排出）失效的后果与要求执行这些安全功能的概率的乘积可能很大。

3）安全 3 级

安全 3 级包括对安全 1、2、3 级中的安全功能起支持作用的所有安全功能。由于认识到这些支持系统的失效不会直接引起辐射照射增大的后果，所以将它们划入安全三级而不划入 1 级或 2 级。

安全 3 级还包括以下两类安全功能：一类是为防止反应堆冷却剂系统以外的放射源对公众和厂区人员产生超过可接受限值的辐射照射所必需的安全功能；另一类是与反应性慢时标的控制（相对安全 1 级、2 级中的反应性控制功能来说）有关的安全功能。此外，安全 3 级还包括这样一些安全功能，它们的作用是使贮存在反应堆冷却剂系统以外的燃料保持在次临界状态或是排出贮存在反应堆冷却剂系统以外的辐照过的燃料所发出的衰变热。

4）非安全级

非安全级包括未进入安全 1 级、2 级和 3 级的那些安全功能。

2.3.3　设计要求

设计要求必须与安全等级相适应。设计要求应包括机械设计、质量、制造和检查等方面。设计要求应满足国内相关法规标准要求。

2.4　性能设计要求

2.4.1　概述

本节提出的设计基准要求并非首先与安全或投资保护有关。这些要求是业主委托提出的对华龙技术电厂的能力要求，这关系到华龙技术电厂的规模、寿命、操作能力、事件瞬态响应、对事件的响应时间。本节还涉及堆芯、放射性废物、厂区辐射照射等方面要求。

2.4.2　华龙技术电厂规模

本章要求华龙技术电厂为百万千瓦级核电机组，设计寿命为 60 年。设备设计应保证对于不可更换设备，应在设计阶段就考虑一定裕量，以满足机组后续延续运行的需求。

2.4.3　机动能力和电网需求的响应

（1）机组调峰能力

核电机组设计应具备一定的日负荷调峰能力，具体调峰性能要求需结合电网运行需求和核电设备能力确定。

（2）机组调频能力

核电机组设计应具备一定的调频控制能力，具体调频性能要求需结合电网运行需求和核电设备能力确定。

2.4.4　事件响应能力

（1）启动和停堆时间

华龙技术电厂应能在 24 小时内从冷停堆状态启动至全压全温度的热备用状态。同样地，华龙技术电厂应能在 24 小时内从全压全温度的反应堆临界状态停堆至 60 ℃。这些要 6 求不包括由于特殊试验规程导致的延迟和不是正常启动或停堆过程的行政管理延迟。

（2）反应堆冷却剂泵的可靠运行

在较低功率下，在能满足反应堆冷却剂泵运行的轴封要求和汽蚀余量要求的情况下，设计应保证反应堆冷却剂泵能可靠运行。此外，系统应允许在限定工况下重启反应堆冷却剂泵。

（3）反应堆停堆应不会导致如下动作：启动执行应急堆芯冷却的系统；触发稳压器安全阀；稳压器加热器裸露；启动应急给水系统，假设不是给水系统导致的停堆。

(4) 汽轮机甩负荷的响应

华龙技术电厂应具有汽轮机从100%满功率或较低功率完全甩负荷的能力，而不会引起反应堆停堆，并且不会开启主蒸汽安全阀。应尽量避免通过向大气释放蒸汽来实现这种能力。

(5) 丧失给水泵的响应

满功率运行时，在备用泵可正常启动工况下，丧失一台主给水泵或凝结水泵不会导致反应堆停堆。在备用泵不可正常启动工况下，当机组达到一定功率时，能保证丧失一台主给水泵或凝结水泵不会导致反应堆停堆。

2.4.5 堆芯性能

(1) 换料周期

换料周期，从一个换料后启动至下一个换料后启动，为18~24个月。

(2) 燃料组件设计限值

燃料组件的机械设计应保证燃料组件燃耗能至少达到52 000 MWd/tU。

(3) 燃料包壳失效率

由于制造缺陷导致燃料包壳的早期失效率应小于1/50 000。

2.4.6 放射性废物处理

2.4.6.1 乏燃料

华龙技术电厂乏燃料采用湿法贮存，湿法贮存容量应保证可以贮存华龙技术电厂10个燃料循环堆芯卸出的乏燃料组件加上一个全堆芯的卸料量。

2.4.6.2 放射性废物

(1) 排出限值

华龙技术电厂最终送往处置场的待处置固体废物年产生量小于50 m^3/堆·年。

(2) 暂存能力

华龙技术电厂放射性固体废物暂存库贮存量不应低于电厂三个月所产生的废物量，并且不超过电厂五年所产生的废物量。

2.4.7 职业照射

华龙技术电厂设计和建造应使得寿期内平均职业照射集体剂量不超过0.6人·Sv/(堆·年)。

2.5 结构设计基准

2.5.1 概述

结构设计基准的目标是提高华龙技术电厂结构安全性、施工、维修便利性，降低整体造价。

本节给出了适用于华龙技术电厂建筑物、构筑物、系统和设备的结构设计总准则；建立了关于功能和结构完整性统一分类的要求，明确了采用的规范和标准，并确定验收准则。规定了设计荷载、荷载组合以及为减轻华龙技术电厂厂内灾害后果需要采取的措施；包括了针对不同厂址相关的标准设计（包括不同自然现象和环境条件）。

2.5.2 分级要求

参照《用于沸水堆、压水堆和压力管式反应堆的安全功能和部件分级》(HAD102/03)的要求对构筑物、系统和设备进行分级。安全分级方法与原则见2.3节。在任何失效模式下，非安全级的构筑物和设备失效不应引起安全级设备和构筑物的安全功能丧失。

(1) 抗震分类

应该根据构筑物、系统和设备在SL-2地震作用下的影响进行抗震分类，分为抗震Ⅰ类、抗震Ⅱ类和无强制抗震要求的“NO”类，即非核抗震类。其划分依据见以下各节。

（2）抗震Ⅰ类

通过抗震Ⅰ类构筑物、系统和设备应确保达到下列要求：

1）反应堆冷却剂系统承压设备的完整性；

2）反应堆停堆和使反应堆保持在安全停堆状态的能力；

3）能防止或减轻放射性向环境大量释放的事故所造成的后果。

抗震Ⅰ类通常包括安全 1、2 和 3 级的 SSC。

必须确定在 SL-2 地震期间和地震后应满足的详细性能要求。抗震Ⅰ类系统和设备应能承受 SL-2 地震，并执行其相应功能。构筑物和承压边界应遵守相应规范要求。

（3）抗震Ⅱ类

抗震Ⅱ类适用于如下 SSC：那些 SSC 不执行安全功能，地震时不需要继续执行功能，但其结构的破坏或结构相互作用可能导致抗震Ⅰ类 SSC 执行功能的能力降低到不可接受的安全水平，或者使主控室人员受到伤害不能履行其职责。

在 SL-2 地震作用下，抗震Ⅱ类 SSC 不应对抗震Ⅰ类 SSC 产生不可接受的影响。应满足在 SL-2 地震作用下的结构完整性要求。对于处于敏感设备附近的流体系统，要求保持合适的压力边界完整性。

抗震Ⅱ类结构应按《核电厂抗震设计标准》（GB 50267—2019）设计允许结构达到有限的永久变形状态，不存在坍塌。应提供与安全相关结构、系统和部件的隔离以适应变形量，或应评估地震造成的影响。

（4）非核抗震类

没有根据（2）条和（3）条定义为抗震Ⅰ类和抗震Ⅱ类的 SSC 为非核抗震类。非核抗震类物项的抗震设计不应低于国家现行非核安全相关抗震设计标准的规定。

2.5.3　法规与标准

华龙技术电厂的结构设计优先选用我国现行有效的标准，并充分考虑本行业国际、国外有关标准。设计人员应列出所有适用的规范和标准及适用的版本。

（1）主要设计建造规范

不同安全等级的构筑物采用的规范标准见表 2-6。满足华龙技术电厂厂房结构设计和建造主要规范见表 2-7。

（2）核安全部门的见解

1）对于应用破前漏（LBB）技术的高能管道系统或管道系统区段，不考虑该管道破裂导致的动态效应。

2）在建筑物、构筑物和设备分析中，设计人员应采用经批准的现实的阻尼准则。

3）可利用经批准的独立的反应谱进行抗震计算。

4）经验数据可作为环境鉴定的部分或全部依据。华龙技术电厂源项应基于物理的源项。

表 2-6　不同抗震类别的构筑物采用的规范标准

序号	结构类型	抗震Ⅰ类和Ⅱ类	非核抗震类
1	建筑物基础	《压水堆核电厂核安全有关厂房地基基础设计规范》（NB/T 20308—2014）等 NB 系列标准	《建筑地基基础设计规范》（GB 50007—2011）等 GB 系列标准

续表

序号	结构类型	抗震Ⅰ类和Ⅱ类	非核抗震类
2	预应力混凝土结构	《压水堆核电厂预应力混凝土安全壳设计规范》（NB/T 20303—2014）等NB系列标准及《核电厂混凝土结构技术标准》（GB/T 51390—2019）	《混凝土结构设计规范》（GB 50010—2010（2015年版））等GB系列标准
3	混凝土结构	《压水堆核电厂核安全相关混凝土结构设计规范》（NB/T 20012—2019）等NB系列标准及《核电厂混凝土结构技术标准》（GB/T 51390—2019）	《混凝土结构设计规范》（GB 50010—2010（2015年版））等GB系列标准
4	钢结构	《压水堆核电厂核安全相关钢结构设计规范》（NB/T 20011—2019）等NB系列标准	《钢结构设计标准》（GB 50017—2017）等GB系列标准

表2-7　厂房结构设计和建造主要规范

序号	规范编码	规范名称
1	HAF 101—1991	核电厂厂址选择安全规定
2	HAF 102—2016	核电厂设计安全规定
3	HAD 101/01—1994	核电厂厂址选择中的地震问题
4	HAD 102/02—2019	核电厂的抗震设计与鉴定
5	HAD 101/04—1989	核电厂厂址选择的外部人为事件
6	HAD 101/12—1990	核电厂的地基安全问题
7	HAD 102/04—1986	核电厂内部飞射物及其二次效应的防护
8	HAD 102/05—1989	与核电厂设计有关的外部人为事件
9	NB/T 20105—2019	核电厂厂房设计荷载规范
10	NB/T 20012—2019	压水堆核电厂核安全相关混凝土结构设计规范
11	NB/T 20303—2014	压水堆核电厂预应力混凝土安全壳设计规范
12	NB/T 20332—2015	压水堆核电厂预应力混凝土安全壳建造规范
13	NB/T 20011—2019	压水堆核电厂核安全相关钢结构设计规范
14	NB/T 20308—2014	压水堆核电厂核安全有关厂房地基基础设计规范
15	NB/T 20017—2021	压水堆核电厂预应力混凝土安全壳结构整体性试验
16	GB 50204—2015	混凝土结构工程施工质量验收规范
17	GB 50205—2020	钢结构工程施工质量验收标准
18	GB 50011—2010（2016年版）	建筑抗震设计规范
19	GB 50267—2019	核电厂抗震设计标准

续表

序号	规范编码	规范名称
20	GB 50009—2012	建筑结构荷载规范
21	GB 50010—2010（2015 年版）	混凝土结构设计规范
22	GB 50017—2017	钢结构设计标准
23	GB 50007—2011	建筑地基基础设计规范
24	GB/T 50476—2019	混凝土结构耐久性设计标准
25	GB/T 51390—2019	核电厂混凝土结构技术标准

2.5.4 设计荷载与工况

2.5.4.1 荷载与工况介绍

（1）应利用现行规范、标准和实践确定华龙技术电厂建筑物、构筑物、系统和设备规定的荷载组合方法，并遵守已出版的核安全管理标准的规定。

（2）根据具体情况，可在国家核安全相关部门认可后，使用概率论方法，依据规定的设计基准事故，开展定量的计算。

（3）应尽早确定设计中要用到的荷载与荷载组合的量值，确定量值的时间应与建造开始之前需完成的设计工作相适应。结构设计的荷载取值，应根据厂址条件、工艺要求或现行国家相关标准的规定确定。结构设计应根据结构功能和性能要求，按承载能力极限状态和正常使用极限状态分别定义荷载组合。

2.5.4.2 自然现象

在设计华龙技术电厂的结构、系统和部件时，自然条件采用厂址参数包络值。

（1）风荷载

1）风荷载的取值采用厂址参数包络值；

2）核电厂采用厂址条件风速，考虑到使用的方便及设计习惯，沿用了传统的基本风压计算公式。同时根据现行国家标准《核电厂工程气象技术规范》（GB/T 50674—2013），明确风压采用 100 年重现期。参考《核电厂厂房设计荷载规范》（NB/T 20105—2019）和《核电厂混凝土结构技术标准》（GB/T 51390—2019），厂址的基本风压荷载按 100 年一遇的 3 s/m 的平均最大风速（距地面以上 10 m 高度处阵风）确定；

3）部分结构对风荷载比较敏感，而计算风荷载的各种因素和方法还不十分确定，因此基本风压应适当提高。可由相关的各结构设计规范，并根据结构的自身特点确定如何提高基本风压，没有规定的可以考虑适当提高其重现期来确定基本风压。对于其他设计情况，其重现期也可由有关的设计规范另行规定，或由设计人员自行选用，《建筑结构荷载规范》（GB 50009—2012）附录 E 给出了不同重现期风压的换算公式。

（2）水文

1）应获得并评价厂址的具体水文数据。水文数据包括但不限于：海水水位、降雨量，降雪量、地下水水位等记录。与厂址水文有关的设计条件或荷载要求应依据厂址参数包络。对偏离厂址参数包络的厂址应进行专门的评价；

2）应确定需要防洪的建筑物、防洪需要采取的措施以及由此对结构设计基准造成的影响。

（3）地质与基础条件要求

1）核电厂勘察应符合《岩土工程勘察规范》[GB 50021—2001（2009 年版）]和《核电厂岩土工程勘察规范》（GB 51041—2014）的规定。宜根据核岛等主要建（构）筑物地基的剪切波速值、地基承载力特性值对厂址进行分类，厂址分类宜符合《核电厂岩土工程勘察规范》（GB 51041—2014）中表 3.1.7 的规定；

2）核电厂岩土工程勘察应按照各勘察阶段的要求，查明厂址区的地形地貌、地层岩性、地质构造、水文地质、不良地质作用与地质灾害等岩土工程条件，提供岩土参数，对场地和地基的适宜性以及边坡稳定性做出评价，尤其应着重分析和评价以下问题：断裂破碎带对岩土性能的影响；岩土的工程特性指标；地基的承载力、稳定性、均匀性和适宜性；场地水文地质条件；现有边坡和人工形成边坡的稳定性。

（4）地震

1）设计基准地震作用按现行国家标准《核电厂抗震设计标准》（GB 50267—2019）取值，SL-2 地震通常为预估的核电厂所在地区可能遭遇的最大地震动（在设计基准期中的年超越概率为万分之一）产生的地震作用。设计基准地震作用包括地震动引起的结构、管道和设备的地震作用，土的地震作用，水池中水的地震作用等内容。为保证公众的健康和安全，必须确定用于核电厂设计的 SL-2 地震的要求。当地基条件对结构的内力和变形有显著影响时，结构分析中应考虑地基与结构相互作用效应。

2）必须确定用于针对 SL-2 设计的单一自由场地震运动的输入谱。谱的输入运动应拟合到适合于结构分析模型特点，其中要考虑土和结构的相互作用（SSI）现象。

3）在具体厂址的详细设计开始之前，应审查包络的地面反应谱和厂址的具体反应谱，并确定设计参数未被包络的数据。对未被包络的参数数据应进行特别的评价。最终的厂址反应谱应得到国家核安全相关部门的批准。

（5）龙卷风

1）对核电厂中安全相关土建结构设计时，应在遭受设计基准龙卷风条件下保持安全功能，包括不倒塌，不被飞射物贯穿和不产生二次飞射物。

2）龙卷风荷载的设计基准应采用华龙技术电厂厂址设计参数包络，超出设计基准的厂址要做单独评价。

3）在考虑结构抗飞射物设计中，墙壁和屋顶的厚度必须可抵抗厂房内部产生二次飞射物。最小的厚度要满足《核电厂安全相关土建结构抗龙卷风设计规定》（NB/T 20360—2015）中经验公式要求。

（6）火山活动

在厂址选择时应排除火山活动影响的厂址。

2.5.4.3 厂址周边人为灾害

华龙技术电厂设计要考虑周边的人为灾害，如周边的工业事故或者交通产生的事故对电厂的影响。应根据厂址条件适当考虑自然灾害与人为灾害的组合，以及考虑核电厂周边设施可能对电厂造成的影响。

工业：电厂设计应考虑厂址潜在的灾害来源，如附近的工业，军事设施或厂址附近的管道。这些潜在的灾害包括：火灾、爆炸、飞射物及有毒或可燃气体的释放。

交通：应考虑潜在的核电厂周边交通灾害，如地面车辆爆炸及撞击、飞机撞击影响。只要有可能，应从理论上论证这些灾害可以从设计基准中移除。

溃坝：电厂设计要考虑上游堤坝溃坏对电厂水淹的影响。如果厂址在这样潜在灾害的下游，应评价其导致的最大水淹量可以接受。

2.5.4.4　电厂运行荷载

（1）预期华龙技术电厂工况荷载

1）要考虑和尽量最小化任何或者全部运行工况的荷载。

2）电厂运行的各类工况的荷载均要考虑，包括预期的电厂瞬态。

3）应考虑并最大限度降低由往复运动、旋转运转、泵的脉动、阀门快速开关、流致振动、泄压阀排放、汽蚀效应以及其他的流体效应造成的结构和设备荷载。应合理地旋转某些重要特性，比如阀门的开启和关闭时间、泵的启动和关闭时间、泵的启动和流量衰减时间等，以避免不必要的保守。在系统设计中应考虑潜在的水锤事件。

4）应借助于系统设计、设备选择以及在流体系统中利用稳压箱最大限度降低正常运行期间的振动。对于在现有核电厂已发生过问题的系统应加以重视。在无合理的办法避免振动时，应当采用吸能器、阻尼器或其他装置以便吸收或减低振动荷载。应注意避免把地震减震器用作振动减振器。

（2）极端电厂工况荷载

1）应根据《核电厂厂房设计荷载规范》（NB/T 20105—2019）和《核电厂混凝土结构技术标准》（GB/T 51390—2019）确定核电厂异常工况下所有建筑物、构筑物、系统和设备的荷载。异常荷载包括由设计基准事故引起的压力荷载、温度作用、管道和设备反力、局部荷载，内部水淹作用于安全壳的荷载。在确定这些荷载时应尽可能最大限度地利用考虑到与荷载相关的运行状态的设计方法。应清楚地、完整地规定鉴别荷载的依据（或概率论法，或确定论法）。

2）核电厂极端工况荷载对建筑物、构筑物、系统和设备的效应需要借助于降低或隔离荷载的设计加以减轻，或借助于在核电厂设计早期阶段计及这些荷载加以缓解。

2.5.4.5　内部灾害

设计人员应考虑在正常运行和事故工况的环境条件下内部灾害对华龙技术电厂 SSC 的影响。主要包括：管道破裂、内部水淹和内部火灾、内部飞射物。

（1）管道破裂

1）应识别高能管道和中能管道。核电厂内的流体管道根据压力、温度、流体性质等条件划分为高能管道和中能管道。高能管道定义为在电厂正常运行工况下最高运行压力大于等于 2 MPa（表压）或最高运行温度大于等于 100 ℃的管道。其他管道为中能管道。如果安全级管道公称直径大于等于 50 mm，且作为高能系统运行的持续时间小于或等于电厂寿期的 2%，则将其视为中能管道。

2）应根据管道的特性（应力值、疲劳因子等）采用合理的方法确定破裂位置，包括管道的端点（固定点、与大管道或部件的连接处）和中间位置。参照《轻水堆核电厂假想管道破损事故防护设计准则》（NB/T 20516—2018）。

3）对于高能管道破裂考虑射流冲击、管道甩击、冲击波等局部效应和水淹、高压、温度升高、湿度升高、放射性升高等全局效应；对于中能管道破裂仅考虑水淹、温度升高、湿度升高和放射性升高等全局效应。设计人员应该保护安全重要SSC免受这些效应影响。

4）采用如下措施来预防高能管道失效：采用适当的措施，例如监视措施（增加在役检查或监测泄漏、振动和疲劳、水化学、零件松动、位移和侵蚀等），减少管道破裂的可能性；采用破前漏、破裂排除等技术，防止出现破裂。

5）采用如下措施防护高能管道失效：在电厂布置上根据实际可能，应把冗余安全系统布置在分离的隔间内；安全相关的系统应尽量远离高能管道；如有必要，对那些在管道破裂事故后仍需维持功能的系统，应设置专门的部件来保证其冗余特性；应利用墙体、楼板等结构来隔离高能管道破裂的效应；在隔离提供的保护不够的地方必须提供额外的屏障，如挡板或防护罩；在现有的隔离、屏障不能提供足够的保护时，可以设置管道防甩件限制管道的甩击；对于高能管道破裂产生的射流，可以采取限制射流的时间和/或空间的方法。例如，安装在上游的阀门和安装在故障点下游的逆止阀可以在射流发生后快速停止喷射；为防止隔室超压可以在墙体、地板上开孔可以降低隔室压力荷载。对存在放射源的隔间开孔，要进行放射性评估。

6）机组应能承受任何大小的假设管道破裂，包括安全壳内的双端剪切断裂，其作为安全壳结构和安注系统的设计基准。

（2）飞射物

1）内部飞射物防护主要考虑核电厂内部潜在飞射物源项对于安全功能的影响，内部飞射物不能妨碍核电厂三大基本安全功能的实现。内部飞射物不能破坏安全系列之间的分隔。内部飞射不应造成设计上不考虑失效的设备受到不可接受的影响。

2）对于泵的飞射物，可考虑飞射物是由于转动部件超速、故障或应力超过极限而产生的。如果可以保证叶轮故障产生的飞射物不会穿透泵壳，则可以不考虑泵的故障产生的飞射物，否则需对其效应进行评估。同样的原则适用于风机和压缩机，以及电机（考虑定子对转子的包容）。对于反应堆冷却剂泵，为了预防其飞轮的解体，飞轮在材料、设计、制造和检查方面应执行严格的要求，以便在所有运行条件下，排除飞轮故障产生飞射物的可能性，否则应考虑其可能对周围设备和结构造成的破坏。

3）对于汽轮机飞射物，应考虑汽轮机转子的解体。一般将汽轮机飞射物分为两种类型：高轨道飞射物：穿透汽缸向上飞射，如果下落时击中安全相关SSC可能造成损坏。高轨道汽轮机飞射物或者由于具有足够的速度而落于厂房外，或者由于速度甚低而对电厂大部分构筑物的撞击不构成重大危害。低轨道飞射物：穿透汽缸飞射，并可能直接击中安全相关SSC。低轨道飞射物主要集中在汽轮机两端、轴线垂直方向±25°角区域范围内。

4）对于高能流体系统部件，考虑阀门及容器的失效导致的飞射物，考虑管道上传动器作为飞射物。

（3）水淹

应识别不能被水淹的系统设备，必须保证发生水淹时水淹源项对其的影响可以接受。对于核电厂内部水淹而言，需考虑厂房范围内的所有流体系统和箱体发生以下的情形：

1）高能和中能管道的泄漏和破裂；

2）消防系统动作（包括误动作）；

3）实现安全壳喷淋功能的系统误动作；

4）水箱失效或满溢；

5）设备隔离失效；

6）来自相邻厂房的水导致的水淹。

（4）内部火灾

1）火灾对SSC的影响除了直接影响外，还应考虑热辐射、烟气等影响。

2）核电厂的SSC的设计、布置应尽可能降低火灾发生的可能性，将火灾的影响降至最低。从核安全、人员安全、工业安全角度出发，有如下要求：必须在火灾发生时和发生后确保核电厂安全停堆、排出余热、包容放射性物质和监测核电厂状态的能力；设计应采取措施限制那些可能导致核电厂长期不可用的火灾；采取一定措施在发生火灾时能使工作人员安全疏散，并且为消防队员创造灭火救援条件。

3）对于核电厂内部火灾而言，灾害源为核电厂中的可燃物。应考虑核电厂厂房内任何可燃物被点燃的情况。在核电厂中大量使用和存在的可燃物主要有：电缆、电气和仪控机柜、润滑油、活性炭（过滤设备滤芯）、燃油、其他含有大量塑料部件的设备、衣物和纸张等。对于采用防火包裹、防火箱体或其他有效手段保护的可燃物在保护手段有效的情况下不考虑其作为源项，例如长期位于水池中的可燃物。除可燃物外，也应对核电厂内点燃源和可能存在的临时点燃源进行识别，主要如下：能够产生点燃源（包括明火、火花和热表面）的固定设备和工序；由于设备故障包括突然释放能量、摩擦发热、电弧以及自燃所产生的点燃源；由于运行或建造活动包括焊接、切割、打磨以及使用热源或火源所造成的点燃源；其他所有可能的临时点燃源。

（5）内部爆炸

1）应考虑地震导致的含有爆炸源的非抗震设备、部件失效引起的爆炸，以及高能管道甩击导致运输爆炸危险物质的管线破损，考虑爆炸引起的火灾对电厂的影响等。内部爆炸是指核电厂场区范围内发生的爆炸，内部爆炸又分为核安全相关建（构）筑物内部的爆炸和场区范围内的其他爆炸。

2）设计和布置安全重要SSC时，除满足其他安全要求外，还必须尽量降低外部或内部事件引发内部爆炸的可能性及其后果。对于厂区范围的其他爆炸，爆炸后果不能对核安全物项相关的厂房或区域造成影响。

3）应对安全相关建（构）筑物内的爆炸，以及其他对安全重要物项有明显爆炸危害的区域识别爆炸源项。爆炸源项可分为化学爆炸源和物理爆炸源：化学爆炸源项主要有易燃易爆气体、液体（例如氢气、油雾）等；物理爆炸源项需考虑可能产生高压电弧的设备、可能产生沸腾液体蒸汽爆炸（BLEVE）的设备等。

（6）重物坠落

1）在吊运设备运行过程中，吊运设备不能控制吊钩上的载荷时会有重物坠落的风险，本标准的重物坠落针对的是被吊物项的坠落。

2）重物坠落可能导致在吊运区域内的设备和构筑物损坏，这取决于坠落物的重量、高度和设备与构筑物承受冲击的能力。同时还应考虑冲击可能导致坠落物损害的情况，尤其在坠落物中装有放射性物质的情况（如燃料组件）。

3）除吊运重物外，地震也可能引起处于高处设备的坠落，在抗震分类和地震安全评价时应考虑其效应。

2.5.4.6 LBB 评估

应用破前漏（LBB）技术的管道系统不考虑该管道双端剪切破裂导致的动态效应对 SSC 产生的影响。应对管道应用 LBB 技术进行分析论证，主要技术内容包括：前提条件评估、泄漏监测能力评估、临界裂纹计算（裂纹稳定性分析）、泄漏可监测裂纹计算。

（1）前提条件评估

水锤、蠕变、腐蚀、侵蚀和疲劳等因素将影响断裂力学分析中裂纹形状的假设、荷载条件、材料性能等，导致分析结论的不可靠。因此需对 LBB 应用对象进行分析，除非在分析中可以精确地考虑这些因素的影响，否则需要证明管道在服役条件下发生上述情况的可能性极低。前提条件的评估主要内容如下：

1）应评价由于不利的流动状态和水化学条件引起的侵蚀、冲蚀和空洞现象导致的管道退化的可能。

2）应评估材料对腐蚀的敏感性、潜在的高残余应力和易腐蚀的环境条件，这些因素同时存在会导致应力腐蚀裂纹。

3）应评价对象管道发生水锤的概率非常低。

4）需证明管道对蠕变和蠕变疲劳不敏感，低于 371.1 ℃ 的铁素体钢和低于 426.7 ℃ 的奥氏体钢可以不考虑蠕变的影响。

5）应保证管道材料在整个系统运行温度范围内对脆性机理破裂不敏感。

6）应评价热或机械荷载造成的疲劳不会导致管道失效。管道系统在历史记录中未出现疲劳裂纹和疲劳失效。应证明：管道中的冷热流体充分混合，热分层应力足够小；不会疲劳失效。

（2）材料需求

应用 LBB 技术的管道材料要求为高韧性材料，且需要有较强的抗腐蚀、抗老化的能力，在寿期内材料不会有明显的弱化。断裂力学和泄漏率计算中需要材料的弹性模量 E、屈服强度 Sy、抗拉强度 Su、材料真实应力—应变曲线、J—R 曲线。上述材料力学性能可以通过两种途径获取：工业通用数据库；开展材料力学性能试验。工业通用数据库是指代表单个或一类材料的韧性和真实应力—应变数据，材料性能的下限值，需要足够的代表性和合理的保守性。

（3）分析位置

分析位置应选择应力最高和材料性能最差的部位，当应力最大部位和材料性能最差的位置不一致时应分别考虑。

（4）荷载及荷载组合

泄漏率计算采用正常运行工况的荷载（压力、自重和热膨胀的组合），临界裂纹长度计算采用电厂运行工况最大荷载（压力、自重、热膨胀和 SL-2 的组合）。泄漏率计算时正常工况的荷载采用代数和组合，临界裂纹计算时采用绝对值和组合（采用代数和时应乘以 1.4 的系数）。

（5）泄漏监测能力评估

监测能力需满足相关标准或规范的要求。泄漏监测系统应包括两种或以上定量监测装置和一种定位监测装置。两种定量监测装置应使用不同的监测机理，不会导致共因失效，且在主控室设有发生报警，泄漏监测系统应具有足够的可靠性、灵敏性和监测手段的冗余性。

（6）泄漏可监测裂纹尺寸的确定

对于压水堆核电厂小破口失水事故问题，泄漏率的计算采用两相流理论，根据监测系统灵敏度和计算荷载确定可监测裂纹长度。考虑泄漏可监测裂纹源被微粒堵塞、泄漏预测和测量技术、人因和检查频度等因素，同时考虑裂纹张开面积、表面粗糙度和两相流计算等因素，可监测裂纹长度应考虑 10 倍裕量。

(7) 临界裂纹计算

临界裂纹尺寸计算考虑 2 倍裕量。

2.5.4.7 飞机坠毁及商用飞机撞击

应采用筛选距离值法或筛选概率水平法评估可能的飞机坠毁事件。

参考《核电厂厂址选择的外部人为事件》(HAD101/04) 的附录 I，筛选距离值需考虑的因素包括：机场、航线、起落通道、起落次数、机场距离、军事设施或轰炸演习空域等。若给定厂址不在筛选距离内，则飞机坠毁危险可以不考虑。

当给定厂址上的飞机坠毁概率等于或大于设计基准概率值时，应在设计基准外部事件中考虑飞机坠毁。

通过结构设计、冗余、几何分隔等手段，在飞机坠毁时，保证反应堆停堆和维持安全停堆状态设备的可用性以及限制不可接受放射性泄漏后果。

对于设计基准飞机坠毁，安全级厂房或构筑物外墙厚度应能足够防御撞击，不会出现穿透、碎甲，各构筑物之间的安全级管道也应进行防御。

商用飞机恶意撞击作为超设计基准事故，应保证在电厂经受撞击后，仍能保证：

(1) 反应堆保持冷却，或安全壳保持完整性。

(2) 乏燃料保持冷却，或乏燃料池保持完整性。

2.5.4.8 荷载工况组合

(1) 厂房与结构

1) 预应力混凝土安全壳根据《压水堆核电厂预应力混凝土安全壳设计规范》(NB/T 20303—2014) 及其他相关 NB/T 规范进行设计，同时参考相关国内外法规要求。

2) 抗震 I 类核相关厂房包含混凝土结构（普通混凝土结构和预应力钢筋混凝土结构）和钢结构，按照《核电厂混凝土结构技术标准》(GB/T 51390—2019) 及 NB/T 系列规范设计，同时参考相关国内外法规要求。

3) 管道被证明适用 LBB 技术时，则不应把破管荷载与地震荷载叠加。否则对于特定的工况，需要考虑管道破裂动态效应和地震载荷的组合作用。

4) 荷载组合时，如任何一种荷载会减小其他荷载的效应，若该荷载经常出现或与其他荷载同时发生，则该荷载效应的荷载分项系数应取 0.9。否则取 0，即不参与组合。

5) 抗震 I 类的建构筑物的基础设计需进行包括抗滑、抗倾覆和抗浮的稳定性验算，其稳定安全系数应满足《核电厂混凝土结构技术标准》(GB/T 51390—2019) 的要求。进行抗震计算时需考虑包括地下水影响的土—结相互作用。

6) 非核安全相关厂房的荷载工况组合依据一般国家标准设计规范和相关行业设计标准进行确定。

7) 如果特定的荷载组合对结构产生的作用无确定的规律，需根据本文件有关荷载组合的要求，采用多种方法和力学理论对荷载组合进行分析。荷载组合应尽可能与实际情况相符。当采用概率论荷载组合方法时，应进行合理性论证。

设计时应根据现行核相关国家和行业标准的要求确定荷载组合。应基于确定论和概率论方法对荷载组合进行综合评估，发生频率小于 1×10^{-6}/堆·年的事故导致的荷载不需考虑。

结构及构件的承载力设计采用极限状态设计方法，满足下式要求：

$$R \geqslant S$$

式中：R——结构的承载力设计值；

S——荷载效应组合设计值，$S_i = \sum_j (\gamma_{ij} \cdot S_{ij})$，其中 S_{ij} 为荷载标准值，γ_{ij} 为相应的荷载分项系数，具体数值依据相关规范标准确定。

（2）系统和设备

应根据管道系统和设备在核电厂中的功能和位置，并按照相关规定进行分级。根据设计基准事故和事件组合中得出荷载和荷载组合。在选择荷载组合方法时，应尽可能反应真实情况，考虑实际事件序列和相对时间顺序。

对于每个系统和设备，运行条件要基于 DBC 加以确定，DBC 包括 DBC-1~4 类工况。应对各工况的荷载组合进行力学分析和评定。同时发生的概率极低的事件不必组合，动荷载最大值同时出现的概率很低，采用平方之和的平方根（SRSS）方法进行组合。正常工况支架计算应考虑管道移动产生的摩擦力，但动荷载不考虑摩擦力。应用 LBB 技术的高能管道，不考虑破裂动态荷载的影响，支架设计不考虑管道甩动和喷射产生的荷载影响。

2.5.5 设计方法

（1）简介

1）华龙技术电厂的设计必须满足指定的规范标准。所有的分析和设计技术应该与这些规范和技术保持一致，应进行鉴别和证实。

2）设计人员要考虑当前轻水堆电厂设计时的经验，辨识那些影响造价、进度、可维修性、可操作性和便于退役的设计难题，并针对这些因素采取一系列措施。

3）要贯彻最小化无必要考虑原则，该原则方法基于实际和可接受值。

4）当进行最合适、平衡且经济的设计时，应利用公认的动态分析技术，使电厂设计中采用最合理的假定。优化应基于电厂生命周期内的初始硬件造价、运行成本及维修成本的评估。

5）电厂设计要定一个设计方法，允许建造和安装误差，以及布置和定位时的潜在误差。设备设计要有一定的裕量以应对将来的预期修改。

6）应充分利用已证明的计算化设计工具以提高经济性、效率和设计质量，简化和控制信息交换。

7）应设计出一套保护设备免受外部腐蚀的方法。

（2）厂房和结构

1）混凝土安全壳的设计、建造和试验应符合《压水堆核电厂预应力混凝土安全壳设计规范》（NB/T 20303—2014）、《压水堆核电厂预应力混凝土安全壳结构整体性试验》（NB/T 20017—2021）等。

2）其他钢筋混凝土结构建筑物和构筑物应满足《混凝土结构设计规范》（GB 50010—2010（2015 年版））、《核电厂混凝土结构技术标准》（GB/T 51390—2019）和《压水堆核电厂核安全相关混凝土结构设计规范》（NB/T 20012—2019）等；钢结构部分内容满足《钢结构设计标准》（GB 50017—2017）和《压水堆核电厂核安全相关钢结构设计规范》（NB/T 20011—2019）等。

3）动力学分析方法应符合《核电厂抗震设计标准》（GB 50267—2019）的要求，所有的分析和设计程序都应符合适用的规范和标准，并经过鉴定和验证。反应堆冷却系统中主要部件的动力模型应与建筑模型耦合。

①土—结构相互作用：设计人员要基于代表性土层的土，对厂房进行土—结构相互作用分析。土—结构相互作用分析要考虑随着土层变化的场地运动（水平和竖向）。要采用经过验证的二维和三维的土—结构相互作用计算分析软件开展分析工作。要通过参数的变化和敏感性研究解决土—结构相互影响的不确定性。不确定性包括土壤参数和结构之间的相互作用，部分土壤和侧壁分离，地基的不对称性，不均匀土层和场地水位变化。扭转效应不在动力分析中考虑，但在设计中考虑。

②当基础埋置较深时，在计算模型中要评估厂房埋置效应的影响。当必须考虑时，应对外墙与回填土之间空隙进行适当的假设。

4）建筑物的抗震分析应在设计的早期阶段进行，以便为所有系统和设备提供合理的地震设计包络谱或设计时程曲线。同样，对作为主结构的子系统，比如主控制盘，也应在设计中尽早进行抗震分析。如果在设计中引入了质量分布和刚度的明显改变，则应在建筑结构和主设备进入最终设计阶段后进行确认分析。

5）楼面反应谱应从考虑土—结构相互作用分析中获得，并通过评估不同土壤的情况。通过组合多个土—结构相互作用分析的结果，按相关规范的要求形成包络的反应谱。

6）用于动态分析的结构阻尼值是基于规范规定、经验值或试验值。

7）设计用于连接到混凝土表面的支撑应通过带锚栓的预埋件或其他合适的连接方式。混凝土表面的连接支撑通过混凝土预埋板或者其他锚固系统连接；混凝土膨胀螺栓用来在混凝土浇筑之后进行重新定位支撑。如果膨胀螺栓承担设备的振动荷载，应选用具有延性的膨胀螺栓。

8）非核级结构、系统及部件应满足相应 GB 标准的要求。

（3）系统和设备

所有分析和设计程序应符合相应的规范和标准，并应经过评审和验证。应合理应用先进技术消除设计和分析中的过度保守。

机械系统和设备的动力学设计应基于结构的实际阻尼，以便合理应用柔性系统设计，设计中可通过使用吸能支架来增加系统阻尼。

应按《核电厂抗震设计标准》（GB 50267—2019）中 3.3.2.3 节对楼层反应谱峰值进行拓宽。响应振型和空间分量应根据《核电厂抗震设计标准》（GB 50267—2019）中 3.2.4 节进行组合，但对具有明显高频荷载成分的高于零周期加速度对应截止频率的模态响应，可采用绝对值法进行组合。

对于管道跨越多个楼层的谱分析，可采用多点谱分析法，多点谱分析法可以减少采用包络谱的单点谱分析法的过度保守。

刚性支架应满足“刚性”支架对应的刚度值，若不满足则应在管道应力分析模型中考虑支架刚度。如果模型中考虑了支架刚度，则应在所有荷载工况分析中一致地使用刚度值。如果无法设计成刚性支架，则可在管道分析模型中建立支架结构，或使用计算的刚度值。主管与支管直径之比大于等于 4，或惯性矩之比大于等于 100，则可解耦进行应力分析，主管分析模型不考虑支管，支管分析考虑主管的影响。管道分析中应合理考虑设备接管的刚度。

应根据连接管道的尺寸和强度确定合

理的通用设计接管荷载。接管荷载设计值应作为采购规范的一部分提供给设备供应商。阀门采购规范中应规定合理的通用阀门加速度限值。

在线弹性地震动力学分析中，反应堆冷却剂系统和设备阻尼：SL-1 为 2%、SL-2 为 4%，管道阻尼：SL-1 为 3%，SL-2 为 4%。

在事故工况（D 级）荷载组合中，应考虑 SL-2 地震锚固运动（SAM）。

为了更合理的结构设计，应对主要设备和支架进行动力学分析，分析时考虑支架和主要结构件的显著惯性、刚度和连接件的影响。

事故工况（D 级）分析应考虑管道系统的非线性和固有能量吸收。应尽量减少阻尼器的使用，合理设置吸能支架来增强系统阻尼。非线性分析应充分结合经验和理论，使用统一的非线性分析程序。

在监管规范允许的情况下，设备支架在事故工况下可采用非线性分析设计。可对具有显著高频（33～100 Hz）含量的振动荷载进行非线性分析。管道所有支架的抗震设计荷载应基于对管道系统施加等效加速度荷载，该荷载可取为不低于 1.5 倍 SL-2 峰值加速度。

应确保参考反应谱包络设计反应谱。应制定分隔准则，以排除抗震Ⅱ类管道、NS 管道和安全物项之间的地震相互作用。

应分析非抗震管道与抗震管道连接接口附近的管道和支架，以确保抗震设计管道的结构完整性和规范边界处隔离阀的功能。抗震和非抗震管道区域的设计方法：

1）非抗震设计管段和系统抗震设计管段采用锚固点隔离。

2）采用三个方向的限位支架约束，将传输到抗震设计管段的响应限制在规范允许范围内。

应确保为管道和设备设计编制的程序包括了限制使用普通硬件的措施。其中包括管道和结构拐弯的剪切偏心，管道和大法兰面与扭矩有关翘曲。

附件和混凝土的连接采用预埋钢板或其他合适的预埋件，如带有锚栓的轧制槽钢或其他结构型材。如果混凝土浇筑后需要使用膨胀锚栓，为确保螺栓韧性应使螺栓直接受压或受剪。对于不受设备振动或管道动态条件影响的小荷载，采用楔形或套筒式锚固件代替剪力锚固件。

应制定合理的设计方法尽量减少设备分析和设计的迭代。尽可能利用成熟的计算机设计工具，以提高结构设计的经济性、效率和质量。应考虑各设计专业之间的接口要求，并为简化和受控的信息交换做出适当规定，尽可能地利用计算机信息库。

管道和设备各工况的计算应力应小于相应工况的应力限值。正常工况采用 A 级应力准则，异常工况采用 B 级应力准则，紧急工况采用 C 级应力准则，事故工况采用 D 级应力准则。

设备及其支架之间的管辖边界，以及不同级别设备之间的边界，应按照相应规范的定义。直接连接到建筑结构的补充结构构件应视为建筑结构的延伸，并应遵守与建筑结构相同的规范和标准。如果不使用辅助钢，设备支架和建筑结构之间的管辖边界应位于标准支架和辅助钢或建筑结构的接口处。将支架连接到建筑结构或辅助钢（如焊缝或螺栓）的方式应在部件标准支架的管辖范围内。

其他设备及其支架设计应考虑静荷载、动荷载及其荷载组合。荷载和荷载组合应与分级、几何形状、位置和功能相适应。结构的强度和动态响应尽可能通过静态和动力试验或鉴定确定。应尽量使用标准化通用设计，以便于设计、制造和安装。

抗震Ⅰ类风管和支架应考虑局部荷载进行设计，包括内压和外压、风阀和电机惯性荷载以及其他附件的惯性荷载。

应建立间隔距离准则，以避免结构、系统和设备之间的干涉。

标准设计的非抗震设备的锚固件，应根据制造商提供的操作荷载进行设计，必要时，由设备设计单位进行补充，以及根据建筑分析确定的地震荷载。应评估供应商对建筑接口处的锚固规定要求（例如地脚螺栓尺寸、数量和配置）。地震荷载作用下的设备锚固仅为保护目标物和人员安全，非安全相关设备的采购规范不包括任何其他抗震设计要求。

2.5.6　试验和鉴定

应根据适用的规范和标准对系统、构筑物和设备进行试验和鉴定，以确保在设计条件下能够执行其预期功能。

（1）机械和电气设备的抗震和动力学鉴定

需鉴定设备的抗震要求应与其预定功能相匹配。

抗震Ⅰ类设备应设计成能承受 SL-2 地震，且在地震发生时和/或发生后都能保持其安全功能。抗震Ⅰ类的机械和电气仪控设备需考虑采用设备鉴定的方式证明设备在地震发生时和/或发生后仍能执行其预定的安全功能。

抗震Ⅱ类设备是为了保护抗震Ⅰ类设备或者避免对抗震Ⅰ类设备产生不可接受影响。此类设备通常是在安装和设计过程中对其锚固和支承进行适当的分析，从而满足设计要求。

抗震鉴定输入：机械和电气仪控设备的抗震鉴定应考虑具体厂址的地震数据，这些数据可从各厂房楼层响应谱中查到。在抗震鉴定试验中，为保守起见，一般要求设备连续经受 5 次 SL-1 和 1 次 SL-2 的地震荷载仍能保持预期的安全功能。当用其他地震荷载替代 5 次 SL-1，应提供充分的论证来说明其合理性。

对于需进行抗震鉴定的设备，尤其是要求具备可运行性的设备，应制定专门的抗震鉴定大纲来明确将进行的抗震鉴定活动。对于一些设备，可与环境鉴定大纲合并编写。抗震鉴定大纲的内容至少包含：设备的类型和设备标识；抗震鉴定的方法；鉴定的验收准则。

机械和电气设备抗震鉴定采用的方法有：

1）试验法。

2）分析法：单独的分析法鉴定用于论证结构完整性以保证设计功能的实现，通常设备的可运行性不应仅用分析法验证。

3）试验和分析综合法：当仅仅采用试验法进行抗震鉴定受限制时，可采用试验和分析组合的方法。例如用试验法证明设备的可操作性，而用分析法证明设备结构和支承的完整性。

4）类比法：对于只有微小差异的同一类型设备，例如阀门和仪表，可以通过类比逻辑推理的方法进行鉴定。

5）经验数据法：当同类设备在真实环境中已经经受 SL-2 地震荷载后仍能保持其预期功能，可考虑用经验数据的方法来论证本设备在抗震上是可接受的。采用经验数据的方法有以下条件：

①经验数据库是可获取的。

②对有代表性的数据逐一分析。

③设备经受荷载的经验数据应与 5 次

SL-1 和 1 次 SL-2 的荷载相当。

(2) 机械和电气设备环境鉴定

应确保机械和电气设备的鉴定是在其可能所处的各种运行环境下进行的，包括正常运行及事故运行环境。机械设备鉴定可根据适用的标准、预防性维护、定期检查、监督试验的要求，以评估所涉及设备等级在设计基准条件下的能力和性能。在恶劣环境条件下工作时，安全 1 级电气设备应符合相应的环境要求。

应从设计工况的环境分析中提供环境包络参数，用于鉴定的环境条件无需过度保守。应充分考虑来自组合参数的共同作用。相应的环境鉴定参数包括但不限于：温度、压力、湿度、辐射、化学喷淋、振动和老化。

对于抗震 I 类设备，其鉴定按如下顺序：

1) 热老化。

2) 运行老化。

3) 辐照老化。

4) 振动老化。

5) 抗震鉴定试验。

6) 事故辐照。

7) 事故环境模拟试验。

8) 事故后环境。

该序列中的试验并不是对所有设备都是必须的，可以根据设备需要鉴定的环境条件选择必要项进行鉴定试验。如果能证明是等效的，也可以采用其他的鉴定顺序。

2.5.7 鉴定结果的保持

应建立一个预防性维修、在役检查、定期试验以及更换计划以确定在核电厂整个寿期内维持设备处于鉴定合格状态。对于每种类型设备，都应建立一个测试清单以确定可能使鉴定失效的因素。应确定所有会使得鉴定失效的变更。

2.6 内外部灾害防护总原则

2.6.1 核电厂内部灾害的防护层次

在设计中采用保守的设计，降低始发事件发生的频率（F1），如适当地应用安全因子、全面地控制材料特性等。在核动力厂设计过程中采取某些措施，降低 SSC 受影响的概率（P2），如在源和靶物之间设置屏障。或者在设计过程中，针对不同的内部灾害设置恰当的监测系统，以便在灾害发生之初或之前能及时探测并报警，便于人员及时干预，从而降低灾害的严重程度，如设置火灾自动报警系统、管道的破损监测和转动设备的超速监测等。如果系统受影响，对可能受影响的目标设备进行全面设计和鉴定，降低不可接受后果的概率（P3）。

设计过程中，SSC 的设计都应尽量采用故障安全设计。即这些物项失效将把核动力厂带到趋于安全的工况。部件应该经过 DBC-2 到 DBC-4 对应的环境下的质量鉴定，具有抗灾害的能力。

按优先级顺序排列，最佳的设计方法应是实际消除假设始发事件（F1 减小到可接受）；其次是将 SSC 与灾害源隔离（P2 减小到可接受）；使后果可以接受也是一种选择（P3 减小到可接受）。应尽可能保证第二层次的有效性，必要时还应保证第三层次的有效性。某些情况下可能需要使用所有三个层次防护的组合。

2.6.2 核电厂设计中应从以下方面考虑内部灾害的防护

为了防止安全功能的丧失，执行同一安全功能的冗余物项之间必须尽可能地实体隔离，以保证内部灾害不能同时影响冗余系列的安全系列或执行同一安全功能的不同系统。作为实体隔离屏障的结构部件应能承受内部灾害的效应影响。采用几何分隔的方式应能保证灾害源项与需防护物项有足够的距离，保证需防护物项不会被同时影响，安全功能仍能保证。

内部灾害发生后需要保证不影响设计中不考虑失效的设备的功能。

应保证主控室可居留性，一旦主控室受灾害影响不可用，必须保证远程停堆站的可用性及可达性。

华龙技术电厂SSC设计应尽可能避免由内部灾害引发事故工况。

独立于事故工况的内部灾害，为限制其影响范围，应将其影响限定在建构筑物或分区内，对于包容放射性物质的厂房，应保证放射性物质的包容。

事故工况造成的内部灾害效应（如主给水管道破裂事故的甩击、喷射、水淹等效应），可应用事故分析的原则和验收准则，保证用来处理这些事故的安全级SSC在事故发生后不受该内部灾害的影响，仍能执行原有的安全功能。

内部灾害防护措施应进行安全分级，防护措施的安全分级应与其失效后果对安全的影响相匹配。

核电厂内部灾害防护设计应考虑足够的保守度以涵盖在识别和量化内部灾害效应方面的不确定性。

应根据内部灾害防护设计目标开展核电厂内部灾害安全评价，以证明核电厂内部灾害防护设计是恰当的。

核电厂应具有尽早探测和有效干预内部灾害的能力。

2.6.3　典型内部灾害防护原则

2.6.3.1　内部火灾

（1）火灾预防

尽可能选用不燃材料的设备和介质。

高温、高风险点燃源应该与其他设备、可燃物尽可能隔离。

（2）防火分隔

对核安全相关物项，需将火灾的影响范围限定于冗余安全系统的一个系列。

对于人员安全和工业安全，火灾影响的范围应控制在防火区/防火小区内，且不应该妨碍人员疏散及灭火行动。

（3）火灾控制

火灾探测应实现快速探测早期火灾、定位起火点位置、触发报警、并在一定情况下启动自动装置。

在假定可能发生火灾的所有工况下，火灾自动报警系统均应是可用的。

固定式或便携式灭火设施的设置情况取决于火灾特性及受保护设备的类型，当火灾荷载大到发生的火灾有可能影响到执行安全功能的冗余设备时，则必须设置。

火灾控制各相关系统安全分级的确定应充分考虑其所保护目标失效的安全后果。

火灾探测器和灭火系统形式的选择应基于所保护的目标，并与使用的环境和火灾特性相匹配，且不应影响核安全和人员安全。

消防供水和分配系统应提供和分配给所在区域足够的消防用水。

2.6.3.2　内部爆炸

（1）内部爆炸的预防

应采取措施将内部爆炸风险减至最小。

氢气瓶或氢气专用容器应设置在包含安全重要物项的区域以外的区域或室外，氢气供应管线应尽量设置在包含安全重要物项的区域以外的区域或室外。若布置在室内，应该考虑合理的布置和规划，尽可能消除爆炸发生的条件，若无法消除，确保其后果对安全功能不造成影响，且与包容安全重要物项的区域相隔离，并在贮存处设置通风系统，以保证在发生气体泄漏时维持氢气浓度远低于爆炸下限。应设置能在适当的低氢气浓度水平下报警的氢气探测设备。

应在氢气冷却汽轮发电机组处设置监测装置，以指示冷却系统中的氢气压力和浓度。在充、排气前后应使用惰性气体（如二氧化碳或氮气）清扫充氢气部件、相关管道和风管系统。

应考虑使用氢气释放量较少的蓄电池，但不能认为该措施可以消除产生氢气的风险。应在运行中可能产生氢气的蓄电池间设置独立的排风系统，并直接排风至厂房外，使氢气浓度保持在低于爆炸下限的安全水平。

蓄电池间应设置氢气探测系统和通风系统传感器，氢气浓度接近燃烧下限水平和通风系统故障等信号应能在主控制室报警和显示。应在蓄电池间布置和通风系统设计中防止氢气局部积聚。若蓄电池间通风系统中设有防火阀，应考虑其关闭对氢气积聚的影响。

应考虑其他危险化学品储罐容器、易燃易爆气体、柴油气等产生内部爆炸的可能性。

（2）内部爆炸的防护

应尽可能将可能产生或有助于产生爆炸性混合气体的易燃气体、可燃液体和可燃物料远离安全重要物项所在区域，同时应避免通风系统将爆炸性物质传递至安全相关区域的可能。如不能实现，应严格限制这些材料的数量和提供足够的贮存设施，并将活性物质、氧化剂和可燃物料相互隔离。

易燃压缩气体钢瓶应安全地存放在远离主厂房的专用围场内，并根据所处局部环境条件提供适当的保护。

制氢站等存储有大量爆炸性物质的场所应该与核安全相关厂房保持必要的安全距离。

设计中应采取措施限制冲击波超压、飞射物和火灾等内部爆炸的后果，具体措施包括泄爆（如爆破膜或其他压力释放装置），安全重要物项多重系统的防护分隔等。

对于不能消除的爆炸危害，应根据安全目标评价假想爆炸对安全系统的影响，识别爆炸后需要维持其功能的设备，并对其进行适当的防护设计或鉴定，确保其可靠性。还应评价爆炸对主控室和远程停堆站运行人员的疏散和撤离路线的影响，必要时应采取特定的措施。

2.6.3.3 内部水淹

（1）内部水淹预防

采用高要求的标准规范进行设计和采购，如采用破前漏技术 LBB 等，尽可能地减少容器或者管道破裂或泄漏的频率。

容器、水池四周宜设置水密性衬里，以防发生泄漏。水密性衬里（或密封件）应采用不易退化的材料，并且能承受所预计的最大载荷。

在设计中应提供预防水箱满溢的设计措施（如传感器），以限制由于水箱满溢导致的内部水淹的可能性。

对于需要满足水密要求的贯穿件，应采用不易退化的材料，并且尽可能地布置在方便检查和维修的位置。

合理布置，尽可能地减少内部水淹源对核安全重要物项以及易受水淹影响设备的影响。应提供足够的监督措施，如对可能发生破裂或泄漏的容器或管道进行定期检查，尽可能地减少管道破裂的可能性。

进入核电厂的人员应通过严格的培训，必须严格按照满足电厂安全要求的程序来执行所必须的操作，以尽量避免人因失误所导致的内部水淹。

（2）内部水淹分隔

对核安全相关物项，应尽可能地将内部水淹的影响范围限定于冗余安全系统的一个系列；如不可避免地有冗余安全系统的多个系列布置在一起的情况，需满足一定的空间分隔，避免内部水淹对冗余安全系统的多个系列造成威胁。

限制内部水淹漫延可通过划分水淹分区的方式来实现。水淹分区的实体屏障限制了内部水淹从一个分区向另一分区漫延。

（3）内部水淹控制

应设置排水设施，并对泄漏位置进行探测和隔离。

2.6.3.4　高能管道失效

（1）高能管道失效预防

采用适当的措施，例如监视措施（增加在役检查或监测泄漏、振动和疲劳、水化学、零件松动、位移和侵蚀等），减少管道破裂的可能性。

采用破前漏、破裂排除等技术，防止出现破裂。

（2）高能管道失效防护

在电厂布置上根据实际可能，应把冗余安全系统布置在分离的隔间内。

安全相关的系统应尽量远离高能管道。

对那些可能受到管道破裂事故影响并仍需维持功能的系统，宜设置专门的部件来保证其冗余特性。

在隔离提供的保护不够的地方必须提供额外的屏障，也可以设置管道防甩件限制管道的甩击。

对于高能管道破裂产生的射流，可以采取限制射流的时间和/或空间的方法。

为防止隔室超压可以在墙体、地板上开孔降低隔室压力载荷。对存在放射源的隔间开孔，要进行放射性评估。

2.6.3.5　内部飞射物

（1）内部飞射物预防

高速旋转的泵或者风机应有足够坚固的外壳保证叶片飞射物能够滞留在设备内部，或者降低飞射物的能量以保证不会危及安全重要物项。

阀门安装应尽量保证阀杆飞射物不朝向安全重要物项，在阀门设计中尽量减少飞射物的产生，如阀杆带有托座能够防止在损坏时成为飞射物。

尽量采用有利布置，为汽轮机轴向沿核反应堆厂房径向布置，汽轮机轴向垂直方向的±25°锥形区域不布置有安全级物项。并对汽轮机进行超速试验。

（2）内部飞射物防护

通过距离使需防护对象在潜在飞射物的射程之外。

通过设备（部件）的设计和方位布置进行防护，例如改变飞射物的方向以阻止其击中安全重要设备；或者将这些飞射物反射到一个无害方向的装置。在某些情况下对旋转设备可增设这样的装置。

可能被同一可信的飞射物源同时影响的各冗余系统实体隔离防止共模失效。

必要时，可设计设备使之可经受对应飞射物的荷载。

2.6.3.6　重物坠落

（1）重物坠落预防

厂房布置设计时应尽可能满足架空起重机主要的单一直线运动的吊运空间，减少重物吊运时的操作。

若在与安全级 SSC 无法实现隔离的区域吊运设备，则在 SSC 附近进行设备吊运时需采取额外保护措施。

除燃料组件外，重物吊运不允许在燃料（包括受辐照的燃料）上空或附近经过，防止乏燃料运输容器或其他重物跌落在燃料上对燃料造成破坏。

在 SL-2 地震期间和地震之后，抗震吊车的设计应能保持住载荷不发生坠落。

提供足够的设计措施来降低故障的概率。

对吊车的联锁设计、电缆、制动器、绞索、传送带、挂钩和相关物项等应进行定期检查和维修。

仅在特定的正常运行工况下进行吊运。

降低潜在的重物坠落风险，对吊运装置的操作管理和吊运路线的规划上采取措施并通过行政管理来加强。

（2）重物坠落防护

重物坠落防护可以通过厂房布置上将冗余系统分隔布置、冗余设备的分隔布置等来避免同时受到重物坠落的影响。

对楼板或者地板加厚或者采用加气混凝土，使其能够承受重物坠落的荷载，进而避免影响下一层房间布置的安全重要设备。

2.6.4 核电厂外部灾害的防护层次

应保护 SSC 免受所考虑的 DBC-2～4 对其产生的所有可能影响。这就需要考虑 SSC 本身的抗灾害能力（如其质量鉴定）以及其他特性，如可能的固有安全特性、安全重要系统的多重性、多样性和实体分隔。

应根据不同厂址确定厂址特有的外部灾害类型和设计基准。

外部灾害防护设计范围包括所有能够受到外部灾害影响的安全相关 SSC，包括防御外部灾害的 SSC。

外部灾害防护设计时，应考虑灾害效应长期缓慢发展的现象，应能够对其持续监测。

核电厂设计应考虑足够的自持性、需要考虑厂址支援的延迟时间。要证明在极端条件下，核电厂设施长期不可用的情况时，厂外基础设施能够提供足够的支持。

超设计基准外部灾害应考虑陡边效应，可考虑确定论和概率论分析方法，采用足够的裕量来应对外部灾害避免发生陡边效应。

对于处理超设计基准灾害的能动物项，不考虑单一故障和预防性维修要求。

设计基准外部灾害及已考虑的超设计基准外部灾害发生后应保证主控室和辅助控制室的可用性和可达性，二者的可用性和可达性不可同时失去。

2.6.5 典型外部灾害防护设计原则

2.6.5.1 飞机坠毁

设计基准飞机坠毁事件应考虑撞击、二次飞射物和燃油燃烧引起的影响。

应考虑设计基准飞机坠毁的撞击效应防护，安全重要厂房的墙壁和屋顶结构不得贯穿、碎甲；SSC 在撞击下的任何变形或振动应能满足其安全功能执行，可考虑采用减震等措施。

如果建筑结构损坏（包括隆起）可能引起安全设备损坏而削弱安全功能时，则应增加结构强度或确保多重设备之间具有足够的距离。

撞击导致装有放射性物料的设施损坏不应引起释放的放射性剂量超过容许限值。

如果评估设备满足设备鉴定地震谱的要求，但不满足飞机坠毁高频振动的要求，则应对该设备制订特定的设备鉴定方案。

考虑飞机坠毁产生二次飞射物的影响及燃料引起的火灾和爆炸。飞机坠毁导致的厂房外部的 SSC 损坏不应影响安全功能的实现，防止燃烧产物进入通风或空气供应系统内，防止燃烧产物及燃油通过通道或可能由坠毁造成的开孔，或以蒸汽或气溶胶形式通过进口风道进入建筑物内，导致可能的着火、爆炸或有害副作用。

应采用现实模型来评价和确定核电厂抗商用飞机撞击的措施，评价内容包括撞击造成的整体效应、局部效应、振动效应和燃油（火灾和爆炸）效应。评价结果应表明，设计可以维持反应堆冷却或安全壳完好，以及乏燃料水池的完整性或乏燃料的冷却。

在具备超设计基准飞机坠毁可能的厂址，反应堆所在厂房、乏燃料水池所在厂房、主控室所在厂房必须考虑超设计基准飞机坠毁。

2.6.5.2　外部爆炸

外部爆炸是指核岛厂房外厂区内的爆炸。

应确定可能的爆炸源项，爆炸冲击波的大小，地面效应和产生的飞射物，评估其对相关构筑物的影响。

外部爆炸源项应考虑涉及固体、液体、蒸汽或气体的化学反应。

外部爆炸产生的冲击波和飞射物不得威胁安全相关构筑物。

2.6.5.3　极端温度

在核电厂设计中要考虑气温低于零度时结冰对厂区设施的影响，冻雨和冰雹对厂房结构荷载增加的影响，考虑低水温和海面结冰对最终热阱、暖通系统取排风口、冷却塔、外部水箱造成影响。

低温会导致安全关键部件（例如起重机，换料机门架和支撑结构）发生脆性断裂的风险增加，低温使暖通空调设备的需求增加。

考虑盐基除冰剂的长期腐蚀作用，考虑长期高温对厂区表面材料的影响，考虑高温对厂房结构的热荷载，考虑长期高温引发的极端气象情况，如雷暴、强降雨或干旱导致水位降低，考虑长期高温对最终热阱及通风系统换热效率的影响。

考虑极端温度下的人为因素可能会影响人员执行安全相关任务的能力。

宜考虑气候变化对极端水温气温的影响。

2.6.5.4　极端风

风造成的灾害考虑空气压力和飞射物对厂房构筑物的影响。

核电厂极端风要考虑直风、热带气旋和龙卷风，其中热带气旋的风速和产生的飞射物效应可以被直风和龙卷风的效应包络。热带气旋产生的降雨等效应在外部水淹中考虑。

应根据风产生的空气压力对构筑物进行评价和防护设计。

必须考虑强风和龙卷风造成的飞射物对构筑物的影响，包括下列三种飞射物：

（1）具有高能动、在冲撞时将发生变形的重飞射物；

（2）大的坚硬飞射物（对此必须提供穿透保护）；

（3）尺寸足够小能够通过保护屏障的坚硬飞射物。

需要对安全相关 SSC 进行极端风及其飞射物防护设计，在厂房内的 SSC 所在厂房能够抵御极端风及其飞射物荷载，参照现行《核电厂厂房设计荷载规范》（NB/T 20105）。

极端风对厂房外部的设备所引起的损坏不会造成使机组达到并维持安全停堆状态所需设备的二次损害。这些设备包括 LOOP 或 LUHS 以及 LOOP 和 LUHS 的组合工况下用于事故处理的设备。

2.6.5.5　外部水淹

在厂址选择时充分调研水文条件，至少调研 30 年的数据，考虑异常海平面现象，推测全寿期（包括退役）内海平面变化，选择合理的厂址。

外部水淹源项除考虑洪水、降雨外，还应包括厂区蓄水结构或设备破坏造成的水淹。

安全相关 SSC 设置在设计基准洪水位以上，或者应具有足够的工程设计来保护这些 SSC 并确保缓解对 SSC 的水淹荷载，厂房地坪与室外地坪标高差不小于设计基准条件下厂区水淹高度，保证厂房内安全相关设备不受外部水淹影响。

要考虑由于地下水的影响，在场地边界可能存在侵蚀，在结构周围冲刷或回填的内部侵蚀。

要证明超设计外部水淹发生的概率很小，或为设计基准水淹提供足够的裕量，以证明所选的超设计基准洪水是合适的。

应适当考虑气候变化对水文的影响，包括对未来温室气体排放导致的全球温度变化引起水位变化。

2.6.5.6 地震

地震防护应确保使电厂达到并维持安全停堆状态的安全系统能执行其功能，并保持其完整性或稳定性，且保证足够的裕度满足整个核电厂概率安全目标。

在选址调研时，应根据可能对核电厂设施、安全产生影响的地震产生的潜在危险现象的类型、大小和从源头到现场的距离来确定。

核电厂抗震设计应避免陡边效应，以便地震危险不会对整体风险造成不成比例的影响。应评价安全功能失效可能对核安全造成的影响，可以通过地震 PSA 提供评价，以证明风险可合理达到的尽量低。

考虑地震情况下非抗震设备对抗震设备的影响，同时需要考虑地震导致的其他灾害。

2.6.5.7 雷击

核电厂设计时要求考虑防止由于雷电造成的二次灾害和间接影响，确保安全功能的执行。

2.6.5.8 生物现象

应根据厂址特征调查情况进行针对性的防护措施。

应防止海藻、蚌类或蛤的过度生长或过多的鱼或水母而造成的阻塞影响最终热阱的冷却水系统及服务用水的供应。

应防止由于树叶、昆虫、鸟类等阻塞过滤器可能会造成的通风和空调系统故障。

应防止落叶和类似的碎片会堵塞排水沟和冲沟。

应防止老鼠及细菌破坏 I&C 电缆。

应防止硫酸盐还原菌诱导暴露于海洋环境的钢结构的腐蚀效应及加速老化。

结合经验反馈，应能有效应对区域内超预期的海生物爆发的影响，对于采用海水作为最终热阱的设计，应能始终保证冷源的安全。

2.6.6 灾害组合

应考虑下面三种灾害组合形式：

（1）伴随出现的灾害，如洪水和降雨伴随出现；

（2）因果关系的灾害（即灾害导致的灾害），即两个灾害之间存在一定的因果关系，如地震导致内部火灾；

（3）独立灾害间的组合以及灾害与事件工况的组合，如在 DBC-2 工况下发生地震。在组合时可适当降低各独立灾害的设计基准。

2.7 建造和可建造性

2.7.1 引言

华龙技术电厂的建造最低要求要支持华龙技术电厂计划总目标，要在提高生产率，改进施工技术、有效缩短施工时间、降低电厂投资成本和使用风险方面起到作用。必须将设计过程与建造要求紧密结合，增加施工能力，策划和控制好设计人员与建造者之间的接口。

华龙技术电厂的建造要求要在如下方面做出要求：项目计划目标，设计、施工和调试计划的结合，在设计、施工和调试活动的计划和控制中使用先进的计算机技术，系统完工、试验与业主（运营者）验收的结合。

2.7.2 建造计划

（1）计划和时间表

华龙技术电厂设计、建造、采购、检验和试验活动应充分计划并制定时间表。时间表应确定每个主要实体之间重要活动的接口。控制和实施部门应计划和编制其活动时间表，并保证计划的有效性。

（2）里程碑总进度表

里程碑总进度表应是最高层次的进度表，是对工程设计、采购、施工和系统启动活动的总体概括及进度安排，规定主要工程活动计划的日期和持续时间并用于向业主报告的进度状态。进度表日历的单位应使用月表。业主应指定单位负责制定里程碑总进度表。设计单位、建造单位和调试启动单位以及业主应提供支持该进度表的持续时间和网络关系的输入。进度表应由指定的单位定期确定其状态。里程碑总进度表及其更改应由业主批准。

里程碑总进度表中表示的施工时间，从第一罐混凝土开始到首次装料，不宜超过 48 个月，从第一罐混凝土开始到保证期完工总的时间不宜超过 54 个月。

（3）施工总进度表

施工总进度表应作为施工时间表的最高层次，在适合施工计划层次上规定活动网络关系和持续时间。施工总进度表应根据前期的设施或建筑物施工进度、后期的系统安装进度来编制，并覆盖全部施工现场活动，包括现场准备和施工设施安装。

施工总进度表的逻辑关系应规定与设计完成的总进度的接口以及与系统建造完工向启动试验或启动队移交的启动总进度的接口，包括重要模块制造的移交。施工总进度表应以日为日历单位，显示主要合同活动，其里程碑应与里程碑总进度表显示的日期一致。

在施工总进度表应识别全部主要施工设施。应识别施工过程中的电厂永久性设施、设备的初始安装和整修活动。

分承包商应指定与施工总进度表、其他电厂时间表一致的时间表。

随着施工进展，应定期评估施工总进度表的适用性和有效性。

（4）半年度施工时间表

中层施工时间表应比施工总进度表更详细，并覆盖前 6 个月的施工。按照比当前施工活动提前 6 个月的原则每月滚动更新中层施工时间表。表中的关键日期应与施工总进度表中表示的里程碑一致。

（5）月和周施工时间表

月和周施工时间表用以保证设计文件、材料和技工可用或在特定日期可用，应覆盖适合于计划近期工作活动的持续时间，并与项目时间表一体化。月和周施工时间表的持续时间和范围应适合从区域监督员到领班工作的需要。

（6）调试总进度表

调试总进度表用于规定启动试验活动的网络关系和时间。应在工程前期以系统和子系统为基础制定调试总进度表，用以详细规定系统试验的顺序。调试总进度表的里程碑应与里程碑总进度表表示的日期一致，以日为日历单位。

调试总进度表应从系统移交活动为开始，以超过燃料装料日期（施工完工）6个月（或保证证明完工日期）为结束。调试持续时间应与施工持续时间相衔接，以便从开始施工至保证期完成的总时间应不超过54个月。

负责施工时间表的人员应参加设计总进度表和调试总进度表的审查，以便保证适当地进度接口，及其与施工时间表的一致性。

（7）施工计划

工程前期应使用叙述形式制定施工计划，用以描述怎样管理施工活动，并建立制定施工总进度表的基础。施工计划应描述主要活动方法或工作顺序、领班工人的可用性、根据生产评价确定的领班配备手段；重要里程碑时间表；施工单位；安装数量跟踪和报告方法；材料控制和仓库，户外贮存和材料向工作区的投送；大型施工起重机的使用；现场临时施工设施，商店和办公室；现场模块化；系统完工和向调试单位移交计划和识别分承包合同的工作范围。业主应审查和批准施工计划、施工计划的修改。施工计划应按照所选厂址气候严酷度明确气候防护要求。

施工计划应说明设计计算机模型、塑料模型的使用方式，以确认施工安装顺序和接口点。应说明计算机模型技术的使用方式，以改进施工接口时间表。

应使用现代技术制定施工顺序图，以识别完成施工任务的每个主要活动区域。需要识别的项目包括材料和支撑设备和材料处理、人力和要求的出入口、要完成的检验和要求的文件。

（8）程序控制

在施工和启动试验阶段，施工人员应对计划的每周安装目标进行实际监测，并向项目数据库输入准确的数据。数据库应根据每一电厂区域的货物和系统调整状态。应使用适合测量的定量术语对大宗物项的施工进展进行监测。当安装优先权相对系统完工基准有所变更时，应对区域和系统的完成情况进行定量测量和报告。

2.7.3 设计/建造的一体化

施工人员应审查用于制造、安装等文件，所有工程设计文件应在文件控制系统上可查。施工前应进行下列活动：

（1）施工审查：

施工、设计和质量控制人员对施工顺序和技术进行审查，以保证电厂采用的是最佳施工。审查应使用缩小比例的电厂塑料模型或3D计算机模型，并向业主提供建议及结论。

（2）确定边界：

在流体和电气系统图上确定启动系统和子系统的边界。启动和试验人员应根据调试总进度表建立每个子系统完工和施工移交的优先顺序。

2.7.4 设计/建造的接口

设计和施工期间，应制定施工审查大纲以评估设计变动的成本和进度表的有效性。施工审查组应包括来自施工单位、工程设计单位、业主单位有相关经验和知识的人员。审查过程中，可提出更具有施工优越性的设计变更。

2.7.5 现场采购和材料控制

（1）采购大纲

承包方应制定材料采购程序并确认分承包活动，包括分合同包、投标、裁决和分合同的行政管理。

（2）现场分包合同和行政管理

承包方应制定工作大纲和承包方清单

明确对分承包方的行政管理和工作计划，并得到业主的批准。应与设计人员协调分承包合同的合同范围和设计文件。

(3) 材料控制和设备贮存

承包方应制定现场材料控制程序，并在施工现场接受交付之前得到业主批准，以满足规定的设备贮存和防护技术规格书的要求。现场材料控制程序应包括如下内容：仓库内部件和材料的防护、贮存和监督；接收检验；贮存材料的识别、定位和检索；装卸设备。

如果调试试验活动包括建造承包方，承包方应协调购买备件的工作计划，确认调试期间能够实现快速响应备件可用的方法。

材料控制人员应制定在施工后期材料从临时仓库设施移至永久仓库的移交计划。

2.7.6　先进的建造技术

在施工计划中，应对将要实施的先进建造技术及实践方式进行说明。施工承包方应在施工前与设计单位就施工计划的实施细节进行协商沟通，以确保设计特征能落实到施工建造中。

2.7.7　模块化建造设计

华龙技术电厂应在设计的前期阶段确定用于电厂模块类型的清单。模块类型如下：完全在现场外制造的、主要部分现场外制造最终在现场或存放区装配、或完全在现场模块装配区制造。设计人员和施工人员应致力于通过设计推动模块化建造。

模块的设计应尽量使用标准的元件和部件，应考虑用于安装、施工装配、维修、运行、搬运和更换部件的进出空间。模块交付制造时，模块设计应全部完成。

对于由场外制造商提供的复杂模块，在设计过程中应就如下方面对制造商进行咨询确认：运输因素、模块接口的制造容差、用于运行和维修时设置的进出措施。

(1) 模块化计划

对于包含复杂接口（永久性结构、多专业部件或材料）的大型设备应制定模块化计划，并确定是否由现场外供应商制造或制造商现场装配。制定计划时，应完成对供应商、制造商采购和检验过程的评估。

(2) 模块安装顺序

应确认模块安装路径和安装顺序，以便根据安装优先顺序确定制造和交付要求，同时应考虑启动试验系统时间表的要求。应确定外部建筑物外围的开孔和墙、地板上临时开孔的尺寸和位置。

应提供大容量起重机以便于大型模块的操作和安装、支持“垂直”建造技术。厂外模块制造商必须使用要求的识别材料和部件、报告模板、公用工程数据库资料，并与建造单位的程序/格式标准化。

现场劳动协议应按照国家法律法规要求制定。

2.7.8　建造设施

(1) 建造使用的永久性电厂系统

承包方建议使用的系统或部件应得到业主的同意。设计单位应审查附加服务要求，证明采购和设计要求是兼容的，并充分反映了采购规格书要求。承包商应负责系统维护工作，并保证当系统专为电厂永久性使用时，是处在较新的状态。

(2) 临时现场设施

建造方应制定现场计划用于安排现场临时设施的空间和位置。现场计划应明确临时设施与永久建筑物之间的关系，模块化制造车间，分承包方的设施、仓库、工具间、中间集结待运区、特殊试验设施的位置，并说明永久性电厂结构建造的顺序。设施布置方式应能够满足有效利用空间、减少工艺活动、便利调用工具和材料的要求。现场计划应说明工作人员停车、进入现场、材料部件和大型模块组件运送到安装区的位置。

承包方应制定办公设施计划，满足业主批准的建造人员的办公需求。办公设施应包含办公室、会议室和支持服务。承包方应规划现场混凝土搅拌站和备用搅拌站的位置和进出路线，并考虑材料供应和混凝土运送车辆对其他建造活动的影响。

(3) 建造吊车的进出

承包方应确保在建造的各阶段吊车的摆动、臂长和能力能充分覆盖电厂结构，并在第一罐混凝土之前12个月完成确认。吊车应具有以下能力：至少能吊1000 t重物，塔吊至少有6000 m·t的能力，吊车接近主结构时能起吊结构中心的货物。

2.7.9 系统完成和调试试验

(1) 调试试验系统边界

应在系统安装完工前，确定调试试验的移交边界。系统边界图应明确标明子系统边界及范围。

当进入调试试验阶段时，建造施工单位和调试试验单位应就建造完工状态的范围达成一致。

(2) 建造和调试试验接口

建造施工单位与调试试验单位应就所有系统活动进行密切协作，以便保证从建造完工到调试试验阶段的顺利过渡。

(3) 设备维修

在建造和调试试验阶段，应制定有关固定设备维修工作的管理和控制规程。规程应明确建造单位、调试试验单位之间的责任划分。

(4) 业主设备边界

应明确系统设备向业主移交前，业主对于未移交设备的管理和操作权限。

(5) 调试试验及接口矩阵

应制定调试计划规定在调试试验活动中各单位的责任接口关系。接口关系应建立在系统设计的基础上，并规定从建造移交到系统调试、试运行和商业运行的活动。调试计划的编制责任单位应由业主指定，调试计划需得到业主的批准。

(6) 调试工作批准

调试试验单位应制定工作程序用于在建造移交后对系统活动的控制，需包括下列要素：建立隔离和安全边界，规定调试试验单位在边界内的工作授权程序，保证设备的可用性，规定必需的操作协作。

(7) 验证竣工条件

设计单位应保证系统的可施工性和可调试性，参与设计方案得到正确实施过程。建造开始前，应明确设计验证的范围和时间窗口，使试验过程和试验结果的评估工作得以有效开展，促使建造竣工和相关里程碑的顺利达成。

验证活动完成时，应起草并出版最终报告，用于说明验证结果的评估过程和结论。

(8) 业主对系统的接收

业主应设置调试试验管理机构，在系统和子系统建造竣工时，代表业主进行系统和子系统的验收活动。该机构完成的活动应包括如下方面：监督子系统预运行试验的进展，参与每个子系统的巡视和竣工审查，同意系统移交前要求竣工的项目清单，规定业主的文件移交要求，监督安装和调试试验活动的文件提交，审查预运行试验程序和验收标准，对已竣工但业主没有接收的部分系统进行监管，对安装竣工的但还没有完成接收试验和移交的部件进行监管，监督调试试验活动的执行，编写预运行程序并完成调试试验机构指定的试验项目。

应制定业主接收程序，并验证如下内容：受影响的系统的所有建造试验是否全面，系统验证试验是否全面，能够纳入电厂竣工清单的未关闭项目，竣工进度表，维修和贮存记录的完整性及可提交性，标注按照竣工条件可移交的系统边界范围，巡视系统或区域实际条件，配置管理系统是否已具备移交业主的条件，不符合项关闭项目的标识和状态。

2.8　可运行性与可维修性

2.8.1　引言

本节通过结合电力生产中的运行和维修经验教训，规定了提高电厂可运行性和可维修性的要求。电厂设计和建造者必须保证可运行性和可维修性达到所规定的可利用率要求，应使用验证过的设备和系统、以及设计采用高可靠性的设备和裕量，设计和建造者还应确保设备有足够的空间和通道进行检查和维修，并且易于更换。

2.8.2　提高可运行性和可维修性的规定

（1）解决已知的运行和维修问题

1）电厂设计和建造者应在电厂交付前供营运单位审查用的报告中用书面说明华龙技术电厂设计的运行和维修问题的具体细节及其解决办法。

2）报告应涵盖所有电厂性能并应足够详细，以便确定根本原因并制定适当的解决方案。设计人员应对报告中确定的具有重大风险的、或对华龙技术电厂有许可证审批设计基准要求的行业事件进行最佳估算分析。该分析可为验证并提供一个编写正常和应急操作程序、技术规范和操作员培训材料提供依据。

3）为减少所有电厂运行模式期间的运行和维修差错，对于华龙技术电厂的每个运行或维修工作场合，在全过程应始终如一地应用人因设计原理。

（2）程序和培训

1）按照标准电厂设计原则，运行和维修的程序和培训也应标准化。应研究、编制一套标准的运行和维修程序。应尽可能实现华龙技术系列电厂设计标准化。

2）应为培训和考核电厂运行的操作人员提供足够的培训材料和培训用模拟机。

3）应鉴别重大风险停堆问题，并确定解决这些问题所必须的适当应急程序。

4）用于停堆和低功率运行期间的应急程序，应具有只有停堆和低功率运行才有的程序输入条件。

（3）设备

1）根据总体简化要求，在每种设备必须满足其所要求功能的前提下，应尽量减少阀门、泵、其他部件和系统的不同类型和尺寸，尽量减少仪表、控制和供电设备的类型。

2）应尽可能使用“市场现有”的设备，而不是“专门订购/设计”的设备。

3）考虑到设备在运行过程中发生磨损、正常腐蚀和侵蚀等情况，在至少 60 年的运行期内或制定的电厂设计寿期内，部件的设计应留有足够的裕量。

4）在设备供应商的支持下，设计人员应建立电厂的预防性维修计划和维修数据库。

（4）运行相关的人因要求

1）仪控设计

仪表和控制系统应设计成能就地进行标定校准，方案设计应允许进行规定的定期试验，同时又不使电厂处于不能接受的二取一或三取一的停堆逻辑。这也应适用于汽轮发电机控制逻辑。

2）控制室设计

应通过人因分析以确定控制室的布置设计要求，包括由一名操作员从一个单一操作员工作站进行正常操作的可能性，和建立支持人员高水平工作的环境条件。

多机组电厂应具有相同但独立的控制室，两机组共有部分的控制室除外。

3）多机组

每台机组应具有相同的设备和系统，它们的布置和朝向应一致。

4）运行区域环境

华龙技术电厂的设计的通风、照明和噪声水平应充分考虑人因要求。

①通风

电厂连续运行或电厂正常停堆工况要求的所有通风系统，通过设备的冗余、适当的设计裕量组合和推荐的部件更换时间，应具有100%的可用性。

为了保障人员的工作效率和消除尽可能多的潜在热应力，放射性工作区域的温度和湿度应保持在所要求的水平。

应对电厂中的所有区域提供适当的环境条件，以保证电厂工作人员的舒适和安全，以及电厂设备在正常运行和假设设计基准事故条件下的可操作性。

②照明

电厂所有区域应提供适当的照明。

所有厂区照明，应用于支持电厂活动。

③噪声水平

电厂的设计应考虑减少和减弱噪声源，以减少对运行和维修人员的噪声危害。应为人员提供不会造成人员伤害、干扰语音或其他通信、导致疲劳或降低整个系统效能的声学环境。

（5）维修相关的人因要求

1）华龙技术电厂应提高可维修性，考虑人因并提供适当的空间、照明、平台、起吊设备、装卸装置、屏蔽、通讯系统、HVAC和压缩空气。

应采用可以移出进行维修或更换的设备模块。在高放射性的区域，应考虑使用远距离操作装置。

设计人员应提供有利于进行关键性维修活动的设施，应考虑提供关键性设备的实体模型，便于进行培训、最大限度地降低维修错误发生的可能性、并减少工作人员在高放射性区域所受到的辐照剂量。

2）支持系统

应在设计中确定并提供进行关键维修活动所需的专门支持系统。

3）路径

应在电厂设计中提供通向重型工具、设备或替换部件必须通行到选定位置的通道。图纸和其他设计文件必须注明这些通道并指出有关构筑物的界线。

4）设备定位和进出

设备的定位方向应便于维修操作，尤其是对于经常维修的部件或预计定期更换的那些部件。

（6）运行和维修要求

1）组织机构

华龙技术电厂的运行和维修组织的规模应确保通过相关人员和行政政策及程序的管理能有效控制并完成所有运行和维修活动。

2）设备标识

应在设计阶段建立并实施设备标识系统，该系统应清楚地识别电厂所有系统和设备。设备标识的大小和位置应便于从所在楼层读取。

不能直接从地面（高架）接近关键或频繁操作/读数的设备，应使用带有方向指示的定位标识，以便将工作人员引导至合适位置。

3）预防性维修和检查

设计人员应建立电厂设备的预防性维修程序，预防性维修包括预期的、基于时间和故障的预防性任务。业主把预防性维修程序纳入预防性维修计划，以保证电厂设备达到最佳性能和可靠性。这些预防性维修计划应包括设计时采用的规范和标准中规定的设备检查和试验要求。

设计应积极考虑应用信息化、自动化、视频技术，尽可能实现对现场设备状态的在线连续监测，方便日常运行监视及预防性维修应用。

4）电厂环境监测

应确保电厂环境在整个电厂寿期保持在设计值范围内。应综合使用永久或便携式仪表，以记录所有设备系统、结构和部件内部（其老化退化或失效可能对安全性、可靠性或运行和维修成本产生重大不利影响）和周围的环境数据（例如温度、湿度、放射性、压力和振动）。电厂环境监测系统应与设计寿命计划以及其他环境监测需求配合和协调，如工艺过程条件、人员环境和现场条件。

5）人员

电厂应在签约建造华龙技术电厂后应尽快确定运行和维修人员的配置，包括所有职能组织部门和职责划分，也包括由其他公司或组织机构提供的支持。

为核电厂运行管理部门所选拔和培训的人员应满足《核动力厂人员的招聘、培训和授权》（HAD103/05）的要求。

（7）远程技术

反应堆设计应包含由硬接线连接的、灵活的、可扩展和具有鲁棒性的远程技术的设备，可支持以下永久性和临时性的功能：

1）控制区的出入控制。

2）辐射工作许可证更换站。

3）使用便携式设备对加强区域辐射监测。

4）设备辐射监测。

5）人员暴露的实时监测。

6）安保控制和放射性控制区域访问控制。

7）支持多频段的全厂音频通信系统。

8）在线性能监测和采样/分析。

9）泄漏监测系统。

10）全球定位系统跟踪人员和关键部件。

11）用于放射性废物或材料控制的射频识别（RFID）技术。

2.8.3 工作人员受照剂量保持在可合理达到的尽量低水平

（1）减小辐射水平的设计特点

华龙技术电厂中应具备旨在减小辐射水平的专门的设计特点。华龙系列用户要求文件的其他章节会给出所要求的这些专门的设计特点。

（2）基本要求

在设计和建造过程中，为了保持在可合理达到的尽量低的辐射水平，应满足的基本要求是：

1）“零泄漏”燃料。

2）设计并安装合适的水处理和废物处理系统，保证高质量的水化学标准，并有效处理放射性废液。

3）控制材料选用，尽可能地把钴含量限制到最低，并控制材料加工方法，以尽量减少腐蚀产物释放速率。

4）华龙技术电厂设计过程中，可将锌作为一次冷却剂的添加剂。

5）选择经过实践验证过的热功能试验条件和持续时间，以降低腐蚀产物释放率。

6）预留足够的维修和设备更换空间。

7）适当的屏蔽（临时或永久性的）。

8）尽量减少管道系统中的盲管段和积垢阱，为无法取消的排水管和存水弯提供水冲洗；控制给水含氧量从而减少腐蚀。

9）设计、设备选择和施工时，应尽可能减少测试和维护要求。

10）部件和系统的设计，应最大限度地减少通过沉积产生放射性的可能性。

11）对于那些不能通过设计充分控制放射性累积的部件和系统，应进行清洗和化学去污。

12）进行远程测试和检查的仪器仪表。

13）在清洗、维修和检查中采用遥控装置。

14）华龙技术电厂的布置设计应保证有放射性的部件与常规工作区之间有适当的屏蔽，部件的屏蔽保证区域的剂量率水平满足工作人员的工作需求。

15）采用适当的系统用以远距离装卸带有废物处置包装的被污染的树脂和过滤材料。

16）模块化设备包装能迅速拆卸以便进行检查或维修。

17）管线应能迅速断开以便快速更换设备。

18）供暖和通风系统应设计成能控制放射性工作区的温度和湿度。

（3）表面预处理—电解抛光、稳定化和钝化处理

除非经过详细的成本效益分析表明其经济性，否则华龙技术设计人员应要求在机组的某些区域使用预处理（例如，稳定的铬酸盐、电抛光、钝化）表面。所有的污水坑都有钢板衬里，焊接应尽量减少，表明处理以限制杂质的滞留。应至少对下列区域可能应用电解抛光处理：

1）反应堆换料腔和运输通道衬里。

2）暴露在放射性液体中的反应堆冷却剂泵外壳和内部部件。

（4）检验和维修操作的自动化设备

1）自动化应用分析

华龙技术设计人员应结合厂房设计和布置中所述的可维护性评估与运行检查等因素进行自动化分析。分析还应考虑在涉及堆芯损坏的事故发生后，自动化技术在事故管理和电厂恢复中的可能用途。该分析的目的是确定设计中应考虑的自动化设备的选择性活动。华龙技术设计人员应根据成本效益考虑，制定一份自动化设备应用功能清单，在初步设计阶段或后续引入华龙技术电厂。

2）自动化设备有效运行的设计要求

对自动设备的有效运行具有重要意义的具体设计特征应纳入机组的设计中。设计特征应基于自动化应用分析确定的支持功能而开发。厂房设计和布置提供了厂房设计和布置中需要考虑的要求，以便于自动化技术的使用。

（5）永久屏蔽和临时屏蔽

应完成永久性屏蔽分析。评估应确定在功率运行和停堆条件下剂量率较高，且不会因结构和部件的设计或位置而降低剂量率的区域。

设计时应考虑是否有必要加入临时屏蔽结构，以便在特殊情况需要时进行临时屏蔽。安全壳内部或外部高频使用区域及固定的存储容器附近应为临时屏蔽提供空间、支撑点及操作设备。

2.8.4 设施要求

华龙技术电厂设计应为人员和设备提供足够的支持设施，并应包括以下段落中

规定的功能。电厂内操作、控制和处理辐射防护人员的设施要求如下：

（1）控制进出

应提供足够的设施用于控制人员进入电厂。人员访问门（PAP）的设计应能够在 30 分钟内处理 500 名具有通行权限的人员。该人员进出设施应有足够的空间以防止拥挤，并应设计成对人员进出有几个独立的直通通道。

应提供以下附加措施：

1）金属探测器，爆炸物探测器和受控检修门。

2）在单独的房间里处理没有通行权限的访客和人员。

3）带有电话服务的出入口污染监控器。

4）保护区外的办公室和工作空间。

5）经校准的测量和测试设备的安全存储。

6）其他房间，即急救室、会议室、消防储藏室、盥洗室和冷藏室。

7）非放射性工作场所的有包装食品和饮料的区域。

（2）放射性工作区

除了一般的安全法规外，华龙技术电厂的设计应包括下列有关控制污染和辐射照射的操作和处理人员的规定：

1）分配和处理剂量测定设备的保护区。

2）储存和发放防护服的设施不应干扰人员流动。应储存足够的可更换衣物。

3）呼吸设备的储存、发放和处理设施，其储存空间应足以储存足够的呼吸器，处理系统应具备足够的处理能力。

4）更衣室位于受污染的工作区域附近，这些更衣室应满足男性和女性的更衣功能，并应包括卫生设施。电厂内应提供足够的储物柜。更衣室不得靠近辐射源。

5）具备经常用于操作和维护受污染设备和工具的存储区域/设施（泵检修工具，蒸汽发生器检查设备，法兰，软管，临时仪表等）。

放射控制区访问：

应尽量减少进入核电厂所需的辐射控制点数量。中央控制点应具有足够的空间和电气、照明、暖通空调、除盐水和其他服务设施，以支持第 14 章厂房设计与布置中有关放射控制区域通道中所述的功能。

（3）电厂服务

华龙技术电厂设计应根据实际需要提供高质量的电厂服务。这些包括：

1）专用防火装置。

2）厂用水，而不是直接用于冷却设备的未经处理的厂用水。

3）厂用空气，仪表空气，防毒和防有害污染物污染的独立呼吸空气系统，以及用于在线操作和维护所有主要组件的除盐水系统，其容量应保证电厂正常运行和维修所需容量。

4）整个电厂和安全壳中的通信系统应包括电话，有线广播系统，点对点通讯的声力系统或专门线路。

5）第 2.11.12 节中描述的利用信息管理系统的计算机终端和特定工作站。这些计算机将用于各种操作和维护功能，例如工作计划和保健物理应使用计算机。在本地工作区具有可访问性的 IMS 及其数据库很有价值。

6）便携式人员和区域辐射监测，通风空调系统和视听设备的电源插座。

7）对电厂所有较高操作高度以内的需要实现维修或操作活动的地方，以及较少进行维护或操作活动的位置或经常集中工作的地方，应对所有服务系统（压缩空气，呼吸空气，通讯，厂用水，除盐水，380 V 三相电源，220 V 单相电源，真空清洁系统，视频和数据收集电缆）提供服务接口（安全壳中的饮用水和厂用水除外）。

8）用于便携式设备和维修活动的电源插座上应标明电压和容量，并且与仪表和控制装置或其他设备的配电电源无任何连接。

9）饮用水和除盐水系统，包括洗眼和应急淋浴，应确保与任何可能被放射性污染的系统完全隔离。逆止阀不得用于隔离。设计还应防止交叉污染，例如辅助锅炉与蒸汽系统，下水道污泥与处理系统等。

10）在辐射控制区域，化学实验室，化学加药罐附近和腐蚀性储罐附近提供应急洗眼和淋浴设备。

11）在需要穿防护服装的所有区域，在合理可行的范围内，提供电梯、坡道或台阶代替梯子，以供人员在不同高度的盖板、地板和平台之间活动。电梯的尺寸应能容纳大型物品（例如脚手架）。

（4）维修车间要求

在电厂运行期间，应提供从所有工作区域直接可进出的设备齐全的维修车间，以维修机械、电气和仪表设备。维修车间可能是一个或多个设施，但放射性工作区应与清洁工作区分开。仪器，控制和电子区域也应以适当的方式分开。

1）电厂维修设施应具有以下最低要求：

①仪器，控制和电子区域与机械维修部分进行物理隔离。

②配备有起重机或其他合适的起重设备以及运输设备。

③焊接，钻孔，铣削和车床操作。

④对拆卸零件的检验和尺寸检查。

⑤工具和维护设备的安全存放。

⑥仪器和控制组件的诊断和维修。

⑦小型部件防拆卸、检查和维修（例如，阀门，泵，马达和小型热交换器）。

⑧对带入维修车间的物品放射性污染程度进行监测的能力。

2）对被污染维修车间的要求：

放射性维修车间的设施和设备应为穿着防护服的人员提供便利。

该车间应配备足够的通风流量和设备，例如在维修活动期间控制气载粒子的挠性排气管。对受污染或具有放射性物品的维修工作需要采取特殊预防措施，以减少人员接触和污染扩散。

3）应当为以下内容做出附加措施：

①易于进出受污染物品的区域。

②对进入维修车间的物品进行去污。

③对大型部件的拆卸，加工和翻新。

④对维修车间中存储的设备进行临时屏蔽。

⑤对进出库房的卡车进行包装或运输。

4）清洁维修车间的措施

除安全要求外，干净的维修车间应允许电厂运行期间不受限制地进出，应要求对带入车间的物品进行监控，以确保它们未被污染。此类维修车间应位于地上一层，并且应尽可能接近要维护的设备。应要求在湿度和温度受控的环境中修理仪表，控制装置和电子设备。车间应靠建筑外墙，并应配备卡车托架。

（5）备件的供应、存储和控制

电厂设计方应向电厂所有者提出建议，电厂所有者将根据设计方、设备供应商的建议和运行中的核电厂的维修经验，为整个电厂准备备件清单。备件清单应足够详细，以便订购备件。建议备件清单应在电厂预定燃料装载之前至少 36 个月内编写。对于主要设备和选定设备，应在最初订购时适当考虑订购备件。

应提供与其他电厂数据库兼容的计算机化系统，以进行备件库存的控制、设备历史记录和备件跟踪。系统数据库应包括每台电厂设备的名称、供应商、功能、技术手册参考、备件清单以及备件的库存和位置。当现有存储的数量少于指定的最小库存水平时，系统应准备备件的采购申请。备件库存系统应是综合电厂配置管理系统的一部分。

2.8.5　对主要部件更换的要求

除压力容器和电厂基础构筑物与电厂设计寿命一致外，电厂布置设计中要考虑寿期内主要设备的更换，留有足够的空间以贮存设备及部件。应详细规划设备及部件的运输通道和更换路径，并确保特殊设备在寿期内能够进行移除和更换。在电厂设计和退役计划中应考虑对于电厂寿期内那些由于性能降级或者技术发展而需要更换的系统或部件。电厂设计对运输和贮存的设备要求：

(1) 设计人员要考虑从预计可能被污染或有放射性的厂房中，移出的主要的部件、专用工具和设备。

(2) 设计人员要提供在未来可能难以采购到的设备清单，以及满足要求的备品和消耗品的数量。

(3) 设计人员要列出电厂寿期内不可更换的主要设备清单。

(4) 寿期内需要更换的设备（如重型设备 SG)，需要明确安装及拆装的方案。

2.8.6　检查和试验

(1) 在役检查特点

与安全功能相关的部件，在设计时应考虑方便进行在役检查和试验，以评估其状态。

(2) 在役检查技术

在役检查按在役检查大纲要求执行。

(3) 检查性试验

电厂设计应允许在功率运行状态进行尽可能多的监督试验，且不干扰正常运行。应允许在尽可能接近正常操作条件下测试系统/子系统或仪表回路。在功率运行状态下进行试验时，应确保人员辐射剂量与核电厂停堆期间做相同试验相比不增加。

监督试验应采用无干扰免侵入技术或使监督试验本身造成的磨损量最小化的技术。

(4) 调试试验

调试试验应是综合的系统试验，在一定程度上可以验证整个系统的实际功能，包括各子系统组合在一起时的实际功能。不应因各种原因而进行分散性试验。这些试验的本质是检查系统是否按照设计要求安装、设备联锁是否进行过性能试验、临时安装的构件是否已经拆除或计划在装料前拆除。在试验过程中应记录启动试验数据，以便对系统性能进行基准测试，以供将来参考和比较。

调试试验应包括化学试验性能，以收集有用的基础信息。如有可能，调试试验应在设计的化学条件下进行，以促使反应堆冷却剂系统表面保护性氧化物形成，尽量减少腐蚀产物后续向冷却剂的释放。

2.8.7　危险、有毒化学物品

应使危险和有毒化学物品在厂内的使用尽可能减少。此外，在放射性控制区应避免使用危险的化学物品，除非无法找到替代方案。在必须使用这些物质时，电厂设计应提供由电厂运行人员实施的监测和控制措施，以把这些危险物对人员和环境的影响减至最小。这些控制措施应满足相应法律法规的要求。

2.9 质量保证

2.9.1 引言

本节论述了华龙系列质量保证必须满足的基本要求。这些要求适用于对物项和服务质量有影响的各种工作（包括设计、采购、加工、制造、装卸、运输、贮存、清洗、土建施工、安装、调试、运行和退役等）。这些工作的实施必须遵照事先制定的程序和计划，遵循公认的工程规范、标准、技术规格书和实践经验，选择合格的人员、使用合适的设备和物项并创造良好的工作环境去完成。工作的结果应经过验证，记录应作为客观证据妥善保存，以证实达到了预定的质量要求，防止已出现的个别质量问题再次发生。

这些要求适用于所有对核电项目负有责任的组织和人员、设计人员、设备供应厂商、工程公司、建造人员以及参与影响质量活动的其他组织和人员。在完成某一特定工作时，对要达到的质量负主要责任的是该工作的承担者，而不是那些验证质量的人员。质量保证机构负责检查和督促各种工作是否正确地按规定进行。

2.9.2 基本要求

（1）质量保证大纲

为履行保证核电项目、工作人员、公众以及环境的安全责任，业主应遵照现行有效的《中华人民共和国核安全法》（主席令第 73 号）、《建设工程质量管理条例》（国务院第 279 号令）、《中华人民共和国民用核设施监督管理条例》（HAF001）、《核电厂质量保证安全规定》（HAF003）及相应导则的要求制定质量保证总大纲，并报国家核安全部门审核。质量保证总大纲作为实施质量保证工作的纲领性文件，对质量保证工作提出目标和原则性要求。

设计、采购、制造、建造、调试和运行的各承包商必须编制其工作范围内的质量保证大纲，大纲需经业主审查认可，业主对各承包商质量保证大纲实施有效性的监督、检查，不减轻或减免各承包商的义务或法律责任。当设计、采购、制造、建造、调试和运行的各承包商将其承担的任务委托给其他分包商去实施时，必须要求分包商编制相应的质量保证分大纲。分包商编制的质量保证分大纲需经承包商审查认可。各承包商应监督分包商对质量保证大纲的实施情况。

质量保证大纲应包括管理者质量政策声明，阐明管理者对质量和核安全文化的承诺。

（2）程序、细则和图纸

必须有计划、系统地制定用来执行质量保证大纲的工作程序、细则和图纸，凡是对质量有影响的工作都必须遵照适用于该工作的书面程序、细则和图纸来完成。各类程序及细则必须根据需要定期进行审查和修订，以保证所有影响质量的工作都得到考虑而无遗漏，并且用正确的方法在适当受控的条件下完成。

（3）核安全文化

必须承诺和明确开展核安全文化，积极培育和提升自身和分包商的核安全文化。

（4）质保分级

必须根据物项、服务或过程对核安全和可利用率方面的相对重要性，实施质量保证分级管理。制定相应的程序对这些物项、服务和过程规定不同的质保要求及相应的管理和验证方法。

（5）组织和资源

必须建立有明文规定的组织机构并明

确规定其职责、权限及内外联络渠道。明确实施质量保证大纲的人员既包括活动的从事者也包括验证人员。负责质量保证职能的人员和部门应具有足够的组织独立性。

必须选择并配备足够数量的合格人员、提供开展工作和满足要求所需要的基础设施和工作环境。

2.9.3 执行

(1) 设计

必须按照《核电厂质量保证安全规定》(HAF003) 及其导则的要求制定与设计任务相一致的设计质量保证大纲，建立设计质量保证组织机构，制定一整套的设计控制程序，以保证把规定的设计要求(例如核安全法规、设计基准、规范和标准等) 都正确地体现在技术条件、图纸、细则、程序或说明书中。

必须对其设计任务的设计输入、设计实施过程、设计接口、设计验证、设计变更、设计输出控制负直接责任。其他单位的任何形式的验证并不减轻设计单位的责任。

必须按照经批准的最新的或当前适用的规范和标准进行设计，其设计必须是此前在相当使用条件下验证过的。对于用作设计准则的规范和标准必须加以鉴别和评价，以确定其适用性、恰当性和充分性，并根据需要进行补充或修改，以保证最终的质量与所需的安全功能相适应。

当引入未经验证的设计或设施，或存在偏离已有的工程实践时，必须借助适当的支持性研究计划、具有明确准则的性能试验或通过其他相关应用中获得的运行经验的检验，来证明其安全性是合适的。在设计中必须充分考虑从运行和在建核电厂中取得的成熟经验，充分吸纳安全改进成果。

(2) 采购

必须确保物项或服务的采购活动符合核安全法规和导则、设计基准、标准、技术规格书、设计输出文件、采购文件的要求。

必须按业主规定的采购要求提供合格的物项或服务，评价、选择合格的分包商，并将相应采购文件要求贯彻到各级分包商，对各级分包商所承担的具体活动进行验证。必须为业主履行对其采购活动的验证职能提供便利条件。

(3) 物项制造

必须确保物项制造活动符合核安全法规和导则、设计基准、标准、技术规格书、设计输出文件、采购文件的要求。

必须明确规定对于所有影响质量的活动 (例如人员配备、设计、加工、标识、装卸、贮存、运输、工艺过程控制、检查、试验等) 的控制措施。必须由合格的人员、使用合格的设备，按照批准的程序在合适的环境下从事制造活动。应出示足够的质量证明文件，证明确实按照规定的要求履行其职责，并且所制造的物项的质量是令人满意的。

(4) 建造

必须制定建造质量保证大纲及相应的控制程序，并在建造活动中有效实施、文明施工，确保建造高质量的核电项目。

必须制定现场制造计划并形成文件。计划必须明确要进行的作业、作业系统的顺序进程、每项活动的负责人和为确保达到规定的质量所采取的措施。必须明确规定建造和安装期间的场地管理、材料的接收和贮存、设备的安装、检查和试验、测量和试验设备的管理、人员资格和培训等方面的控制措施并按要求执行。

业主通过质保监查、监督及见证等方

法，对建造活动进行必要的控制。各级建造方应为业主开展验证活动提供便利条件。

(5) 文件控制和记录

必须建立适用的文件管理制度，对文件的编制、审核、批准、发放、保管、变更等进行控制并严格遵照执行。同时负责监督其分包商按要求建立各自的文件管理制度并严格遵照执行。

必须建立适用的记录管理制度，保证有足够的记录以便证明对质量有影响的各项活动均已按规定要求完成，并已达到和保持所要求的质量。必须对质量保证记录的编写、分类、收集、索引、分发、修正和增补、归档、贮存、保管和处置做出具体规定。

业主有权查询与质量相关的文件和记录。

2.9.4 评定和改进

必须根据规定实施自我评定、独立评定，以验证质量保证大纲实施的有效性，并根据评价结果修订质量保证大纲和相关的程序，持续改进质量体系，实现质量目标，提高总体业绩。

(1) 自我评定

必须按预定的时间间隔对质量保证大纲的执行情况和适用性进行自我评审，及时确认、评价和纠正薄弱环节和妨碍因素。评审结果应形成文件，及时跟踪做出的决策和有关行动的落实情况。

(2) 独立评定

必须执行有计划的、有文件规定的内部及外部质量保证监查和监督活动，验证质量保证大纲实施的有效性。监查和监督结果必须形成文件，发给被监查的部门或单位。被监查的单位或部门必须调查监查发现的问题，提出纠正措施和制定纠正措施的计划，并且在承诺的期限内按要求向监查单位报告完成纠正措施的情况。监查单位必须采取后续行动，以验证纠正行动的实施。

(3) 不符合及纠正和预防措施

必须建立识别、报告、审查、控制和记录不符合的管理流程。分析不符合产生的根本原因并采取措施防止其重复发生。尤其应制定和落实预防人因失误的措施，通过利用从内部和外部组织获得的反馈、利用技术进步和研究、共享知识和经验以及利用最佳实践等方式实现。当出现严重影响质量的情况时，业主有权发出停工令，相关组织应迅速采取一切必要纠正措施，直到业主满意才能复工。

(4) 经验反馈

必须建立相关经验反馈机制，对异常事件、质量问题和良好实践等信息进行收集、筛选、评价、分析、处理和分发，总结推广良好实践经验，防止类似事件和问题重复发生。

(5) 改进

必须充分利用各项评定结果以及内外部信息，识别并确定改进机会。必须对改进措施进行检测并检查其有效性。

2.10 执照申请

本节规定了华龙技术电厂的核安全许可要求。这些要求提出：在华龙技术电厂的准备过程中，在用户文件的批准过程中，以及在新电厂的使用过程中，国家核安全相关法律、法规、导则、标准等可能会发生变化。为确保获得核安全相关许可文件，华龙技术电厂设计单位应当承诺协助业主处理核安全相关审评问题。

执照申请要求包括厂址选择、建造、运行和退役四个阶段：

（1）厂址选择

厂址选择许可申请应当遵守《核电厂厂址选择安全规定》（HAF101）及其他核安全部门规定的补充准则和其他有关规定。

设计单位应当协助业主编写厂址评价报告，充分说明在该厂址上能够建造拟建的核电厂，并能在整个预计寿期内安全运行。

设计单位应当协助业主获得必要的许可证，为此需要协助业主准备获取许可证所需的相应材料。

（2）建造

建造许可申请应当遵守《核动力厂、研究堆、核燃料循环设施安全许可程序规定》（生态环境部令第 8 号）及其他核安全部门规定的补充准则和其他有关规定。

设计单位应当协助业主编写《初步安全分析报告》等申请建造许可证所必需的材料。

设计单位应协助业主制定并实施许可计划，该计划确定、定义并安排为获得建造和运营电厂所需的所有许可证和许可所需的各项活动。许可计划应尽早完成，以便按计划实施，使许可证和执照的获取与电厂建设计划在时间上相适应。许可计划应随着电厂许可和建造的进展进行适当的修订和更新。

（3）运行

运行许可证申请应当遵守《核安全法》、《核动力厂、研究堆、核燃料循环设施安全许可程序规定》（生态环境部令第 8 号）及其他核安全部门规定的补充准则和其他有关规定。

设计单位应当协助业主编写《最终安全分析报告》等申请运行许可证所必需的材料。

（4）退役

退役许可证申请应当遵守《核动力厂、研究堆、核燃料循环设施安全许可程序规定》（生态环境部令第 8 号）及其他核安全部门规定的补充准则和其他有关规定。

申请退役许可证所必需的材料由营运单位负责，营运单位可委托设计单位编写材料。

在核电厂设计、建造和运行的不同阶段，营运单位必须对将来核电厂的退役进行充分考虑，并按国家核安全监管部门的要求制定相应的退役计划。当核电厂停闭被提上日程后，需要根据电厂实际状态制定详细的退役计划，并明确需要采取的特殊措施。

退役计划分为三个阶段：初步退役计划、运行期间的退役计划（也称为中间退役计划）以及最终退役计划。对于多堆厂址，在制定退役计划时，应对可能受影响的公用构筑物和系统进行考虑。对于非核基础设施，应说明将对其进行退役还是进一步使用。

2.11　设计过程

2.11.1　引言

（1）目的和范围

本节提出了华龙技术电厂设计中要执行的过程要求。它涵盖整个设计所需的全部过程。其起始点是华龙技术用户要求文件，该文件规定了用户要求。该设计过程包括诸如研发、试验、分析、技术规格书和图纸的准备、建模、报告编制、执照申请活动。这些设计过程要求覆盖本要求文件中定义的整个电厂范围。

电厂设计单位应将项目作为一个单一、完整的过程来管理，电厂设计单位有责任将这些要求转化为在设计过程中各方都应遵循的专门要求和程序。

（2）原则

设计平衡：设计过程应按一定的优先顺序解决互相有冲突的问题，如公众和人员安全、电厂性能、电厂成本。

经验反馈及优化改进：设计过程将持续记录和纠正在可建造性、可运行性和可维修性方面影响电厂或人员安全、可利用率、容量和可靠性的重大历史遗留问题。轻水堆电厂中的经验反馈应反映在早期的设计过程中。

设计确保可建造性：应按某种形式组织设计过程，这种形式证实系统设计与可建造性、可运行性、可维修性以及相关的人员配备及培训之间联系紧密。

规范和标准：电厂设计单位必须遵守国家和政府部门以及核安全监管单位所颁布的强制执行的法律、法规和标准。按国家要求执行“最先进的标准”，满足国家核安全局已颁发的现行有效的核安全法规和核安全导则的要求，同时参照国际原子能机构所颁布的最新安全标准的要求。

2.11.2 技术基础

华龙技术电厂中的安全相关重要 SSC 必须按照经批准的最新的或当前适用的规范和标准进行设计；其设计必须是此前在相当的使用条件下验证过的；并且这些物项的选择必须与安全所要求的核电厂可靠性目标一致。对于用作设计准则的规范和标准必须加以鉴别和评价，以确定其适用性、恰当性和充分性，并根据需要进行补充或修改，以保证最终的质量与所需的安全功能相适应。

当引入未经验证的设计或设施，或存在偏离已有的工程实践时，必须借助适当的辅助性研究计划、具有明确准则的性能试验或通过其他相关应用中获得的运行经验的检验，来证明其安全性是合适的。这种开发性工作必须在投入使用前经过充分的试验，并在使用中进行监测，以便验证已达到了预期效果。

新建核电厂在设计中必须充分考虑从运行和在建核电厂中取得的成熟经验，充分吸收安全改进成果。

2.11.3 设计寿命

华龙技术电厂的设计寿命至少应达 60 年。应制定设计寿命计划，以满足可靠性标准，并且使得在设计寿期内所有系统、结构和部件的采购和维护费用降到最低。这个计划应该包括设计寿命分类系统、状态监测，以及电厂的环境监测系统。

电厂设计单位应提出一个设计寿命分类体系，按照设计寿命能力列出分类项目，设计单位应提出对策用来满足 60 年寿命的要求。

60 年设计寿命要求电厂所有重要部件和设备能满足这个设计寿命的要求。然而，应确保除反应堆压力容器外，所有电厂的运行部件和设备都应是可更换的。对于那些陈旧的或者为避免早期失效希望更换的部件，电厂设计单位应提供一个更换、维修计划，以保证在最低成本下达到整个电厂的设计寿命。

保证 60 年设计寿命的附加要求如下：

（1）状态监测：电厂设计寿命计划和预防性维修大纲应包含对关键的安全重要物项的状态监测，此类物项设置状态监测要能使其在安全性、可靠性和维护成本方面是划算的。

（2）瞬态：华龙技术设计人员应设计降低瞬态频率和等级。华龙技术设计人员应评估尽量减少电厂瞬态事件或减轻其影响的电厂特性，并纳入具有适当经济性的电厂特性。

(3) 仪表和控制：应确保提供适当的监测手段，以监测和记录电厂寿期内的重要瞬态。重点考虑对提高电厂可利用率、减少瞬态次数影响显著的关键设备和系统。为评估电厂实际寿命提供监测数据。

(4) 环境：电厂设计单位进行布置设备和部件时，应使设备和部件尽可能避免或减少处于有害的或可能的影响寿命的环境中的频率和强度。

(5) 文件编制：在电厂整个寿命期间应该在文档管理大纲的指导下保管文件。设计寿命、环境限制的验收准则以及有关参数应在设计文档中应予以清晰地确定并纳入电厂数据管理系统中。

2.11.4　电厂简化

简化要求详见第1.2.7节。

2.11.5　标准化

电厂设计应提出一个像在本节（设计过程）中叙述的那样的标准化设计。应包括：完整电厂的标准设计基准；标准的厂址包络；有特殊接口要求的非标设备；设计基础和最终设计的标准技术文件等。

2.11.6　特殊分析和评价

电厂设计单位应使用由可用的标准、规范和条例所要求的设计方法，以及自身的经验、方法和设计工具。

应对核电厂的设计开展系统的综合评价；可靠性和可用性评价应在保证满足华龙技术电厂要求的设计过程下开展。应在核电厂设计过程中开展概率安全评价。PSA应与设计过程相结合，以便PSA结果可用来改进和优化设计。根据PSA见解带来的重大设计变更应作为PSA报告的一部分。

2.11.7　工程信息系统

电厂设计阶段应该建立工程信息系统，该网络规定整个电厂循环的活动、机构、属性和关系。该网络由所有电厂设计单位在编制和识别设计过程工作产物时使用。工程信息网络应提供如下内容：

(1) 对电厂系统的合理划分。

(2) 用作电厂数据库框架的电厂数据模型。

(3) 向数据库增加信息的系统性的规则和方法。

(4) 数据检索的方法。

(5) 用于系统、设备、部件和装置，以及所有文件的标准标识方法。

(6) 用户能够在信息管理系统中直接通过计算机获得数据和文件。

(7) 尽可能提供所有技术数据的单一的正式的来源。

2.11.8　设计研发计划

在设计工作的初始阶段，华龙技术电厂的设计单位应制定一份书面的计划，以便开展研发和设计。该计划至少应规定一个设计组织，该组织负责制定在设计过程的各方面的职责和权力。

应制定业主单位参与设计开发和执行的全过程的程序，并对过程加以管理以防偏离标准设计。应在设计单位内部和不同的设计单位之间建立正式的通讯渠道，以保证设计工作有效协调。该进度计划应围绕整个设计过程，包括设计、分析、现场支持等。电厂设计单位应该维护一个总体设计进度表，该进度表汇集了全体设计参加者的进度。

2.11.9　技术状态管理

技术状态管理是在整个核电厂寿期内，运用技术和行政的手段，对技术状态项以及有关的产品技术状态信息进行管理的一种活动；该活动包括维持设计要求、技术状态信息以及物项技术状态全寿期内的一致性，并要求在该一致性遭到破坏时恢复其一致性。

（1）目的

实施技术状态管理的目的是在核电厂的设计要求、物项技术状态和技术状态信息之间建立三者的一致性，在核电厂寿期内，特别是在产生技术状态变更时保持这种一致性，并在电厂全寿期内确保设计基准得到维护。

核电厂设计和建造阶段的目标重点是实现三者之间的一致性，是通过设计建造过程，逐步形成三者一致性的过程。

（2）技术状态管理体系构架

技术状态管理体系应按照技术状态管理标准建立，该体系框架应包含以下主要方面：

1）技术状态管理策划。

2）技术状态标识。

3）技术状态记录。

4）技术状态变更控制。

5）技术状态审核。

（3）技术状态管理的要求有如下要点：

1）电厂设计单位应提出一个综合的技术状态管理程序，以用于设计和建造阶段。该程序应保证在确定设计基准、技术基线和接口要求时，电厂系统和设备的实际配置和电厂建造、运行和维护程序以及所有相关保障重要文件，在电厂整个寿期内都能够获取。

2）电厂在移交给业主商业运行之前，电厂设计单位应负责技术状态管理。正式移交过程应保证全部技术状态信息是以受控的方式提供给业主。

3）技术状态管理程序应包含变更控制过程，应明确规定变更批准准则，并且应为变更实体提供有关提出、评审、批准、实施、配置、文件更新和分发等的准则和程序。

2.11.10 设计一体化

电厂设计单位应为电厂中每一个系统或子系统制定一个顶层设计准则。顶层设计准则文件应是足够完备的，以便能够从顶层设计要求开发出合格的设计和评价竣工电厂对用户要求的可接受性和适应性，两者都不用依靠下一层次的设计文件。

电厂设计单位应准备系统、设备和部件的技术规格书、设计图纸和系统说明书，以保证满足顶层设计准则，并将设计、计算、制造、建造和试验信息及要求形成文件。

电厂设计单位应开发设计和建造时使用的电厂布置模型。

电厂设计单位应与建造和调试机构协调一致，以保证设计的实施、试验和相关程序符合设计准则和性能目标。建造和调试单位应：对技术接口文件审查并提出书面意见；参加设计会议，根据他们的建造和运行相关的重要因素的输入，保证优化设计；准备和提供他们的程序，用于业主审查和与电厂设计单位一同进行的接口审查。

电厂设计单位应根据运行经验和应用PSA来审查设计文件。

电厂设计单位应为所有安全相关系统、结构和部件制定设计、试验和技术规格书要求。

2.11.11 设计审查

应由电厂设计单位在设计和建造的全过程中实施专业间的设计审查。应邀请潜在的业主和他们的代表参加这些审查。

下列特定要求用于专业间设计审查：

（1）应建立一个独立的专业间审查小组，这个小组应向参加的组织机构的高级领导报告。

（2）应由电厂设计单位确定审查小组的审查和活动范围及授权。审查组应包括但不限于土建、电气、机械、化学、材料和核工程，以及核电厂运行、维修和建造方面的有经验的人员。审查组应包含人因法则、辐射防护专业的人员。每次审查的各个参加者的专业应与被审题目相一致。

（3）技术审查应使用严格的系统分析技术，例如：热工水力瞬态分析、安全和故障分析、可靠性分析和概率安全评价。应对系统间的相互作用给予特别注意。

（4）在设计过程早期应制定一个审查进度表，并定期修改。

（5）审查应形成文件并作为电厂设计记录的一部分加以保存。

2.11.12　信息管理系统

在设计期间，电厂设计单位应使用适合的计算机软硬件来建立、管理和运行一个信息管理系统（IMS）在建造期间使用，并将 IMS 数据移交给业主在运行期间使用。

IMS 的主要目标如下：

（1）提供一个有效的方法来获得、贮存、检索和使用对设计、建造、调试、运行和维修电厂所必需的文件和数据。

（2）在设计和建造期间，以及将电厂数据移交给运行单位以后，有效的使用计算机辅助设计和工程管理。

2.11.13　设计建造一体化

电厂建造进度计划应基于标准电厂设计，除了厂址特定工程设计以外，该标准电厂设计应是已完成的。由于在标准电厂设计中使用厂址包络基准，可有计划的将厂址特定工程设计减至最少。

开工前提供的施工图设计文件数量，与施工方法的选择有关。预制和模块化施工水平越高，需要的设计文件数量越多。

浇灌核岛第一罐混凝土前应该明确与建筑物安全相关的所有静力学载荷、完整的静力学分析。建造过程中，应该有适当的裕量允许少量的修改。

如果广泛使用模块化施工，在群堆的首台机组的第一罐混凝土浇筑前，应完成更高比率的施工图设计文件卷册。开始施工作业前应完成最重要部分的全部设计，并且有足够的裕度。

浇筑混凝土前，应该确定好土建与机械部分的接口，例如预埋件等。

施工人员应在厂房或房间的全部设计工作完成后开始施工。在施工作业开始前，应核查后续工作的实施计划，设计单位应该在设计程序中明确详细设计的要求和准则。

2.11.14　竣工状态现场验证

作为设计过程的一部分，电厂设计单位应确定并完成必要的设计验证活动，以证实该装置的适当性。这些工程验证是除了建造工作中正常质量控制验证以外的活动。适用下列专门的规定：

（1）建造早期应确定工程验证活动和进度安排。

（2）工程验证活动应包括地震检测以验证概率安全分析（PSA）中所有主要的假设。

（3）设计应尽实际可能包括可以减少建造过程中工程验证的复杂度和范围的规定。必须进行验证的地方，电厂设计单位应制定大纲，包括检测目标和范围、评价过程以及不满足设计目的的遗留项的解决过程。

2.12　设备状态监测

2.12.1　引言

华龙技术电厂的设计中应对主要辅助

系统的设备进行监测，从而确定在哪些方面可以通过设备状态监测进行改进。通过设备监测参数对系统和/或设备状态进行评估，提高设备的可用性、可靠性，进而降低操作和维护成本。本节提供了部分主要电气和机械部件需要监测的具体运行参数的建议。

设备监测预期效果如下：

(1) 支持设备预期的设计寿命。

(2) 提高循环效率。

(3) 允许对设备和系统状况进行监控和趋势分析。

(4) 减少放射量。

(5) 提高维护的方便性，从而降低维护维修成本。

(6) 提供更准确的诊断。

2.12.2 主汽轮机、主发电机设备监测

主汽轮机建议主要监测转子转速、轴承温度、轴承油压、润滑油箱温度、转子偏心距、截流阀位置、截止阀金属温度(内部和外部)、振动、通过截止阀的压差、蒸汽供应压力等参数。

主发电机建议主要监测轴承温度、扭转振动、轴承绝缘状态、转子电压和电流(如可得到)、发电机功率、定子绕组温度、高压套管温度、发电机铁芯监测器等参数。

2.12.3 泵类设备监测

重要中小型泵及辐射（剂量区）中小型泵建议主要监测设备流量、入口/出口压力、入口温度、振动幅度/相位、轴承温度、机械密封腔压力/温度等参数。对于大型泵（循环水泵、凝结水泵、给水泵、给水/凝结水泵前置泵、加热器疏水泵）建议主要监测设备流量、出入口温度、出口压力、振动振幅和相位、油分析、输入电源等参数，其他大型泵可参照执行。

2.12.4 空压机类设备监测

公用/仪用空气压缩机建议主要监测油液位、级间压力、级间温度、后置冷却器出水温度、冷却水入口/出口温度、油温度、空气流量、空气温度、油压力、曲轴箱润滑油压力、空气出口压力（单独设备)、空气过滤器压差、运行时间等参数。

2.12.5 阀类设备监测

气动阀控制阀建议主要监测：阀杆位置、供气压力、定位器/控制器的控制信号（电流/电压)、定位器输出信号/出口气压、定位器反馈信号、阀杆推力/扭矩、膜片压力等。

逆止阀建议主要监测：超声波（角速度/开启角度)、声发射、电磁脉冲。

2.12.6 柴油发电机组设备监测

柴油发电机组发动机建议主要监测振动、发动机转速、冷却剂进出口温度、冷却剂液位、润滑油冷却器进出口温度、润滑油温度、润滑油压力、气缸排气温度、涡轮增压器入口/出口排气压力、后置冷却器入口/出口空气压力、涡轮增压器入口/出口排气温度、燃烧空气过滤器压差、燃烧空气温度、燃料油压力、燃料油温度、运行时间等参数，并可对润滑油、燃料油、冷却剂、发动机性能开展分析。柴油发电机组发电机建议主要监测振动、电压、电流、频率、功率因数、无功功率和有功功率、定子绕组温度、轴承温度、出口断路器位置等参数。

2.12.7 电动机类设备监测

重要的大型电机（10 kV）建议主要监测设备振幅和相位、轴承温度、绕组温度、电源电压和电机电流、油位、储油器温度、运行时间和启动次数等参数，其他

电动机设备可参照执行。

2.12.8　变压器类设备监测

主变压器/辅助厂用变压器/高压厂用变压器建议主要监测振动、噪声、绕组温度、油温、油箱压力、油位、冷却器性能（温度）、接地电流、避雷器漏电流、变压器内部局部放电、抽头操作次数、抽头位置等参数。

2.12.9　健康管理与智能决策

华龙技术电厂可采用核电厂全寿期健康管理与智能决策相关技术，以实现对典型关键设备、部件以及工艺系统单元实施“健康”状态的实时状态监测，并基于监测信息进行故障诊断、状态评估、寿命预测，最终构建辅助运维决策方案。核电厂全寿期健康管理与智能决策相关技术，可对以下范围进行决策：

状态监测：针对核电厂典型关键设备、部件以及工艺系统单元，实现其运行期间“健康”状态的实时状态监测，并直观显示各种运行状态参数、关键物理量、时域频域波形及指标等，并及时识别出明显的“非健康”状态。

故障诊断：基于对核电设备、部件以及工艺系统单元故障机理的了解，并采用故障诊断技术，根据运行状态参数、监测信号的时频域指标、健康特征指标等状态监测数据对故障类型、故障程度、故障位置进行诊断，并进一步溯源故障产生原因并分析故障发展趋势。

状态评估：基于状态监测数据、故障诊断的结果与健康评估模型，借助大数据积累与深度学习技术对典型关键设备、部件以及工艺系统单元的运行健康状态进行“健康”状态评估，并提供故障的趋势分析，辅助支持运维决策。

寿命预测：研究核电设备、部件以及工艺系统单元的健康发展趋势，构造健康状态指标的单调递增寿命曲线，通过定位当前所处的寿期状态，以及对未来发展趋势的判断，对设备的部件级寿命做出预测。

辅助决策：基于状态监测、故障诊断、状态评估、寿命预测的结果，构建辅助运维决策方案，实现关键设备的预测性维修、周期性维修和纠正性维修，并实现闭环反馈控制与备件管理，包括：

（1）周期性维修：基于设备关键零部件失效机制、监测策略以及管理文件要求，提出周期性维修的最佳维修间隔、维修内容以及恢复调试计划等。

（2）纠正性维修：针对故障设备，分析故障原因，基于故障发生机理，制定恢复设备预定功能的维修方案及恢复调试计划等。

（3）预测性维修：基于设备状态及发展趋势，制定预测性维修的维修时间、维修内容以及恢复调试计划等。

（4）设计反馈：通过机组运行中的长期积累，对设备故障与维修方案进行统计分析，反馈设计改进。

2.13　便于退役的设计要求

2.13.1　引言

根据我国法规标准、国际原子能机构（IAEA）有关文件和其他国家的退役实践，越早考虑退役问题，其难度和所花费的成本将越低。因此，核电厂的退役在核电厂的选址、设计阶段就应该考虑。华龙技术电厂作为新开发的压水堆，在此阶段就应考虑便于退役和拆除的设计措施。

2.13.2　材料选择

在核电厂运行阶段，由于反应堆内可控裂变反应，将使得反应堆堆内构件、压力容器本体、一回路管道以及其他包容一回路冷却剂的设备、部件的材料由于辐照而活化。由于一回路水化学特性复杂，系统、设备运行环境恶劣，部分金属材料由于腐蚀和冲蚀而进入一回路冷却剂并沉积在系统中，对未来退役造成不利影响。

此外，一旦发生事故，例如 LOCA、SGTR、燃料元件破损等事故，可能会导致核岛厂房内部结构材料或者二回路系统的设备被放射性污染。

因此，在材料选择时应考虑：

（1）控制设备材料、密封材料中易被活化的、活化产物半衰期较长的元素含量，如 Co、Ag 等，减少活化产物和腐蚀产物。

（2）提高燃料元件包壳的性能，降低中子吸收截面，提高燃料包壳的抗腐蚀特性，提高包壳材料的强度和延展性，降低包壳破损概率。

（3）控制腐蚀性物质、有毒有害物质、可燃液体、重混凝土、纤维材料、多孔材料的使用，降低未来退役期间废物分类、处置的难度，同时也是保护工作人员。

（4）为了减少退役期间的放射性废物量，在设计阶段可考虑使用可重复利用或可回收的材料。

2.13.3 系统、设备和建筑物的设计要求

核电厂退役阶段的主要活动包括去污、拆卸，去污的在主要目的是降低工作人员受到的辐照剂量，便于拆卸，同时也有利于实现废物最小化；拆卸的主要目的是将设备、部件、构筑物切割或拆卸下来，然后从厂房内移出或送至废物管理系统进行处理。为了在退役阶段能够顺利完成去污、拆卸工作，保护工作人员和便于实现退役阶段的放射性废物最小化，在设计阶段应考虑便于去污和拆卸的措施，华龙技术电厂的系统、设备和建筑物的设计需考虑如下要求：

（1）便于去污的设计考虑

1）对于反应堆冷却剂系统、化学和容积控制系统、通风系统等工艺系统和堆芯，在设计时需考虑流场分布，尽量避免容易使腐蚀物沉积的“死区”。

2）用涂层或钢覆面保护厂房的墙壁、地面以及水下壁面（如乏燃料水池），这类涂层或覆面也应足够光滑，便于去污、清除。

3）管道、容器、换热器等设备的表面进行处理，使其尽可能光滑，降低腐蚀产物沉积和便于去污。

4）为了便于退役阶段的去污、取样分析，在设计阶段应考虑设置一些接口，以便退役阶段去污剂的注入及流出、取样。

（2）限制污染的设计

1）为了降低退役阶段的源项，限制工艺系统的污染，应设置化学处理设施以去除工艺系统中的离子、杂质等，例如过滤器。

2）液体储罐设置滞留池，池中液位有监控。放射性阀门或管道处设计有接液盘，可能发生泄漏的系统或设备间地面设计有排水和收集系统，防止污染扩散。

3）高污染段与低污染段之间、污染段与洁净段之间必须设置隔离措施；同一管段流经污染区和洁净区的，在分区处必须设置隔离措施；特殊排放设备，如安全阀，既要考虑其闭锁能力，防止过量排放，还必须考虑设备安装区间可以隔离或实施隔离措施，防止放射性液体喷放区域范围过大。

4）通风系统的设计应尽可能接近污染源以控制退役期间污染物的扩散；在系统合理位置安装高效过滤器，以清除放射

性污染物，从而减少污染物向环境的排放。部分通风系统既要保证在电厂安全停闭和部分拆除后结构及设备的完整性和可运行性，又要保证在拆除过程中对放射性污染物的控制。

5）房间地面应设有地面疏水槽，便于运行期间的泄漏液体和退役期间清洁厂房的清洁液排出。

6）设置辐射监测系统，监测系统、厂房内的放射性状况。

（3）便于拆卸的设计

1）管道或设备的保温层应便于快速拆卸。

2）设备设计时应考虑便于拆卸、吊装的设计，其实便于安装的设计，对退役也是有利的。

3）对处于高污染区（如红区）的大型设备（如 RPV、主泵、SG 等），应考虑整体拆卸，因此，在布置设计时，需要考虑便于设备拆卸的平台、吊车以及设备的移出通道。

4）在开展布置设计时，应考虑到退役阶段，便于操作人员、拆卸工具出入操作区域的通道和操作空间，以及拆卸下来的设备从厂房内移出。经验表明，便于电厂建造、运行期间设备安装和维修的设备，对退役也是有利的。

5）部分系统、设备（如吊车、通风系统、电气设备、监测设备、火灾探测系统和灭火系统、通信系统、三废处理系统等），在安全贮存阶段、退役前和退役期间还需要其保持可用，因此需要适当考虑这些设备的寿命、可靠性和可更换性。

6）对于多堆厂址，可能出现某一台机组退役时，其他的机组还在运行情况，为降低退役机组对其他在役机组的影响，在核电厂设计时要考虑机组公用子项的容量。

2.13.4　放射性废物贮存设施

核电厂退役期间将产生大量的中低放废物和建筑垃圾，预计中低放废物的数量多于运行阶段每座反应堆产生的总的废物量，同时还产生少量高放废物。此外，多堆厂址上某一反应堆退役时，其他机组可能还在运行。核电厂内的废物暂存库、放射性废物区域处置场的容量，将直接影响到核电厂退役的实施。因此，在核电厂和区域处置场的选址、设计阶段就应考虑将来废物处置的问题，兼顾退役和电厂的正常运行。

第 3 章　反应堆

3.1　通用要求

本节给出了反应堆系统设计的通用要求。具体包括防止裂变产物释放的屏障、压力边界完整性、负的功率系数、抗功率振荡、正常运行及瞬态的裕量、反应性控制的可靠性、停堆裕量、次临界度、堆芯能量的产生、燃料循环、负荷跟踪、稳定运行和掉棒运行等。

(1) 防止裂变产物释放的屏障。反应堆系统应设计两套独立的屏障，以防止裂变产物释放，即燃料包壳和反应堆冷却剂系统压力边界。

(2) 压力边界。反应堆压力容器（RPV）应采用成熟的技术进行设计和制造。为反应堆压力容器选择的材料、设计和制造方法应使材料在正常运行和事故工况下，不呈现出会导致裂纹快速扩展或者其他失效的脆性行为。

(3) 功率系数。反应堆应设计成：在所有的运行工况下反应性反馈能抑制功率的快速增长。在所有的功率运行工况下功率反应性系数应是负的。功率反应性系数包括燃料的多普勒系数、慢化剂温度系数、必要时还包括慢化剂空泡系数。

(4) 抗功率振荡。反应堆堆芯应设计成：对任何功率波动，不用操作员的动作而通过堆芯固有的特性或反应堆保护系统的保护，能够保证堆芯的任何功率振荡都不会导致超出燃料安全限值。

(5) 燃料热工裕量。反应堆系统设计应保证燃料棒运行在特定的燃料设计限值以下，并应具有15%的热工裕量（位于运行限值与安全限值之间，非安全裕量）。

(6) 反应性控制。反应性控制系统的设计应确保其在正常运行、中等频率事件、稀有事故和极限事故工况下执行安全功能。另外，它们也应该能够执行地震事故下的预期功能。堆芯反应性控制要求设计两套独立的控制系统，两套系统的固有设计原理必须不同。在冷停堆状态下，这两个系统中至少有一个能够保持反应堆次临界。堆芯应具有足够的可引入的负反应性，使在进行机动运行和中等频率事件时控制堆芯功率对硼浓度变化的要求可最小。

(7) 停堆裕量。反应性控制系统应设计成，在反应堆全寿期中，冷态工况下最大反应性时刻以及最大价值的一束控制棒完全抽出堆芯时，堆芯能够保持 k_{eff} 小于0.99。与堆芯保护系统配合，反应性控制系统要限制反应性引入的总量和速率，以确保假设的反应性事故情况下（比如弹棒事故）不会导致堆芯熔毁、反应堆冷却剂压力边界破坏、堆芯充分冷却能力丧失。

(8) 次临界度。反应堆堆芯及相关元件或系统的设计，应保证换料期间堆芯处于次临界状态。燃料组件在堆内的换料期间，正常工况下 k_{eff} 不超过0.95，事故工况下 k_{eff} 应小于0.99。所有预期工况下，都必须维持这一次临界度，包括计划的中间倒料、任何单一故障或者程序差错。换料时，可通过适当的硼化达到次临界要求。

(9) 堆芯能量的产生。堆芯和燃料的基本性能要求是，在整个计划的运行循环期间产生并输出额定值的热量；并有足够的裕量和控制能力以使预期的电厂瞬态和计划的机动运行，都能调节在规定的限值以内。

(10) 燃料成本评估。初始核设计和燃料循环成本评估应以铀燃料循环一次通过为基础。

(11) 负荷跟踪和机动运行的能力。与调频控制或调度相关的小的阶跃载荷变化控制的主要机理应是慢化剂温度的变化；计划的负荷循环运行控制的主要机理是控制棒系统的动作，包含低价值控制棒的控制棒系统对反应性和功率分布进行控制；堆芯和相关系统应具备长期低功率运行能力和循环寿期末的延伸运行能力。

(12) 稳定运行。然而，即使操作员不采取任何措施，也不应当超过燃料的热工限值。应当用厂内试验或其他试验证明新型设计的热工水力稳定性。

(13) 掉棒运行。在功率运行期间，反应堆设计应能适应下列非计划落棒事件：在未引起紧急停堆的单束控制棒全部插入情况下可降功率运行4小时；在未引起紧急停堆或超过燃料设计限值的条件下恢复控制棒棒位。

3.2 堆芯核设计

堆芯应由开式栅元、无盒燃料组件、呈方形布置的燃料棒、可移动的细棒型控制棒组成。所有的燃料组件和控制棒组件应当使用经过商运电厂成功检验过的类似机械设计。燃料组件应能够在没有横向支撑的情况下直立于堆芯内。堆芯设计应使在正常满功率运行工况下，在堆芯热通道中无整体沸腾。

3.2.1 堆芯装载和燃料燃耗

平衡循环堆芯装载方案和堆芯外围区域的设计应该使沿堆芯边界的中子泄漏尽量低。燃料循环周期应与电厂可利用率和换料周期的要求一致。最大卸料燃耗深度不超过燃料组件性能分析确定的燃耗限值。同时，为了分区卸料燃耗深度达到预期值，堆芯的燃料装载必须提供足够的过剩反应性。

3.2.2 功率分布

在考虑5%的计算偏差时，计算程序所得的95%计算数据和实测数据相符，程序具有95%的置信度。在置信度至少为95%的条件下，功率分布控制必须满足：

(1) 在正常运行工况下燃料棒线功率密度不大于安全分析确定的限值。

(2) 在非正常工况下（包括最大超功率工况，“非正常工况”指从DBC-1时由于人为误操作或设备故障原因过渡来的中等频率事件，即DBC-2)，最大的峰值功率不致引起燃料芯块熔化。

(3) 在DBC-1和DBC-2（包括最大超功率工况)，堆芯功率分布不得导致在燃料棒表面发生偏离泡核沸腾现象。

(4) 燃料管理设计应该使燃料棒产生的功率和燃耗与燃料棒机械完整性分析所采用的假设相一致。

3.2.3 反应性系数

燃料温度系数应为负值；当反应堆达到临界，冷却剂系统处于正常运行温度，燃料循环设计都应确保在整个燃料循环内任何功率运行工况下都具有非正的慢化剂温度系数。

3.2.4 堆芯控制

3.2.4.1 最大可控反应性引入速率

必须限制由控制棒提升或可溶硼稀释引起的最大反应性引入速率。在控制棒组事故提升情况下，最大的反应性变化速率这样确定：燃料棒的峰值释热率不得超过超功率工况下的最大允许值，以及 DNBR 大于超功率工况下的最低允许值。

限制控制棒的最大反应性价值和控制棒引入的最大反应性变化速率，是为了防止在发生提棒或弹棒事故时，冷却剂压力边界破坏或堆内构件的损坏而损坏堆芯冷却能力。

对于诸如弹棒或主蒸汽管断裂等任何 DBC-4 类工况，反应堆应能处于停堆状态，并且堆芯能够维持可接受传热的几何形状。

3.2.4.2 反应性控制

通过溶解在冷却剂中的化学毒物、棒束控制组件和可燃毒物棒（包括整体型和离散型可燃毒物棒）来控制堆芯反应性。

（1）化学毒物

硼以硼酸形式溶解在冷却剂中，需抵消下列因素引起的较大的、缓慢的反应性变化：

1）慢化剂温度由冷停堆到热态零功率运行温度变化引起的反应性变化。

2）由于功率变化后或控制棒位置变化引起氙和钐的瞬态变化。

3）补偿燃料燃耗和长寿命裂变产物积累所需的剩余反应性。

4）可燃毒物的燃耗。

（2）棒束控制组件

控制棒应提供足够的负反应性，以抵消从满功率降至零功率的功率效应以及停堆深度的要求。控制棒由高价值和少数低价值棒组成，从核设计和机械的观点来看，同种控制棒应是可以互换的。所有棒都可以快速下落，并且没有棒会在下落的任何过程中导致正反应性引入。棒束控制组件用于停堆和补偿由于下列原因引起的快速反应性变化：

1）在热态零功率及卡棒条件下所需要的停堆深度。

2）补偿从热态零功率开始的功率上升引起的反应性变化，这其中包括多普勒和慢化剂反应性变化的功率亏损。

3）硼浓度、冷却剂温度或氙浓度的异常波动（控制棒不超过允许的插入极限）。

4）负荷变化引起的反应性突变。

（3）可燃毒物棒

可燃毒物棒用来控制堆芯部分过剩反应性。可燃毒物应随着燃耗加深而缓慢消耗，以使功率运行时任何燃耗时刻慢化剂温度系数保持负值。

3.2.5 停堆裕量

反应堆无论在功率运行状态或停堆状态下都要求有适当的停堆深度或次临界度。在涉及反应堆事故停堆的所有分析中，都要假定一束价值最高的控制棒处于全提出堆芯的位置（卡棒准则）。

当燃料组件已放入压力容器内而顶盖尚未就位时，要通过插入控制棒和充硼溶液使堆芯 k_{eff} 不超过 0.95；此外，即使所有的控制棒束提出堆芯，反应堆仍能有足够的次临界度。

3.2.6 稳定性

基模式为基负荷运行，即反应堆运行在额定功率或者接近额定功率。反应堆在基模式运行时，堆芯对于功率振荡应具有固有的稳定性。在功率输出不变情况下，堆芯应能监测并抑制空间功率振荡。

3.2.7　控制棒布置和反应性价值

（1）控制棒组总的反应性价值必须适当，满足安全分析的要求。

（2）鉴于功率运行时可能有部分控制棒插入堆芯，通过合理的分组使总的功率峰值因子足够小，以保证满足功率能力的要求。

（3）停堆棒组提供附加的负反应性，以保证足够的停堆深度。

3.2.8　反应堆压力容器辐照

（1）严格控制反应堆压力容器堆芯段筒体材料的辐照脆化敏感元素含量，提高材料的性能、降低缺陷产生的可能性和缺陷的尺寸。

（2）严格控制反应堆压力容器堆芯段筒体及焊缝的初始 RT_{NDT}温度（无延性转变温度）。

（3）合理设置堆芯段筒体内径、吊篮外表面与筒体内表面间的水隙厚度，降低反应堆压力容器内表面快中子注量。

（4）结构上取消压力容器堆芯段筒体中间环焊缝，尽量使对辐照敏感性高的焊缝金属离开活性区，提高压力容器耐辐照能力。

（5）采用低泄漏燃料管理策略，降低反应堆压力容器内表面快中子注量。

（6）合理布置辐照监督管，使得辐照监督管的超前因子满足相关标准要求。

3.2.9　中子源和测量仪表

（1）中子源

堆外源量程核仪器能够提供足够的中子源强信号用于首循环和后续循环启动。中子源元件包括中子源材料（如锎-252/铍或钚-238/铍）和支持材料（锑/铍）。中子源元件应该由不锈钢作包壳，对于启动中子源应采用双层密封，中子源元件应以简单的、经过验证的方式安装并固定在堆芯内，并且易于安装或卸除。当反应堆后续循环启动时，如果堆内燃料中的自发裂变产生的中子源能够为堆外源量程核仪器提供足够的中子源强信号，则可以考虑取消中子源，实现“无源”启动。

（2）堆芯功率水平测量仪表

堆芯功率水平由位于压力容器外仪表井内的堆外中子探测器监控。在换料水池充满或未充水的情况下，都能容易地维护和更换这些探测器。

（3）堆芯功率分布测量仪表

1）堆芯功率分布由位于堆内的中子探测器监控，它能够测量整个堆芯有代表性位置的中子通量。

2）每一个堆内中子探测器组件应由一系列在轴向上间隔开的且数量足够的中子探测器组成，以便每个组件都能够提供表征反应堆轴向功率分布的信息。建议探测器处于定位格架之间。

3）与仪表密封管相邻的或上方安装的设备应按抗震Ⅰ类设计。

4）堆芯功率分布仪表应能够清楚地探测和指示堆芯功率振荡。

（4）堆芯出口温度测量仪表

监控堆芯出口温度的热电偶与中子探测器集成到一起安装。需要挑选恰当的安装位置以便测量典型的堆芯出口温度。如果在容器顶盖和上部堆内构件下使用热电偶，应对其必要性予以说明，并形成文件供相关部门查阅。

3.3　燃料系统设计

因制造缺陷使燃料棒过早破损的概率应少于 1/50 000，力求达到 1/100 000，该指标按工业界一致认可的方法来测定。

燃料组件的机械设计应保证燃料组件燃耗能至少达到 52 000 MWd/tU。燃料棒和组件结构部件设计在堆芯能最少停留 6 年，在乏燃料池能最少停留 60 年。

3.3.1 包壳

（1）材料和机械性能

燃料棒包壳应具有低的热中子吸收截面；对冷却剂、燃料和裂变产物具有高的抗腐蚀性能，在规定的燃耗限值内，在堆芯内可最大限度地减少水侧腐蚀和吸氢；在运行温度下应具有高强度、高延性和高可靠性。在燃料棒寿期内，如果芯块摞中有空腔时包壳也不会坍塌。

（2）应力—应变限值

在 DBC-1 和 DBC-2 类工况下，包壳体积平均有效应力不应超过考虑了温度和辐照影响的包壳材料的屈服强度。

稳态运行时，从未辐照状态算起的包壳周向拉伸应变（塑性应变和蠕变）通常应低于 1%；对每一瞬态事件，包壳周向拉伸应变（弹性、塑性应变和蠕变）通常不应超过由当时稳态工况算起的 1%。

（3）疲劳和振动

包壳累计应变疲劳循环次数必须低于设计的应变疲劳寿命。该设计寿命应是下列两者的较小值：在实际应力幅下达到破坏时的循环数除以 20；在 2 倍实际应力幅下达到破坏的循环数。包壳磨蚀深度不应超过包壳壁厚的 10%。

（4）包壳的化学特性

限制 DNB 以限制包壳温度。燃料棒包壳表面温度（氧化物与金属界面处）不应高于包壳材料的运行温度限值。设计寿期末，燃料棒包壳氧化膜厚度应小于 100 μm。

3.3.2 燃料芯块

燃料芯块的主要设计准则是其最高温度必须低于其熔点。二氧化铀燃料和含钆燃料芯块的熔点随燃耗而变化。在考虑了制造公差、芯块开裂的影响和分析模型的不确定性，以及考虑了燃料芯块的物理参数（热传导，密度等）在辐照过程中的变化（密实化、肿胀等）等因素后，确定二氧化铀燃料和含钆燃料芯块的温度限值。

3.3.3 燃料棒

设计中应防止燃料温度过高，燃料棒内压过高（由于裂变气体释放）、包壳应力及应变过大，以保证燃料棒的完整性。

燃料棒内压应限制在下述值以下：能使燃料芯块—包壳接触后径向间隙再打开或使间隙变大的值。该准则防止包壳向外蠕变速率超过芯块的肿胀速率，保证在稳态运行中芯块—包壳接触后不会重新出现芯块—包壳径向间隙或者该间隙尺寸增大现象。

燃料棒的设计裕度和运行限值应满足下列燃料设计准则：

（1）正常运行、中等频率事件的限值。最小 DNBR 应使在 95%置信度下至少 95%的概率保证具有最小 DNBR 的燃料棒不会发生偏离泡核沸腾（DNB）；寿期内二氧化铀燃料和含钆燃料芯块的峰值温度应低于芯块熔点；正常运行时，从未辐照状态算起的包壳周向拉伸应变（塑性应变和蠕变）通常应低于 1%；对中等频率事件事件，包壳周向拉伸应变（弹性、塑性应变和蠕变）通常不应超过由当时稳态工况算起的 1%。

（2）稀有事故的限值。对于非 LOCA，允许有不超过 5%的燃料棒发生 DNB。对于 LOCA，包壳温度峰值（PCT）应当维持在 1204 ℃以下以防止包壳脆化；包壳最大氧化膜厚度不超过包壳氧化前厚度的 17%；包壳与水或蒸汽发生化学反应后的产氢量小于假设所有包壳均发生反应总产氢量的 1%。

（3）极限事故的限值。对于非 LOCA，允许有不超过 10%的燃料棒发生 DNB。对于 LOCA，采用与稀有事故相同的限值。

燃料棒应设计成使包壳在服役寿期内不会因蠕变长期效应而坍塌。应在与特定循环无关的通用包络条件下证明包壳在服役期内不会坍塌，而不需要每个循环单独进行评价。通过通用认可的棒弯曲评估模型，燃料棒间距变化不会引起不可接受的功率峰或者 DNBR。

3.3.4　定位格架

（1）材料性能

燃料组件的格架条带合金应具有如下综合性能：低的热中子吸收截面；对冷却剂具有高的抗腐蚀性能；在运行温度下具有高强度、高延性和高可靠性。

（2）机械设计限值

由地震或 LOCA 事故所引起的横向载荷不应产生不可接受的格架塑性变形，每个燃料组件的几何形状应予保持，以使燃料棒维持一个适合于冷却的排列。

（3）振动和疲劳

定位格架为燃料棒提供足够的支承，以限制燃料棒振动，并保持包壳的磨蚀深度在可接受的限值之内。

3.3.5　燃料组件

为保证燃料组件的结构完整性，由各种非运行载荷、运行载荷和事故载荷所引起的应力和变形不得超过规定的限值。这些限值用于上管座、下管座、导向管、定位格架和导向管连接的设计和评价。

评价燃料组件结构完整性的设计基准是：非运行载荷情况下，在 $4g$ 轴向和 $6g$ 横向载荷作用下仍具有尺寸稳定性；在 DBC-1 类工况和 DBC-2 类工况的正常和非正常载荷作用下，按材料分类（奥氏体不锈钢、锆合金和因科镍）分别制定燃料组件各部件的结构设计基准。应满足应力分级和应力强度限值的要求。

在 DBC-3 类工况或 DBC-4 类工况的非正常载荷下，以 LOCA 事故的喷放载荷和地震载荷为最不利的情况。部件的变形和损坏不能妨碍反应堆停堆和对燃料棒的应急冷却。

在事故情况下对燃料组件的不锈钢部件和锆合金部件的应力进行评价。

燃料组件应设计成具有防碎块的能力。下管座应设计成：

1）不增加燃料组件内压降。

2）防止大量的异物与水垢沉积而产生流道阻塞。燃料的设计应能阻止可在定位格架内滞留的碎块进入燃料组件。此要求应由水力试验所证明，试验中给出尺寸的碎块应不能进入燃料组件。设计还需要通过先导组件的堆内运行及对下管座的检查来保证不会出现明显的流道堵塞。

燃料组件的设计应最大限度地减少流量在燃料组件内和组件之间的重新分配。应避免燃料格架支撑点发生微振磨蚀，控制棒导向管的微振磨蚀不会使控制棒导向管发生不可接受的减薄。

应当提供措施确保燃料组件，在除电厂用负荷导致的汽轮机超速工况外的任何运行和设计工况下，不脱离或上浮。对电厂用负荷导致的汽轮机超速工况，燃料组件可能短暂上浮，但上升的燃料组件能保证在不发生损坏的情况下正确归位。燃料组件压紧力须满足在可接受的温度条件下允许一台或多台主冷却剂泵运行。

压紧弹簧的设计应当考虑弹簧松弛、燃料组件长度变化、中子通量、部件之间的热膨胀差异，应覆盖燃料组件的长度变化，部件的公差及部件间的热膨胀差。弹簧的选材、热处理及最终表面状态应考虑工作环境（如：温度、中子通量、腐蚀等因素）。压紧弹簧应有适当尺寸以使弹簧被上堆芯板压紧之前能在上部堆内构件导向装置与燃料组件的管座之间充分啮合。

燃料组件设计的材料热处理和机械特性（控制棒导向管）应经过压水堆验证，限制组件在堆内弯曲的程度，使组件弯曲不损害堆芯的性能或者不损害重新装料运行的能力，应该采用已经被证实了的对燃料组件只产生有限残余弯曲的制造技术。

（1）结构要求

燃料组件及堆内结构的机械设计，应能承受各种极限设计事故而不会导致燃料包壳破损或损害停堆和余热排出的能力。在确定设计载荷时可以应用破前漏技术。

辐照前，燃料组件的设计应保证在运输和吊装过程中承受横向 6g、轴向 4g 作用力的情况下，没有任何损伤。

（2）可再组装性

燃料组件的设计应满足所有的燃料棒能够再组装，包括对已辐照的燃料组件出于检查、维修或其他原因而进行的部分拆卸和以后的重新组装。再组装的方法应得到验证。

（3）燃料操作

燃料组件的设计应使换料无任何困难，且对燃料的损伤风险最小，并对燃料的操作和装载不会产生影响。

非燃料的堆芯部件应设计为能从堆芯上方很容易辨别出的特殊形状。每个燃料组件和其他插入的堆芯部件都应满足国家相关法规要求，并被标记以便能通过位于堆芯上方的水下观测装置轻易的辨别出来。

燃料组件的设计应具有易于观察的机械特征（如一种方向性标识），以便使操作员在换料和换料的过程中进行观察。

3.3.6 燃料相关组件

燃料相关组件由控制棒组件、一次中子源组件、二次中子源组件和阻流塞组件组成。

（1）控制棒组件

控制棒组件（RCCA）寿命为：目标运行 15 个堆满功率年（RFPY）。

控制棒材料应采用经过已商运电厂的成功运行经验证明过的材料，以下材料满足要求：

1）星型架和驱动杆组件：304L 或 316L 不锈钢；

2）吸收棒包壳：304L 或 316L 不锈钢。其他的特殊要求是减少对晶间应力腐蚀相关的辐照应力腐蚀裂纹（IASCC）的敏感性。特殊的设计应当考虑应变限值，这需要通过实际应用予以验证；

3）为使控制棒使用寿命达到 15 个满功率堆年的目标：其吸收体材料可能会随着采用的控制棒设计和功能要求不同而变化。可以使用 Ag-In-Cd 或者 Ag-In-Cd 与 B_4C 混合式控制棒（Ag-In-Cd 在高辐照区，B_4C 在低辐照区）。

（2）中子源组件和阻流塞组件是固定不动的燃料相关组件。这些组件的机械设计应满足以下规定：

1）应能适应燃料组件和堆内构件之间不同的热膨胀。

2）同燃料组件和堆内构件保持可靠的接触。

（3）吸收体材料的热物理特性

吸收体材料的温度不应超过该材料的熔点。

（4）吸收体和包壳材料的相容性

控制棒包壳材料与水及其他相接触金属之间的反应率在运行温度下应是可忽略的。

（5）燃料相关组件包壳的应力和应变限值

对 DBC-1 类工况和 DBC-2 类工况，为防止包壳损坏应给出应力限值，并考虑包壳应力随相应组件的类型而变化：

1）对于控制棒，其应力主要由控制棒驱动机构移动造成的惯性力和一回路冷却剂压力引起。因为 Ag-In-Cd 吸收体不释放裂变气体，对仅采用 Ag-In-Cd 的控制棒不考虑内压。但应考虑控制棒包壳由于磨损导致包壳厚度的减薄。

2）二次中子源包壳要同时考虑外压和内压的作用。制造时采用了氦预充压，在中子源整个寿期内内压一直在增加。

3）一次中子源的使用寿命非常有限，在寿命内包壳仅考虑冷却剂外压的作用。

4）相关组件的包壳材料应保证在上述载荷作用下，包壳几何尺寸的变化适应运行功能的要求。

（6）吸收体材料的辐照行为

辐照对 Ag-In-Cd 性能的影响，在堆内的腐蚀行为与在堆外的腐蚀行为相近，在含氧量低的水中腐蚀速率是低的。

3.4　热工水力设计

反应堆堆芯热工和水力设计的总目的是提供足够的与堆芯发热分布相适应的传热能力，使得由反应堆冷却剂系统或安注系统（当应用时）带走的热量能确保满足下述性能和安全准则的要求：

（1）在正常运行和运行瞬态（DBC-1 类工况）或由中等频率事件引起的任何瞬态（DBC-2 类工况）中，预计不出现燃料破损（定义为裂变产物穿透屏障即燃料棒包壳）。然而，不能排除很少量燃料棒的破损，但这种破损不应超出华龙技术电厂放射性流体净化系统的处理能力，并符合设计基准。

（2）对 DBC-3 类工况仅有小份额的燃料棒破损（见上述定义），虽然可能发生燃料棒破损，反应堆不能立即恢复运行，但能使反应堆返回安全状态。

（3）在发生 DBC-4 类工况所引起的瞬态时，反应堆能返回安全状态，堆芯能保持次临界和可接受的传热几何形状。

3.4.1　偏离泡核沸腾

在正常运行和运行瞬态以及中等频率故障引起的任何瞬态（DBC-1 类工况、DBC-2 类工况）时，堆芯极限燃料棒不发生偏离泡核沸腾的概率在 95% 的置信水平下至少为 95%。

在 DBC-1 和 DBC-2 类工况时，通过限制最小偏离泡核沸腾比（MDNBR）高于设计限值来满足上述基准。

3.4.2　燃料温度

在 DBC-1 类工况和 DBC-2 类工况相关的运行模式中，燃料棒峰值线功率不导致 UO_2 达到熔化温度的概率在 95% 置信水平下至少为 95%。燃料温度限值要考虑燃耗效应，基于未辐照的 UO_2 的熔点（如 2804 ℃），每 10 000 MWd/tU 燃耗，UO_2 的熔点下降 32 ℃。防止 UO_2 熔化，就能维持燃料的几何形状，并消除熔化的 UO_2 对包壳可能产生的不利影响。为了防止中心熔化并作为超功率系统整定值的基准，选定计算的 UO_2 燃料芯块中心温度作为超功率限值。考虑含钆燃料芯块的物理参数（热传导，密度等）在辐照过程中的变化（密实化、肿胀等）等因素后，含钆燃料芯块可考虑采用与 UO_2 燃料芯块相同或更低的温度限值。

3.4.3　堆芯流量

流过燃料棒区的热工水力设计流量，

须确保有效地冷却燃料棒，通过导向管的冷却剂流量以及从堆芯吊篮与围板间的漏流，对堆芯冷却是无效的。

3.4.4 水力学稳定性

与 DBC-1 类工况和 DBC-2 类工况事件有关的运行模式不应导致水力学不稳定性。

3.5 反应堆压力容器和堆内构件

3.5.1 反应堆压力容器

反应堆压力容器主要功能如下：

(1) 包容高温、高压、高放射性的反应堆冷却剂和一回路管道及其相关设备共同构成的压力边界，是防止放射性物质外逸的第二道安全屏障。

(2) 与堆内构件形成冷却剂流道，保证冷却剂均匀、合理地流经环形下降环腔和堆芯，带出燃料裂变产生的热量。

(3) 定位和固定控制棒驱动机构，构成反应堆控制棒驱动线，以实现反应性控制。

(4) 为堆内构件、换料密封支承环和主管道提供支承和定位，为堆芯测量仪表组件和反应堆堆顶结构提供支承和对中。

(5) 为辐照监督管提供安装、支承、抽出通道。

反应堆压力容器在第 11.1.1 节中详细描述。

3.5.2 堆内构件

堆内构件应满足如下功能要求：

(1) 为燃料组件及相关组件提供可靠的支承、约束以及精确的定位。

(2) 为控制棒组件提供保护和可靠的导向。在事故工况下，堆内构件的变形不应影响控制棒组件插入堆芯，以保证安全停堆。

(3) 与压力容器一起为冷却剂提供流道，合理分配流量，减少冷却剂无效漏流。在事故工况下，堆内构件的变形不显著影响堆芯冷却剂的几何通道。

(4) 屏蔽中子和 γ 射线，减少压力容器的辐照损伤和热应力。

(5) 为堆芯测量探测器组件和水位探测器提供支承和导向。

(6) 为反应堆压力容器辐照样品监督管提供安装位置。

(7) 补偿反应堆压力容器和堆内相关设备部件的制造和安装公差以及热膨胀。

(8) 在发生假想堆芯支承结构失效事故时，能为堆芯提供二次支承，减小对压力容器的冲击。

堆内构件在第 11.1.3 节中详细描述。

3.6 控制棒驱动机构

控制棒驱动机构（CRDM）位于反应堆压力容器的顶部，并与控制棒组件相连接。控制棒驱动机构的主要功能是在堆芯内插入或抽出控制棒组件，以控制堆芯的平均温度和功率效应，并使反应堆停堆。应能完成如下功能：

(1) 按照棒控系统的指令，将控制棒在堆芯内提升或下插到相应位置。

(2) 根据反应堆的手动或自动保护系统发出的紧急停堆指令，释放控制棒，使其在重力作用下插入堆芯。插入速度应控制在要求范围内，以保持燃料的完整性。

(3) 允许驱动杆与控制棒组件之间啮合或解扣。

控制棒驱动机构在第 11.1.2 节中详细描述。

第 4 章　反应堆冷却剂系统及其相连系统

4.1　一般要求

4.1.1　概述

为避免要求重复叙述，本节主要说明华龙技术电厂反应堆冷却剂系统及其相连系统的一般要求。

4.1.2　具体要求

（1）安全壳内部件的防护

在冷却剂丧失（LOCA）或主蒸汽管道破裂（MSLB）事故后，安全壳内投入运行的设备，包括测量和控制设备，应考虑防护措施以免它们因 LOCA 或 MSLB 事故所产生的氢爆和水淹而遭到破坏。系统布置和设备设计应能防护由于临近高压系统泄漏而导致的喷射，且泄漏不会影响系统或设备的功能。在泄漏发生后，将反应堆带至安全停堆工况所需投入运行的系统和设备均应满足该要求。

在 LOCA 或 MSLB 工况下需要执行功能的设备，如果无法保证安装在水淹高度之上，则设备及支撑（如接头和机柜）必须完成水淹环境鉴定。

对需要在 LOCA 或 MSLB 事故后执行功能的主要设备（包括仪控设备），设计人员应明确其具体的环境要求，应在其进行现场安装之前完成产品鉴定试验和各种不符合项的处理。应保护那些位于安全壳内的电气设备，其失效不应妨碍安全级电源为设施提供电力。

（2）结构要求

设备的完整性设计和设备支承设计应满足结构设计基准。

（3）喷射流冲击屏蔽和管道甩击限制器

在反应堆冷却剂系统设计及其材料选择时，主管道应尽量采取破前漏（LBB）技术而不必要考虑防飞射物屏蔽和管道防甩击限制器设计。与主管道连接的小口径管道设计和材料选择，应尽量减少防飞射物屏蔽和管道防甩击限制器的设计。

（4）疏水、充水和水压试验

反应堆冷却剂系统及其相连系统应设置适当的疏排管线及隔离阀。在设备和管道的布置中应注意避免出现无法排水的低点。建造期间（水压试验或冲洗）设置的排气阀和疏水阀，在启动前应全部移除（电厂运行所需的除外）。试验和去污或冲洗的连接应使用串联的两个阀门、带管帽或盲法兰的一个阀门作为隔离边界。所有的排气应连接到同一背压区域。

设计中应考虑足够的疏水和排气接口，保证系统的疏排能力，尤其是可能出现不可凝气体聚集的区域。同时避免设计过多的疏排口，以减少疏水量和不可凝气体的聚集。设备应以便于维修操作的方式进行疏排和相关试验，特别是对于需要高频维修的部件或需定期更换的部件。

应提供足够的连接以保证反应堆冷却剂系统在换料后进行水压试验或密封试验，以及对各辅助系统箱罐和管道在维护和日常监测后进行的试验。密封试验尽可能用已安装的固定设备进行。因进行水压试验的频次不高，不建议专门设置固定安装的专用水压试验泵。

（5）保温要求

在热停堆期间操作人员需要接触的设备，其外表面温度不应超过 60 ℃。

反应堆冷却剂系统及其相连系统在役检查需要接触的设备，采用可重复使用的快拆式保温结构，主要是带有快松式紧固装置的金属反射型或玻璃纤维型。管道布置时应考虑足够的保温材料拆卸堆放空间。面板应通过一个大型的、可见的、永久性的编号系统进行唯一标识，面板示意以及根据这些编号的安装和拆卸流程应在图纸上体现。

如果采用纤维型保温材料，设计人员应对保温系统进行分析并证明其可行性，分析主要包括保温系统对安全壳地坑过滤器、安全壳内置换料水箱以及所有杂质截留部件的影响。

保温系统用材所含的有限的腐蚀化学品不应对奥氏体不锈钢表面的应力腐蚀破裂产生作用。

设计人员应制定保温层的规格特性和偏差要求，保证保温层的连接处和管道支承件附近的热损失最小。对连接件的易锁紧性能以及保温层的抗压碎性能也应给出详细说明。保温层及其支承结构应能补偿保温设备的热膨胀，不会出现导致热损失增加的缝隙和空穴。

安全壳内设备和管道的保温结构应易于拆装、去污（如果需要）和更换。在设计中应对保温系统考虑适当的抗震要求。应采取足够的质量控制以保证保温结构满足材料要求。

在检查、维修、日常操作或停堆操作经常会接触到的设备或管道，保温系统设计应考虑安装屏蔽隔热板。

（6）最大流速

系统管道中的流速选取，应从两方面综合考虑进行平衡设计：一方面是采用细管道所带来的阻力损失；另一方面是采用粗管道所带来的设备费用。

（7）流动加速腐蚀的可能性

高能流体（如给水、湿蒸汽）管道的结构材料、尺寸和几何形状必须能降低管道的流动加速腐蚀（FAC）。容易遭受 FAC 的管道部位应能进行检查。

（8）仪表

监测仪表及脉冲管的布置应确保探头（传感器）位于低放射性且可接近区域，以减少在校验和/或维修操作时工作人员的辐照。每个压力传感器的隔离阀应当尽量安装在低放射性水平区域，以实现最低人员照射。

与反应堆冷却剂系统及其相连系统的连接仪表必须满足仪控功能和安装要求。采样接头应该安装在工艺管道或设备部件的具有最小热位移的地方（如支撑附件）。尽可能考虑：小尺寸采样或仪表接头（比如进入较大管线或部件的压力、液位和流量接头）远离需要检查和维修的区域，以及位于水平工艺管道的侧面或顶部。

反应堆冷却剂系统温度传感器应根据相关规范采用焊接在管道中的温度计套管或绑在管道上的温度探头。不应使用直接浸入式温度传感器，测温探头和测温套管的组合体应当设计成容易抽出和插入，并减少热响应时间。对于测温探头、测温套管组合，核电厂控制和保护系统应当设计成可接受较长的热响应时间。

（9）机器人技术的应用

为减少检查维修人员的辐照剂量，建议采用机器人技术进行检查和维修操作。反应堆冷却剂系统设备的布置应考虑便于机器人技术的使用。反应堆冷却剂压力边界上所有主要开孔的螺母（如法兰上的螺母、压力容器、蒸汽发生器和循环泵上人孔和检查孔上的螺母等）应便于与长臂工具或自动化工具相配合。

（10）反应堆冷却剂接口系统

与反应堆冷却剂系统连接而延伸到安全壳边界以外的所有系统和子系统的设计应在切实可行的范围内使它们能承受至少等于反应堆冷却剂系统（RCS）全压力的极限破坏强度。对于不能满足 RCS 极限破坏强度要求的接口系统和子系统，应通过评价确保其隔离的质量和级别或潜在的超压危害性已降低到足以排除界面 LOCA 的发生。

高压到低压的每一个接口（即正常时直接承受 RCS 压力的系统与低压系统的交界处）应具有下列防护措施：能进行隔离阀的泄漏试验；在主控制室有阀门位置指示，甚至当隔离阀操作机构丧失动力时也有阀门位置指示；当压力升高到接近被连接的低压系统的设计压力而两个隔离阀未关闭时有高压报警信号通知主控制室操作员。

（11）严重事故设备可用性

在严重事故管理导则中规定要用的系统和必要的设备应满足设备可用性要求。

（12）水化学

一回路水化学主要是通过控制适当的 pH 来降低材料的均匀腐蚀速率，还通过严格限制反应堆冷却剂中的卤素、硫酸盐和溶解氧浓度来防止局部腐蚀。为了确保燃料包壳的完整性，对易形成沸石并能显著改变沉积物传热性能，进而改变包壳机械强度的某些杂质也加以限制。二回路通过添加化学药剂来除氧和减少有害杂质进入蒸汽发生器，使其他化学物质不能在蒸汽发生器内发生反应。

4.2　反应堆冷却剂系统

4.2.1　系统功能要求

反应堆冷却剂系统执行如下功能：

（1）通过反应堆冷却剂的强迫循环将反应堆中产生的热量从反应堆压力容器传递给蒸汽发生器，并将冷却后的反应堆冷却剂从蒸汽发生器输送回反应堆压力容器。

（2）在正常运行和扰动运行工况下，保持反应堆冷却剂系统的压力边界完整性。

（3）在正常运行和扰动运行工况下，维持运行压力在限值范围内，不触发卸压装置。

（4）在冷停堆到满功率运行期间，提供反应堆冷却剂的强迫循环或自然循环。

（5）在停堆后，在无强迫循环的情况下（如自然循环）将堆芯热量传递给蒸汽发生器，以便导出堆芯余热。

（6）在设计工况下，通过压力释放装置提供反应堆冷却剂系统的超压保护。

（7）在正常运行和扰动运行工况下，确保在稳压器中有一个可监测的汽水界面。

（8）在压力容器顶部存在不可凝气体影响到自然循环时，应提供不可凝气体的排放管线。

4.2.2　系统基准要求

反应堆冷却剂系统应能满足第 2 章总体要求的相关要求和本节的具体要求。

在整个功率范围内反应堆冷却剂系统应允许反应堆手动控制反应性以代替自动的反应性控制。在一台主给水泵失效或甩负荷后，使用反应性手动控制模式时，为了避免反应堆自动停堆，如果有必要，可以采用自动优先动作降低功率。

对各种不同程度的甩负荷包括满功率甩负荷所造成的对电气系统的影响（如超频率或超电压），反应堆冷却剂系统的设计应有专门的措施，这包括考虑诸多因素，如电机超负荷或由此导致的超流量和水力学问题。

反应堆冷却剂系统的设计应能利用反应堆冷却剂泵加热系统。

反应堆冷却系统设计中需考虑三种流量：

（1）热工设计流量：用于反应堆堆芯热工性能、蒸汽发生器热工性能以及用于电厂主要参数的设计。

（2）最佳估算流量：电厂实际运行条件下最可能的数值。

（3）机械设计流量：用于反应堆压力容器内的堆内构件和燃料组件机械设计的保守的大流量，考虑了系统阻力和泵扬程的不确定性。

反应堆冷却剂系统的运行压力应与设计压力相匹配。反应堆冷却剂系统热段平均温度不超过某一合理温度值，允许短期内（如负荷跟踪期间）超过该值，但是设计人员应确定该临时运行温度和持续时间不会加速蒸汽发生器传热管的腐蚀。

反应堆冷却剂系统的低温超压保护应由余热排出系统中的装置提供。用于正常运行期间超压保护的装置不建议设计成可以在低温状态下执行超压保护功能。

电厂设计需满足相关水化学要求，以保证燃料包壳和压力边界完整性，减少堆外放射性水平。

反应堆冷却剂系统的设计应能提供反应堆冷却剂系统的泄漏监测以便压力边界的泄漏能被充分可信的监测到，以支撑破前漏（LBB）方法。泄漏探测措施应有足够的灵敏度，以识别可能导致冷却剂不可接受的泄漏。

4.2.3 系统配置及要求

反应堆冷却剂系统及其边界主要包括：蒸汽发生器（一、二次侧边界）、稳压器、稳压器波动管、喷淋管线、稳压器安全阀（包括其与稳压器的接管）、稳压器卸压箱、快速卸压阀及其管路、反应堆冷却剂泵（主泵）以及焊接连接压力容器及蒸汽发生器的反应堆冷却剂主管道。同时还包括所有与主管道、稳压器和主泵连接的管道直到并包括第二道隔离阀；反应堆冷却剂系统的疏排水管道；主管道、与主管道连接的管道以及与稳压器安全阀、稳压器和主泵连接的管道。

反应堆冷却剂系统的布置应满足切实可行的施工和维修要求。

反应堆冷却剂系统必须配备设施并需布置成仅有一个自由界面正常地存在于反应堆冷却剂系统中。稳压器波动管必须从稳压器向主环路逐渐向下倾斜。应提供一种排气方法使在异常（事故）工况下反应堆压力容器内的气体或蒸汽能排到稳压器卸压箱或安全壳内置换料水箱（IRWST）中，以便再建立稳压器中的单一汽水界面。设计人员应明确说明排放位置（如稳压器卸压箱或IRWST）的选择基准。排气应布置成一个阀门失效（开或关）将不影响排气功能的执行。

冷却剂环路的几何外形、结构和布置必须满足在小破口LOCA时具有足够的冷却剂水装量以防止堆芯裸露。特别是，因考虑主管道和设备与反应堆堆芯的相对布置，应使LOCA期间反应堆冷却剂系统的液位波动最小，且应避免由于液位波动导致堆芯裸露。

反应堆冷却剂系统的布置，应能实现设计扩展工况时系统里产生的不凝结气体，能从主控制室进行操作实现可控排放，无需为蒸汽发生器垂直U形管顶部提供排气设施。

反应堆冷却剂系统布置（特别是相对标高位置）应能使通过一台蒸汽发生器的自然循环可排出最大的反应堆衰变热量，且不超过正常运行的最高设计温度。

反应堆冷却剂管道和管件加工制造材料应符合有关要求。反应堆冷却剂管道和管件是关键部件，所采用材料应检验合格。

反应堆冷却剂泵（以下简称“主泵”）的设计应满足系统性能设计要求，提供足够的堆芯冷却循环流量以维持偏离泡核沸腾比（DNBR）大于最小允许值，系统运行中泵的有效汽蚀余量（NPSHa）应大于其要求汽蚀余量或净正吸入压头（NPSHr）。主泵的轴封应满足可控泄漏的要求，应对轴封泄漏进行有效收集。主泵的轴承应在其寿期内可保证正常运行。飞轮、泵转子和电动机转子一起，应为主泵提供足够的转动惯量。在主泵丧失电源后，在主泵惰转期间能为堆芯冷却提供足够的流量，避免在反应堆自动停堆前发生偏离泡核沸腾。泵的转速应避开设备的临界转速。主泵电机进行超速试验时，转速达到（并包括）125%额定转速时，不应发生机械损坏。主泵的设计应考虑飞射物的风险，并对飞轮的完整性进行分析。主泵应避免发生倒转，设置有防倒转装置。

稳压器的设计需考虑如下因素：水体积应足以保证正常瞬态时，在相关液位调节下能够淹没电加热器；水体积应足够大，以防止正常瞬态时0%~100%升功率时冷却剂膨胀引起稳压器水位变化过大；蒸汽体积应足够大，以满足DBC-2到DBC-4类工况下反应堆冷却剂系统超压标准；稳压器容积应足够大，以避免正常运行期间压力控制设备（喷淋系统和加热器）的频繁动作；反应堆紧急停堆和汽轮机脱扣，应不触发安注信号；在反应堆停堆后防止加热器裸露。

必须为稳压器的蒸汽空间设置安全阀，其设计必须能完成超压保护功能（即自动打开以防止反应堆冷却剂系统超压，自动再关闭以防止反应堆冷却剂系统过度降压）。稳压器安全阀必须能排放蒸汽和水。安全阀是关键部件，必须注明加工制造所采用材料，并说明其相关法规标准要求。安全阀的设计应保证在有水团和蒸汽通过时不会损坏阀门，阀门所允许通过水团的容量必须由试验证明。安全阀排放管道的布置应使由于安全阀的渗漏和缓慢沸腾导致安全壳沾污的可能性降至最低，而又不影响安全阀满足其功能要求的能力。设计人员应根据试验或电厂的实际经验证明：安全阀的整定值即使在实际工作条件（尤其温度）下不作调整，也在可接受的公差范围内。

为保证反应堆冷却剂系统满足相关要求并为其他系统提供支持，需要必要的支持和连接系统，如：交流和直流配电系统为反应堆冷却剂系统用电设备提供电源；仪控系统为系统监测、控制提供保障；化学和容积控制系统从反应堆冷却剂系统接受下泄流，加以净化并执行反应性控制和容积控制，还将具有所需硼和氢浓度的净化流作为补给水送回反应堆冷却剂系统，在正常冷停堆的最终阶段化学和容积控制系统提供稳压器的辅助喷淋以便操作员控制反应堆冷却剂系统的压力，并提供主泵的轴封注入流；设备冷却水系统提供每台主泵的冷却水；安全注入系统在设计基准工况发生后提供应急堆芯冷却；余热排出系统在反应堆停堆冷却的第二阶段排出余热，并在换料和维修操作期间维持系统低温度；核取样系统提供从反应堆冷却剂系统远距离采样的手段以便进行化学的和放化的实验室分析；仪表用压缩空气系统和公用压缩空气系统为仪表和控制装置压力调节提供压缩空气；安全壳通风系统排出反应堆冷却剂系统部件产生的热量和维持安全壳温度在部件要求的范围内。

4.2.4 系统运行和维修要求

反应堆冷却剂系统的温度传感器套管设计要求：使用相关规范的焊在管道上的测温套管或与管道搭接的测温探头；测温套管和探头的组合件应容易拆装，同时要求有最小的响应时间；电厂控制和保护系统应能接受测温套管和探头组合件的预计的较慢响应时间。

除了用化学和容积控制系统和反应堆冷却剂系统的应急降压（依赖于降压系统）手段来达到稳压器的液位控制以外，设计人员还必须提供反应堆冷却剂压力的自动和手动控制，由操作稳压器加热器和主喷淋阀或辅助喷淋阀实现。应能手动启动和停运反应堆冷却剂泵和为其提供冷却及轴封注入流的有关辅助系统。当泵和系统达到限值条件时必须能自动停泵，同时主泵应考虑停泵信号尽量少。

设计人员应提供必要的用于功能和任务分析所要求的监测能力，如：堆芯出口的过冷度；反应堆冷却剂流量；反应堆冷却剂温度（例如热段、冷段、差值和平均值）；反应堆冷却剂泵转速；反应堆冷却剂泵振动；反应堆冷却剂泵冷却水流量、温度和比活度；反应堆冷却剂泵和电机轴承温度；稳压器液位；稳压器压力；稳压器主喷雾和辅助喷雾温度；反应堆冷却剂泵密封泄漏量并能记录；反应堆冷却剂泵密封注入流量和温度并能记录；反应堆冷却剂泵密封腔压力和温度；反应堆冷却剂泵油位；反应堆冷却剂泵油压；反应堆冷却剂泵电机定子温度；反应堆冷却剂泵电机振动。应提供一种用于事故后堆芯充分冷却和堆芯状态的监测仪表。应提供一种仪表用于探测反应堆冷却剂系统中存在的松脱部件。反应堆冷却剂泵和电机中，应至少能在泵和电机的连接处和电机的两个不同的轴向位置安装径向非接触性近程探头。仪表应能提供同频振动监测信号。布置这些近程探头及其引线时，应考虑到在泵常规维修（例如更换密封和将电机与泵对准）时无需移动它们。如果无法实施，设计应方便探头和电缆的拆装（包括探头的标定和间隙定位）。

对于在热分层不清楚且会产生测量不确定性位置上的温度测量应在管道的轴向布置足够多的测温套管，这样，即使存在着热分层，也能将温度测量的不确定度降至可接受的水平。如果为了将热分层的后果降至最低而安装了多个测温套管，设计人员应规定求平均测量温度的通用方法。还应确定测温套管的特定方位。反应堆冷却剂系统的设计应不引入温度测量的旁路支管。

设计人员应评估可利用性方面的潜在改进，并使用稳压器的人孔密封环来减少放射性辐射。这种人孔密封环采用了多头螺栓拉伸机和特殊的拆装设备。蒸汽发生器的人孔也采用相同的设计和支撑装置。

这与电厂可利用性的目标及 ALARA 目标一致。稳压器的每一个安全阀设有用于远程和精确的在线整定值验证的接口，需要时连接压力整定装置。

4.3　化学和容积控制系统

4.3.1　系统功能要求

化学和容积控制系统执行如下功能：

（1）在正常运行、功率变化、启动和停堆期间，维持反应堆冷却剂系统中所要求的水装量。

（2）提供稳压器辅助喷淋水以用于降压。

（3）为主泵轴封提供轴封水并接收主泵泄漏轴封水。

（4）在正常运行和正常停堆过程中，与硼和水补给系统一起控制反应堆冷却剂系统的硼浓度。

（5）通过化学添加，执行一回路水化学控制。

（6）在正常运行和换料停堆期间，用于反应堆冷却剂除盐和过滤。

（7）通过与硼回收系统相连，去除反应堆冷却剂下泄流中的惰性气体。

（8）在反应堆冷却剂系统发生极小破口情况下，能够维持反应堆冷却剂系统的水装量。

4.3.2　系统基准要求

化学和容积控制系统在电厂正常运行时维持反应堆冷却剂水的装量和一次侧水化学要求。

化学和容积控制系统应提供硼浓度调节的措施，并限制硼的稀释（防误稀释保护要求）。

化学和容积控制系统需满足停堆时冷却剂降温收缩和一回路最大允许运行泄漏的补给，且需满足“补偿反应堆冷却剂压力边界内一根小管（管径小于等于10.6 mm）破损时的最大允许运行泄漏”的要求。同时需满足反应堆加热和功率增加时的冷却剂膨胀要求。

化学和容积控制系统的补给容量应当满足反应堆冷却剂化学控制、反应性控制、稳压器辅助喷淋和主泵轴封注入的设计基准要求。

在发生能导致高放射性反应堆冷却剂泄漏的事件后，应尽量将反应堆冷却剂包容在安全壳内。

4.3.3　系统配置及要求

化学和容积控制系统包括再生热交换器、下泄热交换器、下泄流控制阀、净化过滤器、除盐装置、容积控制箱、上充泵、密封注入过滤器、主泵轴封注入管路、上充回路及稳压器辅助喷淋装置。该系统边界还包括部件支承，直至第一个隔离阀的附加管道、排气及疏水管道、化学和容积控制系统仪表和控制部件。

化学和容积控制系统的布置应满足切实可行的施工和维修要求以及特定要求。

维修频度高的部件比如阀门和其他部件如仪表，应当被安装在低放射性区域。管道和管道支承位置的设计应当保证有足够的可接近空间来进行在役检查。布置在安全壳外的高温高压管线应尽可能的少。化学和容积控制系统设备和管道所在的厂房通过布置优化应可减轻该厂房系统管道破裂的影响。

除盐装置和过滤器应当单独隔离和屏蔽。

对于来自反应堆冷却剂系统的下泄净化线路，其设计应当使液体从下泄接管流到安全壳贯穿件的时间尽可能短。

化学和容积控制系统的设计和布置应

减少上充泵汽蚀的可能性和影响，包括以下几点：容积控制箱液位降低到一定值后，吸入口自动切换至备用硼化水源；保证此时容积控制箱与上充泵的隔离；自动切换具有连锁功能；上充泵能有效地排气。

化学和容积控制系统的设计和布置，应当有利于整个系统的化学清洗或去污。

化学和容积控制系统应选用离心泵来满足全部反应堆冷却剂系统的上充功能。应当提供至少两个离心上充泵，并且每个泵的流量都等于设计流量。泵的材料应满足通用材料要求。泵应当配备带有安全衬套的机械密封；对密封装置提供密封水和冲洗水；机械密封经验证为最小泄漏。上充泵与进出口管道应为法兰连接。

化学和容积控制系统的热交换器的材料应满足通用材料要求。通过热交换器的设计流速，应当足以容纳所有预期流入的流量总和。化学和容积控制系统的设计和布置应当方便热交换器的更换。壳体应全部焊接（为便于对壳体进行检查、清洗或堵管所要求的开孔除外）；传热管须与管板焊接；传热管应具备5%的堵管裕量；应进行结构应力分析，以证明热交换器的设计能充分满足必要的运行循环次数。

化学和容积控制系统的容积控制箱应当布置在设有冲洗管道和地面集水坑的屏蔽隔间内，用于冲洗设备间的阀门应当装在该区域以外；箱体具有弧形或倾斜的底部；配备带罩的地面排水装置和围板以减少泄漏事故期间污染的扩散。在低水位和低—低水位设定点之间有足够容积，以保证在额定上充流量时有足够的吸入量。需设置卸压保护、气空间的取样和氮气吹扫、去放射性气体废物处理系统的接管；容积控制箱须装设仪表，提供全高度的远传水位指示。应设置容积控制箱内水位的控制系统，该控制系统在部件发生单一故障时能维持水位的自动控制。

设置下泄孔板或者压力调节阀用以降低下泄流压力，并控制下泄流量，使系统能在正常下泄、最大下泄工况下运行。

化学和容积控制系统在除盐装置的进出流体管道上设置取样接口；应选择合适的净化离子交换树脂中的阴阳树脂体积比。阳床和混合床除盐装置的设计应使净化流中离子同位素浓度降低的因子最少为10（铯、钇和钼除外）。应该选用合适的树脂床深度以防止形成穿流。入口分配器和下部排水系统的设计应使整个树脂床的水流均匀。除盐装置容器和内件的设计应便于树脂的运送并能承受可能发生的最大压降。

化学和容积控制系统的过滤器应当设计成利用远程操作技术和设备就可以快速更换过滤介质，从而减少个人剂量。每个过滤器的设计流量应当考虑其特定用途和位置的最大期望流量。

为保证化学和容积控制系统满足相关要求并为其他系统提供支持，需要必要的支持和连接系统，如：交流和直流配电系统为系统用电设备提供电源；仪控系统为系统监测、控制提供保障；化学和容积控制系统通过下泄管线，从反应堆冷却剂系统接收冷却剂，又通过上充管线，或通过轴封注入流，给反应堆冷却剂系统提供补给水；与硼和水补给系统配合，调节一回路硼浓度以补偿由于温度变化、燃耗和氙毒效应导致的缓慢的反应性变化；在反应堆冷却剂系统低压运行期间，化学和容积控制系统接收来自余热排出系统的下泄冷却剂流量，并将反应堆冷却剂返回余热排出系统；设备冷却水系统为换热器提供冷却水；化学和容积控制系统接收来自核取样系统的排出流，并给核取样系统提供下泄管线（在除盐装置前后）的样品；化学和容积控制系统的除盐装置的废树脂，被送到固体废物处理系统的贮存箱中。

4.3.4　系统运行和维修要求

化学和容积控制系统的容积控制箱的水位指示和控制要求：水位仪表和配置应当提供冗余度和可靠度，以使由于容积控制箱覆盖气体进入上充泵吸入集管引起的上充流损失减至最少。至少提供包括参考管在内的两套完整的冗余的仪表通道。每个冗余仪表环路应经适当的隔离装置对容积控制箱水位控制回路和报警逻辑电路提供输入。应提供手动和自动操作容积控制箱进口阀的控制功能，当水位达到改变流向设点时，使下泄流流向硼回收系统。在容积控制箱改变下泄流向设定点以上，应设置高水位报警整定点。在正常水位控制范围以下，应设置低水位报警整定点。

对稳压器水位控制，下泄流和上充流的正常控制模式应是自动的。半自动的或手动控制模式应仅限于启动、停堆或其他异常操作。

应当尽可能避免由于超温保护自动隔离下泄流。仪表应报警以警告操作员，或者系统应自动节流下泄流至最小流量。

系统的设计应便于维修，包括在役检查。

4.4　硼和水补给系统

4.4.1　系统功能要求

硼和水补给系统执行如下功能：

通过化学和容积控制系统向反应堆冷却剂系统补水和补硼，以满足容积控制和反应性控制的要求，并提供正常运行期间贮存硼酸溶液的设施。同时，硼和水补给系统向贮存和包容硼酸溶液的系统或设备进行填充或补给。

4.4.2　系统基准要求

硼和水补给系统贮存硼酸溶液，任何贮存硼酸的箱体均需考虑防止硼析出的措施。考虑电厂可靠性和可用率，硼和水补给系统的硼酸贮存和注入管线、除盐除氧水注入管线可设置两个系列。

4.4.3　系统配置及要求

硼和水补给系统包括硼酸配制与分配部分、硼酸贮存和注入部分、除盐除氧水注入部分。硼酸的配制与分配部分主要包括硼酸配料箱、过滤器、相连的管道、阀门及仪表。硼酸贮存和注入部分主要包括硼酸贮存箱、硼酸输送泵和相连的管道、阀门及仪表。除盐除氧水注入部分主要包括补给水泵、流量调节阀和相连的管道、阀门及仪表。

系统的设计和布置必须便于对整个系统进行化学清洗和/或去污。系统管道的布置和管道支承的定位必须保证在役检查时有足够的可达性。高维修率的设备（如阀门）和部件（如仪表）必须布置在低放射区域。过滤器应当单独可隔离和屏蔽。硼和水补给系统所在厂房的布置应将系统管道破裂的影响限制在厂房内。除通用结构要求外，设计必须保证无排放口的容器被抽空时所产生的真空状态不会因外压导致容器坍塌。

硼酸贮存箱的容量能够满足机组在寿期末换料停堆后，重新装料至满功率运行后返回冷停堆的硼酸补给要求。硼酸配料箱应当具备搅拌器和加热器，以便在配料操作中增进搅混。硼和水补给系统需要配备适当的设施，用来加热硼酸配料箱及其与硼酸贮存箱间的连接管道，预防在制备过程中硼酸在箱内和管道内结晶。在电厂停闭和所有其他运行模式下，加热设施必须可用。硼酸输送泵的轴封设计应对密封装置提供密封水和冲洗水；机械密封经验证为最小泄漏，并且经验证它在硼酸中具有长期的可靠性。过滤器的额定流量必须考虑各种特殊应用和位置情况下的最大预计流量。

为保证硼和水补给系统满足相关要求并为其他系统提供支持，需要必要的支持和连接系统，如：通过化学和容积控制系统向反应堆冷却剂系统注入硼酸溶液和除盐除氧水；设备冷却水系统为硼酸输送泵提供冷却水；向乏燃料水池和换料水池冷却和净化处理系统和应急硼注入系统提供硼酸溶液；硼回收系统提供补给水和浓硼酸；核取样系统对硼酸贮存箱进行取样测量；核岛疏水和排气系统接收系统的疏水和排气等。

4.4.4 系统运行和维修要求

硼和水补给系统必须提供过程仪表以取得系统的关键参数。仪表必须提供系统中的温度、压力、流量及水位监测和/或报警的输入信号。过程仪表的配置必须便于用装量平衡办法评价反应堆冷却剂系统的不明泄漏。

系统维修遵循一般要求，系统的设计必须便于维修，包括在役检查。

4.5 硼回收系统

4.5.1 系统功能要求

硼回收系统接收和贮存电厂正常运行中可复用一回路冷却剂，通过蒸发工艺，制取反应堆补给水和硼酸溶液返回一回路复用。通过除气工艺，降低一回路冷却剂中的放射性水平。

硼回收系统执行如下功能：

（1）接收和贮存机组正常运行中由于燃耗、负荷变化（包括负荷跟踪）和启动与停机瞬态从反应堆通过化学和容积控制系统排放的冷却剂；

（2）贮存除气后的蒸馏液（补给水），并通过硼和水补给系统输送到反应堆冷却剂系统，用于反应堆冷却剂的补给和更换；

（3）将机组正常运行中被排出且暂存在硼回收系统中的反应堆冷却剂分离成浓缩硼酸溶液和蒸馏液（补给水），进一步在反应堆冷却剂系统中被再利用；

（4）去除溶解在反应堆冷却剂中不能被离子交换器或过滤器去除的气体，不改变硼的浓度而直接通过化学和容积控制再注入；

（5）控制反应堆冷却剂中的氚浓度。

4.5.2 系统基准要求

硼回收系统以机组正常运行瞬态为设计基准，同时满足机组基本负荷运行和负荷跟踪运行的要求。

在机组基本负荷运行期间，需要处理的冷却剂和除盐水的容积是整个换料循环内燃耗补偿所需的容积。

硼回收系统的设计只考虑典型日负荷跟踪工况。

在系统的设计中考虑到以下的运行瞬态：

（1）短时间的热停堆大约6~8小时（在氙峰值下启堆）；

（2）长时间的热停堆大概在90小时（在氙衰变后启堆）；

（3）冷停堆（在氙衰变后启堆）；

（4）换料停堆。

硼回收系统箱体应有足够的容量，以满足机组正常运行瞬态以及基本负荷运行和负荷跟踪。同时满足脱气装置故障时不影响反应堆停堆。

4.5.3　系统配置及要求

硼回收系统收集、处理来自化学和容积控制系统以及核岛疏水和排气系统的反应堆冷却剂。连续接收来自化学和容积控制系统的下泄废液，进行脱气并返回化学和容积控制系统。处理反应堆冷却剂疏水箱和其他可复用的一回路冷却剂。采用蒸发工艺，蒸发器的底部废液（浓硼酸）再循环到硼和水补给系统。蒸发器的蒸馏液供一回路复用，其余经放射性废液处理系统监测后排放。

硼回收系统常压贮槽应设排气管。排气管的尺寸应能防止贮槽产生超压或真空。有空气进入的贮槽其排气管建议接至核电厂的通风系统。

贮槽应尽量减少贮槽底部固体废物的积聚。

贮槽外侧应设有梯子，便于人员进入贮槽。

贮槽应设有足够大的人员进入口，以便允许穿着防护服，并携带维修设备的工作人员进入。对于顶部入口的人孔，应在贮槽顶部留有足够的空间。

贮槽的所有连接优先考虑焊接。

对于封闭和有加热措施的贮槽应按能抗全真空的要求设计。对于放射性活度浓度较大的非抗震类贮槽，其设备间的滞留池宜设置不锈钢覆面，钢覆面的高度应确保能容纳贮槽内的全部废液。

贮槽需采取一定的措施，以防放射性气体的释放，并避免氢爆。典型的方法是惰性气体覆盖。

采用油润滑的泵及电机均应设有甩油环及集油装置，以避免污染其他疏水。

离子交换床应规定树脂的类型和形式，树脂应可在一定温度下使用（不超过60 ℃），使用寿期应长。

蒸发器结构材料的选择应该考虑料液的化学成分，同时应考虑料液中可能存在的杂质和化学调节剂，要能够经受在浓缩液沸腾条件下的腐蚀，并留有足够的腐蚀裕量。对于带有独立加热器的蒸发器，其加热器应可拆换。蒸发器应能完全排空后进行清洗。蒸发器的设计应尽可能降低二次蒸汽中夹带液滴量，以提高蒸发器的去污因子。蒸发器应能远距离操作。设计和布置蒸发器时，应该考虑尽量减少维修期间对工作人员的辐照。

蒸发器应设计成能允许检查其内部构件。要求人员通道应满足穿防护服和戴空气面罩的人员出入。蒸发器的内部构件应易于拆卸，并应提供为拆卸或其他维修操作所需的工具。除工艺特殊要求外，蒸发器及其连接件应布置在分隔的屏蔽区内，以减少在维修活动中来自其他部件的辐照。

蒸发器的冷凝器和排气冷凝器应布置在高位，其高度足以正常疏水。

脱气装置应具有足够的脱气去污因子，应允许脱气后常压暂存，并能符合系统对放射性浓度的要求。脱气装置应能在全部流速范围内处理其连续的下泄流，还能处理反应堆冷却剂疏水箱内的疏水。应留有足够的空间以供脱气装置维修之用，如泵密封件或热交换器管束的更换。此外，还应提供临时屏蔽措施。脱气装置应布置在分隔的屏蔽室内，其泵和仪表应与脱气塔分开布置并屏蔽。

为保证硼回收系统满足相关要求并为其他系统提供支持，需要必要的支持和连接系统，如：硼回收系统接收化学和容积控制系统下泄的一回路冷却剂；硼回收系统接收核岛疏水和排气系统输送过来的一回路冷却剂；核岛疏水和排气系统接收硼回收系统的疏水和排气；硼回收系统为硼和水补给系统提供补给水和浓硼酸；核辅助厂房通风系统接收硼回收系统释放的不含放射性气体；核取样系统为硼回收系统取样检测；设备冷却水系统为硼回收系统提供冷却水；除盐水分配系统为硼回收系统提供除盐水；氮气分配系统为硼回收系统提供氮气；放射性废气处理系统接收硼回收系统产生的放射性废气；放射性废液处理系统接收硼回收系统需要排放的废液；放射性固体废物处理系统接收硼回收系统产生的放射性固体废物。

4.5.4 系统运行和维修要求

硼回收系统的处理和蒸发可在集中控制室遥控手动操作，但有关反应堆冷却剂下泄或收集贮槽本身的控制和仪表应设在主控制室，其信号同时在集中控制室显示。

采用两台并联使用的贮槽时，当第一台贮槽充满时，应切换进水阀门使废液送至第二台贮槽，即当一台贮槽出现高液位时应将其入口的废液流切换至另一台贮槽内。

对定期有废液批量输入至贮槽的应设置贮槽的液位指示。

应配备适当的隔离阀执行隔离功能，不建议通过调节阀实现隔离功能。

设在固体含量高的液流（蒸发器浓缩液）中的仪表传感器应设置隔离阀，并具有冲洗传感器管线的措施。仪表传感器应尽量选用不易堵的传感器。仪表传感器应设置在不易堵塞且能提供精确和稳定读数的位置。应采用外部的传感器。

脱气装置应设有适当的控制和指示。特殊要求的控制和指示的选用应取决于系统设计本身。脱气状态的指示及一回路流体的控制应设在主控制室（但其信号同时在集中控制室显示）。其他的指示和控制可设在主控制室、集中控制室的控制屏上或者是两者的组合。这些应由核电厂的设计人员根据系统本身特点、操纵人员的配置以及人员因素等综合研究而定。

在脱气装置一旦长期停运时，收集箱、暂存箱应设有能用氮气进行覆盖或用高流速气流扫气至箱体排气系统的接管。

硼回收系统遵循一般要求，系统的设计必须便于维修，包括在役检查。应尽量减少维修操作对机组运行的影响。

4.6 余热排出系统

4.6.1 系统功能要求

余热排出系统执行如下功能：

（1）在冷停堆时，导出堆芯余热、反应堆冷却剂系统的显热和主泵产生的热量；

（2）在停堆卸料、换料、维修及其他操作时，维持反应堆冷却剂系统所要求的温度；

（3）在主泵停运时，用余热排出泵循环反应堆冷却剂；

（4）在反应堆冷却剂系统降压后，为化学和容积控制系统提供低压下泄通道，将反应堆冷却剂转送到化学和容积控制系统进行净化；

（5）在事故工况下，电厂进入安全停堆状态或最终安全状态后提供长期的堆芯冷却；

（6）余热排出系统的卸压阀为反应堆冷却剂系统提供低温超压保护。

4.6.2 系统基准要求

余热排出系统的设计能力满足在停堆后的 20 小时内，将反应堆冷却剂温度降低到冷停堆温度以下的设计要求。该系统能使操作员控制反应堆冷却剂系统冷却速率不超过 28 ℃/h。

余热排出系统直接与反应堆冷却剂系

统相连接的部分应设计成能在反应堆冷却剂系统全压力下保证不会超过设备的极限断裂强度。

余热排出系统与反应堆冷却剂系统之间有双阀隔离，电动阀应能从控制室遥控操作，无需跟随安全壳隔离信号自动关闭。这两个阀应按反应堆冷却剂系统全压力和温度进行设计。余热排出系统与反应堆冷却剂系统之间的隔离阀应设计成当阀间或阀腔内死水区受热膨胀而升压（锅炉效应）时保证能被打开。余热排出系统与反应堆冷却剂系统吸入口隔离阀应提供联锁以防在电厂正常运行期间反应堆冷却剂系统压力超过余热排出系统设计压力时的情况下该阀开启。

余热排出系统应设置卸压阀以保证在发生最极限事故下也不致超过余热排出系统的设计压力。应按余热排出系统运行期间超压瞬态（包括安注泵误启动、主泵误启动等）经验来确定最极限事故。卸压阀应位于安全壳内，为防止超压，卸压阀应设计有足够的快速卸压能力。卸压阀应对反应堆冷却剂系统提供低温超压保护（LTOP）。

在电厂冷却期间，在余热排出系统开始运行前，应对余热排出系统硼浓度的取样，并在需要时调整其硼浓度，以确保余热排出系统的运行不会造成反应堆冷却剂系统硼稀释。在反应堆冷却剂系统异常工况下（即冷却剂中有高裂变产物放射性时）也能对余热排出系统取样分析。

系统应设置冗余的泄漏探测设施，对每个系列微小的泄漏（如泵密封故障泄漏）进行监测。冗余泵房之间实体隔离，以保证一个泵房内的泄漏不会影响其他隔间内泵的运行，并且不会影响其他隔间内的泄漏探测设施的动作。泵房隔间内的通风系统应具备剂量监测功能，以探测泵的泄漏造成泵房大气中的放射性。

余热排出系统主要设备和厂房布置在设计时需要考虑在必要时能够进行更换。

应有措施对余热排出系统泵和电动阀进行定期监测试验。应允许泵通过余排热交换器进行再循环模式运行，从而提供泵的定期试验的能力。在正常运行情况下，应具备反复开关等阀门定期试验能力。对于余热排出系统吸入口阀门，不能在机组正常运行时反复开关，应明确其定期试验的替代方法，例如连续检查其电气部分。应确定余热排出隔离阀泄漏率试验的所有相关设备的设计，并确定对这个试验的泄漏率验收准则的基准。试验措施应保证为实施此试验所需的设备是有效的，其布置是合理的。这些设备应包括专用机械设备，如试验集管和阀门、仪表、通讯以及为完成试验所需要的照明。

4.6.3　系统配置及要求

余热排出系统应至少提供两个独立的系列，每个系列有其专属的反应堆冷却剂系统吸入口以及向反应堆冷却剂系统的注水口。余热排出系统包含泵、热交换器、调节阀、卸压阀以及相关的管道、控制和仪表。应采取措施确保当一台余热排出泵发生故障时仍能保证堆芯余热导出能力不会丧失。两个系列应满足单一故障准则、堆芯破损频率要求以及电厂可利用率要求。

余热排出泵和热交换器应布置在安全壳外，以方便检修，并减少安全壳内的布置空间。从余热排出泵至连接反应堆冷却剂系统的余热排出管道应持续保持上斜，使得尽可能没有高位点。系统的高位点和低位点应分别设置排气阀和疏水阀。为保证余热排出系统各台设备的维修需设置必要的排气和疏水阀，阀门数量应考虑实际范围要求。

余热排出泵应是机械密封的离心泵或屏蔽式电动泵。泵的密封设计应能适应最高的系统设计压力，应有能力承受反应堆冷却剂系统的全压而不会使密封泄漏率超过化学与容积控制系统正常上充能力。余热排出泵应能承受从室温到 180 ℃的温升而不会卡住，也不必对余热排出系统启动程序附加特殊的限制。余热排出泵应能承受相当数量的空泡或空气进入泵产生的异常工况，通过高强度的泵设计和操作员可用的响应时间相组合可使泵在异常运行工况下运行而不发生损坏。余热排出热交换器的传热管应采用奥氏体不锈钢，且应具备清洁壳侧传热管的能力，以确保电厂寿期内余热排出热交换器的换热能力。余热排出系统的阀门的设计应当鉴别需要闭锁的阀门和需要在主控制室内提供开度指示的阀门。

当反应堆冷却剂系统水位由于蒸汽发生器或泵维修而降低时，为防止或减缓余热排出泵吸水功能丧失，应采取如下措施：应对与反应堆冷却剂系统的连接接头和余热排出吸入口管线进行设计，使其形成漩涡和吸入空气的可能性降至最低。反应堆冷却剂系统正常疏排管的安装位置应使反应堆冷却剂系统水位不会被疏排到低于在维修时余热排出系统能连续运行所需的最低水位，应另设置独立的疏排管用于反应堆卸料。或者，保证反应堆装料操作和维修时所需额定水位、导致漩涡开始形成的反应堆冷却剂系统水位二者之间具有相当的差值。应严格关注余热排出系统及其与反应堆冷却剂系统和其他系统的接口布置与形状以实现在反应堆冷却剂系统部分疏排，减少余热排出系统功能丧失的可能性，假若发生余热排出系统功能丧失，使恢复可能性最大化。尽可能地按如下进行设计：反应堆冷却剂系统吸入管和排水管设有自排气；在余热排出系统进口和排水管之间消除中间高位点，包括垂直热膨胀环路；使全部水平管都有斜度；减少或取消低于余热排出系统泵位的管路。余热排出系统至化容系统的低压下泄和净化流的接管应设计成能排除积聚在或进入余热排出系统中的空气或气体，其位置、走向和下泄流速度应进行优化设计，使得能排出余热排出系统中的空气或气体。余热排出系统的布置和结构应设计成尽可能排除反应堆冷却剂系统最低水位以上的任何水容积以便于反应堆装料和维修操作。余热排出系统应设计成在系统维修后排出存在系统内的任何空气或气体。在所有运行工况下（包括反应堆冷却剂系统疏排流量被节流的情况）系统管路或部件用足够高流速吹扫以防止积聚空气或气体。采用全流量试验管路的结构能够更好地实现上述目标，避免余热排出系统因其内存在空气或气体而失效。应采取措施在余热排出泵的全性能范围内保证一旦泵无法正常吸水时实施迅速排气并重新启动余热排出泵。尽可能在主控制室使系统恢复运行，也应提供允许就地进行系统复原的备用措施。这些措施包括便于操作员操作的布置特点、控制室和余热排出泵房间的通讯设施、就地仪表、可接近性和可操作性的设计考虑。

为保证余热排出系统满足相关要求并为其他系统提供支持，需要必要的支持和连接系统，如：反应堆冷却剂系统热段引入流体进入余热排出系统，并返回到反应堆冷却剂系统冷段；设备冷却水系统供应冷却水到余热排出泵和余热排出热交换器的壳侧；化学和容积控制系统在反应堆冷却剂系统降压后，从余热排出系统接收反应堆冷却剂进行净化；核取样系统对余热排出系统每个系列进行取样，收集有代表性样品；交流和直流配电系统为系统用电设备提供电源；仪表和控制系统为系统监测、控制提供保障。

4.6.4　系统运行和维修要求

余热排出系统为手动启动系统，应设计成能在主控制室和远程停堆站进行手动启动和控制运行。余热排出系统应设计成在所有运行状态（直至反应堆冷却剂温度上升至 180 ℃）防止热交换器壳侧的冷却水沸腾，以避免水锤等不利影响。这应由合适的热工设计与管道结构来实现，不依靠电气联锁或复杂的控制设施。余热排出系统运行期间，反应堆冷却剂系统冷却速率的控制应由通过余热排出系统热交换器管侧的反应堆冷却剂的流量变化来实现。允许从远程停堆站控制余热排出系统运行，并可为操作员提供充分的信息，以便其快速完成操作。

设计人员应在主控制室和远程停堆站提供下列监测：余热排出泵出口压力；余热排出系统流量、泵总流量；余热排出系统向化容系统净化的下泄流量。

应在停堆或反应堆冷却剂系统部分排水开始之前安装正式的冗余安全级反应堆冷却剂系统液位指示仪，其量程应与其他反应堆冷却剂系统仪表（例如稳压器液位）相重叠，以允许验证其可运行性。当系统动态响应（例如反应堆冷却剂系统排水）期间，反应堆冷却剂系统停堆液位指示仪的显示应偏于保守（即读值低于真实值），并参照稳压器汽空间。

余热排出系统应设计成允许在维修前和维修后对安全壳外部分进行疏排和清洗以便于定期维修。

第 5 章 安全相关系统

为方便系统的介绍华龙技术电厂事故应对设施，本用户要求将主要功能为事故缓解和限制放射性释放的系统集中于本章介绍，包含了安全系统，应对设计扩展工况的系统，以及其他主要用于应对事故工况的安全相关系统。安全系统的概念在当前华龙技术电厂仍然是有效的，但是在新技术新情况下，其范围可根据需要做适应性的调整。

5.1 一般要求

5.1.1 定义

为避免要求重复叙述，本节说明华龙技术电厂安全相关系统的通用要求。与后文 5.2 节和 5.3 节相应内容相结合，提供了华龙技术电厂安全相关系统设计的完整要求。

5.1.2 原则说明

华龙技术电厂在核安全相关活动中全面贯彻纵深防御理念，纵深防御详见 1.2.1 节。

本节要求涉及的安全相关系统配置及其执行的基本安全功能主要用于实现纵深防御第三和第四层次的防御目的。

为方便与纵深防御原则相对应，将安全相关系统划分为“设计基准工况应对措施”和“设计扩展工况应对措施”两大类。

设计基准工况应对措施，其主要目标为防止堆芯损坏，包含了用于执行堆芯冷却剂装量控制、衰变热排出、堆芯反应性控制等功能的系统。这些措施对应纵深防御的第三层级，以能动的安全级系统为主，辅以部分非能动的安全手段（如安注箱、安全阀等）。

设计扩展工况应对措施，即应对多重失效的 DEC-A 措施和缓解堆芯损坏后果的严重事故缓解措施。这些措施对应纵深防御的第四层级。

纵深防御的各层次之间应尽可能地相互独立，避免一个层次防御的失效降低其他层次的有效性。为此，安全相关系统应尽量避免跨层级使用，避免因一个系统的失效导致多个层级的防护失效。

5.1.3 总体要求

（1）系统功能要求

安全相关系统应能执行其指定的安全功能，以应对相关事故工况。

（2）系统配置要求

应对设计基准工况的安全系统配置应考虑单一故障准则、独立性、冗余性、多样性。每个应对设计基准工况的安全级系统应有不少于两个序列，以保证在发生设计基准工况，且系统单一故障时，能执行其功能。应通过配置冗余列或在每个序列中配置冗余设备，保证在始发事件叠加单一故障时系统能执行其功能。

用于应对设计基准事故的安全相关系统应具有足够的鲁棒性设计，容许系统发生一定保守次数的虚假动作或误动作，而无需跟着进行验证系统完整性和可运行性试验或检查。

安全相关系统设计的特点、配置与分区应与厂房设计和电厂现场的支持系统相匹配，以增强电厂抵御灾害的能力。

对于承压系统应设置超压保护。

应提供附加安全措施，应对多重失效的 DEC 工况，应配备严重事故缓解措施应对严重事故。尽量使用非能动的系统应对严重事故，最大限度减小严重事故后对安全壳内能动设备的依赖。应提供严重事故后持续排出受损堆芯衰变热的手段。

安全壳的设计应能承受严重事故下的温度、压力，并提供安全壳热量导出手段（如有需要还可设置过滤排放措施），防止安全壳超压。应提供可燃气体控制系统，限制堆芯损坏事故后安全壳内的易燃气体浓度，避免发生爆燃或爆炸等威胁安全壳完整性的情况出现。

（3）简化要求

安全相关系统的设计应当尽量简化，简化要求包括：

1）尽可能的简化紧急情况下的操作规程；

2）为实施其功能所需的系统切换数目和相关操作数量尽量少；

3）保护联锁尽量少；

4）为实现功能、安全和可靠性目标所需的设备尽量少；

5）在满足事故缓解需求的前提下，可以适当的进行功能合并、精简系统。

（4）设备相关要求

安全相关系统设备分级应与执行的安全功能级别相一致，且按照其应对的事故工况环境条件进行鉴定。

安全相关系统设备和结构应按结构设计基准进行设计，并满足法规要求的安全级设备的抗震和安全等级要求。

（5）布置要求

安全相关系统布置时应考虑实体隔离，不同系列应布置在不同的厂房内。

应充分考虑内外部灾害的防护。

设备和管线的布置应充分考虑疏水和排气的需求，设置适当的疏排管线及隔离阀，避免出现不可凝气体聚积和低点无法排水的问题。

（6）用电要求

每个安全分区的供电应由独立的交流或直流应急厂用电源提供。独立的厂用电源可提高安全系统供电的可靠性。

应提供两个完全独立的厂外交流电源为系统正常启动、运行、安全停堆所需的全部安全级载荷供电。

在全厂断电情况下，应提供手段确保停堆并持续导出堆芯衰变热。

（7）仪表和控制要求

反应堆正常运行的仪控要求，可适用于安全相关系统。仪表接口是与系统部件相连接的传感器。控制接口是能够传导电力或控制信号并连接到最终驱动机构的导线或导管。

设计人员应明确仪表的所有功能，包括试验、级别（安全级或非安全级）、精度（要求的和/或提供的）、仪表使用状况（固定或临时）和计算基准（仪表误差分析和假设，恶劣的环境状况等）。

反应堆冷却剂系统或反应堆压力容器的排放阀处于排放状态时应能在不依靠非安全级“交流电”的情况下关闭。

控制室内应能显示阀位和阀门状态信息。在 SBO 情况下，控制室应能显示事故处理所需阀门状态。

（8）系统可靠性

应评定专设安全系统及其支持系统的可靠性（系统布置、部件故障率、试验频率等）。

设计人员应在大修期间，特别在水装量减少的工况下提供一些经济有效的措施、能力和适当的规程导则使操作员能发挥最佳能力以满足华龙技术电厂的安全目标。为了保证能够满足这些安全目标，应评估大修特定工况的如下指标：

1）能够诊断停堆期间发生的事故［诸如余排功能丧失或冷却剂丧失事故（LOCA）］及事故进程；

2）能够执行恢复功能的措施，包括对燃料水池沸腾和/或燃料裸露影响下的可居留性的考虑；

3）反应堆冷却剂系统水装量丧失时，足够提供72小时的补给；

4）为了优化操作员的操作和满足临界安全功能，能够提供自动或非能动响应的系统；

5）评估放射性向环境释放的可接受性；

6）能够通过简单的手动操作而恢复安全壳的封闭性。

5.2 设计基准工况应对措施

5.2.1 安全注入系统

5.2.1.1 系统功能要求

安全注入系统是一个专设安全系统，执行的功能如下：

（1）在一回路冷却剂丧失的设计基准工况和设计扩展工况，向反应堆冷却剂系统注入含硼水，参与堆芯反应性控制；

（2）在发生丧失冷却剂事故如LOCA和SGTR工况下，向反应堆冷却剂系统提供冷却水，以保证堆芯有足够的冷却水进行冷却；

（3）在发生非LOCA事故如主蒸汽管道破裂事故时，向反应堆冷却剂系统注入含硼水，以补偿堆芯过度冷却引入的正反应性；

（4）在中、大LOCA的长期阶段，通过冷、热段同时注入，防止反应堆冷却剂系统中的硼结晶；

（5）在蒸汽发生器不可用的设计扩展工况下，采用充—排操作，导出堆芯余热。

5.2.1.2 系统基准要求

考虑丧失厂外电且叠加最恶劣的单一故障，安全注入系统必须要有足够的能力保证堆芯状态满足安全限值要求。

安全壳内置换料水箱和安注箱内的含硼水注入到反应堆冷却剂系统内，以控制堆芯的反应性。对于小破口事故，安全注入系统需保证堆芯不裸露。安注泵的容量需要应对各类不同位置的破口事故，安注泵的注入压头和流量应确保所有的设计基准工况都能满足验收准则，且在执行充—排操作时具有足够的带热能力。在发生主蒸汽管道破裂事故时，安全注入系统向反应堆冷却剂系统注入足够的硼酸溶液，补偿堆芯过冷引入的正反应性，确保堆芯燃料状态不超过限值。安全注入系统的注入压头比反应堆冷却剂系统正常运行压力低，以防止在正常运行期间安注系统误启动，向反应堆冷却剂系统误注入。安注泵与安全壳内置换料水箱的接管需要考虑事故后长期阶段的冷却要求。安注泵不能采用串联布置的方式，串联布置使得运行和管道布置复杂化并降低安注的可靠性。安注泵的配置应考虑反应堆冷却剂系统不同压力下的有效注入，若不设置高压安注泵，则安全系统的配置中需要考虑设置对反应堆冷却剂系统的有效降压措施，保证安注泵能够有效注入。换料水箱应设置在安全壳内，进而取消安注泵的取水切换。

安全注入系统的启动时间与相应柴油机的启动加载时间一致，以保证其所要求的功能。

5.2.1.3 系统配置及要求

安全注入系统包括安注泵、安注箱、安全壳内置换料水箱（IRWST）和相关阀门、管线、控制和仪表。安全注入系统由至少 2 个或 2 个以上的冗余系列组成。每个系列都从 IRWST 取水，向反应堆冷却剂系统注入。

安注泵应是多级离心泵。安注泵应位于安全壳外，以便于维修。安注泵的标高，应保证在所有运行条件下，可获得所需要的汽蚀余量。在计算泵的 NPSHa 时，应考虑进水管和其他压头损失，不应考虑较高的安全壳压力，应按照较高的电网频率对应的流量、考虑适当的不确定度、IRWST 的最低液位，与 IRWST 相连的进水管应采用防漩涡设计方案。

安注泵的吸入管线上需要设置一个远程控制的电动隔离阀。安注泵吸入管线和安注箱排放管线上的隔离阀应采用常开的电动隔离阀。

安注箱的数量应考虑管道破口的影响，即使有一台安注箱不可用仍可满足堆芯冷却要求。应确定安注箱压力、液位和硼浓度的允许范围，应保证这些允许范围足够宽，以避免在正常运行时操作员过多的动作。

IRWST 提供换料水，是安注泵和安喷泵的唯一水源。IRWST 的水容积，必须满足正常换料期间的用水，同时假设反应堆冷却剂系统的水位处于热管段的半管位置。安注泵、安喷泵的取水管线与 IRWST 相连，且 IRWST 内需设置滤网。安全壳内应设置回流通道，确保事故后的水回流至 IRWST 内。应设置栅格或其他装置以防止碎片进入 IRWST。考虑安注泵、安喷泵的取水要求、职业辐照、可维修性及建造，IRWST 应尽量布置在较低的标高。需提供措施确保 IRWST 的排水、净化和回水，以及取样和水化学调节、水位和硼浓度调节，以及事故后长期阶段 pH 的调节。设置相应的管线使得有热交换器可以对 IRWST 进行冷却。IRWST 的内表面采用不锈钢结构。需提供进入 IRWST 内部的通道，以便对 IRWST 进行检查和维修。需要评估 LOCA 或安全阀/卸压阀的排放对 IRWST 内产生的载荷及影响。

针对安全注入系统在安全壳外的部分，应有措施能探测和终止安全壳外的泄漏，包括非能动故障造成的有限泄漏（如泵密封失效），这些措施包括：冗余泄漏探测设施，比如每个系列地坑隔间液位的探测，并在主控制室指示；冗余泵房间的隔离，可保证每一个泵房中的泄漏不会影响到另一个泵房中的泵的正常运行，也不会引起其他泵房中泄漏探测设施的动作；能够从主控制室对每一个系列进行隔离。

安全注入系统应提供疏水和排气措施，以允许安注系统在维修前进行疏水和清洗，以及维修后再充水。

安全注入系统与反应堆冷却剂系统相连，为了防止低压管路超压，考虑设置逆止阀进行超压保护，采用逆止阀，既可以满足安全注入要求，又能防止反应堆冷却剂流失，并避免了采用安全阀需要的定期维护、校验，以及相关法兰连接设置。

为保证安全注入系统满足相关要求并为其他系统提供支持，需要必要的支持和连接系统，如：安全注入系统向反应堆冷却剂系统提供含硼水；设备冷却水系统向安注泵提供冷却水；化学和容积控制系统或硼和水补给系统向 IRWST 和安注箱提供含硼水；氮气供应系统向安注箱提供氮气，以维持需要的压力；核取样系统从每个安注箱收集取样；安全级供电系统为系统用电设备提供电源；仪表和控制系统为系统监测、控制提供保障；针对安全注入系统安全壳外的管道破口，设置监测系统；通过乏燃料水池的净化系统对 IRWST 进行净化；安注泵考虑多样化的冷却手段，作为设备冷却水系统的后备，冷冻水系统可向安注泵提供冷却。

5.2.1.4 系统运行和维修要求

应提供仪表和控制，以保证在设计基准工况后，当出现稳压器压力低或安全壳压力高等信号时自动投运安全注入系统；在停堆工况，安全注入系统也可自动触发，其触发信号可选取为反应堆冷却剂系统热段饱和压力与实际压力的差值低。应有措施实现手动投运安全注入系统，能在主控制室和远程停堆站操作所有电动设备。

应在主控制室和远程停堆站提供必要的显示信息和报警，包括如下：IRWST 液位、安注箱液位和压力、安注泵流量、阀门状态。

5.2.2 安全壳喷淋系统

如果采用安全级安全壳喷淋系统来应对设计基准工况，则需满足本节要求。

5.2.2.1 系统功能要求

安全壳喷淋系统用于执行下列功能：

(1) 在设计基准工况排出安全壳大气内的热量，以防止安全壳压力和温度超过设计限值；

(2) 去除安全壳气空间内的放射性元素碘及气溶胶，并通过恰当的 pH 控制，将这些放射性滞留在水中；

(3) IRWST 水温超过设定值时，可为其提供冷却，防止水温超过限值；

(4) 在反应堆冷停堆时，若核岛消防系统失效，安全壳喷淋系统可用于消防，防止在反应堆厂房发生火灾蔓延。

5.2.2.2 系统基准要求

安全壳喷淋系统应有足够的容量在设计基准工况后将安全壳的压力和温度降低至设计限值内。安全壳喷淋系统应有足够的能力冷却并维持 IRWST 内存水的温度。对于设计基准工况，安全壳喷淋系统应将安全壳内大气的裂变产物浓度充分降低，以满足设计基准中泄漏要求，不建议使用 NaOH 之类的喷淋添加剂用于清除裂变产物，以避免高 pH 溶液增加误喷淋时损坏安全壳内设备的可能性，可以在安全壳内的适当位置放置永久性的可溶缓冲试剂来实现 pH 的调节。安全壳喷淋系统应设计成在柴油发电机启动/加载时间内执行其功能。

5.2.2.3 系统配置及要求

安全壳喷淋系统由两个系列组成以满足单一故障准则，每一系列包括 IRWST 取水管道、泵、热交换器、向安全壳喷淋喷淋集流管的出口管道，以及相关的管道、阀门、控制和仪表；每个系列的喷淋流量具备 100% 的安全壳冷却和裂变产物清除能力。

安全壳喷淋系统泵和热交换器应布置在安全壳外。安全壳喷淋泵的标高，应保证在所有运行条件下，可获得所需要的汽蚀余量。在计算泵的 NPSHa 时，应考虑进水管和其他压头损失，不应考虑冷却剂的过冷度及较高的安全壳压力，应按照较高的电网频率对应的流量、考虑适当的不确定度、IRWST 的最低液位，与 IRWST 相连的进水管应采用防旋涡设计方案。安全壳喷淋系统应设置与安全注入系统的连接管线。安全壳喷淋系统若存在与其他系统备用/共用时，应考虑与其共用系统的设计压力要求。

安全壳喷淋系统进水管道应提供单个隔离阀，并安装在安全壳外尽可能靠近安全壳的地方。此阀应常开，且可从主控制室远程操作。安全壳喷淋系统出水管道提供两道隔离阀以便与安全壳集流管隔离，且至少有一个电动常关阀门可以从主控制室远程操作。

为了允许正常运行期间的任何必须的维修后充—排操作，系统应提供高位排气和低位疏水装置。应当提供措施允许对系统内的水进行取样，应为常关隔离阀之间的管道提供超压保护。

安全壳喷淋泵建议采用有机械密封的离心泵或屏蔽式电动泵。热交换器传热管应采用奥氏体不锈钢，应具备清洁壳侧传热管的能力，以保证热交换器在电厂寿期内的换热能力。集流管和喷嘴应设计得可覆盖安全壳的全部面积，喷嘴直径应大于能通过 IRWST 滤网的碎片直径。

为保证安全壳喷淋系统满足相关要求并为其他系统提供支持，需要必要的支持和连接系统，如：IRWST 是安全壳喷淋泵的喷淋水源；设备冷却水系统给安全壳喷淋泵和热交换器提供冷却水；电源系统需保证在假设单一故障时，能用厂内电源或厂外电源运行；仪表和控制系统为系统监测、控制提供保障。

5.2.2.4　系统运行和维修要求

安全壳喷淋系统满足反应堆仪表和控制的总要求，安全壳喷淋系统应设计成自动启动系统。阀门的运行状态和安全壳喷淋泵的运行流量应在主控制室和远程停堆站提供监测。

安全壳喷淋系统满足有关维修可达性和工作人员辐照剂量最小化的总原则，且应当提供措施以保证在通气试验期间，喷淋集流管嘴指示器能观察到气流流动，以及必要时可完成喷淋嘴的修理和更换。

5.2.3　应急给水系统

5.2.3.1　系统功能要求

应急给水系统是一个专设安全系统，用于在主给水系统或启动给水系统失效或丧失的设计基准工况或设计扩展工况时，向蒸汽发生器提供“给水”以导出一回路的热量，在严重事故工况下，不要求该系统可靠的用于事故缓解。包括如下功能：

（1）当发生 MSLB 事故，通过隔离受损蒸汽发生器的应急注水管线，防止过量给水注入蒸汽发生器导致堆芯过冷，避免堆芯重返临界；

（2）在 DBC-2、DBC-3、DBC-4 工况下，向完好的蒸汽器发生提供应急给水，通过蒸汽发生器将反应堆冷却剂系统的堆芯衰变热和显热导出，并持续到余热排出系统投入的安全停堆状态；

（3）在 DEC-A 事故时，例如冷却链完全丧失事故，应急给水系统向蒸汽发生器提供应急给水，通过蒸汽发生器将反应堆冷却剂系统的堆芯衰变热和显热导出，将电厂带入到最终状态；

（4）在 DBC-3、DBC-4 或 DEC-A 等一回路破口失水事故工况下（包括 SGTR），通过蒸汽发生器对一回路进行冷却，使一回路压力达到安注系统可投入运行的条件；

（5）在 SGTR 等一二次侧连通的事故工况下，隔离受影响蒸汽发生器的应急注水管线，防止放射性物质不可控地向环境的释放；

（6）在电厂正常启动时，主给水系

统和启动给水系统投用之前，对蒸汽发生器补水。

5.2.3.2 系统基准要求

应急给水系统应能满足第 2 章总体要求的相关要求，5.1 节一般要求和本节的具体要求。

应急给水系统及设备的分级应满足第 2 章中的安全分级原则和结构设计基准。

应急给水系统的最小流量应满足，在主给水管道破裂事故时，考虑叠加破口流失，单一故障等最恶劣情况下，有效注入流量能保证排出反应堆冷却剂系统的热量。在主蒸汽管道断裂事故下，假设应急给水系统以最大流量向受影响的蒸汽发生器持续供水 30 分钟（事故后 30 分钟内操作员不干预），向安全壳释放的质量和能量不会导致安全壳超压。

设计流量应在满足设计基准工况所要求的最小流量基础下尽量小，以满足如下期望：防止主给水丧失情况下一回路过冷和蒸汽发生器满溢；减小主蒸汽管道断裂事故时向安全壳的质能释放；减小柴油发电机负荷。

应急给水系统应配置大容量的水箱，水箱容积满足：

（1）反应堆紧急停堆后维持至少 8 小时的热停堆，接着在 8 小时内将一回路冷却到允许余热排出系统投运的状态；同时需考虑在主给水管线断裂事故中，应急给水未隔离，持续向受影响的蒸汽发生器供水 30 分钟导致的流失；

（2）应急给水系统应有多种补水水源。

为减少运行时对蒸汽发生器的不利影响，供应到蒸汽发生器的应急给水水质应达到二次侧补水的水质要求，当应急给水系统无需在机组启、停时代替主给水系统和启动给水系统运行时不包括除氧的要求。二次侧补水水质应满足二回路水化学要求。因为多数瞬态使用正常给水系统给蒸汽发生器供水，应急给水系统主要在事故工况下使用，使用频率低，因此当应急给水系统无需在机组启、停时代替主给水系统和启动给水系统运行时不对应急给水箱内储水的氧含量作要求，这种时候设计上要采取锁闭手动阀等措施以避免劣质水（例如厂用水）进入蒸汽发生器。

5.2.3.3 系统配置及要求

应急给水系统包括将水供应至蒸汽发生器的应急给水泵、应急给水箱、从应急给水箱供应应急给水的进口管、通向蒸汽发生器的排水管、以及相关的管道、阀门、控制和仪表。应急给水系统还包括设备支架、排气和疏水管以及其他附属管路。

应急给水系统配置应充分考虑系统可靠性、冗余性和单一故障准则，系统应由至少两个系列组成，每一系列有至少一台应急给水泵，通过将应急给水箱的水供给蒸汽发生器而排出衰变热。

应急给水系统的每个独立列应布置在不同的厂房，实现列与列之间的实体隔离。安全列之间尽量不采用交叉连接，除非证明对安全、可利用率、可运行性有改善。

如使用汽动泵，供汽管线应尽量短，减少蒸汽凝结，在主蒸汽管和常关供汽阀之前的管线低点设置连续排水，避免凝水累积。

泵吸入管设计应能保证满足泵启动和稳态运行的 NPSHa 要求，当给水箱在最低水位和蒸汽发生器为大气压时从给水箱到泵进口部分不会出现过大的压降。

在通到每个蒸汽发生器的泵出口管上应设置限流装置，以防止泵超速运行而造成汽蚀，也可减少由于过大的应急给水量而造成其他潜在的不良影响（如蒸汽发生器满溢、反应堆冷却剂系统过冷率、蒸汽管路破裂后过大的蒸汽质量/能量进入安全壳）。在应急给水注入管线上应设置流量调节阀，通过蒸汽发生器的液位调节给水流量，实现给水流量的自动控制。

应急给水注入管线上应设置隔离阀，提供给水的有效隔离，在 SGTR 事故工况下能有效防止蒸汽发生器满溢。

应急给水系统每一台泵的流量都应能满足 5.2.3.2 节的要求。此外，每台泵还需要考虑足够的裕量，使其在最小流量保护及冷却的再循环模式下仍能持续运行，还需考虑长期使用后水质劣化的允许量。除此之外，应急给水泵还应满足如下特性：

（1）应使用多级离心泵；

（2）泵的冷却方式为自冷却；

（3）泵的出口和入口应为法兰连接，并有泵壳疏水装置，以便维修；

（4）电动泵应能在设计人员所规定的电压和频率波动范围内启动运行。

应急给水系统应有至少两个安全级的专用水箱，水箱总容积满足 5.2.3.2 节要求的总需求水量的 100%；在两个应急给水箱之间设置连接管线，以便每个水箱都可以向所有应急给水泵提供应急给水；应急给水箱应配置备用水源，在 SBO 情况下，能将备用水源输送到应急给水箱。备用水源无需安全级，除了与应急给水水箱的接管，应不影响水箱的安全和抗震性能。

为保证应急给水系统满足相关要求并为其他系统提供支持，需要必要的支持和连接系统，如：主蒸汽系统，如采用汽动泵，为汽动泵提供动力源；凝结水抽取系统，如采用汽动泵，接收汽动泵蒸汽供应管线和乏汽管线收集的排水；除盐水生产系统，为应急给水箱提供正常补水；核岛疏水和排气系统，收集应急给水系统的疏水和排气；安全级电力系统，为应急给水系统的电动泵、电动阀以及关键的控制、仪表提供电源；以及应急给水系统和仪表与控制系统的接口。

5.2.3.4　系统运行和维修要求

事故工况下，应急给水系统可以在接收到触发信号后自动启动，也能由操作员在主控制室通过安全级的控制系统手动操作投入或停运。

在发生蒸汽发生器传热管破裂事故（SGTR）时，应急给水系统应能自动向未受损的蒸汽发生器注水，能自动停止向受损蒸汽发生器的注水。

在 MSLB 或主给水管道大破口（FLB）事故中，在向受影响的蒸汽发生器的应急给水未得到隔离的情况下，应急给水系统向未受影响的蒸汽发生器注入的流量能够满足带走堆芯热量所需的最小流量要求。

在 ATWS 事故中，应急给水系统能够自动启动。

应急给水系统应有能力监测、收集和控制系统的泄漏，并在超过正常泄漏或部件失效的情况下应能对系统进行部分的隔离。

应急给水系统在备用或运行中，应能够检验系统是否处在正确的运行模式。

避免采用低吸入压力停泵的设计，这种停泵方式可能引起当一台泵启动时，其余泵处于低吸入压力而停泵。

设计人员应在主控制室和远程停堆站对以下参数提供监测和报警：泵出口压力；泵进口压力（有低压报警）；泵出口流量监测；应急给水箱水位（有水位报警）；汽动泵蒸汽供应压力（如使用汽动泵）；阀位指示。

每个换料周期在停堆期间对应急给水

系统进行一次预定维修工作。应有措施允许对应急给水泵和阀门进行定期的监测试验，对整个系统运行进行功能性试验。应能防止试验时介质流到蒸汽发生器、以免发生不必要的热冲击和含氧水进入蒸汽发生器的情况。为了能够对动力阀进行现场试验，应当提供合适的通道。应有措施能在反应堆运行情况下进行泵试验。

5.2.4 应急硼注入系统

5.2.4.1 系统功能要求

应急硼注入系统是一个安全相关系统，在事故情况下对堆芯进行硼化，用于补偿由于堆芯冷却或氙毒减少引入的正反应性。

(1) 在设计基准（DBC-2~4）事故中，当电厂达到可控状态后由操作员手动投入应急硼注入系统，使得电厂可以进一步降温、降压，直到余热排出系统投入的安全停堆状态。

(2) 在设计扩展工况（DEC-A）下，如果需要，操作员手动启动应急硼注入系统对反应堆冷却剂系统进行硼化。

(3) 在发生由控制棒故障引起的未能紧急停堆的预计瞬态（ATWS）时，应急硼注入系统应能自动投入运行，保证堆芯处于次临界状态。

5.2.4.2 系统基准要求

应急硼注入系统及设备的分级应满足第2章中的安全分级原则和结构设计基准。

最小流量下引入的负反应性能够补偿反应堆冷却剂系统因冷却和氙毒减少所引入的正反应性，即在事故后堆芯冷却过程中，一回路冷却剂中的硼浓度必须保证堆芯次临界并保持所要求的停堆深度。

应急硼注入系统的最大流量不能使稳压器满溢并导致稳压器安全阀开启，保证一回路压力边界的完整性。

应急硼注泵的压头应保证在ATWS工况下能向一回路注入硼酸溶液，并且满足如下要求：

(1) 对于丧失正常给水的ATWS，一回路压力不应超过最大允许压力。

(2) 对于电厂辅助设备丧失非应急交流电源的ATWS，偏离泡核沸腾比率（DNBR）必须大于限制值。

应急硼酸箱内的硼酸总装量应保证电厂进入安全停堆后停堆深度满足要求。

5.2.4.3 系统配置及要求

应急硼注入系统包括应急硼注泵，应急硼酸箱，从应急硼酸箱取水的管线，将浓硼酸注入一回路的硼酸注入管线，以及相关的阀门、控制和仪表。应急硼注入系统还应包括设备支架、排气和疏水管线以及其他附属管路。

应急硼注入系统应由至少两列构成，每列包含一台电动泵和一个应急硼酸箱，应急硼注泵从应急硼酸箱取水，进入安全壳后借用安注系统的一回路注入管线，将浓硼酸注入一回路，以控制堆芯反应性。

应急硼注入系统的每个独立列应布置在不同的厂房，实现列与列之间的实体隔离。安全列之间尽量不采用交叉连接，除非证明对安全、可利用率、可运行性有改善。

泵吸入管设计应能保证满足泵启动和稳态运行的净正吸入压头（NPSH）要求，当水箱在最低水位和一回路为大气压时从水箱到泵进口部分不会出现过大的压降。

应急硼注入系统在备用时管路中充满浓度较高的硼酸溶液，因此必须有安全级的暖通系统或保温和伴热系统维持管路和设备中硼酸温度高于规定的温度值，该温度下对应的硼酸溶解度不低于应急硼注入系统的硼酸浓度，以防止硼结晶。

应急硼注入系统应至少使用两台电动泵，每一台泵的流量都应能满足 5.2.4.2 节的要求。此外，还应满足如下特性：

（1）应使用低流量、高扬程容积泵；

（2）泵的冷却方式为空冷；

（3）泵的出口和入口应为法兰连接，并有泵壳疏水装置，以便维修；

（4）电动泵应能在设计人员所规定的电压和频率波动范围内启动运行。

应急硼注入系统应有至少两个安全级的水箱，水箱采用抗震设计。在两个应急硼酸箱之间设置连接管线，以便允许向所有应急硼注泵提供浓硼酸。

为保证应急硼注入系统满足相关要求并为其他系统提供支持，需要必要的支持和连接系统，如：安全注入系统，应急硼注入系统借用安注系统注入管线向反应堆冷却剂系统注入浓硼酸；硼和水补给系统，为应急硼注入系统提供合适浓度的硼酸溶液；核取样系统，为应急硼注入系统提供水质监测；核岛排气和疏水系统，收集应急硼注入系统的疏水和排气；安全级电力系统，为应急硼注入系统的电动泵、电动阀以及关键的控制、仪表提供电源；以及应急硼注入系统和仪表与控制系统的接口。

5.2.4.4　系统运行和维修要求

应急硼注入系统应能自动或手动启动。在设计基准工况下，当堆芯达到可控状态后，需要操作员手动启动应急硼注入系统；在 DEC-A 工况下，如果需要，操作员需手动启动；在 ATWS 工况下，要求应急硼注入系统应能由 ATWS 信号触发自动启动。

设计人员应对应急硼注入系统的每一个自动控制回路进行分析以确认在各种可能的运行条件下能实现稳定运行。应在主控制室和远程停堆站对以下内容提供监测能力和报警：泵出口压力；泵进口压力（有低压报警）；泵流量监测；应急硼酸箱水位（有水位报警）；应急硼酸箱温度监测（有高温和低温报警）；阀位指示。

每个换料周期在停堆期间对应急硼注入系统进行一次预定维修工作。应有措施允许对应急硼注泵和阀门进行定期试验，对整个系统运行进行功能性试验。试验时应防止浓硼酸进入反应堆冷却剂系统，导致意外的反应性波动。为了能够对电动阀进行现场试验，应当提供合适的通道。应有措施能在反应堆运行情况下进行泵全流量试验。

5.2.5　蒸汽排大气系统

5.2.5.1　系统功能要求

蒸汽排大气系统执行如下功能：

（1）在机组启动期间，根据设计方案，如有需要，可通过主蒸汽释放阀（主蒸汽释放隔离阀及主蒸汽释放调节阀）排出蒸汽，控制一回路温度；

（2）通过关闭主蒸汽释放隔离阀，限制二次侧排热能力增加及放射性外泄；

（3）通过主蒸汽释放阀的蒸汽排放，确保二次侧压力边界的完整性；

（4）如果凝汽器不可用，通过主蒸汽释放阀排出多余蒸汽；

（5）在发生中小 LOCA 或 SGTR 时，执行快速冷却功能，通过主蒸汽释放阀降低一回路压力和温度。

5.2.5.2　系统基准要求

蒸汽排大气系统应能满足第 2 章总体要求的相关要求和本节的具体要求。

发生二次侧排热增加事故时，通过关闭主蒸汽释放隔离阀限制一回路过冷。

在 DBC-2～4 事故工况下，蒸汽排大气系统通过主蒸汽管道将蒸汽排放到大气（凝汽器不可用时），冷却一回路，直到机组达到可控状态或安全停堆状态。

在 DEC-A 事故工况下，蒸汽排大气系统通过主蒸汽管道将蒸汽排放到大气（凝汽器不可用时），冷却一回路，直到机组达到最终状态。

在发生中小 LOCA 或 SGTR 时，主蒸汽系统通过蒸汽排大气系统向大气排放蒸汽，对一回路降温降压，达到安全注入系统注入的压力条件，这个过程称为快速冷却。

快速冷却完成后，通过提高主蒸汽释放阀组的整定值，参与隔离受损 SG。

超压事故工况下，通过主蒸汽安全阀（MSSV）及主蒸汽释放阀组的蒸汽排放，确保二次侧压力边界的完整性。

5.2.5.3 系统配置及要求

蒸汽排大气系统及其边界主要包括主蒸汽释放隔离阀（MSRIV）、主蒸汽释放调节阀（MSRCV）、消音器、蒸汽排放管道以及蒸汽排大气系统的疏排水管道和阀门。

主蒸汽管道上的主蒸汽释放阀应布置在安全壳外主蒸汽隔离阀前，并排向大气。

（1）每条主蒸汽管道的 MSRIV 和 MSRCV 的配置应满足单一故障准则，MSRIV 应布置在 MSRCV 上游。

（2）一旦丧失电源或控制信号，MSRCV 应维持隔离。阀门误开引起的瞬态应经过事故分析评价，并满足相应准则。

（3）管道和阀门的布置应尽量减少对附件的荷载。

（4）排放管道设计时需要防止凝结水在管道中的聚集，并且避免背压建立后在阀门动作时产生的瞬态。

（5）阀门应便于快速更换修理。阀门内部构件应能在不拆卸整体阀门时进行拆卸。

（6）阀门的设计应考虑电厂运行工况及内外部灾害带来的荷载。

（7）在环境鉴定时，需要考虑在流体为汽水混合物的情况下运行（包括由汽变水过程中的水锤）。

（8）阀门的开启时间需要满足应对快速冷却及超压保护的要求。

（9）阀门的关闭时间需要满足应对蒸汽流量过度增加事故及二次侧隔离的要求。

为保证蒸汽排大气系统满足相关要求并为其他系统提供支持，需要必要的支持和连接系统，如：交流和直流配电系统为系统用电设备提供电源；仪控系统为系统监测、控制提供保障；主蒸汽系统在蒸汽排大气系统执行蒸汽排放功能时，借助 SG 出口管嘴至 MSRIV 管嘴间的主蒸汽管道将蒸汽输送至蒸汽排大气系统；核岛疏水排气系统接收系统设备、管道的疏水以及 SG 满溢工况下蒸汽排大气系统排放的水。

5.2.5.4 系统运行和维修要求

蒸汽排大气系统的主蒸汽释放阀组设计要求：同时支持自动和手动控制模式；自动控制不因单独信号失效导致一条以上的释放管道连通；检测到蒸汽流量过度增加时，执行隔离功能；检测到主蒸汽压力超过整定值时，执行超压保护功能；检测到快速冷却信号后，执行快速冷却功能。

在设计阶段以下维修方案应特别考虑：垂直布置的大阀门处应设有足够的维修空间和维修通道；对于阀门的可拆卸部件，应考虑足够的空间和起重措施；设备管道布置确保维修时的人员安全。

5.3　设计扩展工况应对措施

5.3.1　二次侧非能动余热排出系统

5.3.1.1　系统功能要求

二次侧非能动余热排出系统在丧失全部给水情况下，排出一回路热量。

5.3.1.2　系统基准要求

二次侧非能动余热排出系统应能满足第 2 章总体要求的相关要求和本节的具体要求。

二次侧非能动余热排出系统的定容工况为丧失全部给水。本系统的设计主要针对 DEC 事故，应对的工况为需要应急给水系统投运以排出一回路热量且应急给水系统失效的事故。

二次侧非能动余热排出系统以安全壳外冷却水箱作为冷源，并配置补水措施，可在 72 小时内将反应堆维持在安全状态。

在 SGTR 工况下，作为 SG 压力边界范围的设备参与隔离功能。

为了人员安全，人员可达的设备或管道，表面温度高的需要进行保温，以防止人员烫伤。该要求适用于管道和所有阀门。

高温蒸汽与冷水接触时，可能会产生快速汽锤现象，造成压力冲击、管道振动等影响。在系统设计中，通过尽量减小高温蒸汽与冷水的接触面积，并设计合理的隔离阀开启时间来缓和蒸汽冷却速率，避免不可接受的瞬态发生。

5.3.1.3　系统配置及要求

二次侧非能动余热排出系统及其边界主要包括冷凝器、入口隔离阀、出口隔离阀、出口逆止阀及其连接管道。

本系统的冷热芯高度差需满足工艺要求，即冷凝器出口管嘴与回水管路的 SG 入口管嘴之间的高度差应足够。

冷凝器布置在高位水箱的冷凝器隔间。

作为应急给水系统的后备，本系统需与应急给水系统之间进行实体隔离。

本系统设备应布置在合理的辐射防护分区。

设备应具备良好的可达性，有足够的空间来维护和更换设备。

作为自然循环的关键设备，冷凝器应有足够的换热能力，以保证在事故后能长期排出一回路产生的热量，从而缓解事故工况下一、二回路的过热，防止事故进一步恶化。

为保证二次侧非能动余热排出系统满足相关要求并为其他系统提供支持，需要必要的支持和连接系统，如：交流和直流配电系统为系统用电设备提供电源；仪控系统为系统监测、控制提供保障；主蒸汽系统在本系统执行余热排出功能时，借助主蒸汽管道将蒸汽输送至二次侧非能动余热排出系统；主给水系统或应急给水系统接收本系统的冷凝水。

5.3.1.4　系统运行和维修要求

本系统蒸汽及凝结水管道上的电动阀门可在主控制室（包括后备盘）及远程停堆站手动操作，且可根据系统启动信号自动开启。在主控制室和后备盘显示上述阀门的状态，并采取防止误动作的措施。

反应堆停堆期间，可以隔离冷凝器进行维修。

5.3.2　DEC 工况安全壳热量导出系统

5.3.2.1　系统功能要求

DEC 工况安全壳热量导出系统作为严重事故预防和缓解措施的一部分，用于在 DBC 工况安全壳热量导出功能失效后，导出安全壳热量，限制安全壳超压，保证安全壳的完整性。

5.3.2.2 系统基准要求

DEC 工况安全壳热量导出系统，在 DBC 工况安全壳热量导出系统失效的情况下，可以将安全壳温度、压力降低到可以接受的限值内，并能维持至少 72 小时的持续热量导出。

在事故后长期运行期间，安全壳热量导出系统应能使安全壳压力维持在设计压力以下。

对于能动型安全壳热量导出系统，尽量配置至少两列的冷却系列，各列冷却系列尽量能实现物理分离和实体隔离要求。由于在 DEC 工况下系统输送的是高放射性流体，因此建议整个系统布置在控制区。能动型安全壳热量导出泵的布置应保证泵有足够的净正吸入压头。

非能动型安全壳热量导出系统的冷却水池和热交换器的布置应保证足够的高度差，以便在事故期间实现非能动方式导出安全壳热量。非能动安全壳热量导出热交换器应尽量沿着安全壳内壁圆周布置，同时应避免由于管道设备破裂甩击对系统管道和设备的损坏。对于系统主要的仪表应尽量布置在反应堆厂房以外，以避免不必要的设备鉴定需求。在电厂正常运行期间，应提供对安全壳外冷却水箱内水进行取样的手段，并提供水化学处理的手段保证水箱内水的水化学要求。

5.3.2.3 系统配置及要求

DEC 工况安全壳热量导出系统的驱动方式可以有能动方式和非能动方式。

能动方式的系统配置主要由内置换料水箱取水口过滤器、安全壳热量导出泵、安全壳热量导出热交换器、以及相关管道和阀门组成。能动方式一般由设备冷却水系统进行冷却，也可以采用多样化冷链系统导出热量。能动型安全壳热量导出泵的有效汽蚀余量应高于设备厂家确定的必需汽蚀余量，在计算泵的有效汽蚀余量时应按照电网频率 50.5 Hz 时的泵流量，并考虑适当的不确定度和事故后内置换料水箱的最低液位和介质最高温度。还需要考虑适当的冷却水流量保证泵的有效冷却。能动型安全壳热量导出热交换器应选取合理的热负荷作为设计工况，保证在所有运行范围能保证功能的执行。建议采用管壳式热交换执行冷却功能。

为了保证 DEC 工况下安全壳热量通过能动方式顺利导出，需要必要的支持和连接系统，如：设备冷却水系统为能动型安全壳热量导出热交换器、安全壳热量导出泵提供冷却水；多样化冷链系统在设备冷却水系统失效后，为能动型安全壳热量导出热交换器、安全壳热量导出泵提供冷却水；除盐水分配系统为安全壳热量导出系统的冲洗提供除盐水；核取样系统为安全壳热量导出热交换器下游提供取样监测；交流供电系统为安全壳热量导出泵提供动力电源；直流电源供电系统为管线相关阀门提供控制电源；安全壳热量导出系统与仪控系统的接口。

非能动方式的系统配置主要由非能动安全壳热量导出热交换器、安全壳外冷却水箱、以及相关管道和阀门组成。非能动型安全壳热量导出系统的热交换器布置在安全壳内，通过冷凝安全壳内的高温蒸汽或蒸汽–空气混合物来实现导出安全壳内热量。在进行热交换器设计时应考虑足够的传热管高度保证非能动冷却的驱动力。非能动型安全壳热量导出系统的安全壳外冷却水箱应设计为 60 年寿期内无须进行大规模维修而保持完整性。冷却水箱应具备隔热措施和配置加热装置保证冷却水箱内水温处于正常范围。应设计合理的水质净化装置保证水质满足水化学相关要求。应允许进入水箱内部进行定期检查和清洗。

为了保证 DEC 工况下安全壳热量通过非能动方式顺利导出，需要必要的支持和连接系统，如：核岛除盐水分配系统为非能动型安全壳热量导出系统的冲洗提供除盐水，为安全壳外冷却水箱提供补水；直流电源供电系统给安全壳隔离阀提供动力电源；仪控系统为系统的启动和停运提供控制。

5.3.2.4　系统运行和维修要求

能动型安全壳热量导出系统应对 DEC 工况时可以采用手动启动的方式投运。操作员根据事故进程，在事故后 12 小时不干预的情况下如果存在安全壳压力高信号，可以手动启动安全壳热量导出系统对安全壳进行冷却。

非能动型安全壳热量导出系统采用安全壳压力高 4 信号叠加 DBC 安全壳热量导出功能失效信号来自动触发非能动安全壳热量导出系统启动，也可以通过操作员手动启动该系统。

布置在安全壳外的设备应在机组正常运行期间可以进行维修操作。对于系统主要的仪表应尽量布置在反应堆厂房以外，以避免不必要的设备鉴定需求。系统应设置合理的疏水排气接口，以允许在电厂正常运行期间可以对系统进行维修操作和维修后充排操作。

能动型安全壳热量导出系统应设计成，系统维修前和维修后对系统管网、泵和热交换器进行疏排和清洗，以便于定期维护。

非能动型安全壳热量导出系统应包含如下维修和检查操作：检查安全壳外冷却水箱的内、外表面；检查供水和排水管线；无需从冷却水箱中排水的情况下，尽可能实现维修或替换管线的隔离阀、替换所有的仪表和控制部件。

5.3.3　堆腔注水冷却系统

5.3.3.1　系统功能要求

堆腔注水冷却系统执行如下功能：

堆腔注水冷却系统主要在严重事故时执行放射性包容的功能。在严重事故过程中，堆腔注水冷却系统向堆腔/压力容器冷却通道注入足够水量进行压力容器外部冷却，对压力容器进行外部冷却时，可以使用能动和非能动的方式使合适流量的水流过压力容器外表面将熔融物、放射性物质滞留在压力容器中。

5.3.3.2　系统基准要求

堆腔注水冷却系统能满足第 2 章总体要求的相关要求和本节的具体要求。

严重事故过程中，堆腔注水冷却系统对压力容器进行外部冷却时，可以使用能动和非能动的方式使合适流量的水流过压力容器外表面，将热量带走。

在发生需要堆腔注水冷却系统运行的事故过程中，堆腔注水冷却系统位于安全壳外的部分构成第三道屏障的一部分，确保安全壳的完整性和包容放射性物质。在发生不需要堆腔注水冷却系统运行的事故和电厂正常运行期间，堆腔注水冷却系统参与安全壳隔离。

堆腔注水冷却系统需要考虑设置对非能动子系统水源（如非能动注水箱内存水）的净化措施，水源中的水或硼水应可净化，可与其他系统共用净化装置。

视情况，在不影响上述功能和系统配置基本不变的前提下，堆腔注水冷却系统也可执行其他功能，例如：维修冷停堆阶段，如果完全丧失冷链或发生 SBO 事故，非能动注水箱通过可用管线向一回路注入含硼水，实现堆芯冷却。

5.3.3.3　系统配置及要求

堆腔注水冷却系统包括非能动堆腔注水箱、堆腔注水泵、多样化水源接口以及相关阀门、管线、控制和仪表，设有非能动子系统和能动子系统。

非能动子系统的非能动堆腔注水箱可布置在安全壳内，与堆腔保持合适的高度差，保证箱内水可按指定流量自流进入堆腔/压力容器冷却通道，实施非能动的堆腔注水冷却功能。能动子系统由泵、控制和测量仪表，以及为调节流量所需的相关设备组成。

堆腔注水冷却系统需要有足够的排热能力和足够的冷却水流量，配套合适的容量的能动系列和非能动系列水源，可实现快速大流量注满堆腔/压力容器冷却通道和长期小流量补水，满足性能和时间要求的同时，避免过大的冗余，以提升电厂的经济性。

在严重事故时，堆腔注水冷却系统可根据需要向堆腔/压力容器冷却通道注入足够水量进行压力容器外部冷却，将熔融碎片、放射性物质滞留在压力容器中。系统启动后，尽快将堆腔注满水，可使用能动或非能动子系统实现。堆腔注满水后，应持续对堆腔压力容器冷却通道补水，以弥补因蒸发而损失的水体积。持续补水的时间应满足严重事故的应对策略要求，补水流量需考虑所用水源的过冷程度。

5.3.3.4　系统运行和维修要求

用于系统运行和监测的仪表应进行严重事故环境条件下的鉴定，以保证其在严重事故工况下的可用性。

非能动堆腔注水箱内水应定期净化，避免水质变差，导致堵塞管道影响冷却效果。可与其他系统共用水质净化装置，无需单独设置水质净化装置。非能动堆腔注水箱应具备监测措施。应设置一个连续在线监测系统，以探测和鉴别箱体泄漏，向水箱初次充水的人工操作应能在一个合理的时间（约 4 小时）内完成，可远距离手动操作。

5.3.4　可燃气体控制系统

5.3.4.1　系统功能要求

电厂设计应提供控制氢产生、释放和燃烧的措施以保证当事故发生和事故后产生氢时所需的事故防范和缓解功能能够实施。可燃气体控制系统应有能力实施下列功能：

（1）在设计基准事故工况下和严重事故工况下将安全壳大气中的氢浓度减少到安全限值以下，从而在设计基准事故下避免氢气燃烧和严重事故工况下避免发生氢气爆炸。

（2）确保维持安全壳结构完整性。

（3）测量安全壳内氢气的浓度。

5.3.4.2　系统基准要求

可燃气体控制措施应满足如下要求：

以事故后安全壳内的氢气风险分析计算为基础，根据氢气产生和积聚的情况，在安全壳内布设一定数量的非能动氢气复合器，用于将安全壳大气中的氢气浓度控制在安全限值以下，防止氢气浓度超过限值引起氢气燃烧甚至安全壳完整性的破坏；

在设计基准事故工况下，将安全壳内氢气浓度控制在 4%以下；在严重事故工况下，将安全壳内氢气浓度控制在 10%以下；

能够监测严重事故工况下安全壳内氢

气的浓度；

为及时了解机组状态并对事故进程做出准确判断，建议设置 DBC 氢气监测作为事故处理的辅助手段。

5.3.4.3　系统配置及要求

非能动氢气复合器由一系列的非能动氢气复合器组成。非能动氢气复合器没有能动部件，自动催化消氢，不需要电源以及其他支持系统。在机组正常运行时，非能动氢气复合器处于备用状态；当安全壳内的氢浓度达到设备的启动阈值时，非能动氢气复合器自动工作，使安全壳内气体混合物中的氢气和氧气在催化剂的催化复合作用下成为水蒸汽，可以有效地将安全壳内的氢浓度控制在安全范围之内。与此同时，非能动氢气复合器启动后的烟囱效应，可以有效的促进安全壳大气的自然对流和搅浑，避免局部氢气浓度过高达到爆炸限值。

非能动氢气复合器由不锈钢壳体和催化剂单元组成。复合器的外部金属壳体引导含氢气体向上流过装置（气体从复合器的底部进入，从顶部排出）。壳体内部有一定数量的涂有催化活性涂层的耐热不锈钢板，垂直插在箱体底部的框架上，在定期检查和试验时可以方便的取出。复合器内部金属板的催化剂涂层具有防水和耐热性，可以保证设备长时间有效。催化剂在各种工况下（包括在不利的严重事故的环境条件下，如释放出堆气溶胶、喷淋系统投入运行和电缆燃烧等工况）的性能都得到保证。

对于设计基准工况下的消氢，设计时需考虑单一故障准则和冗余性要求。

对于严重事故下的消氢，不考虑单一故障准则要求。

氢气监测系统由两个冗余的系列组成，每列由布置在安全壳穹顶和环形空间的氢传感器以及安全壳外的仪控处理柜单元组成。

系统连续在线监测安全壳内的氢气浓度，并且在主控制室和远程停堆站显示。当氢气浓度高过报警值会产生报警。氢气监测系统处理柜将测量的氢气浓度信号、故障信号、设备运行状态指示分别送至主控制室严重事故控制盘和 DCS，在严重事故控制盘和 DCS 上进行显示和报警。操作员可从严重事故控制盘和 DCS 上对系统进行启动和停运操作。

氢气监测系统采用就地氢传感器，通过传感器内的敏感元件或二次仪表，将氢浓度转化成电信号，通过电缆传输到安全壳外。氢气监测系统的运行时间为 24 小时，长期考虑 7 天。

可燃气体控制系统满足反应堆仪表和控制的总要求。

可燃气体控制系统除了供电系统外，无需其他支持系统。

5.3.4.4　系统运行和维修要求

非能动氢气复合器催化板在安装前因经过供货厂家的抽样性能检验，性能满足技术规格书要求，设备安装后需对壳体和支撑进行目视检查。电厂运行后定期对非能动氢气复合器的催化剂进行性能检查，如果试验中发现催化剂的性能下降，必须对催化金属板进行再生，再生的目的是恢复催化板的催化活性。

电厂在役期间需定期对非能动氢气复合器和氢传感器的壳体、支撑进行目视检查。

5.3.5　安全壳过滤排放系统

安全壳过滤排放系统，可根据各个工程实际情况确定是否采用，如采用则满足本节要求。

5.3.5.1 系统功能要求

安全壳是防止放射性产物释放到环境中的最后一道屏障。在发生严重事故后，若安全壳内的压力逐渐升高，最终可能会破坏安全壳的完整性，造成放射性物质的外泄。安全壳过滤排放系统通过主动卸压，使安全壳内的压力不超过其承载限值，从而确保安全壳的完整性。同时通过安装在卸压管线上的过滤装置对排放气体中的放射性物质进行过滤，使不可避免释放到环境中的放射性物质释放维持在尽可能低的水平。

5.3.5.2 系统基准要求

严重事故发生 24 小时后，当安全壳内的压力值高于其设计压力时，可通过手动开启安全壳隔离阀启动本系统。由现场应急指挥中心决定本系统的启动时机。在打开安全壳隔离阀至少 30 分钟之前，应启动放射性活度监测仪（其启动时间需要 30 分钟），在确认其能够正常工作之后，再行开启安全壳隔离阀。

手动开启安全壳隔离阀是在屏蔽墙后执行远距离手动操作。

过滤单元的放射性物质过滤能力应使不可避免释放到环境中的放射性物质维持在合理可行尽可能低的水平。经过滤单元过滤后释放到环境中的放射性水平不应大于《电离辐射防护与辐射源安全基本标准》（GB 18871—2002）所规定的通用优化干预水平，即在整个事故持续期间，半径 5 km 之外公众受到有效剂量低于撤离通用优化干预水平（50 mSv）；10 km 之外的公众收到的有效剂量低于隐蔽通用优化干预水平（10 mSv）；10 km 之外的公众受到的甲状腺当量剂量低于碘防护通用优化干预水平（100 mGy）。

5.3.5.3 系统配置及要求

安全壳内大气通过安全壳过滤排放系统进口管线至两道安全隔离阀，然后经过一套过滤组合装置，再经反冲洗阀、限流孔板和爆破膜排放到烟囱。

过滤组合装置连接有 4 条管线，分别为氮气供给管线、除盐水供给管线、疏水管线和连接到安全壳的废液回流管线。在排放到烟囱前设置一套辐射监测仪进行监测。

安全壳隔离阀是远距离手动隔离阀，其远距离手动操作在屏蔽墙后执行。

过滤组合装置内设置有过滤器，内装有化学药，可以有效的滞留排放气体中的放射性气溶胶和碘。

在过滤组合装置后的出口管线上设置一个限流孔板，限制安全壳过滤排放系统的排放气体流量，使过滤组合装置可以保持最佳的过滤效果。

在限流孔板后设置一个爆破膜，其爆破整定值可以维持安全壳过滤排放系统在备用模式下的充氮保护功能。

5.3.5.4 系统运行和维修要求

（1）系统运行

在电厂正常运行期间，系统处于备用状态。系统仅在严重事故工况下运行，当安全壳压力超过其设计限值时，系统开启对安全壳进行卸压。

通过远传手动开启安全壳隔离阀，系统开始过滤排放安全壳气体。当爆破膜前管线内压力超过其爆破整定值时，爆破膜爆破开启，气体排向大气。

当安全壳压力约为其设计限值的一半时，关闭安全壳隔离阀，中断过滤排放，避免安全壳由于水蒸汽冷凝产生负压。

当发生低低液位报警时，必须中断过滤排放，只有在完成补液操作后才可以继续进行过滤排放。

通过开启废液回流管线上的阀门，将过滤容器内的废液回流到安全壳。

系统需对过滤组合装置的液位和系统压力、系统流量进行监测，并将信号传送到主控。通过限位开关监测安全壳隔离阀位置（开或关）。

（2）维修要求

每个换料周期进行一次预定的维护保养工作。

过滤组合装置中的容器每十年进行一次压力试验。

过滤组合装置内溶液在运行一年后进行化学分析，后续定期试验周期依据分析结果安排。

安全壳隔离阀每个换料周期进行一次功能检查，包含远传机构手动操作和报警传送到主控。

安全壳隔离阀每个换料周期进行一次密封性检查。

反冲洗阀每年进行一次功能检查，包含远传机构手动操作。

废液回流隔离阀每年进行一次功能检查，包含远传机构手动操作。

其他阀门每年进行一次功能检查。

安全阀每五年进行一次检查，维护时间间隔依据国家法规和机组设备规定而确定。

5.3.6　额外冷却系统

5.3.6.1　系统功能要求

（1）概述

核电厂在部分 DEC-A 和 DEC-B 工况下，根据电厂的不同配置情况，可采用机械通风冷却塔及中间回路和终端回路，移出堆芯及安全壳内余热和乏燃料水池的衰变热。本节内容仅针对拟采用多样性冷链导出堆芯余热和乏燃料水池衰变热的系统配置进行相关要求的描述。

（2）系统功能

额外冷却系统用于在部分设计扩展工况（DEC）下，冷却安全壳热量导出系统换热器，移出堆芯及安全壳内余热；冷却乏燃料水池和换料水池冷却和净化处理系统换热器，移出乏燃料水池的衰变热。

5.3.6.2　系统基准要求

额外冷却系统是基于电厂运行工况（部分 DEC-A 和 DEC-B），需要导出的衰变热进行设计。其中，冷却能动型安全壳热量导出系统时对应的最保守工况为 DEC-B 工况；冷却乏燃料水池和换料水池冷却和净化处理系统的最保守工况为机组在完全卸料状态，全堆芯组件卸出到乏燃料水池，此时发生 SBO 或完全丧失热阱。额外冷却系统机械通风冷却塔补给水池的容量可满足系统连续运行 24 小时终端回路需要的补充水量要求，补充水水源可采用饮用水系统或工业水系统，在饮用水系统或工业水系统不可用时，可通过临时移动补水泵等设备抽取其他水源（甚至海水）补充到冷却塔集水池。

额外冷却系统中间回路送往用户侧的冷却水最高温度为 45 ℃。

在电厂全工况下，SBO 将导致乏燃料水池失去冷却，乏池水温将不断上升，因此需及时投运额外冷却系统，冷却乏燃料水池和换料水池冷却和净化处理系统换热器保证乏池温度不超过限值。

5.3.6.3　系统配置及要求

（1）主要设备配置

1）中间循环泵

由电动机直接驱动的卧式离心泵。电动机冷却方式为空气冷却。电动机由 380 V 交流电源供电，且连接应急柴油机、SBO 柴油机和移动电源供电。

2）中间换热器

换热器冷侧流体考虑海水运行工况设计，热侧流体按除盐水设计，换热板应采用耐海水腐蚀材料。

3）中间波动箱

应采用合理的措施维持中间回路的运行压力高于用户介质侧的运行压力，确保换热器破损泄漏时安全壳热量导出系统侧的放射性流体不流入额外冷却系统。

4）终端循环泵

由电动机直接驱动的卧式离心泵。电动机冷却方式为空气冷却。电动机为380 V电源供电，且连接应急柴油机、SBO 柴油机和移动电源供电。

5）终端过滤器

额外冷却系统终端回路取水口设置滤网，用于水质的粗过滤；换热器冷侧入口设置能动过滤器，对水质进行细过滤。过滤装置的主体材料均采用耐海水腐蚀材料。

6）冷却塔

应采用抗震机械设计通风冷却塔，热负荷按用户最大可能的导出热量设计。补给水池储水量满足额外冷却系统连续运行24 小时的使用要求。

（2）仪表和控制

额外冷却系统的投运和退出全部通过操作员手动实现，为了从控制室可以监控回路的状态，终端回路主要阀门设置阀位监测开关。

额外冷却系统中间回路设置承压波动箱，保持中间回路水装量以及压力的稳定。波动箱内充有压缩空气确保系统内的压力大于安全壳热量导出系统的运行压力，箱内的压力随水位变化而变化。

（3）接口

为额外冷却系统提供必要的支持和连接的系统主要有：交流配电系统为系统用电设备提供电源，由应急柴油发电机或SBO 柴油机供电；完全丧失交流电源工况下由移动电源以提供临时动力；仪控系统为系统监测、控制提供保障；系统在备用状态或排空后重新充满时由核岛除盐水分配系统充满中间冷却回路；终端回路运行中损耗的水量可由饮用水系统或工业水系统提供补给，在饮用水系统或工业水系统不可用时可通过临时移动补水泵等设备抽取其他水源（甚至海水）提供补给；系统排水到核岛排气和疏水系统及污废水收集系统。用户系统主要是安全壳热量导出系统和反应堆换料水池和乏燃料水池冷却和处理系统。

5.3.6.4 系统运行和维修要求

电厂正常运行工况，额外冷却系统不投入运行，处于备用状态。同时补给水池保持在正常水位。在电厂 DBC-2~4 事故工况下，额外冷却系统同样处于备用状态。

在机组正常运行期间，可对额外冷却系统的主要设备（泵、换热器、过滤器、阀门等）进行预防性维修。

第 6 章　核辅助系统

6.1　一般要求

6.1.1　系统要求

水或海水正常流速应该在一定范围内，正常运行工况下冷却用未经处理的水（以下简称“生水”）流速不应超过 3.65 m/s，不低于 2.45 m/s。如果生水系统直接使用碳钢管道，则流速应低于 2.45 m/s。

含水管道所有的高点必须设置排气，所有的低点必须设置疏水。管道布置应使局部高点和低点的数量尽量少。系统和布置设计应保证管道的各个部分均能疏水和/或排气，排气应易于操作。自动排气装置不应用于生水系统，可用于净化后的水系统，使用时必须设置直径足够大排气管道和隔离排气管路的阀门。

管道在全流量运行时如有不能冲洗到的死角，必须采取措施使之可被冲洗到。

系统设计应考虑安全相关的泵和阀门在役试验的措施，试验用的管路应在系统图中画出。

6.1.2　设备要求

所选阀门应适应本系统介质环境（化学性质、温度、压力），能执行其功能且可靠运行。阀门的适应能力应可证明，证明方式应包括试验验证。

系统的设计应使调节阀的数量最少。设计人员在设计时应执行阀门在役检查和试验的规定。应指明在每次计划停堆期间必须检验和维修的阀门。

在手动操作不可行或安全功能有需要的阀门位置应设置远程电动驱动装置。布置设计应确定每个远程驱动阀门的功能并证明远距离操作的要求是合适的。大口径阀门（大于 DN600）应设置动力辅助操作装置。

所有就地操作和远程操作的阀门应设置在无阻碍、可充分接近的位置，以便可以就地操作和拆卸修理。

过滤器附近必须留有足够的空间，以便取出过滤器芯进行清洗和对过滤器进行维修。

设置孔板时，应控制其尺寸，以防止在正常运行条件下产生汽蚀现象。可视情况选用双孔板或多级孔板。所有的孔板应有标记，指明规格和流动方向。

6.1.3　分析要求

设计人员应对系统的设计基准进行分析，依据厂址特点在参考电厂的设计基础上作适应性调整，应考虑成本/性能评价。考虑在各种工况下比如功率运行、停堆、非满功率运行以及事故工况，不同工况下系统的流量的变化关系，优化设计。

应对系统做详细的流体力学分析，分析时应使用最新的管道和部件信息，并考虑部件可预期的变化（管道表面变粗糙和结垢、泵退化）情况。选用边界条件时需考虑各种运行工况（包括功率运行、部分功率运行、停堆），最终的流体力学分析报告应包括正常、最大、最小流量情况的结果。

必须对所有的系统进行详细的性能分析，以保证在所有相关厂址参数的包络条件下能满足全部设计基准要求和正常运行的要求。

分析时使用的商业软件应经过认证。

6.2 乏燃料水池和换料水池冷却和净化处理系统

6.2.1 系统功能要求

（1）系统主要功能

1）将乏燃料水池的水温保持在规定的温度限值以下；

2）维持乏燃料水池、换料水池以及安全壳内置换料水箱的水质处于化学、放射性和清洁度的规定限值之内；

3）对乏燃料水池补水；

4）换料水池的充排水。

（2）冷却功能要求

乏燃料的热量导出是安全功能，若采用燃料水池冷却和净化系统保证事故工况下的乏燃料水池的冷却，则该系统需规定为安全相关级，并应符合以下要求：

1）在正常功率运行工况和正常换料大修工况下，系统应维持乏燃料水池水温度保持在 50 ℃以下；

2）在电厂异常工况最大热负荷或冷却回路故障导致只剩一列冷却回路运行时，系统应保持乏燃料水池温度在 80 ℃以下。

（3）净化功能要求

1）系统应为乏燃料水池和安全壳内置换料水箱提供净化功能，排除微粒（包括腐蚀产物）、已溶化和末溶化的裂变产物以及水池中水表面的污物。水化学应符合相关要求；

2）净化功能设计应能满足所服务对象水质洁净度的要求；

3）净化装置容量需满足运行及维修要求。

（4）补水及充排水功能要求

1）系统应维持乏燃料水池水位在规定的限值之内。最低水位应由设计人员基于对乏燃料的辐射防护以及在常规工况下的蒸发损失计算给出。对超过最高运行水位应提供溢流保护。正常补水及充排水应提供主控制室中的手动控制，事故工况下乏池补水可采取现场手动操作主控制室；

2）换料之前，系统应用含硼水（在规定限值之内）充满整个水池系统（包括换料池），并且在换料操作完成后，将乏燃料贮存水池以外所有区域的水排净，部分水池（例如装载井）可用于暂存含硼水。

6.2.2 系统基准要求

（1）热负荷

系统设计需考虑以下热负荷：

1）正常功率运行工况最大热负荷为正常功率运行工况下，乏燃料水池中累积的最大贮存容量（预留一个完整堆芯燃料贮存位置）乏燃料产生的衰变热；

2）正常换料大修工况最大热负荷为正常功率运行工况最大热负荷加上一个完整堆芯在大修堆芯卸料完成时刻的衰变热；

3）电厂异常工况最大热负荷由安全分析考虑的异常工况来确定。

（2）温度限值

1）正常功率运行工况和正常换料大修工况下，维持乏燃料水池的温度低于 50 ℃；

2）在冷却回路故障导致只剩一列冷却回路运行时，系统应保持乏燃料水池温度在 80 ℃以下。

6.2.3 系统配置及要求

（1）乏燃料水池冷却

1）冷却功能是安全相关的，每一个

安全系列（即：泵、热交换器、阀门、仪表和控制器）应提供可隔离的电源和冷却水，并且应满足有关安全隔离要求；

2）采用多列设备序列执行冷却功能，冷却列的数量应能满足系统冗余性要求和单一故障准则要求；

3）系统设计应包括每个冗余系列能各自独立隔离的功能；

4）系统应设计成能通过远程操作将系统中安全相关的冷却部分与非安全部分实施隔离；

5）系统管线的进、出口位置应合理布置，以确保乏燃料池水的充分混合；

6）用于系统排热的冷却水量及温度需满足乏燃料水池和换料水池冷却系统所需的水量及温度要求。热交换器内设备冷却水侧的压力应高于乏燃料水池水侧的压力。

（2）水的净化

1）水净化装置设计要求应与化学和容积控制系统的除盐装置的要求相同；

2）应提供日常维修操作的自动化，例如，过滤器的填装以及卸除；

3）乏燃料水池以及换料水池可根据需要设置撇沫装置，搬沫装置宜与净化单元相连接，经净化后返回到水池。乏燃料水池以及换料水池应设置溢流管接受水池的适当溢流；

4）应提供措施，使安全壳内置换料水箱的水通过所要求的净化单元进行循环，以保持水的规定质量。

（3）补水和充排水

1）对乏燃料水池的常规补水应来自符合规定水化学要求的水源，不需要设计成抗震 I 类和安全级；

2）应提供一个乏燃料水池补水的备用方法，安全级补充水应满足相应的安全要求；

3）换料水池的充水管线（取自安全壳内置换料水箱）应与净化单元相连接并且可以返回水源；

4）乏燃料水池不得存在能使水位降到乏燃料上部最低水位以下的排水管线；

5）应为换料水池和燃料传输通道的排水制订措施；

6）系统的管道设计中应含防虹吸的措施，以防止乏燃料水池由于系统中低于水池正常液位下方的管道或设备排水而导致意外疏水，保证能满足水位要求。

（4）电源

电厂正常运行期间，电力可取用常备厂用电源。

乏燃料水池的不同的冷却列应由不同的电气分区供电，并可在设计基准事故的失电工况下由相应安全列的应急柴油发电机保证供电。

为提高可用性，系统中设有多台净化泵时宜由不同的电气分区供电。

安全壳隔离阀均需由应急柴油发电机和蓄电池供电。

水池取水管线上执行水池安全隔离功能的电动阀门需由应急柴油发电机供电。

（5）仪表和控制

测量仪表应包括：

1）在主控制室内，换料水池和乏燃料水池水位指示，以及低和高水位的报警；

2）在主控制室内，乏燃料水池温度指示，以及高温报警；

3）系统压力指示器，用来监测泵运行状态以及严重的压力下降；

4）监测和评定系统、设备的性能的测量数值，以及用于确定操作员行动所需的流量、温度和其他测量数值。

控制应包括以下项目：

有关正常运行设备或过程异常采取纠正行动所要求的泵和阀门的主控制室远距离控制。

6.2.4 系统运行和维修要求

(1) 系统运行要求

从第一根乏燃料组件卸入燃料水池开始，只要乏燃料水池中贮存有乏燃料组件，乏燃料水池和换料水池冷却和净化处理系统就需要为乏燃料水池提供连续冷却；正常贮存工况下，系统仅需投运一列，可满足温度限值要求。换料工况下，可投运两列来满足温度限值要求。

在事故工况下，考虑单一故障准则条件下，需保证一列冷却回路投运来满足乏燃料水池温度限值要求。

系统通过净化单元对乏燃料水池中的腐蚀产物和离子态放射性同位素进行过滤和除盐，对换料水池（仅换料期间）中的悬浮颗粒进行过滤，以保证水池的透明度要求，维持水面上方在规定的剂量限值（按照水池所在控制区类别，通常为绿区）以下。

核岛除盐水分配系统和硼和水补给系统通过乏燃料水池和换料水池冷却和净化处理系统管网提供乏燃料水池的初次充水和后续补水。系统在换料大修期间为换料水池提供充排水功能。净化单元可净化安全壳内置换料水箱（IRWST）。

(2) 维修要求

乏燃料水池冷却回路自身的维修通常在功率运行期间，最好在循环末期。每次仅对一列进行维修，在此期间，使用另一列进行冷却。

除了反应堆厂房内的设备，净化和水传输回路可在机组功率运行期间进行维修。

换料停堆工况，反应堆水池排空后，可进行反应堆水池净化回路安全壳内部分和反应堆水池撇沫泵的维修。

除了燃料转运期间，乏燃料水池撇沫系统的维修可在机组功率运行时进行。

6.3 设备冷却水系统

6.3.1 系统功能要求

设备冷却水系统是一个闭式循环水系统，与重要厂用水系统配合运行，将热负荷传递至最终热阱——大海，主要执行如下功能：

(1) 导出衰变热和显热，相关功能有：余热排出，当需要使电厂进入冷停堆状态时，导出堆芯衰变热和一回路的显热，以及冷停堆工况下导出堆芯的衰变热；失水事故后安全壳排热；冷却乏燃料水池；导出内置换料水箱的热量；

(2) 将核岛设备和构筑物的热量导出，包括安全相关的热负荷（如安全相关的冷冻机组和其他安全相关的设备）和非安全相关的热负荷（非安全相关的冷冻机组、反应堆非安全相关辅助系统的设备）；

(3) 起到屏障作用，防止放射性物质从反应堆冷却剂系统泄漏到热阱，防止生水泄漏进入安全壳和反应堆系统。

6.3.2 系统基准要求

设备冷却水系统应能满足第 2 章总体要求的相关要求和本节的具体要求。

余热排出功能是设备冷却水系统必须具备的导出余热（衰变热和显热）能力，以确保正常停堆和安全冷停堆，并在换料和维修停运期间能保持反应堆处于停堆状态。

正常冷停堆过程中，蒸发器带热阶段后的冷却功能由余热排出系统来配合设备冷却水系统及重要厂用水系统来实现，应由操作员手动启停。

失水事故后的安全壳排热功能由相关的安全壳系统配合核岛设备冷却水系统及重要厂用水系统来实现。设备冷却水系统需在设计基准事故下导出堆芯衰变热和安全壳的热量。

冷却乏燃料水池的功能由重要厂用水系统和乏燃料水池和换料水池冷却和净化处理系统配合设备冷却水系统实现。在电厂功率运行和换料、维修等期间将燃料的衰变热从乏燃料水池和换料水池冷却和净化处理系统换热器中移出。该功能一般由操作员手动启动或关闭；在安全信号发出时，自动隔离流向乏燃料水池和换料水池冷却和净化处理系统换热器的冷却水，恢复时可由操作员手动操作；如设备冷却水系统设计容量足够应对事故需求，可不执行此处的自动隔离。

设备冷却水系统具有冷却内置换料水箱的功能，向执行该冷却功能的换热器提供冷水，导出内置换料水箱的热量。

电厂正常运行期间，发生设计基准事故叠加丧失厂外电的事故时，本系统应具备将热量从安全相关设备或系统中带走的能力，安全相关热负荷包括安全相关的用户泵、电机、冷冻机组等用户。

电厂正常运行期间，设备冷却水系统对非安全相关的核辅助系统设备提供冷却水。专设安全系统发出信号后，这些非安全相关的热负荷会被自动隔离，仅有热负荷很小且在紧急情况下有需要的热负荷可保留。

设计人员负责确认各用户系统的要求，依照系统要求设计自动或操作员动作来启动和终止冷却功能。自动执行或者终止的装置应减至最少。

除设备冷却水/重要厂用水换热器外，核岛所有设备不得直接使用重要厂用水系统冷却。

设备冷却水系统的容量需有足够的排热能力和冷却水流量，在所有运行模式下满足性能和冷却时效的要求。各工况下的冷却流量的分配和调整时机由设计人员确定。

如因单一故障妨碍了单个或多个非安全相关物项的隔离，对安全相关设备的冷却流量不降低。

6.3.3　系统配置及要求

设备冷却水系统主要由泵、换热器、波动箱、管道、阀门以及有关的控制和测量仪表所组成。

设备冷却水系统的安全系列设计应满足单一故障准则。

为保障冷却安全相关用户的热负荷，本系统至少设置两个安全列，这两个安全列均配置有两台泵、两个设备冷却水/重要厂用水换热器（本节以下对该设备简称“换热器”）、控制和测量仪表，以及为调节流量所需的相关设备。非安全相关用户的热负荷可由安全列提供设备冷却水，但需具有与安全列相隔离的措施。

泵吸入口连接一个高位布置的波动箱。波动箱可为每个系列提供补水，使管道系统保持充满水的状态；有助于保持合适的净正吸入压头；也可承受热膨胀、收缩和水锤，减少系统压力变化。波动箱应设有补水口和排气口，波动箱的补水应为净化后的水。确定波动箱容量时应考虑热膨胀或收缩所导致的最大和最小的容积波动、容纳系统的泄漏。

向系统初次充水的人工操作应能在一个合理的时间（4 小时以内）内完成，可远距离手动操作。正常运行时应自动补水，并能补偿安全阀的最大卡开的情况。应合理设置液位报警以防止设备损坏，并为运行人员提供足够的操作时间。常规补水可以由非安全级水源提供，如果常规补水源不是安全级，那么必须提供安全级的补水源作为备用，此备用水源应有与常规补水源相同的容量。

为抑制对管道、设备及仪表的腐蚀，本系统应进行水质控制，比如添加化学缓蚀剂。

设备布置时各安全列间设备实体隔离，预留设备检修空间，换热器周围应采取措施，使厂用水不会流到地面排水的沟道，避免去往放射性废水处理系统。应为泵配置必要的装置，比如流量孔板和波动箱，使泵在各种工况下保持流量稳定和足够的汽蚀余量。

如果厂用水恒流量运行，闭式冷却环路的水温可由换热器旁路的控制阀来调节。旁通阀故障后不应导致该列失去应提供的冷却能力。

离心泵可选择卧式或立式泵，重点考虑汽蚀余量和可维修性。泵必须装配机械轴密封，密封应可快速更换。泵启动前，泵机械密封和电机轴承供应的冷却水（如需）必须可用，可从泵出口引出冷却水用于上述部位的冷却，然后接到泵入口，如此循环使用可减少冷却水的损失。泵必须能在最大流量下运行，不会因此导致泵或系统的不稳定性。

6.3.4 系统运行和维修要求

电厂正常运行时，非安全相关热负荷的冷却水一般正常开启，专设安全系统信号触发后，非安全相关热负荷的冷却水被自动隔离，也可以在控制室远距离操作。安全级系统和非安全级系统之间有明显泄漏时，也应隔离。

运行的泵及换热器组合需要提供各工况的冷却水流量及热负荷。

本系统应对泵出口压力、流量监测和报警；对所有换热器的温度和压力监测，监测仪表能在不中断系统运行的情况下校准。

本系统还应设置必要的监测措施，如泄漏监测、水质监测、放射性在线监测系统和定期取样检测。波动箱水位监测应可对设备冷却水系统的泄漏（漏入和漏出）起到监测和报警作用。放射性在线监测可以探测和鉴别有放射性的系统介质泄漏进入本系统，在污染的水和厂用水系统间提供一个屏障。设冷水系统的放射性水平高时应在控制室内发出报警。定期取样可作为检测放射性物质泄漏进入设备冷却水系统的一种方法。

为保证设备冷却水系统满足相关要求并为其他系统提供支持，需要必要的支持和连接系统，如：交流和直流配电系统为系统用电设备提供电源；仪控系统为系统监测、控制提供保障；提供设备冷却水给用户系统如余热排出系统、安全壳喷淋系统、安全注入系统、乏燃料水池和换料水池冷却和净化处理系统、核取样系统、安全冷冻水系统、反应堆冷却剂系统、化学和容积控制系统、硼回收系统、放射性废物处理系统等。

本系统换热器外形尺寸大，为便于维修，其附近应设置足够大的地面面积以及无障碍的空间，以保证可抽出换热管或者换热片，如检修换热板片，宜设置专用的板片移动、清洗设备和存放空间。

6.4 重要厂用水系统

6.4.1 系统功能要求

（1）概述

重要厂用水系统通过冷却设备冷却水系统的设冷水换热器，把冷却设备冷却水系统收集的热负荷输送至最终热阱—大海。

对于采用循环冷却方式的核电厂，最终热阱是大气。

（2）系统功能

正常运行和事故工况下把从安全有关构筑物、系统和部件传来的热量输送到最终热阱。设备冷却水系统从各种系统或通过各种系统收集这些构筑物、系统和部件的热负荷，如安全系统及其支持系统等。

重要厂用水系统通过冷却设冷水换热器，保证了主泵热屏的冷却，间接的保证了主回路系统的完整性。同时，在事故工况下重要厂用水系统可用时，通过冷却设冷水换热器，排出安全壳热量导出系统的热负荷，也间接地保证了第三道屏障（安全壳）的完整性。

6.4.2 系统基准要求

6.4.2.1 性能要求

（1）排出主回路余热：在电厂冷停堆工况（DBC-1）和事故工况（DBC-2 至 DBC-4，或某些 DEC-A）期间，为安全注入泵、余热排出泵和余热排出换热器提供合适温度和所需流量的冷却水，移出一回路余热；

（2）排出燃料水池余热：在电厂正常运行工况和事故工况（DBC-1 至 DBC-4）期间，重要厂用水系统通过冷却设冷水换热器间接冷却乏燃料水池和换料水池的冷却和净化处理系统热交换器；在某些 DEC 工况下，如果重要厂用水系统可用，重要厂用水系统仍可以通过冷却设冷水换热器为乏燃料水池和换料水池的冷却和净化处理系统提供间接冷却；

（3）排出安全级冷冻水系统的余热（DBC-2 至 DBC-4）；

（4）在 DBC-4 及 DEC-A 工况（重要厂用水系统若可用）下，重要厂用水系统通过冷却设冷水换热器间接冷却安全壳热量导出系统换热器。

6.4.2.2 系统设计

（1）原则

重要厂用水系统设计成有两个或多个系列的系统，每个系列为：

1）直流式的海水回路；

2）与安全有关的系统；

3）每个回路的设计要保证可以冷却设冷水热交换器。

（2）直流式海水回路的设计

1）海水水位在设计最低水位和设计最高水位之间波动。设计高水位和低水位分别采用设计基准洪水位（考虑风浪影响）和设计基准低水位；

2）设计基准水温采用每年最高第 7 个日平均水温的历年平均值，并考虑温排水对取水水温的影响；

3）重要厂用水系统是从位于联合泵房的循环水过滤系统滤网过滤后取水。排水则是通过核岛厂房外的重要厂用水排水管道，由排水管道汇流至虹吸井，最终排入大海；

4）辐射防护，不要求；

5）防腐，系统采用耐海水腐蚀的材料，并采取相应的防腐措施。

6.4.2.3 安全准则

（1）设备冗余及单一故障准则的应用

1）重要厂用水系统设计满足单一故障准则；

2）重要厂用水系统分成 A 系列、B 系列等并联系列，满足冗余度要求、实体隔离要求以及应急供电要求（从相应的应急柴油发电机组供电）等。

（2）灾害防护

重要厂用水系统设计考虑的内部灾害主要包括：内部水淹、火灾、内部爆炸、内部飞射物、重物跌落和丧失电源。

重要水系统设计考虑应对的外部灾害包括：管道甩击、外部飞射物、飞机撞击、极限安全地震震动（SL-2）、外部水淹、干旱、爆炸（厂区内）、火灾、龙卷风、极端低水位、生物入侵和生物污染。

重要厂用水系统的设计能够实现：

1）对主要部件进行定期检查；

2）定期功能试验，以确保其设备的完整性，并在尽可能接近设计的条件下，检查系统能动部件的可使用性和要求的功能特性；

3）超压保护，在重要厂用水泵出水管以后的所有设备要求能承受由于瞬态而引起的超压。

（3）生物防护

1）在泵房进水渠道和重要厂用水系统取水口前投加 NaClO 溶液，抑制海水中的贝类、水母等有机物；

2）在重要厂用水泵之后的出水管上，进入设冷水热交换器之前设置贝类捕集器，防止贝类、水母等海生物滋生对热交换器的危害。

6.4.3 系统配置及要求

6.4.3.1 系统配置

每个经常连续运行的系列的配置宜相同，每个系列包含下列部分：

（1）一条重要厂用水系统专用取水管道；

（2）两台海水循环泵，将海水输送到设冷水热交换器；

（3）一条供水母管；

（4）两台贝类捕集器；

（5）两台控制阀门；

（6）一条排水母管。

6.4.3.2 部件描述

（1）重要厂用水泵

为离心泵。泵电机由 10 kV 配电盘供电并后备应急柴油机应急供电。

（2）贝类捕集器

为了防止海水中的水生物影响，在每台设冷水热交换器前都装了一台贝类捕集器。

与贝类捕集器反冲洗功能相关的用电设备，由此安全列相对应系列的安全电源供电，并后备应急柴油机。

（3）控制阀门

为了实现在同一列中的设冷水换热器跟随设备冷却水系统需求完成切换，在 A/B 列的每台换热器前各设置一台控制阀门，通过阀门开闭，完成对应列换热器的切换。采用电动阀的配置相应列的应急柴油机电源。

6.4.3.3 材料选择和构造

（1）重要厂用水泵采用双相不锈钢材料的泵壳和叶轮；

（2）联合泵房内管材为钢衬胶管道和带阴极保护并具有防腐涂层的钢管；

（3）重要厂用水廊道内管材为带阴极保护并具有防腐涂层的钢管；

（4）核岛厂房内管材为钢衬胶管道和带阴极保护并具有防腐涂层的钢管。

6.4.3.4 仪表和控制

（1）重要厂用水泵

重要厂用水泵的控制由主控制室和远程停堆站进行控制。在主控制室和远程停堆站设有手动启停按钮。这两个手动按钮不能同时操作，由位于远程停堆站的隔离开关进行选择。

在出水管上的压力仪表可以在本系列运行泵发生故障时启动另一台泵。

（2）贝类捕集器

对贝类捕集器的控制是指对设备上驱动装置和冲洗阀的控制。正常工作状态下，由定时电路控制冲洗阀动作，同时，由测量前后压差的压力仪表靠设定的前后压差值优先控制贝类捕集器的冲洗程序启动。贝类捕集器可以在主控制室手动启动其冲洗程序，并将压差报警信号发至主控制室。

6.4.3.5　接口

为重要厂用水系统提供必要的支持和连接的系统主要有：交流和直流配电系统为系统用电设备提供电源，丧失厂外电源时由应急柴油发电机系统供电；仪控系统为系统监测、控制提供保障；循环水过滤系统为重要厂用水系统提供前置过滤，防止海生物及大型异物进入系统；循环水处理系统向重要厂用水系统加氯以应对海生物生长；生产水系统向重要厂用水泵提供轴封用水；公用压缩空气分配系统为重要厂用水系统设备提供检修用气；系统排水到电厂污水系统；以及重要厂用水泵房及供水廊道内的通风系统和消防系统等。用户系统主要是设备冷却水系统。

6.4.4　系统运行和维修要求

（1）系统运行要求

1）重要厂用水系统由主控制室进行控制。重要厂用水泵可以从远程停堆站进行操作；

2）在机组正常运行工况下，一个系列中以一台泵执行其功能，另一台泵处于备用状态；

3）重要厂用水系统和设备冷却水系统的系列是对应运行的，其中一个系统中系列的切换会导致另一个系统相应系列的切换；

4）当一台重要厂用水泵故障时，会自动切换至同系列的另一台泵；

5）重要厂用水泵和贝类捕集器的应急电源都由应急柴油发电机供电。当失去厂内电源时，每个系列的重要厂用水泵和贝类捕集器由相应系列的应急柴油发电机组应急供电；

6）每个经常连续运行的系列有两台100%容量的重要厂用水泵，它可以在系列或机组不停运的情况下维修其中的一台泵。

（2）系统维修要求

重要厂用水系统在电厂正常运行期间，必须保证供给设冷水换热器足够的冷却水流量，满足机组的安全运行，因此重要厂用水系统设计允许在运行期间和停堆期间对执行安全功能的停运设备进行维修。

其他设备的设计和布置，便于在电厂换料停堆期间进行维修。

6.5　蒸汽发生器排污系统

6.5.1　系统功能要求

蒸汽发生器排污系统应完成下列功能：

（1）保证蒸汽发生器的二次侧能够连续排污。蒸汽发生器能够利用其排污水进行热量回收、净化以及再利用。蒸汽发生器排污流量应满足在一定时间内，将蒸汽发生器水质由冷态保养到热备用水的化学转换要求；

（2）在去氧、pH控制工况下，完全满足蒸汽发生器的湿保养要求；

（3）在发生小、中破口失水事故或严重事故情况下，系统执行安全壳隔离功能，包容放射性物质；

（4）在发生蒸汽发生器传热破裂事故（SGTR）后，通过该系统的事故排放管线将破损蒸汽发生器内漏液排出，以防止破损蒸汽发生器发生满溢。

6.5.2 系统基准要求

在升温和热备用期间，宜保持一定的排污率。如仅用反应堆冷却剂泵达到电厂的适当升温速率，则在电厂加热的有限时间内，较低的排污率是可以接受的。

对蒸汽发生器以一定流量排污，最大连续排污流量可为1%的额定蒸汽流量，使蒸汽发生器二次侧的水化学条件满足二回路水化学要求。

6.5.3 系统配置及要求

蒸汽发生器排污系统包括换热器、除盐器、过滤器及排污调节阀等。该系统边界还包括部件支承、凝结水抽取系统的接口以及蒸汽发生器排污系统仪表和控制部件。

蒸汽发生器排污系统的布置应满足切实可行的施工和维修要求以及特定要求。由于机组运行过程中蒸汽发生器传热管可能存在微小泄漏，系统过滤器和除盐器中会积聚一定量的腐蚀产物，从而会累积一定量的放射性剂量，因此该类设备在布置上应考虑辐射屏蔽措施，以减少对操作人员的辐照剂量。

蒸汽发生器的几何结构和排水位置，应当确保其一次侧和二次侧在蒸汽发生器处于静水压头下冷态保养时，在一定时间内完全排空。

调节蒸汽发生器排污流量的阀门不应当用作隔离。对系统隔离和流量调节应提供各自独立的阀门。蒸汽发生器排污调节阀的阀体和堆焊材料应能适应节流/闪蒸的工作条件，并具有好的抗汽蚀和浸蚀能力。调节蒸汽发生器排污的阀门宜在最大蒸发流速的0.15%到1%之间进行调整。

位于降压装置下游的低压部分应设置超压保护措施。超压保护措施包括超压联锁保护和泄压阀。

为保证蒸汽发生器排污系统满足相关要求并为其他系统提供支持，需要必要的支持和连接系统，如：交流和直流配电系统为系统用电设备提供电源；仪控系统为系统监测、控制提供保障；在电厂正常运行期间，通过对反应堆冷却剂系统蒸汽发生器二次侧进行排污以维持二回路水化学条件；凝结水抽取系统为再生式热交换器提供冷却水；核取样系统通过对蒸汽发生器二次侧排污水进行取样，以监测蒸汽发生器二次侧的水化学条件；核岛排气和疏水系统接收蒸汽发生器排污系统工艺管线和设备的疏水和排气；固体废物处理系统用于接收除盐器的废树脂；在冷停堆阶段蒸汽发生器湿保养期间，氮气分配系统通过蒸汽发生器排污接管向蒸汽发生器注入氮气，以混匀二次侧水化学试剂。经处理后的排污水水化学条件不达标或凝汽器运行异常时，常规岛废液排放系统用于接收蒸汽发生器排污系统的排污水。

6.5.4 系统运行和维修要求

在每一个排污管道上应设置流量测量装置。应当提供检查、清洗和校验的措施。

系统的设计应便于维修，包括在役检查。

6.6 核取样系统

6.6.1 系统功能要求

核取样系统可以通过手动或自动收集有代表性的液体和气体样品供化学分析和放射化学分析，可在线监测有代表性工艺流体参数，事故后，可提供安全壳内具有代表性的样品以供分析。

6.6.2 系统基准要求

核取样系统提供符合所有核安全管理

要求和运行需要的取样，提供一次侧系统和二次侧系统连续和间断取样，取样频率与所要求的监测相匹配。

核取样系统为在线监测仪表提供一个恒定且连续的样品流量，并将样品压力减小到适应在线监测分析仪表和采集不溶性气体分析样品的压力，将送至在线监测分析仪表的样品冷却至35 ℃及以下，根据需要，控制在一个恒定的温度。

除分析溶解气体外，手动取样须处于大气压条件下，对液体系统手动取样测量pH和电导率时，需设置一个取样槽，以使样品经取样槽连续排放至便携式测量设备。加压取样（即为分析溶解气体或气体取样）需要专用的取样瓶以便取得样品。所有的取样点都应能进行手动取样，以验证或确认系统的运行情况。便携测量设备仅用于校验在线仪表，不用于连续样品监测。

对容器的取样，应配以相应设施，以便在容器内介质的再循环回路上取样，避免在底部或潜在的沉积阱取样。对工艺流的取样，取样点必须在湍流区。由于样品未混合，应避免在静止区域取样。

对不同放射性浓度的样品进行隔离，以防止相互污染。有放射性和潜在放射性的样品应当与非放射性样品分离开来。对于分析后的样品，应尽量回收至被取样的系统。添加了化学物质（如，钠和二氧化硅分析器）的分析器排放样品，化学污染、放射性污染样品应排放。

取样流量应保证取样管线流体是湍流。取样流量的大小应该根据取样管子的尺寸、流体温度和取样站的位置而确定，以保证满足湍流要求。对连续取样，应保持恒定流量。

核取样系统设计时，应考虑正常和事故后的功能，事故后，可对安全壳大气，地坑水进行取样分析，能对液体和气体样品进行稀释，以便进行放射性分析，稀释应当在取样站或实验室完成，并尽可能使用较简单的设备和操作，以降低对人员的放射性辐照。事故后的取样和稀释应远程操作完成，所有用于取样的远程操作阀门，应有可靠的电源，并在安全壳隔离后，在无需消除其他安全壳隔离信号的情形下，就可重新打开该取样阀。对在事故期间不可达的阀门和执行机构，为确保在事故工况下的可操作性，应进行环境鉴定。对在正常取样期间未执行的功能，应有试验能力，以确保定期试验的可操作性。

6.6.3 系统配置及要求

核取样系统主要包括取样冷却器、监测仪表、管道、阀门、罐体、手套箱、通风柜等设备。

正常工况下，来自不同位置的样品被输送到一个或多个集中取样架，样品根据需要进行冷却和降压，在冷却器下游放置取样容器以便对含有不溶性气体的样品进行收集。此外，在事故工况下，系统应能将安全壳大气样品和安全壳地坑液体样品输送至可达地方，以便收集样品。

系统应设计成在不进入安全壳或高放射性区域的情况下就可以完成取样。气体样品的取样管线应当连续向上倾斜直到取样站，应当避免在管线中出现沉积的位置，避免在气体取样点收集到可能使样品污染的液体。取样探头及其与管道的连接应确保管道内取样探头的结构保持完整，取样管嘴下游的取样管线上应当安装隔离阀，隔离阀靠近取样点，以便需要时隔离取样点。尽可能将含放射性的取样设备，比如取样冷却器、隔离阀、排放管线等安装在辐射屏蔽墙内，以减少工作人员的辐射照射。对于含放射性的系统，如可行，应安装冲洗监测探头用的接口，监测探头的拆卸和更换应尽可能简单。

取样站应尽量相对集中，尽量布置在公用厂房区域，尽可能减少取样管线长度，尽可能减少取样人员的取样时间，区域放射性尽可能低，液体取样管尽可能向取样站连续向下倾斜，与化学实验室距离近，人员可达。

放射性样品的取样点应布置在通风的手套箱内。手套箱应能限制任何放射性样品的泄漏或溅出。该柜须设置一个污水槽，以收集泄漏并排放到高电导率的废液箱或设备排水系统，以便通过放射性废液系统进行处理。低放射性取样或试验用的取样，则可不配置手套箱。

应提供措施使连续样品通过在线仪表并且使取样管线和取样容器在收集样品之前得到清洗。清洗样品应优先返回至原系统循环利用，若不允许，则排放至废液收集系统。

核取样系统的设备材料除满足通用要求外，还需确保不会由于钴或腐蚀产物的释放而污染样品。取样冷却器的盘管（或传热管）由对样品和冷却水耐腐蚀的材料制成，冷却器盘管尽量连续无缝隙，以减少污染或稀释。反应堆冷却剂取样管道须足够长，使^{16}N在手动取样前得以充分衰变。另外，安全壳隔离阀的设置应保证在失去电源或失去控制信号时确保其安全。

为保证核取样系统满足相关要求并为其他系统提供支持，需要必要的支持和连接系统，如：交流和直流配电系统为系统用电设备提供支持；仪控系统为系统监测、控制提供保障；仪表空气和厂用空气系统为仪表和控制装置压力调节提供压缩空气；核岛除盐水分配系统提供除盐水，用于样品稀释和冲洗；氮气分配系统提供氮气，用于吹扫；设备冷却水系统用于冷却高温取样冷却器中的样品；冷冻水系统用于冷却低温取样冷却器中的样品；电厂辐射监测系统用于监测一回路冷却剂和蒸汽发生器排污水的放射性。

6.6.4 系统运行和维修要求

核取样系统应以手动或远程手动操作方式间歇性为实验室分析采集样品，并为在线监测仪表提供连续流。应在冷却器下游设置取样流的温度指示，在取样管线上设置流量指示。根据取样进口温度、连续参数监测和需要快速纠正动作的可能瞬态，按情况提供报警。

对反应堆冷却剂系统硼浓度和放射性水平至少提供一个在线监测通道。在主控制室提供这些参数的连续指示和记录。还要在这些被监测流中提供取样点，以便进行校核并为在线监测提供支持。关于这些监测仪表的取样点，应提供电厂运行和事故工况包括反应堆冷却剂低温和低压工况宽阔范围内的具有代表性的连续试样，取样点的位置和取样流量应当设计成具有不超过 2 分钟的响应时间。设置手动阀隔离的替代取样点，以便在反应堆冷却剂系统环路排水时监测反应堆冷却剂硼浓度。

硼浓度测量仪应采用最直接的方法测量硼浓度，在主控制室能修改硼浓度低值报警的设定点。

放射性监测器的设计应当能监测反应堆冷却剂系统总的活性水平。

核取样系统应满足维修的通用要求，保证取样系统部件的可达性和满足工作人员受照剂量最小化的规定。含放射性试样的阀门、部件和管道应与包容非放射性试样的阀门、部件和管道分隔开。应对卸压阀和其他有需要的部件提供法兰连接，以方便维修，应对在线监测仪表的校准及含放射性物质的取样阀门维修进行可操作性分析。

6.7 气体相关系统

6.7.1 仪表用压缩空气分配系统

6.7.1.1 系统功能要求

仪表用压缩空气系统为所有气动仪表和仪器连续供应干燥、无油、无尘的仪用压缩空气。

6.7.1.2 系统基准要求

仪表用压缩空气分配系统是与核安全无关的系统，不执行核安全功能。在核电厂的各种正常运行模式下，包括瞬态工况和停堆期间，仪表用压缩空气应执行其功能。

6.7.1.3 系统配置及要求

仪表用压缩空气分配管线在进入核岛后应采用独立的管线设计。

6.7.1.4 系统运行和维修要求

安全壳贯穿件的设计允许执行定期渗漏密封性测试和阀门运行测试。

6.7.2 公用压缩空气生产系统

6.7.2.1 系统功能要求

公用压缩空气系统为各类气动工具、各种设备和维修工作，连续供应干燥的公用压缩空气。

6.7.2.2 系统基准要求

公用压缩空气分配系统是与核安全无关的系统，不执行核安全功能。在核电厂的各种正常运行模式下，包括瞬态工况和停堆期间，公用压缩空气应执行其功能。

6.7.2.3 系统配置及要求

公用压缩空气分配管线在进入核岛后应采用独立的管线设计。

6.7.2.4 系统运行和维修要求

安全壳贯穿件的设计允许执行定期渗漏密封性测试和阀门运行测试。

6.8 燃料操作与贮存系统

6.8.1 定义和系统功能

燃料操作与贮存系统是指用于核电厂内装卸和贮存燃料组件及其相关组件的系统，该系统包括：从核电厂接收新燃料组件起，经装堆、堆内运行后卸出、转运、厂内贮存，到装入乏燃料运输容器准备发送出厂整个过程使用的设备、工具。

燃料操作与贮存系统由新燃料贮存系统、燃料装卸系统、乏燃料贮存系统及其他已辐照部件的装卸和贮存系统等组成。

6.8.2 原则要求

核电厂燃料操作与贮存系统在设计时，应满足以下原则要求：

应保证在各运行状态和设计基准事故工况期间及其后不会形成临界布置；应贯彻使工作人员在各种工况下遭受的辐射照射合理可行尽量低的原则；应能为已辐照燃料的装卸、转运和贮存提供充分的冷却，保证在各种工况燃料不过热；燃料装卸设备的设计应能防止燃料组件机械损伤或跌落，并避免对燃料组件施加超出设计允许的装卸应力；应能在燃料装卸贮存期间检测燃料破损和事故工况所造成的放射性物质的释放量以及操作人员受到的辐照剂量，并使其保持在可接受的限值内。

燃料贮存和装卸设施及设备的设计应能保证设备检查、试验和维修所必需的可达性，并便于进行辐射监测和污染检查；应保证系统和部件有足够的能力来承受可能施加在它们上面的载荷。

6.8.3 一般要求

6.8.3.1 新燃料贮存系统

在所有工况下，新燃料贮存格架应具有防止临界的结构和排列；格架中的每一个贮存单元应有足够的间距，以保证燃料操作期间不损坏或破坏燃料组件。

为了保证与燃料组件的接触安全，新燃料贮存格架应选择与燃料组件相容的材料作为贮存单元的表面；接触表面不能用易于碎裂、易于剥落或者易于在摩擦接触中损坏脱落的涂层。

应防止慢化材料（例如水）淹没新燃料干法贮存区；干式贮存格架应有一个排水系统用来预防水的积聚，排水系统不允许逆流；排水系统应能容纳、排放区域中因管道断裂产生的最大水流；应提供充分的手段来检查新燃料组件并为检查提供场地和设施；应保证燃料组件在装卸、检查和贮存的过程中不受损伤或不减少次临界要求的裕量。

应考虑新燃料的实体保卫以防止燃料丢失或损坏；新燃料贮存格架应按抗震Ⅰ类设计。

6.8.3.2 燃料装卸系统

所有装卸新燃料组件或乏燃料组件的设备应能够防止意外临界。

应设置适当的机械、电气装置，保证：

（1）装卸操作按规定程序进行；

（2）不发生燃料坠落或被碰撞损伤等事故；

（3）燃料组件的提升高度、提升力和下插力处在安全限值的范围内；

（4）设备故障或失电时，应有能力移动一组燃料组件或一组控制棒组件，确保被装卸的燃料组件处于安全状态。

应考虑设备的设计寿期、可维修性和可去污性，以及材料、元器件的耐腐蚀能力；设备应根据有关规定或技术文件的要求进行检查和试验；应尽量减少与存、取燃料组件或相关组件操作无关的重物，采取措施防止重物对燃料组件造成损伤，禁止乏燃料运输容器通过燃料贮存区上方。

设计上应采取必要措施，防止乏燃料运输容器装卸操作时发生坠落、完整性或设计功能破坏的事故；保证操作或维修时物料（包括油质）不掉入反应堆、燃料组件或乏燃料贮存水池内；保证操作人员能清楚地观察到被操作的燃料组件所处的位置和整体状态；避免燃料装卸装置尖锐边缘对燃料表面的损坏。

含有抓取、锁销、转运、转动、支承或提升燃料组件功能的设备，其设计应力应保证不发生能导致燃料组件坠落或损伤的任何零件的结构性失效；应提供充分的手段来检查已辐照燃料。

6.8.3.3 其他已辐照部件的装卸和贮存系统

应在装卸和贮存系统中考虑其他已辐照部件的装卸和贮存，例如控制棒组件、可燃毒物和中子源组件等。

6.8.3.4 乏燃料贮存格架

乏燃料贮存格架应具有保证次临界安全的结构和排列；并具有形成自然循环的能力和在各种工况下均可充分冷却被贮存的燃料组件的结构；材料应与燃料及环境相容，且不应因正常装卸和贮存操作而损伤燃料。

乏燃料贮存格架应按抗震Ⅰ类设计；乏燃料贮存格架的设计应具有足够安全裕度以承受在倾斜、摇摆、事故超载等工况下独立或联合产生的应力。

格架设计中如采用中子毒物作为临界控制手段，应对中子毒物在寿期内的有效性进行论证。

6.8.4　临界安全设计

6.8.4.1　临界安全评定

应对燃料组件装卸、转运和贮存的每个系统进行临界安全分析。临界安全分析应论证每个系统满足各种工况下规定的次临界限值。

应对所有的运行状态和设计基准事故期间及其后的工况进行临界安全分析，应包括下述可信事件：

（1）燃料组件倾倒；

（2）贮存架倾倒；

（3）燃料组件错放位置；

（4）燃料跌落；

（5）燃料组件沿贮存架外侧插下。

当有两个独立的异常事件同时发生时，才可能发生临界事故。临界安全分析应清楚地验证燃料操作过程和贮存工况的次临界特征。临界安全分析应能证明，贮存格架在制造或建造后所做的实体验证符合次临界设计中设计输入的要求。

6.8.4.2　临界计算

在所有运行状态和事故工况下，燃料贮存系统的设计应防止临界并留有适当的裕量。燃料次临界计算的有效增殖因子（k_{eff}）必须包括所有相关的偏倚和不确定性，并且在95%概率和95%置信水平下满足限值要求。

对于新燃料的贮存，在正常运行工况下，最大的 k_{eff} 不大于0.95。在预计运行事件和事故工况下，最大的 k_{eff} 小于0.98。并且分析中须考虑最佳慢化条件。

对于已辐照燃料的贮存：

（1）若不信任可溶硼，当装载预期最大反应性组件的乏燃料贮存格架淹没在纯水中时，在正常运行、预计运行事件和事故工况下，最大的 k_{eff} 不大于0.95；

（2）若信任可溶硼，则必须同时满足以下两项准则：

1）当装载预期最大反应性组件的乏燃料贮存格架淹没在全密度纯水中时，在正常运行、预计运行事件和事故工况下，最大的 k_{eff} 必须小于1.0；

2）当装载预期最大反应性组件的乏燃料贮存格架淹没在具有最小硼浓度的全密度水中时，在正常运行、预计运行事件和事故工况下，最大的 k_{eff} 不大于0.95，并在核动力厂技术规格书中规定所要求的最小硼浓度。

对于可溶硼信任的依赖应最小化。

第7章　仪表和控制系统

7.1　目标和原则说明

本章制定了华龙技术电厂仪表与控制系统的要求。执行监测、控制和保护功能的系统称为仪表和控制系统。

仪表和控制系统的设备和功能如下：

(1) 数据采集设备，采集监测设备和过程的变量；

(2) 数据通信设备，在数据处理设备与数据采集设备/电厂信息显示及控制设备/输出处理设备之间传输信息或控制指令；

(3) 数据处理设备，对接收的数据(信息和指令)进行处理以执行保护和控制功能；

(4) 电厂信息显示及控制设备，对电厂过程信息和设备状态信息的报警、显示以及控制的装置；

(5) 输出处理设备，在电厂控制装置与电厂设备执行机构之间提供必需的接口。

7.1.1　目标

(1) 充分考虑人因

仪表和控制系统设计应充分利用操作员的能力，同时需考虑操作员在各种工况下的工作负荷，不应超过其极限。

(2) 与电厂总体设计协调一致

仪表和控制系统设计应与整个华龙技术电厂设计协调一致。设计人员应与其他专业的设计人员相互沟通，在整个设计过程中不断迭代，防止对仪表和控制系统或电厂设备的设计提出不合理的限制性或复杂性要求。

(3) 集成设计

仪表和控制系统的控制、保护与监测功能应以一体化的方法进行设计，以便系统能够协调工作，增强电厂运行能力并减轻操作员的负担。宜为电厂运行与维护人员提供一致的、易于理解与操作的人机界面。

(4) 高可靠性

仪表和控制系统应由高可靠性的部件与设备组成，并在安装、运行前及运行期间对其进行充分的分析和测试。某一主要功能的故障不应影响到其他主要功能，使发生异常的范围尽量小且不增加操作员负担。

(5) 可维修性

仪表和控制系统的设计与制造应从一开始就充分考虑其整个寿期内维修、试验与检查的需要。包括在设计中考虑电厂寿期内设备更换和升级的需要。

7.1.2　原则说明

(1) 设计方法

仪表和控制系统使用以数字化技术为主的技术手段实现电厂的监视、控制和保护功能。系统设计包括主要功能的分区，同一分区内冗余设备的隔离以获得高可靠性并防止故障扩散。尽量减少不同平台数量以简化系统内数据通信以及系统维护的工作。应提供高质量和高可靠性的数据给操作员和自动控制系统。在经论证可行的情况下，宜使用远程输入输出的数据通信技术，使用光纤传输数据，无线网络架构可以对将来可能的设备监视需求提供便利条件。仪控设备应能在电厂正常工况和事故工况下的环境中均能正常执行其要求的功能。

（2）设计过程

仪控设计过程由对整个仪控设计负责的唯一团队主导，包括业主、工程技术人员、维修人员以及熟悉电厂规程的操作员。要求把人因工程综合到系统设计中，并为设计的迭代与确认提供支持。应与设计并行地进行持续的验证与确认工作，特别是软件的验证和确认。应对安全级的标准商品级物项进行评估和确认。网络安全应纳入到各个设计阶段。

（3）固有可靠性

仪控系统的设计应具有充分的抵御故障蔓延的防御能力，可以采用对系统进行功能分配、相互独立和其他措施，以确保一个控制功能发生故障时不影响其他功能的实现，从而不会因复杂的电厂瞬态事件加重操作员的负担。此外，仪控设计应防止由设备随机单一故障引起强制停机。

（4）试验

应有良好的人因工程设计，避免采用添加试验跳线或拆线等可能导致人因失误的手段，应提供内置的试验能力，包括连续在线自诊断和定期试验自动完成等措施。在设计实施阶段，应按计划进行充分的试验，确保硬件与软件的性能满足设计要求。

（5）经济性

直接采用已有的成熟技术会节约工程设计及工程实施成本，但是优化的仪表和控制系统可以通过获得更高的电厂可利用率，在整个电厂寿期内对经济性产生积极影响。

（6）运行人员配置

电厂的自动化水平、被控制设备的规模以及控制器与显示装置的选择与布置与操作员的配置数量、教育水平与培训程度相关。在设计过程中通过实物模型和动态仿真检验操作员配置水平是否合适。

在正常功率运行期间，主控制室仅需一个反应堆操作员就能够完成对电厂的控制。设计人员宜通过仪控系统提供充分的过程信息使主控制室的人员持续保持对执行过程的了解，同时不被不必要的信息增加负荷。在启动、停堆、瞬态及事故工况期间，主控制区应可容纳更多的操作员。电厂工况演变的操作任务应在操作员间进行分配，操作员预计是 2 ~3 人。典型的华龙技术电厂主控制室中每个反应堆至少配置三名持照操作员（一名高级反应堆操作员和两名反应堆操作员），以及一个持照的值长。可根据自动化水平优化控制室人员数量，优化的控制室人员配置必须足以确保在正常、瞬态和事故工况下电厂安全运行。

（7）人因工程

人因工程应从设计活动开始就予以考虑，并贯穿整个电厂设计过程。人因工程原则将作为仪表和控制系统设计过程与设计验证过程的正式组成部分。

人因和可能的人员失误是电厂安全与可用的重要因素。以往的人因研究成果支持设计决策和具体的设计特性。在缺乏人因研究和具体的设计指导的领域内，应采用迭代设计的方法对设计过程提供全面的人因评价。采用定性与定量两种方法及预先规定的验收标准进行评价。

为了减少人因失误，仪表和控制设计

将特别着重于：

1）消除人因失误源；

2）通过仔细地选择和分配任务以降低人因失误的概率，在设计中优先考虑降低操作员和电厂维修人员的人因失误的可能性；

3）检测与纠正人因失误的措施。

（8）自动化水平

设计人员应评价每个监测、控制和保护功能。在考虑操作员工作负荷的情况下（包括自动化设备可能的故障情况），确定每个功能适当的自动化水平。随着自动化水平的提高，操作员的作用由直接操作变为管理和监督，宜改变提供给操作员的数据形式和深度。根据系统设计和电厂要求，自动控制系统应采用故障安全的特性。自动控制系统必须执行自检和自诊断以确保其失效可以被检测到，并通知控制室工作人员。

（9）主控制室设计

控制室设计团队是整个仪控设计队伍的一部分，团队需包括运行与维修人员。

MCR 的位置与布置将基于减少电厂其他人员进入主控制室的需要，还要保证 MCR 人员与现场操作员及维修人员有效沟通。主控制室为操作员提供舒适的、专业性的环境，提高他们的工作效率。还要注意应用颜色和照明亮度来增强操作员的警觉性和降低操作员的疲劳程度。

MCR 的布置及人机接口均是设计过程的一部分，应基于正常设计过程自上而下经功能分析等确定，同时针对电厂所有工况进行验证。此外，主控制室的设备与信息要与电厂其他职能：工程、维修、管理和应急响应设施整合和协调。

MCR 宜包含有紧凑的、冗余的、配有多个显示和控制装置的操作员工作站，提供有组织、多层次的报警、显示和控制的访问手段。每个工作站应具有独立完成其全部功能的能力，应提供冗余手段。此外，针对一定数量的安全重要控制应提供独立的、多样化的控制方式，作为多样化的独立于工作站的后备。

工作站设计应满足现有法规，如《核电厂安全级电气设备和电路独立性准则》（GB/T 13286），《核电厂安全系统第 1 部分：设计准则》（GB/T 13284.1）和《核电厂安全系统中数字计算机的适用准则》（GB/T 13629）。

工作站宜包括如下特性：

1）计算机化的操作规程，包括正常、异常和应急操作规程；

2）根据操作员的任务和事件种类，以图示和图表的形式电子化显示电厂的运行参数与技术数据；

3）仪表图、仪表和控制系统硬件和软件配置信息应在工程师站上提供；

4）报警应基于电厂状态，减少不必要的报警对操作员的干扰；

5）电厂设备的控制器应与操作步骤结合，设计和布置应有助于有效、可靠地操作，并能防止意外误动。

大屏幕应设置专门的布置空间，提供连续可视的，直观的方式显示电厂综合状态，使操作员能有效评估 MCR 操作的重要设备的状态。

（10）其他辅助控制室

远程停堆站应配置仪控设备供使用，应布置在与主控制室实体、电气、防火分区相分离的场所，采取适当措施和提供足够信息，保护人员免于各种危害。

对电厂安全或可用性至关重要的就地控制室的设计宜尽可能与主控制室一致。就地控制室的环境要保护操作员和设备，并减少在正常运行和事故运行两种情况下的故障。就地控制室的控制系统和监测设备尽可能一致。

（11）设备老化管理

仪表和控制系统的设备设计应尽可能是模块化结构（硬件与软件），并采用标准化的设备，以易于维修培训、简化备件要求并便于设备的更换和升级。应识别仪控系统设备老化对核电厂安全的潜在影响，并采取适当的行动证明核电厂安全不会被削弱。仪控系统老化管理的手段包括既有布置、设计、维修、监督性试验等规定，这些措施的适当性应当加以验证。

7.2　总体要求

7.2.1　设计过程要求

仪控系统设计应根据规定的设计过程开展，与电厂其他设计过程并行开展。应遵循《核动力厂仪表和控制系统设计》（HAD102/10）的相关要求开展设计工作。

（1）设计过程总要求

仪控系统的详细设计过程应确保电厂系统功能要求和其他设计要求都得到满足，并且尽量避免不必要的复杂化设计以及使用未经证实的控制方案。

1）功能分组设计方法：设计过程应从以下基本功能的角度处理反应堆的总体控制：反应性控制；反应堆冷却剂压力控制；反应堆冷却剂化学和容积控制；反应堆堆芯热量导出；蒸汽发生器水位控制。对于电厂的其他部分，也应利用上述相似的功能分组的方法；

2）迭代设计：设计过程应完全地融入电厂的总体设计过程中。应进行系统要求与仪控要求的迭代交互过程，确保对所有运行模式如启动、停堆、功率运行、换料、预期瞬态和包括严重事故的紧急事件下符合设计要求；

3）一致性原则：一致性原则应适用于所有接口设计，包括电厂、运行人员以及支持人员之间的人机接口设计，宜保持其设计风格的一致性。

（2）设计组织结构和计划

1）设计责任：仪表和控制系统设计工作应正式组成团队并接受单一领导，该团队负责仪控系统的总体设计工作；

2）设计队伍：应组成正式稳定团队负责仪控系统设计。不只包括仪表和控制系统专业，还应包括系统工艺设计人员、人因工程专家及其他相关专业人员以及营运单位工程、运行和维修人员的代表；

3）设计策划：包括设计方法说明、进度计划、设计工具和设计组态控制、评审计划、接口交换计划、设计开发与实施、测试和安装的工程技术服务、运行、辐射防护及维修工作人员的条款规定。

（3）设计过程要点

1）设计经验反馈；

2）简化和标准化；

3）仪表和控制功能和任务的识别；

4）设备失效的考虑；

5）系统和设备试验；

6）网络安全。

（4）设计过程的独立评审

应提供对仪控系统设计的独立评审。

（5）仪表和控制系统设计文件的移交

项目早期与业主达成一致的移交计划，应确定仪表和控制系统设计文件的范围和类型。

7.2.2　成熟技术

根据总体要求，电厂应采用成熟技术，若采用一些未曾使用过的先进的系统、设备、软件和固件能够满足本节规定，且在其他应用场合得到了证实，也是合理的。

（1）成熟技术的应用准则

满足下述要求的仪表和控制系统可以被认为是成熟的：

1）它在类似的电厂作为子系统模块至少有3年良好的应用；

2）完成了指定样机的试验程序，该程序是为验证设备在华龙技术电厂仪表和控制系统应用中的性能而设计的。

（2）非成熟技术的应用准则

对于任何软件、固件、部件或系统，如果尚未按照要求加以验证，但是使用它们可以使仪控系统简单化或性能方面有明显改善，则必须满足下列要求方可考虑使用。

1）确定了具体的备选方法，并将其纳入仪表和控制系统设计过程，以便在无法充分验证该技术的情况下，也能够满足华龙技术电厂的限制性要求；

2）可以完成所需的测试或完成经验数据收集以及评估，并在不影响整个电厂计划的情况下在备选方案之间作出选择。

7.2.3 经济性

仪表和控制系统的造价应与华龙技术电厂造价目标是一致的。仪控系统的设计应基于电厂整个寿期内的经济性评估。仪控系统设计的造价评估应考虑业主在如下项目的造价：

（1）运行、维护和维修，包括放射性泄漏防控和污染防控；

（2）计划停堆和非计划停堆；

（3）操作员和技术人员的培训；

（4）启动试验和监督大纲试验；

（5）分析与仿真；

（6）更换替代。

7.2.4 操作员的行为

仪表和控制系统设计应明确操作员和其他工作人员为操作和运行电厂所执行的动作。

（1）操作员的工作负荷和警觉性

1）操作员工作负荷：不应要求操作员执行超出其能力负荷之外的任务，尤其是在紧急或混乱的情况下；

2）操作员警觉性：应让操作员始终保持注意力集中和警觉；

3）利于团队合作。

（2）运行规程：应作为仪控系统设计的一部分来开发和提供

1）规程的验证与确认；

2）计算机化规程；

3）纸质规程。

对于使用计算机化规程不适用的控制站，以及为了对计算机化规程进行补充，应提供纸质规程。也应编制纸质规程实施导则；纸质规程应在格式和内容上与计算机化规程一致。

（3）自动控制和手动控制的选择：有关自动与手动控制的设计选择应以评价为基础，具体包括：操作员工作负荷；操作员能力；自动或手动控制在以往类似应用中的经验；操作员警觉性和需要保持操作员对电厂状态介入和理解的需要；仪表和控制设备的数目与复杂性以及相应的维修与试验的负担；对自动化设备故障和对运行错误所导致的结果与潜在的可能性；法规要求。

（4）远程和就地控制的选择应以评价为基础，具体包括：操作员工作负荷；操作员能力；就地环境条件；需要运行人员监测的就地状态；仪控系统和电力系统设备的数目与复杂性以及相应的维修与测试的负担；远程设备失效的后果；远程和就地控制的应用经验。

(5) 操作员辅助措施：在执行任务时，为操作员提供辅助。应包括：在提供数据整合与处理的适宜终端上进行计算机化辅助显示；永久性布置的信息、仪表或警示以减少操作员记忆负担。

7.2.5 可用性和可靠性

(1) 故障安全

设计人员应分析电厂设备在失去动力时合适的故障状态。对于保护系统，典型的优先选择的故障状态应是安全状态，但也应该考虑故障保持状态。对于控制系统，典型的优先选择的故障状态应是最稳定的状态。控制系统的动力恢复时，仪表和控制系统不应改变被控部件的状态。

(2) 顶层可靠性要求

1) 设备故障引起的强迫停机之间的平均时间设计目标是在 50 堆年内至多发生一次故障；

2) 导致电厂可用性降低的仪表和控制设备故障的平均无故障时间，在整个设计寿期内均应大于 5 年；

3) 在仪表和控制设备的整个设计寿期内，任何主要部件进行纠正性维护的频次不应超过每 14 天 1 次。

(3) 可用性和可靠性设计要求

1) 仪表和控制系统设计应对其实现的功能进行分组，防止故障蔓延；

2) 仪表和控制系统的设备须确保在正常和异常工况下，能经受所处的环境并满足可靠性和可用性要求。

(4) 可靠性与可维修性分析

1) 设计人员（包括设计院和相关设备制造商）应完成仪控系统的可靠性分析；

2) 设计人员应完成仪控系统的故障模式和影响分析（FMEA）；

3) 设计人员应完成仪控系统软硬件的可维修性分析。

7.2.6 试验要求

(1) 连续在线试验

仪控系统硬件应尽可能多的提供连续在线自检能力，试验不应影响系统功能。这些试验可包括（但不限于）RAM 和 ROM 失效检查、处理单元失效检查、数据缓冲器检查和看门狗定时器的 CPU 复位。自动化试验的覆盖范围应足以减少或消除对定期功能测试的需求。

(2) 定期试验

系统应具备定期试验能力。定期试验宜手动启动，但一旦启动将自动完成，并应满足《核电厂安全系统定期试验与监测》（GB/T 5204）的要求。

(3) 试验的可靠性

系统连续在线自检设施及定期功能试验设施的 MTBF，应大于被试验设备的 MTBF。

(4) 故障定位

仪表和控制系统诊断和测试功能应识别检测到故障位置，尽可能定位到最小可更换模块。

(5) 自动试验回路的分级

安全级仪控系统的自动测试功能（在线自动测试）按照国家最新标准进行安全分级，并应满足在《核电厂安全级电气设备和电路独立性准则》（GB/T 13286）描述的相关电路的要求和本章的可靠性要求。

(6) 测试的系统结构配置

为了进行定期的功能试验，应提供内置的自动试验设施，以减少系统结构上的改变（例如增加跨接线、拆下导线、对换电缆）。

(7) 安全级系统的试验

安全相关系统（如反应堆保护系统）内的连续自动测试和定期试验，以及这些测试之间的重叠部分，应足以满足《核电厂安全系统定期试验与监测》（GB/T 5204）规定的系统设计或相关规定。

（8）试验性能

仪表和控制系统的试验应尽实际可能地设计成在电厂功率运行时完成试验而不会引起紧急停堆装置或安全系统误动作。如果功率运行下的试验会干扰电厂运行或损坏设备，应采取措施在电厂处于降功率运行或处于停堆状态下时对试验设备进行试验。

（9）自动旁通

在功能试验装置开启并手动启动试验顺序后，除非已建立了适当的旁通，否则不得进行试验。试验要求的旁通条件应自动建立。

（10）试验和旁通状态的显示

对于定期试验，试验装置应在就地机柜上设置指示器，提供试验通过或未通过以及旁通状态的快速指示。

（11）试验结果记录

应具有试验结果打印功能。打印的试验结果至少应包括试验的名称以及该试验通过或未通过状态的识别。此外，试验结果应被记录并存储起来以便以后检索。

（12）自动旁通的解除

在试验顺序完成时，自动试验装置应解除为了能进行自动试验而建立的所有旁通。

（13）试验输入信号

在定期试验期间，紧急停堆系统的功能处理器不能与正常的执行通路脱开。因此，由自动试验装置进行的所有输入与输出功能试验应采用模拟的过程输入信号。

（14）处理器初始化试验

所有处理器在初始状态下完成综合的自诊断程序。

（15）网络安全测试

应对网络安全功能进行测试，以验证和确认安全要求已正确实施。

7.2.7 可维修性

仪表和控制系统应设计成在整个电厂寿期内简化并减少要求维修的次数和难度。另外，宜应用现代信息技术和人工智能方法，实现系统和部件的状态监测、故障诊断、状态评估、寿命预测和预警等。

（1）维修负荷

设计人员应依据维修人员的维修次数与技能以及需要的操作时间，确定仪控设备的预期总维修负荷。这是以 MTBF 和维修所用平均时间作为依据，并考虑所有的冗余通道和设备。还应包括预防性的维修，电厂运行期间要求的安全有关设备的定期试验。

（2）设备更换

最理想的情况下仪表和控制设备有足够长的工作寿命，在电厂寿期内不需要更换。在实际情况中，数字化系统和其部件要比电厂的寿命短很多。因此设计人员应采取必要措施将部件更换带来的影响降低至最低，并保证其设备的老化不降低电厂可用性。应列出必须替换的所有设备的工作寿命，大致安排出后勤支持所需（如设备与人力）的时间。

（3）模块更换

仪表和控制设备的维修通常应是在现场通过简单的模块替换来完成。设计应使得对老化部件的更换升级无需进行重大修改。组件也应该是模块化的，并且易于更换，而无需大量拆卸周围的系统、结构和组件。

（4）故障检测和修复时间

对于所有类型的设备，在整个设计寿命周期内，可更换模块的故障检测和维修所需要的平均时间应小于 4 小时。检测和维修任何模块故障的最长时间应小于 8 小时。这一时间包括：发现故障、到达故障设备的地方、确定维修方案、准备备品备件、进行维修或更换以及再鉴定。

(5) 在线校准

任何模块其在一个燃料循环内校准次数大于 1 次的，需考虑在线校准能力。

(6) 在线维修

与仪表和控制设备预期的维护有关的活动都不应妨碍任何电厂保护系统的功能。仪表和控制系统应设计成尽可能允许在电厂运行时完成预期的维修。设计应提供维修旁通以允许在线维修，包括适当的闭锁或联锁，以保证在维修过程中操作员的人因失误不会导致电厂停机。在将其他通道置于断开、旁路或测试模式之前，需将通道存在的故障信息通过仪控系统的指示清晰的警告操作员和技术人员。

(7) 维修中人因工程

系统的维修应依照良好的人因工程原则来设计。下面规定了一些应提供的具体特征。

1) 确定维修任务

设计人员应系统地指出维修仪表和控制设备需要的任务，包括规定技能、工具、试验设备和权限定义等。

2) 评估维修任务

设计人员应评估维修任务，保证所需的维修活动是简单且易于理解的，并在维修技术人员预期能力内的。

3) 有关维修的设备设计

仪表和控制设备应设计成便于维修，并在操作过程中尽量减少出现混淆和出错的可能。

4) 维修路径

仪表和控制机柜应设计成便于维修人员接近。

5) 维修场所

对于控制站，特别是在 MCR 中，维修人员在一个区域内应能查找故障、完成有关试验和维修仪控设备，在这一区域的工作不会影响操作员接近控制器与显示装置，不会干扰操作员对控制屏的观察。

6) 影响操作员行为的维修

仪控系统设备通常接受工作站或控制台上控制器的输入并驱动指示器或显示仪。在维修期间，除非前面板上的设备正在维修，否则操作员不需要采取动作来提供输入或监视显示装置或指示器，设备应能够接受用来模拟控制器的信号输入并能够提供和监测输出。但是，在进行试验时应给操作员提供指示，这些试验会影响设备或系统的可操作性，或是设备或系统更容易受异常事件（如误停堆）的影响。指示应包括如柜门打开、通道旁路、通道跳闸和通道置于试验位置等。

7) 维修用的控制器和显示

只能由技术人员在维修过程中使用的控制器和显示仪表（即操作员从未使用过的），不得由操作员访问。应在需要的地方提供本地维修和工程师站，与用于正常、异常和紧急操作的操作员站分开。操作员也不应使用操作员站访问维修和工程相关功能。

7.2.8 设备制造要求

仪表和控制系统设计应考虑减少设备制造与安装时间和工作量的方法。这些方法不应对设备的运行、试验、维修等能力有不利的影响。具体要求如下：

(1) 使用成熟技术；

(2) 现场操作最简化；

(3) 标准化制造。

7.2.9 设计灵活性

仪表和控制系统的设计应具有一定灵

活性以应对设计变更，并提供因设备老化、磨损等对其进行替换的能力。具体设计应包括如下一些设计特点：

（1）模块化设计，无需进行重大改造即可进行设备更换和升级改造；

（2）仪表盘、控制台、端子排与电缆桥架等设计都具有裕量；

（3）输入与输出具有裕量，计算机系统中的存储容量和处理容量具有裕量；

（4）在报警与显示系统中，信息处理和显示两方面都有裕量；

（5）数据通信具有裕量（系统加载等）；

（6）供电与 HVAC 具有裕量。

（7）电缆桥架、走线槽、导线管、防火屏障和贯穿件中应留有一定的裕量。

7.3 功能分析

功能分析应贯穿整个设计阶段中，包括前期的可行性研究设计、初步设计、施工设计，甚至在建造和试验阶段都应该进行这项工作。

7.3.1 功能分析

功能分析的目的：

（1）识别所有必要的功能和任务以确保电厂安全运行；

（2）采用最优方法，适当地分配任务给人和自动控制系统；

（3）保证在所有的运行条件下，操作员都能够完成分配给他的任务，而且操作员能够通过最佳方式得到必要的支持；

（4）人机接口的设计遵循人体工效学；

（5）保证仪控系统以及系统和设备的配置满足纵深防御要求，实现必要的隔离、独立性、多样性等原则。

功能分析的方法参见审评单位认可的相关国内国际标准，《核电厂控制室设计》（GB/T 13630）和《核电厂控制室设计-功能分析与分配》（EJ/T 1143）。功能分析的结果是详细任务分析的基础。

7.3.2 任务分析

任务分析的目的是确定分配给人的任务的数量和特点，对人员效能的需求分析，量化分配给人的任务与人的能力是否匹配。

任务分析工作包括任务分析的实施以及任务分析结果的验证和确认。

任务分析的结果是仪控设计的基础，也是人员配备和资质、人机接口设计、规程和培训的基础。每个分析阶段后需进行确认活动，目的在于保证分析的结果与功能要求相一致，与功能分析阶段所确定的总目标和子目标一致。

任务分析方法可以参见《核电厂控制室设计》（GB/T 13630）和《核电厂控制室设计验证和确认》（EJ/T 1118）及审评单位认可的相关国内国际标准。

7.4 技术要求

7.4.1 总体结构要求

仪控系统总体架构包含所有独立的仪控子系统，每个子系统完成各自的功能，确保电厂安全可靠运行。总体结构提供了它们之间如何相互联系，确保系统之间具有一致的接口和独立性。通常，整个仪控架构中包含安全重要仪控系统和非安仪控系统。仪控总体架构也指定各仪控系统的物理位置，以及与它们的支持系统的依赖关系。

为便于理解和比较，应采用以下四个层次来构建仪控系统结构。

Level 0：工艺系统接口层；

Level 1：自动控制和保护层；

Level 2：操作和管理信息层；

Level 3：全厂信息管理层。

仪控系统总体架构设计的要求体现在纵深防御、独立性、核安全等级要求、网络安全要求、仪控系统复杂性等方面，具体要求如下。

7.4.1.1　纵深防御

核电厂采取纵深防御策略，设置多个独立的屏障，以便保护公众和核电厂工作人员免受辐射危害。仪控系统总体架构也需要满足纵深防御的要求。核电厂纵深防御分为 5 个层次，仪控系统的实现如下：

(1) 第一防御层次：针对防止偏离正常运行及防止安全重要物项的故障的功能，设置控制系统，执行各种开环和闭环控制，保证工艺系统在稳态运行期间，其被控参数维持在最佳设计值，在瞬态或设备故障后保持机组正常运行，尽量减少保护系统不必要的动作，并为操作员进行各项手动操作提供必要的状态信号及报警信号。

(2) 第二防御层次：检测和控制偏离正常运行状态，以防止预计运行事件升级为事故工况。尽管注意预防，核动力厂在其寿期内仍然可能发生某些假设始发事件。华龙技术电厂采用控制系统、保护系统等共同实现，以防止这些始发事件的发生，或尽量减小其造成的后果，使核动力厂回到安全状态。另外设置了多样性驱动系统，应对设计基准事故叠加保护系统发生软件共因失效。

(3) 第三防御层次：预计运行事件或假设始发事件的升级仍有可能未被前一层次防御所制止，而演变成事故。配置保护系统（专设安全设施驱动系统）探测设计基准事故和事故工况，手动或自动启动应对措施以处理和缓解事故后果，另外设置了多样性驱动系统，应对设计基准事故叠加保护系统发生软件共因失效。

(4) 第四防御层次：减轻第三层次纵深防御失效所导致的事故后果。通过手动或自动方式控制事故进展和减轻严重事故的后果来实现第四层次的防御。配置专用的严重事故仪控系统。

(5) 第五防御层次：配备恰当的应急设施，制定用于场内、场外应急响应的应急计划和应急程序。

7.4.1.2　单一故障准则

仪控系统或子系统的单一故障不得导致安全功能的丧失。系统设计中需要考虑单一故障准则，以获得系统和设备的最小冗余。在仪控系统和人机界面设计时，应考虑操作员的单一错误。应考虑发生在系统内部的、辅助系统中的以及由外部原因引起的故障。

7.4.1.3　防止共因故障

应制定措施，尽量减少仪控系统架构内部和不同防御层次间人机接口的共享资源使用。提供使反应堆保护系统免受共因故障影响的措施，减小影响冗余通道的故障概率。采用冗余装置间的实体隔离和电气隔离来限制外部事件的后果，采用多样性设计缓解仪控系统内部共因故障产生的后果。

7.4.1.4　多样性

纵深防御不同层次的各数字化仪控系统由于基于仪控平台进行开发，采用了相似的计算机硬件和软件资源，所以设计错误可能导致两个或多个仪控系统的共因故障，并危及多个纵深防御层级。因此，采用多样性原则变得非常重要。多样性设计主要有如下方面：

(1) 设计多样性；

(2) 信号多样性；

(3) 设备多样性;

(4) 功能多样性;

(5) 开发过程中的多样性;

(6) 逻辑多样性。

7.4.1.5 独立性

独立性可以通过物理隔离、电气隔离、功能独立、通信独立和支持系统独立的方式来实现。

(1) 在仪控系统不同的纵深防御层次上，架构设计应实现足够的独立性;

(2) 独立性应通过定性和概率安全分析的组合来进行判断，以实现整体安全准则和概率安全目标;

(3) 为了安全的原因设置的冗余系统、子系统以及设备之间需要考虑独立性;

(4) 不同级别的系统、子系统和设备之间应考虑独立性;

(5) 实现假定的多样性功能的系统、子系统以及设备之间需要考虑独立性;

(6) 互相之间能够引起故障的系统、子系统以及设备之间需要考虑独立性;

(7) 当考虑独立性的时候，相关的辅助设施，如供电、通风等均需要考虑。

7.4.1.6 优先级管理

仪控系统架构设计应处理下列优先级:

(1) 不同纵深防御层次产生的驱动指令;

(2) 不同级别设备产生的驱动指令;

(3) 来自 MCR 和就地控制盘的自动或手动驱动指令;

(4) 设备保护。

7.4.1.7 消除不必要的复杂性

对于仪控系统既应该满足所有设计基准的要求，又要避免仪控系统不必要的复杂性。仪控系统的简单性有助于对仪控系统的设计和验证，以及减少仪控系统潜在的故障。复杂性可能来自仪控架构设计，例如为避免共因故障的多样性设计，对仪控系统来说增加了复杂性（如更多的接口），不可靠性（如潜在的虚假动作）和人员操作问题（如当两个多样性系统运行状态不同时，操作员对电厂状态的感知）。总体仪控架构设计需要在设计要求和复杂性之间实现适当的平衡。

7.4.1.8 网络安全

数字化仪控系统需满足国内外相关法规标准中网络安全的相关要求，对数字化系统进行保护等级划分，依据等级划分要求，进行相应的安全措施设计。具体实施参照《核动力厂网络安全技术政策》要求，制定、实施和维护网络安全大纲的要求，对核电厂网络安全风险进行监测和管理，以保证核电厂网络安全水平得以维持和提升。营运单位应至少每 24 个月完成一次网络安全大纲审查，并在以下情况出现时开展审查:

(1) 大纲初次实施 12 个月内;

(2) 运行环境变化可能对安全产生不利影响;

(3) 基于厂址特定分析、评估或其他绩效指标按需开展。

7.4.2 控制系统要求

7.4.2.1 设计要求

(1) 所有安全相关的控制系统，在电源中断时其软件应当保留;

(2) 应尽可能避免在安全系统和非安全系统之间设置软件接口，否则设计人员应证明已采取了相应的隔离措施以确保故障不会由非安全级系统传播到安全级系统;

(3) 需要考虑控制系统的稳定性和响应速度;

(4) 定值、校准常数、传感器限值等关键常数应防止在电源中断时丢失；

(5) 系统和部件在失电恢复后应以确定的方式响应；

(6) 安全相关的过程控制和监测软件应保持隔离和独立。

7.4.2.2　性能要求

(1) 控制算法应包含防积分饱和功能；

(2) 手动和自动控制之间的切换应是无扰的；

(3) 确定并证明所有控制参数满足控制系统的分辨率和精度要求；

(4) 应尽量减少在具有直接的保护和控制功能的主要功能处理器中使用中断；

(5) 系统处理器中没有直接保护或控制功能的中断，限于关键时间功能、运行人员输入、网络通信、处理器故障诊断、已证明对可靠性或简化程度有明显改善作用的软件；

(6) 仪控系统的设计应当包含对运行前电厂启动试验要求的考虑。系统应设计成能在启动试验数据校准阶段尽量减少对专用传感器和接口互联的需求；

(7) 精度：应限制仪控系统内的漂移，以尽量减少定期试验和校准的需要。设计人员应对精度特性进行优化和论证；

(8) 设计人员应根据安全和工艺要求以及采用最新的技术，对响应时间进行优化和论证；

(9) 运行设施应能在任何情况下处理所需数量的信息并保证响应时间；

(10) 应对仪控系统中设备对电源短路扰动的响应进行分析和测试。要求应以安全和运行重要性为依据。

7.4.2.3　可用性/可运行性

(1) 非安全级系统应使用可靠的部件来达到其可用性。高可用性要求建议采用冗余模块；

(2) 检测到计算机故障时，计算机之间的控制任务应当进行重新分配以增强可靠性；

(3) 仪控系统应是分布式系统，可行的情况下采用现场总线技术等。

7.4.2.4　可维护性和便捷性

(1) 维修接口应提供访问所有诊断、校准和其他维修辅助设备的能力。应满足以下要求：

1) 为防止对系统的未经授权的访问，应提供硬件和软件控制以控制访问关键系统参数；

2) 维修接口功能不应放置在任何干扰电厂运行的位置；

3) 维修接口连接应通过电气隔离测试点和/或隔离的数据链路。

(2) 应提供对所有系统输入和输出的维护访问，并为故障排除工作提供接入点。

(3) 正在进行的维修活动应在主控室中提供状态显示。

7.4.2.5　数据采集要求

(1) 信号要求

1) 对模拟量输入信号来说，用于数据采集的硬件、软件必须保证：精度、分辨率、采样频率、重复性、响应频率、安全分级、量程等的要求；

2) 对离散和脉冲输入信号来说，为防止系统接收虚假信号，数据采集过程应满足：抗扰度要求、采集频率、触点容量、防开关抖动、故障模式识别要求。

(2) 信号滤波要求足以减少信号噪声至可接受水平。

7.4.2.6　信号传输

(1) 数据信号标签

1）在全厂数据总线上传输的所有数据应具有与每个数据项相关的识别信息；

2）所有数据，包括计算数据，应具有与其相关的信号质量标签。

（2）数据传输保真度

数据传输过程将提供足够的内部完整性检查与出错检查，以保证在传输过程中出现的随机错误不会降低使用这些数据的系统和功能块的可利用率和可靠性。

7.4.2.7 信号处理

任何信号处理，如：标定、放大、线性化和变化率计算等，应确保处理结果的准确度、分辨率、精度和响应速率并且在发生电源中断和可能潜在破坏它们的其他事件后必须保持它们的值。

信号处理组件和设备应根据组件和设备的安全分类进行电磁干扰测试。

数据系统在信号处理时要用适当的方法进行信号有效性检查，应尽量减少安全系统中的数据有效性检查。

7.4.3 控制室和人机接口要求

（1）主控制室

主控制室设计应符合国家或行业的相关标准以及本节的要求。在主控制室安全边界内配置支持操作员所需的区域。

1）功能和任务应用

主控制室的控制站设计依据其任务分配考虑布局，对其他控制器和显示器进行管理控制，防止未授权的人员登录。

2）主控制室位置和通道

设计应考虑主控制室到电厂其他地方的通道，下面是主控制室出入口和通道设置的要求：

①运行人员通道

操作员执行特殊任务需设置配套出入主控制室的通道。另外，主控制室应满足下述常规的出入要求；

确保紧急情况下，控制室人员能通过适当的通道撤离或抵达控制室或其他控制点；

除必须进行的沟通，否则该通道不应妨碍主控制室主控制区内的运行活动；

主控制区的空间足够容纳电厂人员。主控制区配套会议室，进入会议室不需穿过主控制区。

②非电厂运行人员和其他人员进入主控制室需授权。

主控制室设计应考虑主控制室的操作员同其他人员之间的必要互动。同时，在正常情况下主控制室布置需限制非运行人员对主控制区操作员注意力的影响。

③此外，还应考虑下面这些特殊要求：

主控制室的出入口不宜布置在操作员背后；

值长出入及与管理部门的通讯不干扰主控制室活动；

电厂支持人员的出入通道。

④主控制室撤离：

主控制室至少应配备两个独立的撤离通道，在主控制室必须疏散的情况下可使用。操作员可从任一通道进入远程停堆站。

3）配套操作员休息区、卫生间、倒班交接区、应急资源和参考资料存放区

4）通讯设备

5）事故后监测

应提供独立于正常工作站，并由安全级交流不间断电源供电的事故后盘。事故后盘的事故后工况监测信息显示，应能够支持操作员进行事故后分析判断的一组最小量的信息。

6）操作员工作站

主控制室里的操作员工作站和协调员工作站包括显示器以及数字化控制手段。

每一操作员工作站应具备独立完成其

全部功能的能力；

至少有一个工作站供协调员使用，并可以支持协调员的任务需求；

工作站内的单一故障不应导致其他工作站不可用；

主控制室的工作站的布置便于各工作站操作员间的直接口头和视线交流。

（2）远程停堆站

远程停堆站是在实体上和电气上与主控制室完全分离的辅助控制点。远程停堆站提供足够的监测信号和操作设备，以便在主控制室不可用时（例如发生火灾时），实现对电厂的监测与控制，使反应堆进入热停堆并最终达到安全停堆状态。远程停堆站不建议使用钥匙或门禁装置。

1）功能和任务应用

仪控设计应确定远程停堆操作涉及的所有功能和任务。为远程停堆站制定的功能和任务设计控制和显示。

2）撤离

主控制室发生不可用的事故时，操作员在确定撤离主控制室后，在规定时间内关闭反应堆，撤离至远程停堆站并将其投入工作。

3）远程停堆站的人员配置

远程停堆操作应该建立在操作员数量减少的基础上，使反应堆进入热停堆并最终达到安全停堆状态。

4）布置和设计

远程停堆站应是简化的主控制室，设备的安装布置和人机接口设计应尽量与主控制室保持一致。

5）远程停堆站的启用

远程停堆站启用后主控制室的动作或设备故障都不影响远程停堆站执行功能。另外，切换装置不会导致主控制室和远程停堆两者均丧失。但是，远程停堆站的启用，会在主控制室内发出报警信号。主控制室和远程停堆站的切换操作符合可靠性要求并防止误操作。

（3）技术支持中心

从技术支持中心到主控制室应便于主控制室操作员和电厂管理人员进行管理控制，避免来自技术支持中心的人员干扰主控制室的操作。

技术支持中心可支持电厂运行的日常使用，同时不会削弱技术支持中心在应急情况下的使用。

（4）主控制室的布置、环境和设备

主控制室的布置、环境和设备都应与其分配的功能和任务相匹配。应考虑活动路径、支持设备的使用、操作员之间及操作员与其他电厂人员间的沟通、可能恶化的环境条件（如使用应急照明）。这些任务也包括必须由控制站执行或支持的定期试验。每个控制站的设计应特殊考虑操作员执行的行政管理性功能和任务；应考虑可能在该控制站上进行的试验与维护操作；应考虑控制站所需材料和物品的存放不应违反系统、结构和部件的抗震要求；主控制室温湿度、风速控制在适宜的范围，确保主控室内人员的安全和舒适。核电厂事故工况下，保护主控室内人员免于事故所致的危害。为控制站提供可由操作员调节的照明，确保照度均匀，可调节到最佳的平衡值，防眩光、反光和阴影。此外，还应考虑照明、噪声、装饰材料等满足相应的要求。主控制室，环境噪声水平应不超过 55 dB（A），此限值适用于上述控制站所有区域内的正常或应急供暖、通风和空调系统，以保证操作员间的交流不受影响。装饰材料应阻燃，易于保养，耐用，防静电，具备吸音能力以及合适的外观。

(5) 人机接口要求

在核电厂中，重要的人机接口主要集中位于主控制室、远程停堆站、技术支持中心、就地控制站。这些运行和控制中心用到的人机接口资源主要有报警、显示画面、控制器、控制盘等，此外设计中还应该考虑控制室运行人员的配置。

1) 人员的配置与资质

“华龙一号”控制室及人机接口的设计应能满足以下人员在所有工况（包括正常运行、异常事件和事故工况）下均可安全监视和控制电厂状态。

主控制室的主控制区内最大容量可参考如下需求：

①2 或 3 名操作员（RO 资质），负责根据协调员要求管理、控制并完成所有运行任务；

②1 名协调员（SRO 资质），负责协助值长对机组进行直接管理，在值长授权下作为机组正常活动的指挥者和事故情况下操作员的协调人；

电厂其他区域（必要时能及时到达主控制室）：

③1 名值长（SRO 资质），对整个电厂的运行负责，事故情况下作为事故处理的直接指挥者；

④1 名核安全技术顾问（STA），负责独立监督电厂的核安全水平，为运行人员提供运行事件评估和事故处理方面的额外技术支持；

⑤1 名隔离经理（RO 资质），负责办理隔离操作票及设备隔离操作，事故情况下执行相应的现场操作单；

⑥2 名以上的现场操作员，具有操作现场就地设备的资质，负责按照操作员的指令完成现场操作及定期巡检等。

此外，在控制室设计时还需要在主控制室的控制区预留三个观察员和辅助人员的位置：一个来自核安全监督站、一个来自营运单位管理部门、一个处理通讯交流。

2) 显示

设计人员在进行控制站的显示设计时应满足以下要求。

①显示的一般要求

显示的设计应便于操作员正确并迅速地执行任务，同时宜考虑显示信息与任一相关控制器之间的关系。应考虑控制和显示的集成以及操作规程的类型（SOP/EOP/SEOP）。在选择使用的显示类型时，应考虑相关信息的表达。设计应基于人体功效学原则，保证易于操作，并尽量减少操作员在意向和执行两方面的失误。当 VDU 上显示的信息是主要信息源，且对操作员工作量有较大影响时，显示的设计应减少监测、运行及问题处理方面的工作量，以避免信息超负荷。

②显示器的数量和布置

通常，最主要的决定因素是控制室的总体配置：包括计算机工作站及其硬件的数量和布置以及其他硬件（如报警器和控制器）的数量和位置。在进行操作员任务的早期分析时宜分析将向操作员显示的信息以及从运行值获得输入。在确定适当显示器的数量时，宜考虑：操作员同一时刻所需要的信息；信息在显示页面内的布置；显示页面在显示体系中的布局；访问信息的方法。

③显示的准确性

信息的显示应尽可能简单、明确并易于理解。当需要时，操作员应能获得具有冗余度的必要信息显示。在任何运行工况下，VDU 上显示的信息宜适当使用文字说明和图形元素以便于理解。显示应明确且无信息丢失地向操作员传达预期的信息，趋势图和直方图的显示比例应使操作员能够读取并充分理解显示内容，对于数字显示，变化量的数字更新不应快于0.3 s。

④显示的一致性

在控制室的显示设计中，代表同样信息的所有信息项的命名宜相同，如果信息的表达方式不能保持一致，应将变更的理由形成文件。当在不同显示器上使用相同的信息项时，只要可能，它们在每个显示器上的位置宜一致。用编组方法时，宜采用标准化的标题和格式，以保持一致。个人工作站的 VDU 画面与大屏幕显示之间宜具有一致性。

⑤颜色编码

当采用颜色表示安全含义时，应配合使用其他类型的编码以保证操作员能够清楚地注意到安全含义，而不仅依赖于颜色。使用颜色编码的对象宜使用中性的背景色。宜根据对用户工作内容的了解，决定是否使用颜色编码。虽然颜色编制最容易实现，但不宜将颜色编码作为默认的编码方法，可使用如形状、位置、亮度、闪烁等其他方法对目标进行编码。

⑥符号和图形

符号宜标准化，应消除某一符号存在多种解释的可能性，除非新的解释是由于该符号与其他特定符号组合使用而产生的，则这种用法应在显示需求中特别指明。符号尺寸的范围宜限于一个系列，以便于区分不同的尺寸。

⑦大屏幕显示

大屏幕主要用于电厂概貌显示，使多个操作员同时浏览同样的信息来支持联合状态警示和互动。概貌图的主要元素应尽可能避免需要心算和处理的数值数据。宜避免不能一目了然的信息。如不与其他规定冲突，也可在概貌图的主要元素中显示处理后的数据，但这些数据不宜作为概貌显示的主要方式。大屏幕上宜避免显示信息的细节内容。不同组和不同类别的信息宜分隔显示，并置于其适合的单独显示层，在视觉上突出最重要的任务信息。

3）控制

设计人员在进行控制站的控制设计时应满足以下要求。

①控制的一般要求

操作员控制器的设计应使操作员能方便和正确地执行其任务，应考虑控制和显示的组合，并在选择所用的控制器时应考虑操作规程的类型及其显示方式。应特别注意需要为操作员设计简单的防错措施，其设计应基于人体功效学的原则，以保证易于操作，并使操作员的疏忽和误操作造成的差错最少。

②控制器类型的一致性

仪表和控制系统设计的目标之一是尽量减少提供给操作员使用的控制器的类型。但也应为具有不同特点和用途的控制提供不同类型的控制器。控制站的设计规范应充分说明选择控制器的原则。

③控制器的选择

控制器的选择应首先考虑目前可用的技术以及现役核电厂的经验反馈，根据每个电厂设备和每项电厂功能适当选择控制类型。对于共因故障还应考虑选用两个不同的控制器执行同一功能。在进行控制室任务分析时，应给出对应控制器的相应要求。

④动力源的识别

设计人员应遵循一致和有效的方法，给出每个控制设备动力源的信息。并支持操作员应对失去动力电源、控制电源或气源等动力源的事件。

⑤正常控制位置的识别

在适当的情况下，仪表和控制系统设

计应提供一致的方法，以确定每一个控制器的正常规定位置。

⑥防止误操作和控制闭锁

应通过控制装置的类型、位置和简单的防护装置来防止控制器误操作，对于软控制器，可采用二次确认等方式避免误操作。宜减少使用钥匙闭锁控制器。特别是在紧急情况中必须及时启动控制器时不应使用钥匙闭锁控制器。

⑦软控制器

软控制器通过软件而非直接的物理连接作为媒介来提供人机接口，除非有特殊要求（如手动启动安全功能的控制），主控制室工作站上对电厂设备和系统的控制通常应为软控制，如控件或触摸屏。

⑧手动驱动安全功能的控制

自动启动的安全功能和任何其他具有系统级启动的安全功能，应在主控制室中提供手动系统级驱动控制。在所有的紧凑型工作站都不工作时，操作员也能通过手动系统级的驱动控制来启动系统级的安全功能。

⑨触摸屏的特殊要求

触摸屏应布置在监视和控制能满足人因要求的位置且可靠，并通过颜色、符号、信息或音调的改变将每次触摸迅速反馈给操作员。对于重要的不可恢复的电厂操作，宜在指定时间内要求两次触摸动作。

4）报警

①报警系统的总体要求

报警系统应设计为：

告知操作员存在异常以便操作员能够开始采取纠正措施；

通知操作员电厂出现导致电厂系统状态或状态发生变化的故障、扰动和非预期事件；

引导操作员获取进一步诊断和理解所发生事件需要的信息，有助于计划和实时纠正措施；

帮助操作员确认电厂总体状态；

向操作员提供事件原因和后果的相关信息；

引导操作员执行相应的报警程序。

②报警条件的选择

应用一致的方法和原则用来选择电厂报警的条件。为了满足单独的系统要求，选择过程要基于电厂系统设计人员和人—机接口系统设计人员之间的相互配合，同时，要使用统一的准则保证报警系统和操作员的需求和能力相适应，应基于“功率运行暗盘”原理来选择报警条件。应为操作员提供在特定情况下设置临时的报警和整定值的能力。设计人员应编写报警选择的准则文件，作为正式设计基准的一部分。对于每一种报警条件，设计人员应编制报警卡程序，并规定操作员要采取的动作和给出其他需要的信息以保证恰当的响应。

③报警处理

报警系统的设计应该最大限度减少潜在的干扰报警。为了消除潜在的干扰报警，报警系统应包括如下特性：能对报警输入采用时间过滤和（或）时间延迟，以过滤噪声和消除瞬时报警；能对报警输入进行逻辑处理，即将输入报警条件与其他信号、报警、计算条件和电厂模式等相结合，以便能构成更“智能”或“有限制”的逻辑来避免不必要的报警。应评估每一单独的报警成为干扰报警的潜在可能性。

④报警的显示

报警显示的位置和类型应能清楚地指示出报警条件的存在，以及报警的状态（新出、已确认、已消失或被抑制）。报警显示能满足所有操作员对于保持电厂和主要系统状态的了解需要。

为使操作员快速响应报警并能保持对电厂和系统状态的总体了解，报警的统计信息在显示器上总是出现在同一位置，以便操作员在检查状态时能容易找到。报警消息列表通常按照时间顺序显示每个报警的详细信息。报警列表需提供简单的滚动条或翻页功能和快速显示最近出现的报警。报警消息列表显示还具有特定报警的查询功能。报警的显示能够使操作员能快速判断报警是否“存在”，或工况是否正常。

报警应以优先级的方式呈现，以便操作员能根据它们相对的重要性或紧急性和必需采取动作的时间限制来作出响应。优先级的分配应根据已形成的文件准则。分配最高优先级的报警数量应受到限制，以便在引起多报警的可信扰动或事故时，不会给操作员显示过多的最高优先级的报警。当报警在液晶显示器或相似设备上以列表形式显示时，设计人员应证明最高优先级报警的数量不超过显示可信事故情景的能力。也就是说，最高优先级的报警显示在一页内。

⑤报警系统的控制

为操作员提供的报警显示和控制装置（确认、消音、复位等）的布置和位置应确保：响应报警的操作员能有足够的时间获得报警信息以恰当地响应报警。要避免一个人读取报警信息，然后转述给需要响应的另外一个人听的做法。操作员可从进行确认操作的工作站上读取报警信息。当操作员工作在工作站时，应尽量避免为了确认报警，而离开工作站。

⑥报警的音调

报警系统有产生多种音调或信号以通告报警条件的能力。

5）控制盘

仪控设计人员应遵循相关标准的规定和本节的要求来设计控制站内的控制盘（主要包括后备盘和紧急停堆盘）。

①控制盘的布置

控制盘的布置应符合人因工程原则。控制盘的布置应遵循统一的原则，在主控制室内的布置应该是结构化的，以便于各类工况下系统与部件的识别，并将人为差错引起的误操作几率降到最小。应基于使用控制盘上控制和指示设备的责任人（如一二回路操作员），对设备进行初步分类，再结合设备的功能和使用频度，决定设备的总体位置。

②功能组和设备的位置

控制盘上设备的布置应遵循某些常见的逻辑顺序，如电厂的流程模拟图，但其他顺序（如使用顺序）亦宜考虑，控制器一般布置在指示器下方，无法满足时放在指示器右方。在给定的控制盘上，控制设备的布置应构成一系列功能组。规定一个功能组的依据宜为实现一个给定功能或操作过程。对于功能组在控制盘的最佳位置的选择应考虑：使用的顺序宜遵循一些简单的规则，如启动或升功率从左至右，或按照能量传导顺序进行排列等公认的惯例。该顺序宜根据常见的运行工况；安全相关和需经常操作的设备宜靠近操作员的监视位置；当多个功能组包含类似电厂物项时，这些功能组的布置宜相同。为了防止左右混淆，各种控制盘、控制器和指示器应避免采用镜像布置。

③控制盘及其部件的标识

仪表和控制系统设计人员应建立完整的、一致的方法对控制盘及其部件进行功能分区，该方法应作为控制站设计规范的一部分进行完整描述。控制站使用的缩略语、符号、首字母缩写等应与其他人机接口保持一致。

④控制盘的改造

控制盘的设计应便于未来的改造。满足改造要求的设计特性应在控制站的概念设计中确定，并在设计规范中描述。

7.5 系统和设备

7.5.1 硬件要求

(1) 范围

本节要求适用于所有仪表和控制系统的硬件：总体要求、计算机系统、开关、传感器、隔离装置、阀门、供电要求、接地、电气贯穿件和密封、电缆和光缆、现场端接和铰接。

(2) 总体要求

1) 仪控系统设计应使其能够提供平稳的全厂控制，从而满足不同设计工况的要求；

2) 仪控系统的监测功能应为操作员提供足够的系统和设备运行方面的信息，并在系统和/或设备误操作或发生故障时采取合适的动作；

3) 任何运行所需的基于微处理器、微控制器、计算机或可编程逻辑器件的仪表和控制系统，在电源恢复时都应能“自启动”，而无需人员干预。非安全级系统在没有运行人员动作或授权的情况下，不宜允许自动重启或执行控制；

4) 现场总线连接可根据附近端接点进行组织，并符合仪表和控制分组策略要求。主干线和现场分支宜符合现场总线标准和制造商推荐，并满足最小化现场电缆和仪表管敷设的原则；

5) 当使用现场总线技术时，区域内安装的仪表单元和数据传输带宽要求应考虑浪涌和电压跌落。应对会导致整个现场总线或任意现场总线段失效的模式进行分析；

6) 机架内需要外接的线缆都应引至由厂商提供的固定在机架上的端子盒或连接器；

7) 过程仪表的仪表管线敷设不应影响参数的精度、响应时间和灵敏度；

8) 应通过仪控设备的设计、布置以及保护边界或壳体的使用，以避免其遭受潜在的灾害；

9) 仪表量程应覆盖系统所用变量变化范围且有合理的裕量；

10) 模拟信号宜是电流输入或差分电压类型；

11) 安全仪控系统和部件应针对其在役寿期内的预期功能进行鉴定，鉴定大纲应涵盖对各个系统或部件执行其预期功能的适用性有影响的所有方面，包括：

①功能和性能的适用性和正确性；

②环境鉴定；

③内部和外部功能和性能的适用性和正确性；

④电磁兼容鉴定。

12) 所有设备和装置应不受电磁干扰的影响，或者安装有合适的屏蔽和隔离装置，从而将干扰降低到可接受的水平。安全级设备应根据相关标准要求进行电磁兼容试验；

13) 仪表和控制设备的设计应满足在其安装环境内的运行可靠性；

14) 设计应使得对电源和 HVAC 等支持系统的要求降到最低限度；

15) 仪控系统应进行最大限度的预装并在最终配置下进行测试；

16) 危险区域，诸如高压区域等危险地带应根据国家和地方法规加以标识和隔离；

17）所有对安全极其重要的、控制的和电厂可用性相关系统，均应进行信号确认；

18）在机柜内部和其他的设备所处位置应提供标准三孔 220VAC 公共电源插座，以方便非安全级机柜内进行的维修活动。对安全相关机柜而言，其附近应提供公共电源插座。这些插座能够方便备用照明灯和电气设备的使用以完成维修活动；

19）应避免在机柜内对设备进行维修。

（3）计算机系统

商用计算机及其外设的所有设备，均应满足组态管理控制要求。需要进行全面的集成测试和确认。所有需要投入运行的数字化系统如需授时同步或更新，均应采用网络时钟服务器或同等设备进行。安全级系统不应采用实时时钟和日历。事件序列数据应通过隔离部件和模拟量信号发往非安全系统，以便进行精确时间标记。在电源中断时，时钟时间和日历能够保持。网络时钟服务器应具有电池后备，并应提供对电池故障的在线警告。维修和更换供电系统不应中断系统运行。

（4）开关

设计人员应确定开关的类型、寿命和重复性要求，鼓励使用开关组合逻辑、考虑智能化逻辑判断功能，提供性能测试手段，需要时能进行位置调整。

（5）传感器

设计人员应确定传感器的类型，主要包含温度测量、流量测量等等，考虑精度要求、校准要求、量程范围、工作条件、测试设备、维修更换等，明确布置原则、多样性要求。

（6）隔离装置

用于安全级系统与非安全级系统的隔离装置属于安全级设备，设计人员根据应用要求选择隔离装置的类型。

（7）阀门（I&C 设备）

电动阀应有独立的阀门控制信号和位置指示信号器。避免与其他阀门有共模失效。重要阀门需要进行外部和/或内部泄漏监测。安全级系统中的气动阀在丧失气源或控制信号时应处于故障安全位置。应提供诊断、校准和维修的手段。如果动力阀的阀杆位置不可见或不能指示阀门位置则应配备就地位置指示装置。所有手动阀应根据需要配备安全锁定装置且宜配有阀门位置指示器。

（8）供电要求

在供电发生预期的变化时，仪控设备应能在规定裕量的范围内工作，应提供过压、过流保护功能，设备应具有电源丧失指示功能，安全级电源满足独立性要求。

（9）接地

所有仪控设备的接地应当满足国家或行业标准中规定的要求。确保使用可靠的接地设计。

（10）电气贯穿件和密封

贯穿件连接器不能造成控制信号衰减，应考虑备用件，考虑来自其他贯穿件的电磁干扰/射频干扰。安全级贯穿件需要满足相关法规标准要求。

（11）电缆、光缆

电缆和光缆应满足隔离准则、屏蔽和标识要求，考虑备用量、弯曲半径以及对它们的保护，尽量使用预装电缆。

（12）现场端接

现场端接应能承受设计基准地震和电厂设备震动，并易于维护和更换、配备标识，如空间紧张时，可考虑使用集线盘或集线装置。

7.5.2 软件要求

本节要求适用于仪控系统重要设备中

使用的所有软件类型，例如操作系统、已开发软件或固件、针对项目专门开发的软件以及在现有的已开发系列软硬件模块的基础上开发的软件。

(1) 设计过程

1) 软件生命周期

应在设计人员或分包商为设计人员准备的每个软件产品中定义完整的软件生命周期。软件生命周期策略、大纲、程序和说明须应用于所有软件开发过程。

软件质量保证大纲 (SQAP) 应满足《核电厂安全系统中数字计算机的适用准则》(GB/T 13629)。对于安全相关软件，SQAP 需遵循《核电厂质量保证安全规定》(HAF003) 所规定的要求。软件生命周期策略应提供软件 QA 的分级方法。

2) 责任方

为了使软件的开发、使用和运行系统化，设计人员应建立软件生命周期。应严格采纳和使用软件生命周期。

设计人员负责确保收到设备后继续应用软件生命周期，并将其移交给业主。业主应明确所有系统的软件生命周期（如 SQAP 分级方法），之后设计人员可以评估和建立每个子系统软件生命周期更详细的过程和说明。

3) 软件生命周期步骤和活动

软件生命周期至少应产生：系统需求规格说明书、软件需求规格说明书、详细的软件设计规格书、编码和软件生成、测试、安装和调试、责任转移、运行、维护、项目管理、V&V、软件/系统安全分析、软件质量保证。

(2) 软件设计

1) 对所有软件的设计都应采用自上而下的设计方法；

2) 软件文档的编写应同软件设计同时进行。文档应包括系统、硬件和软件规范；

3) 应包括防御措施：包括限值检查、设定缺省值以防止软件不稳定、超出范围的设计禁止错误输入、对因通信错误引入的错误输入参数进行逻辑检查等等，以防止出现软件不稳定、错误计算或错误控制等其他不利结果；

4) 根据标准要求制订软件开发计划，包括实现模块化要求和方法；

5) 操作系统软件不允许修改；

6) 迁移策略：系统和应用软件应与仪表和控制平台的迁移策略兼容；

7) 软件设计应采用层次化设计结构和模块化设计原则，具有连贯、衔接的模块；

8) 软件类型应尽可能少，软件易于购买；

9) 编程要求：编程时应使用已被广泛认可的适用于编程算法的高级语言；

10) 软件支持计划应包含所有用到的软件确保完整性并说明支持的时间期限；

11) 仪表和控制系统的保护、控制、报警和显示功能应基于数字化技术特点；

12) 初始化阶段要执行全面的诊断工作。维修时，诊断工作要有旁路措施；

13) 程序按照一系列程序模块进行开发；

14) 参数共享：采用全局变量等方式，使参数被几个软件模块所共用；

15) 网络安全：应采取措施防止在软件系统内传播寄生软件（病毒）；

16) 数据库管理保证适宜的数据存储、传播和应用。包括在线系统数据和存储长期数据；

17) 存储和恢复：应提供适合数据和数据使用的各种类型的存储介质和环境。

（3）性能要求

1）运行裕量

计算机系统应根据最大设计负荷工况来设计，以具有足够的运行裕量。最大负荷工况至少应包括：数据扫描、数据通信、数据处理、运算处理、分析计算、控制指令执行、显示处理、操作员指令处理、以及数据存储和恢复；另外，计算机系统应设计有合理的可扩展裕量。

2）在线诊断能力

计算机系统应具有足够的在线诊断能力。故障应通告电厂运行人员。所有诊断出的错误连同时间和日期应通过在线打印机打印记录。

3）定期试验

检测硬件状态，并对软件错误功能或未授权修改进行测试。

（4）验证、测试和质量鉴定

1）测试大纲

设计人员应开发用于开发/运行软件系统的工具，应制定测试大纲。

2）工具要求

工具的开发、测试和文档以及使用的技术应与使用这些工具的可交付软件具有相同的严谨性和详细程度。工具应置于配置管理控制之下，并需维护和文档化。

3）V&V 要求

V&V 应采用人工测试方式（例如代码审查、团队审核）和基于计算机的测试。开展全生命周期软件 V&V。不同功能分类软件的验证与确认相关技术要求应按照不同的标准展开，A 类软件依据《核电厂安全重要仪表和控制系统执行 A 类功能的计算机软件》（NB/T 20054）中的软件验证和确认要求，B 和 C 类软件依据《核电厂安全重要仪表和控制系统执行 B 类和 C 类功能的计算机软件》（NB/T 20055）中的软件验证和确认要求。

4）监测主体要求

负责软件开发的个人或集体不能执行软件的检测工作。对于安全系统，应满足《核电厂安全系统中数字计算机的适用准则》（GB/T 13629）中的独立性要求。业主应确定适当的独立性要求。

5）期望值要求：对于每项试验，应预先给出期望值，以避免将错误理解为正确结果。

6）定期试验：基于软件的设计应满足《核电厂安全系统》（GB/T 13284）的可测试性、校准和旁路要求。

7）可测试性要求：集成系统（包括硬件和软件）的设计应符合本文可测试性要求。

（5）可用性和可靠性

1）应制订 V&V 计划，并包括系统化的质量保证活动。

2）多样性和冗余要求：设计人员应评估每个仪表和控制子系统的多样性和冗余要求。

3）可靠性评估：提供可靠性评估，以确保最终的系统设计满足系统要求。

4）网络安全：网络安全保护水平应按照标准要求确定。对于在软件中很难检测的未授权的篡改编码的防护，应通过软件或硬件或二者结合在设计之中。对于电厂操作人员、授权软件工程师，至少应该有两个防护等级。

5）基于软件的安全系统应遵循基本的核电厂设计原则如纵深防御、冗余、实体分离、独立性和多样性。

（6）可维护性和便捷性

1）供应商手册

设计人员应将所有供应商手册转交给业主，由其负责操作和维护。除设计人员提供的用户手册外，还应提供供应商手册。

2）设计人员应向业主提供维护和修改系统所需的所有文件、诊断工具、校准工具等。

3）软件维护计划

设计人员应制订一份软件维护计划，该计划应符合国家相关标准法规要求。设计人员应规定业主所需的软件维护目标，以保持与设计人员确定的相同质量水平。

7.6 核岛主要系统仪表和控制

7.6.1 核岛仪控系统总体要求

（1）功能要求

1）能量的产生、输送和转换

仪表和控制系统应对反应堆堆芯中产出的能量过程提供监测和控制，该能量包括最终输送给电网用户和排放到热阱和环境中的部分。仪表和控制系统整体功能的最终实现需要与工艺系统运行协调一致。

2）反应堆堆芯

仪表和控制系统应提供对反应堆堆芯的监测和控制。这种功能的实现应通过监测中子通量和调节反应性以维持裂变能量的产生以及裂变能量的分布，此外还包括监测反应堆堆芯出口温度。

3）反应堆冷却剂压力

仪表和控制系统应提供维持反应堆冷却剂压力在适当的运行范围和设计限值内所要求的控制和监测。

4）反应堆冷却剂装载量和化学控制

仪表和控制系统应提供维持反应堆冷却剂系统中冷却剂的合适装载量，以及确保冷却剂的化学成分在适当范围内所要求的控制和监测。

5）反应堆堆芯热量的导出

仪表和控制系统应提供导出反应堆堆芯产生的热量所要求的监测和控制。包括堆芯到蒸汽发生器之间的反应堆冷却剂冷、热两段的监控。反应堆堆芯热量导出正常情况下由反应堆冷却剂系统完成。冷停堆工况由反应堆余热排出系统来完成。

6）蒸汽发生器控制

仪表和控制系统应提供蒸汽发生器的监测和控制，包括维持蒸汽发生器中适当的水位，保证蒸汽发生器不满溢。

（2）控制和监测策略

1）启动和停运操作

仪表和控制系统应提供操作员启动或停运系统所需的监控和控制（即允许手动操作），但仪控系统应是自动化的。

2）正常运行

通常应为连续或经常重复的任务提供自动操作。

3）系统的重新配置

在必要时，仪控系统宜对系统进行自动重新配置，以避免人员危险、重大设备损坏或支持电厂其他仪控系统的触发动作。

在自动重新配置后系统要复位到初始状态，正常的情况应由操作员来操作而不是自动操作。但如果设计人员确认这种自动动作能大大地有助于如下几点则也可自动进行配置：

①减少对保护系统的威胁；

②降低人员的伤害；

③改进电厂的可用性、降低电厂主设备的损坏风险；

④应向操作员报告任何自动复位的操作。

4）试验操作

仪控系统通常应考虑仅在操作员指导下进行在线试验。试验本身应自动进行，以简化操作员的操作并降低对电厂产生干扰的风险。

(3) 与工艺系统运行协调一致

仪控系统设计应与工艺系统运行协调一致，使其满足电厂性能和功能要求。

7.6.2 专用仪控系统

7.6.2.1 反应堆保护系统

(1) 功能

反应堆保护系统监测关键电厂参数，并基于那些参数确定反应堆是否必须停堆以防止堆芯损坏。一般分为紧急停堆系统和专设安全设施驱动系统。同时为应对保护系统发生的软件共因失效，应设置多样性驱动系统作为保护系统的后备。此外，为保证系统在运行中的可靠性，反应堆保护系统还具有多种不直接与安全功能执行过程相关，但却与系统特定活动相关的服务功能：如在线自检和定期试验功能、故障诊断和局部故障处理等功能。

(2) 监控策略

1) 自动保护

除非出现危险工况到要求保护动作之间有足够长的时间允许操作员手动操作，否则所有保护动作都应是自动的。保护动作一旦触发就应进行到底。

2) 手动启动

系统级的每个保护动作，可以在控制室手动启动。

7.6.2.2 核仪表系统

(1) 功能

核仪表系统的功能是连续监测反应堆功率、功率水平和功率分布的变化。为此目的，核仪表使用了设置在反应堆压力容器外的一系列测量中子注量率的探测器。核仪表系统的安全功能是在中子注量率高和中子注量率快变化时触发反应堆停堆。

(2) 监控策略

1) 连续不间断的测量从反应堆启堆到停堆的整个阶段的堆芯反应堆功率水平和功率分布，并满足操作员的监测要求；

2) 核仪表系统除了保护通道外还应包含控制通道，可以将计数率等信号送往反应堆厂房、机柜本体、主控室扬声器等。

7.6.2.3 堆芯测量系统

(1) 功能

堆芯测量系统用于提供反应堆堆芯中子通量分布、燃料组件出口反应堆冷却剂温度和反应堆压力容器水位的测量数据。利用获得的数据，可以验证堆芯设计参数。堆芯测量系统由中子通量测量、温度测量和反应堆压力容器水位测量子系统组成。

(2) 监控策略

1) 必须自动监测，以及根据操作员要求可以进行其他监测；

2) 必须提交数据给操作员，包括个别读数的特殊处理或简化，使得操作员对数据信息直观了解；

3) 给操作员提供报警等手段。

7.6.2.4 棒控棒位系统

(1) 功能

棒控系统用于提升、插入和保持控制棒束，并监视每一控制棒束在堆芯中的位置。棒控系统根据操作员的操作选择和反应堆控制系统及其他接口信息，产生综合命令信号，使所有停堆棒和控制棒组件按规定的程序正确运行，实现反应堆的启堆、运行和停堆。棒位指示系统用于测量和监视每一控制棒束在堆芯内的位置，尤其是控制室里各棒束的测量位置显示，为运行人员提供控制棒在堆芯里的真实位置。运行人员可根据棒束的相互位置和给定棒位计数器的位置来检查其棒位的正确性。还可根据主控制室相应画面的各种指示来识别控制棒的失步、卡棒、落棒等。同时，应配置一套独立的棒电源系统，该电源通过棒控系统为控制棒驱动结构的线圈供电。

（2）监控策略

正常的停堆和运行应自动化，并提供直接手动控制的能力。

7.6.2.5 严重事故仪控系统

（1）功能

严重事故仪控系统提供判断严重事故工况进程的相关变量监视，同时提供缓解严重事故后果的手段。其设置有专用的控制机柜完成信号采集、逻辑处理和设备驱动功能，并通过主控室提供严重事故下操作所必要的手动控制和指示。

（2）监控策略

1）系统冗余度与所监控的工艺系统相一致，不同冗余序列满足电气和实体隔离；

2）系统的硬件、软件要经过质量鉴定和 V&V（验证与确认），能够适应严重事故工况下的环境条件，如温度、湿度、辐射、地震及其他因素影响；

3）发生严重事故且叠加 SBO 工况下，该系统可以提供不少于 12 小时的监控手段。

7.6.2.6 故障预测与健康管理系统

（1）功能

应用现代信息技术和人工智能方法，实现核电厂构筑物、系统和部件的状态监测、故障诊断、状态评估、寿命预测以及核电厂的安全风险评估和预警等，为电厂操作员和管理人员提供辅助决策支持。

（2）监控策略

1）提供和呈现综合、全面、有预见性的电厂健康状态信息；

2）辅助电厂操作员动作的执行和管理人员的决策；

3）不直接干预电厂的运行和事故的处理，仅提供监督和预警信息。

7.6.3 核岛工艺系统的仪表和控制

7.6.3.1 反应堆冷却剂系统的仪表和控制

（1）功能

1）通过稳压器对反应堆冷却剂压力进行控制；

2）通过化学和容积控制系统对稳压器水位进行控制。

（2）监控策略

1）正常运行期间，在控制室对反应堆冷却剂系统的执行器进行控制，并对反应堆冷却剂系统的运行进行监督；

2）当控制室不能使用时，可在远程停堆站使反应堆热停堆并保持反应堆在此期间处于安全状态；

3）在厂外电源全部丧失的情况下，所有这些所需的执行器由柴油发电机应急供电。

7.6.3.2 化学和容积控制系统的仪表和控制

（1）功能

1）容积控制；

2）化学控制；

3）反应堆冷却剂泵的密封水注入。

（2）监控策略

1）正常运行期间，在主控制室完成对化学和容积系统的必要操作和信息显示；

2）当控制室不可用时，在远程停堆站的工作站上进行相应的信息显示并完成必要的操作，以维持机组处于热停堆工况，并可以通过适当手段使机组转换到冷停堆工况。

7.6.3.3 硼和水补给系统的仪表和控制

（1）功能

通过化学和容积控制系统向反应堆冷

却剂系统补水和补硼，以满足容积控制和反应性控制的要求，并提供正常运行期间贮存硼酸溶液的设施。同时，硼和水补给系统向贮存和包容硼酸溶液的系统或设备进行填充或补给。

（2）监控策略

硼和水补给系统的控制是在电厂仪表和控制系统内完成，并且在电厂运行时一直运行。

本系统只有一部分运行是自动的：按运行人员要求整定的以各种运行方式注入反应堆冷却剂系统的水容积、硼酸的容积和流量可以自动控制。

本系统的大部分执行机构的控制和在役监测都在主控制室完成，只有硼酸配料箱的搅拌器的控制是在就地完成的。

每个机组的设备的控制和仪表检测信息都设在相应机组的控制室中。

如果控制室工作站发生故障，硼和水补给系统的补给方式保持自动。硼和水补给系统的监视和控制在控制室内后备盘上进行。

7.6.3.4 硼回收系统的仪表和控制

（1）功能

1）接收和贮存机组正常运行中由于燃耗、负荷变化（包括负荷跟踪）和启动与停机瞬态从反应堆通过化学和容积控制系统排放的冷却剂；

2）贮存除气后的蒸馏液（补给水），并通过硼和水补给系统输送到反应堆冷却剂系统，用于反应堆冷却剂的补给和更换；

3）将机组正常运行中被排出且暂存在硼回收系统中的反应堆冷却剂分离成浓缩硼酸溶液和蒸馏液（补给水），进一步在反应堆冷却剂系统中被再利用；

4）去除溶解在反应堆冷却剂中不能被离子交换器或过滤器去除的气体，不改变硼的浓度而直接通过化学和容积控制再注入；

5）控制反应堆冷却剂中的氚浓度。

（2）监控策略

硼回收系统为单台机组设置，可以在集中控制室或主控室集中监控，操作员可以通过集中控制室的操作员站实现对整个工艺过程的监控；主控室操作员还可以在主控室对硼回收系统前贮槽实现监控。

7.6.3.5 余热排出系统的仪表和控制

（1）功能

余热排出系统的仪表和控制应提供必要的监测和控制，以在稳压器处于减压状态时排出堆芯衰变热和显热。

（2）监控策略

余热排出系统仅在反应堆停堆与反应堆冷却剂温度和压力低时使用，由于影响系统的瞬态过程相对较慢，系统控制不需完全自动，某些校正测量要求运行人员执行。

在余热排出系统正常运行期间，系统由主控制室操纵，所有必要的数据，警报和信号均由主控制室提供。当主控制室不可用时，利用远程停堆站提供的必要信息和操作手段使反应堆达到冷停堆。

7.6.3.6 安注系统的仪表和控制

（1）功能

安注系统应提供必要的监视和控制以：

1）向反应堆冷却剂系统提供冷却水，以保证堆芯有足够的冷却水进行冷却；

2）向反应堆冷却剂系统注入含硼水，参与堆芯反应性控制，以补偿堆芯过度冷却引入的正反应性；

3）在蒸汽发生器不可用的设计扩展工况下，采用充—排操作，导出堆芯余热。

（2）监控策略

安注系统接受到从保护系统发出的启

动信号后即自动完成安注功能，自动逻辑在仪控系统中实现，不需要操作员进行干预。运行人员通过操作员站可以实现对安注系统的监视和控制功能，在主控制室的两个操作员工作站之间设有紧急操作设备，其上布置有安注系统的系统级紧急操作按钮，紧急情况下可按下此按钮紧急启动安注系统。

7.6.3.7 安全壳喷淋系统的仪表和控制

（1）功能

在事故工况下（LOCA 或安全壳内蒸汽管道破裂），安全壳内的压力和温度升高，当压力达到一定值时，采用安全壳喷淋系统，将安全壳内压力和温度降低至可接受的水平，以保持安全壳的完整性。

（2）监控策略

1）安全壳喷淋系统在电厂正常运行时处于备用状态，从反应堆保护系统接受启动命令后自动启动安喷系统。也可以在控制室手动控制安全壳喷淋系统的运行情况，在这种操作模式下系统的 A 列和 B 列都可以被手动启动和停闭；

2）在控制室的两个工作站之间的紧急操作设备盘上设有安全壳喷淋系统的系统级启动按钮，紧急情况下可以直接启动安全壳喷淋系统。控制室的后备盘上设有该系统的重要监视参数显示器和主要设备的常规操作按钮。

7.6.3.8 应急给水系统的仪表和控制

（1）功能

应急给水系统是一个专设安全系统，用于在主给水系统或启动给水系统失效或丧失的设计基准工况或设计扩展工况时，向蒸汽发生器提供“给水”以导出一回路的热量。在严重事故工况下，不要求该系统可靠的用于事故缓解。

（2）监控策略

事故工况下，应急给水系统可以在接收到触发信号后自动启动，也能由操作员在主控室通过安全级的控制系统手动操作投入或停运。应在主控制室和远程停堆站对以下参数提供监测和报警：泵出口压力；泵进口压力（有低压报警）；泵出口流量监测；应急给水箱水位（有水位报警）；汽动泵蒸汽供应压力（如使用汽动泵）；阀位指示。在应急给水注入管线上应设置流量调节阀，通过蒸汽发生器的液位调节给水流量，实现给水流量的自动控制。应急给水注入管线上应设置隔离阀，提供给水的有效自动隔离，在 SGTR 事故工况下应急给水系统应能自动向未受损的蒸汽发生器注水，能自动停止向受损蒸汽发生器的注水，能有效防止蒸汽发生器满溢。

7.6.3.9 应急硼注入系统的仪表和控制

（1）功能

应急硼注入系统用来在如下的事故瞬态时向反应堆冷却剂系统注入硼酸溶液，实现堆芯硼化，保证堆芯的次临界状态：

1）在发生未停堆的预期瞬态事故（ATWS）工况下，应急硼注入系统向反应堆冷却剂系统快速注入浓硼酸溶液，将堆芯带入次临界状态；

2）在发生任何需要向反应堆冷却剂系统补硼或者补水的事故工况下，如果其他补硼或补水途径不可用，都可以手动启动应急硼注入系统，实现向反应堆冷却剂系统的补水和硼化。

（2）监控策略

1）应急硼注入系统至少包括两个独立的序列，两个序列均由独立的应急电源供电，同时由相互独立的仪控系统进行监控；

2）应急硼注入系统的投运方式有两

种，即手动投运和自动投运。操作员通过电厂计算机信息和控制系统和后备盘可实现对应急硼注入系统的监视和控制功能。

7.6.3.10　蒸汽排大气系统的仪表和控制

（1）功能

1）在机组启动期间，根据设计方案，如有需要可通过主蒸汽释放阀（主蒸汽释放隔离阀及主蒸汽释放调节阀）排出蒸汽，控制一回路温度；

2）通过关闭主蒸汽释放隔离阀，限制二次侧排热能力增加及放射性外泄；

3）通过主蒸汽释放阀的蒸汽排放，确保二次侧压力边界的完整性；

4）如果凝汽器不可用，通过主蒸汽释放阀排出多余蒸汽；

5）在发生中小 LOCA 或 SGTR 时，执行快速冷却功能，通过主蒸汽释放阀降低一回路压力和温度。

（2）监控策略

1）蒸汽排大气系统的主蒸汽释放阀组设计支持自动和手动控制模式；

2）自动控制不因单一信号失效导致一条以上的释放管道连通；

3）检测到蒸汽流量过度增加时，执行隔离功能；

4）检测到主蒸汽压力超过整定值时，执行超压保护功能；

5）检测到快速冷却信号后，执行快速冷却功能。

7.6.3.11　二次侧非能动余热排出系统的仪表和控制

（1）功能

二次侧非能动余热排出系统在丧失全部给水情况下，排出一回路热量。

（2）监控策略

本系统在机组正常运行及设计基准事故工况下处于备用状态，不运行；在需要应急给水系统投运以排出一回路热量但未投运的事故工况下，本系统自动投入运行，自动开启相应管线电动阀，在必要时也可由操作员手动投入运行。本系统启动的同时，关闭主蒸汽隔离阀，及主蒸汽系统向辅助给水汽动泵供气的阀门。

本系统所有能动阀门均可在主控制室（包括后备盘）及远程停堆站手动操作，蒸汽及凝结水管道上的阀门可根据系统启动信号自动开启。在操作员站和后备盘显示阀门的状态，设置防误动措施，如对能动阀门在主控制室的操作按钮加锁，以防止在电厂正常运行时的误动作。

7.6.3.12　堆腔注水冷却系统

（1）功能

1）严重事故时放射性包容功能

①严重事故过程中，堆腔注水冷却系统可根据需要向堆腔注入足够水量进行压力容器外部冷却，将熔融碎片、放射性物质滞留在压力容器中；

②对压力容器进行外部冷却时，使用能动或非能动的方式使合适流量的水流过压力容器外表面，将热量带走；

③在发生不需要堆腔注水冷却系统运行的事故和电厂正常运行期间，堆腔注水冷却系统参与安全壳隔离；

④在发生需要堆腔注水冷却系统运行的事故过程中，堆腔注水冷却系统位于安全壳外的部分构成第三道屏障的一部分，保持安全壳的完整性和包容放射性物质。

2）其他功能

堆腔注水冷却系统也可执行其他功能。如：维修冷停堆阶段，如果完全丧失冷链或发生 SBO 事故，非能动注水箱通过可用管线向一回路注入含硼水，实施堆内冷却。

（2）监控策略

应提供足够的监视能力（如报警和过程变量显示）以便操作员能够准确判断运行工况并手动触发系统运行。非能动堆腔注水箱内水应定期净化，避免水质变差，导致堵塞管道影响冷却效果。可与其他系统共用水质净化装置，无需单独设置水质净化装置。

7.6.3.13 可燃气体控制系统的仪表和控制

（1）功能

1）控制安全壳内的氢气浓度，包括设计基准工况下的消氢和严重事故工况下的消氢；

2）确保维持安全壳结构完整性；

3）测量安全壳内氢气的浓度。

（2）监控策略

系统连续在线监测安全壳内的氢气浓度，并且在主控室和远程停堆站显示。当安全壳内空间的任意测点监测到的氢气浓度超过高浓度阈值时，触发报警信号。运行人员需根据严重事故相关管理规程进行后续操作。

7.6.3.14 安全壳过滤排放系统

（1）功能

在发生严重事故后，为保证安全壳内的压力不超过其承载限值，通过安全壳过滤排放系统主动卸压确保安全壳的完整性。

（2）监控策略

仪控系统需对过滤组合装置的液位和系统压力、系统流量进行监测，通过限位开关监测安全壳隔离阀位置（开或关），并将信号传送到主控室。在电厂正常运行期间，系统处于备用状态。系统仅在严重事故工况下运行，当安全壳压力超过其设计限值时，手动开启安全壳隔离阀对安全壳进行卸压。

7.6.3.15 额外冷却系统

（1）功能

1）在部分复杂事故序列（DEC-A）工况（如完全丧失热阱，SBO）及严重事故工况（DEC-B）下，通过冷却安全壳热量导出系统的一列排出堆芯及安全壳内余热；

2）在部分 DEC-A 工况及 DEC-B 工况下，通过冷却乏燃料水池和换料水池冷却和净化处理系统的一列排出燃料厂房乏燃料水池的衰变热。

（2）监控策略

额外冷却系统的投运和退出全部通过操作员手动实现，为了从控制室可以监控回路的状态，终端回路主要阀门设置阀位监测开关。

额外冷却系统中间回路设置承压波动箱，保持中间回路水装量以及压力的稳定。波动箱内充有压缩空气确保系统内的压力大于安全壳热量导出系统的运行压力。

7.6.3.16 主蒸汽系统

（1）功能

1）向汽轮机和其他蒸汽用户提供 SG 产生的蒸汽；

2）在机组启动期间，对主蒸汽隔离阀下游蒸汽管道预热；

3）排出蒸汽管道内的冷凝水；

4）向应急给水系统的汽动泵供汽（如有）；

5）通过关闭主蒸汽隔离阀，限制二次侧排热能力增加及放射性外泄；

6）通过主蒸汽安全阀的蒸汽排放，确保二次侧压力边界的完整性。

（2）监控策略

在电厂正常运行期间，主蒸汽系统由主控制室操作，主控制室中设有必要的设备用于控制、显示、记录及报警。

主蒸汽系统在就地设置必要的压力指示用于试验、对蒸汽发生器的监测等。主蒸汽系统还设置有局部泄漏监测系统，对安全壳厂房内主蒸汽管道破前泄漏进行监测。

7.6.3.17　主给水流量控制系统

(1) 功能

主给水流量控制系统主要用于为蒸汽发生器提供给水并调节给水流量，维持蒸汽发生器液位在对应工况的整定值范围内。

(2) 监控策略

主给水流量控制系统主要用给水调节阀自动控制蒸汽发生器的水位。在主控室还可对给水调节阀和调节阀下游的给水隔离阀进行手动操作。

给水隔离阀和可执行安全隔离功能的调节阀还受反应堆保护系统控制，由保护信号自动关闭。

7.7　发电和主汽轮发电机的仪表和控制要求

7.7.1　目的和范围

本节的要求仅适用于发电和主汽轮发电机系统的仪表和控制，包括与其直接相关的仪表和控制设备，例如，传感器、指示器、控制装置、数据传输和处理设备以及报警装置。本节仅包含该系统使用的相关要求。

本节特别阐述的要求如下：

(1) 发电和主汽轮发电机系统中各单个电厂系统仪表和控制的功能分配；

(2) 为界定发电和主汽轮发电机系统仪表和控制要求的范围，仪表和控制实体边界和接口的识别；

(3) 单个电厂系统在各种正常或异常运行模式和瞬态情况下（如启动、正常运行、停机和试验）应遵守的监测和监控策略（如手动或自动、就地或远程）；

(4) 单个电厂系统的仪表和控制与其他电厂系统仪表和控制的集成以及运行的协调。

7.7.2　发电和主汽轮机—发电机系统仪表和控制总体要求

(1) 功能

该系统的仪表和控制应为发电和主汽轮机—发电机系统的单个系统完成所要求的功能提供必要的监测和控制。

设计人员应为单个电厂系统的仪表和控制分配不同的功能，以满足设计过程中所确定需要的功能和任务。本节为这些仪表和控制的功能提供了初始分配；然而，设计人员的主要职责是与工艺系统运行协调一致所有仪表和控制的运行，以便充分执行所有功能。

1) 能量的流动和转换

能量输送功能主要由主蒸汽系统和抽汽系统实现。能量从蒸汽到电能的转换由主汽轮机和发电机系统完成。设计人员应在仪表和控制上对这些系统的运行进行集成以及协调它们与反应堆系统配合。当主汽轮发电机系统中的蒸汽转换受限或与蒸汽生产不平衡时，仪控系统还应该通过汽机旁路系统或排大气系统，保证蒸汽转换平衡。

2) 蒸汽状态

发电和主汽轮机—发电机系统的仪表和控制应将蒸汽状态（如压力和品质）保持在可接受的范围内。仪表和控制应主要通过主蒸汽系统和抽汽系统的运行来监测和控制蒸汽状态。

3) 补给水和冷凝水的供给

发电和主汽轮机—发电机系统的仪表和控制应提供对补给水和冷凝水系统运行

的控制和监测，以保证电厂系统可用满足一定条件（如温度和压力）的补给水控制蒸汽发生器的水装量。补给水和冷凝水系统的仪表和控制运行应与液位控制系统的仪表和控制以及与主蒸汽和汽轮发电机系统的仪表和控制相协调。除对补给水的压力和温度状态进行控制和监测外，该系统的仪表和控制还应监测和控制补给水的化学状态。此功能主要由化学加药系统、冷凝水补给净化系统以及这些电厂系统的仪表和控制操作来完成。

4）辅助蒸汽供给

发电和主汽轮机—发电机系统的仪表和控制应监测和控制辅助蒸汽的状态，以保证使用辅助蒸汽的系统能执行它们的功能。应由辅助蒸汽系统完成对辅助蒸汽的监测和控制，但其仪表和控制应与整个用户系统的仪表和控制相协调，且当主蒸汽是辅助蒸汽的来源时，应与主蒸汽系统和抽汽系统的仪表和控制相集成。

（2）边界和接口

该系统的仪表和控制边界应与电厂系统的实体边界保持一致，还应包含以下仪表和控制硬件：

1）仪表传感器；

2）数据传输设备；

3）数据处理设备；

4）控制器和逻辑装置；

5）操作员接口硬件（例如，控制器、指示器）；

6）支持仪表和控制硬件的软件。

该系统的仪表和控制的接口应与单个电厂系统的接口保持一致。应按仪表和控制的设计计划定义和管理仪表和控制的接口。

（3）通用的控制和监测策略

设计人员应对该系统的仪表和控制的所有部分（个别修改的系统仪表和控制除外）采用一致的控制和监测策略。该通用控制和监测策略也应与整个仪表和控制其余部分采用的策略保持一致。

1）启动和停机操作

该系统的仪表和控制是自动的，但应提供由操作员执行手动启动或停机所必需的控制和监测手段（提供手动控制功能）。如果功能和任务的分析表明手动操作会加重操作员负担或分散操作员的注意力，则所涉及的启动或停机等特定任务应自动完成。

2）正常运行

仪表和控制系统应为持续的或经常重复的任务提供自动操作。

3）重新配置（复位）操作

①仪控设计应在必要时提供系统的重新配置或自动停运，以避免人员危险、重大设备损坏或者支持电厂其他仪控系统的运行操作（例如，反应堆自动停堆或安全系统动作）。

②系统自动重新配置返回到其初始配置，应由操作员确认，即无操作员确认，则不能自动配置。自动返回到初始配置而无需操作员确认的条件是，设计人员可确定自动操作能显著有利于以下方面：

减少保护系统和安全系统的动作；

降低人员的伤害；

改善电厂的可用性；

降低损坏电厂主设备的风险。

③任何自动返回初始配置的情况应提示操作员。

4）试验操作

该系统的仪表和控制仅应在操作员的指导下进行在线试验。

应提供持续的内部自检及诊断，相应的故障及失效在主控制室应提供报警。

(4) 与工艺系统运行协调一致

为满足整个电厂及单个系统的性能要求和功能要求，仪控系统应与其他工艺系统集成与协调一致。另外，设计人员应将设计与仪表和控制的其他部分，特别是与控制能量产生相关的仪表和控制相协调。

7.7.3　主蒸汽和抽气系统的仪表和控制

(1) 功能

主蒸汽系统和抽汽系统的仪表和控制应提供必要的监测和控制，以确保：

1) 将从蒸汽发生器接收的能量有效地传送给主汽轮机；

2) 向主汽轮机供应的蒸汽状态（压力和品质）在功率输出可接受的范围内；

3) 系统或连接的系统（如蒸汽发生器或主汽轮机）不超过设计条件（如压力或温度变化率）。

(2) 控制和监测策略

1) 手动控制与自动控制之间的切换

设计人员应确保电厂正常运行时处于自动控制但可能切换为手动控制的系统，能够在电厂运行过程中适时在自动控制与手动控制之间平稳切换。

2) 负荷调节和跟踪

仪表和控制应特别考虑本文定义的负荷调节和跟踪事件，可无需操作员短期操作而对系统重新调整和重新配置。

3) 自动重新配置

仪表和控制的动作应与任何同时发生的反应堆和安全系统的操作（无论手动或自动）相一致，特别是，当汽轮发电机或主冷凝器不可用时，自动维持主蒸汽系统从反应堆带出热量并限制系统压力。

4) 在线试验

仪表和控制系统的监控策略应与引起主蒸汽系统和抽汽系统状态扰动的汽轮机截止阀和其他主要部件的在线试验相兼容。

应为冗余多样的超速跳闸系统提供在线试验。执行这些试验时应考虑汽轮机转速低于设定的跳闸转速。

(3) 与工艺系统运行协调一致

主蒸汽系统和抽汽系统的仪表和控制应与其他电厂系统的仪表和控制运行协调一致。这应包括以下特殊考虑：

1) 反应堆功率的控制；

2) 主汽轮机和主发电机的控制；

3) 蒸汽发生器状态和水装量的控制；

4) 旁通阀和安全阀（卸压阀）的控制；

5) 主蒸汽隔离阀的控制。

7.7.4　主汽轮机系统的仪表和控制

(1) 功能

为将主蒸汽系统供应的蒸汽转换成驱动主发电机的机械能，主汽轮机系统的仪表和控制应提供必要的监测和控制。

(2) 与工艺系统运行协调一致

主汽轮机的仪表和控制系统应与其他电厂系统的仪表和控制系统运行协调一致。这应包括以下特殊考虑：

1) 主蒸汽系统和抽汽系统供应给主汽轮机的蒸汽流量的控制；

2) 主冷凝器、补给水和冷凝水系统以及循环水系统的状态的控制；

3) 主发电机的控制；

4) 反应堆功率以及蒸汽发生器蒸汽产生的控制。

7.7.5　主发电机系统的仪表和控制

(1) 功能

为将主汽轮机产生的机械能转换为电能，主发电机系统的仪表和控制应提供必要的监测和控制。

(2) 与工艺系统运行协调一致

主发电机的仪表和控制应与其他电厂系统的仪表和控制运行协调一致。这应包括以下特殊考虑：

1）主汽轮机的控制；

2）电厂电力系统的控制。

7.7.6 给水和凝结水系统

（1）功能

为保证足量化学性质适宜的补给水补充进入凝汽器，同时将给水可靠地送入蒸汽发生器的控制阀门，给水和凝结水系统的仪表和控制应提供必要的监测和控制。

（2）控制和监测策略

1）启动和停机

仪表和控制的设计应确保：

①应提供自动控制，以便在所有电厂工况下正确运行，并在主控制室中提供手动备用控制；

②在启动过程中将电厂正常运行时会处于自动控制的系统适时平稳地切换到自动控制。

给水和凝结水系统的启动和停闭应该是自动的。这也不是必须的，因为当功能和任务分析表明手动操作有潜在的实质性收益时，也可以使用手动操作。这可能包括在启动之前将一些系统切换到自动控制，或在停机之后保持自动控制，还可能包括特定而无需操作员持续关注的不可避免的控制阀门泄漏的自动控制，都可以采取手动操作。

2）正常功率变化

给水和凝结水系统的仪表和控制应确保正常功率变化无需短期的操作员动作。

（3）与工艺系统运行协调一致

给水和凝结水系统的仪表和控制应与其他电厂系统的仪表和控制运行协调一致。这应包括以下特殊考虑：

1）蒸汽发生器水位的控制；

2）反应堆衰变热排出的控制；

3）主蒸汽系统和抽汽系统的控制；

4）主汽轮机的控制；

5）冷凝水补给净化和化学加药系统的控制。

7.7.7 化学加药系统的仪表和控制

（1）功能

为保证凝结水、补给水的化学性质维持在要求的限值内，化学加药系统的仪表和控制应提供必要的监测和控制。

（2）控制和监测策略

1）操作位置

设计人员应评价就地操作替代主控制室操作的程度。任何情况下，仪表和控制应能使控制室操作员确认已采用了合适的化学加药并提醒操作员需要化学加药。

2）自动停机或重新配置操作的影响

仪表和控制的设计应确保，化学加药系统的自动操作，无论来自预期的控制动作或部件故障，均不引起其他电厂系统的停机。

（3）与工艺系统运行协调一致

化学加药系统的仪表和控制应与其他电厂系统的仪表和控制运行协调一致。对化学加药系统的控制应特殊考虑，应提供就地控制站以允许通常不在主控制室执行的系统操作。

7.7.8 凝结水补给和净化系统

（1）功能

为保证仪表和控制对凝结水水装量的控制有足够的、品质合格的补给凝结水供应，凝结水补给和净化系统的仪表和控制应提供必要的监测和控制。

（2）控制和监测策略

1）正常运行

仪表和控制应为操作员提供确认凝结水补给和净化系统正常运行的能力，并适当地提醒操作员关注。

2）停机或重新配置

设计人员应确保，凝结水补给和净化

系统的自动操作，无论来自预期的控制动作或部件故障，均不引起其他电厂系统的停机，除非停机是为防止损坏其他设备或防止伤害人员。

(3) 与工艺系统运行协调一致

冷凝水补给和净化系统的仪表和控制应与其他电厂系统的仪表和控制运行协调一致。对给水和凝结水系统的控制应特殊考虑，凝结水补给和净化系统的仪表和控制可与其他电厂系统的仪表和控制分离，或为其提供就地控制站。

7.7.9 辅助蒸汽系统

(1) 功能

为确保向使用辅助蒸汽执行其功能的系统充分供应化学性质和状态（例如压力）都满足要求的辅助蒸汽（低压蒸汽），辅助蒸汽系统的仪表和控制应提供必要的监测和控制。

(2) 控制和监测策略

1) 操作位置

设计人员应将辅助蒸汽系统的控制集成到仪表和控制中。应在主控制室中提供对辅助蒸汽系统的控制，除非功能和任务分析以及远程—就地控制评估表明辅助蒸汽系统应就地控制。

2) 对自动停机或重新配置的影响

设计人员应确保，辅助蒸汽系统中的自动操作，无论来自预期的控制动作或部件故障，均不引起其他电厂系统的停机。

(3) 与工艺系统运行协调一致

辅助蒸汽系统的仪表和控制应与其他电厂系统的仪表和控制运行协调一致。由于辅助蒸汽系统为不同的系统提供蒸汽，其仪表和控制设计将与这些系统密切相关，因此其与工艺系统运行协调一致特别重要。

7.8 辅助系统和电厂支持服务系统的仪表和控制要求

7.8.1 目的和范围

(1) 辅助系统包括本用户要求文件覆盖的下述系统：

1) 压缩空气生产系统；

2) 电力系统。

(2) 电厂支持服务系统的组合包括本用户要求文件覆盖的下述系统：

1) 燃料操作与贮存系统；

2) 核岛消防系统；

3) 辐射监测系统；

4) 实物保护系统；

5) 去污系统（设施）；

6) 实验室；

7) 放射性废物处理系统。

(3) 本节仅描述这些系统仪表和控制要求的一部分。特别是，本节提供的要求将覆盖：

1) 分配各系统的仪表和控制功能；

2) 标识仪表和控制的实际边界和接口；

3) 控制和监测的策略（例如，手动或自动，就地控制或遥控），它应遵循单个电厂系统不同的正常或异常的运行模式和瞬变过程，例如启动、正常运行、停机和试验；

4) 单个电厂系统的仪控与其他电厂系统的仪表和控制的协调。

7.8.2 辅助系统和电厂支持服务系统组合的仪表和控制总体要求

(1) 功能

这些系统组合的仪表和控制应为单个系统完成所要求的功能提供必要的监测和控制。

1）冷却水

辅助系统组合的仪表和控制应监测和控制从电厂系统、构筑物和部件排出的热量以及将这些热负荷传送到环境的过程。这个能量输送功能将由设备冷却水系统、厂用水系统、循环水系统、电厂热阱、冷冻水系统和燃料水池冷却和净化系统等实现。仪表和控制应提供正常运行、瞬态、停机和事故工况期间的监测和控制。

2）空气和气体

辅助系统组合的仪表和控制应对压缩空气和气体的供应和分配提供监测和控制。空气服务功能由电厂公用空气系统、仪表用空气系统和通气系统实现。压缩空气是在与高压气罐分开的，隔离的子系统中提供的。这些系统的仪表和控制应适应服务，并在要求空气或气体服务的所有电厂工况下提供控制和监测。

3）环境控制

辅助系统组合的仪表和控制应对保护环境的服务进行监测和控制，该服务保证电厂环境在正常运行和预计运行事件期间适合电厂人员的安全和舒适以及适合电厂设备的可操作性。辅助系统组合的仪表和控制还应为保护电厂环境而对有毒气体或放射性排出流的收集、过滤和排放进行监测和控制。环境控制服务功能由供热、通风和空调系统以及相关的气体处理、清洁和净化子系统实现。

4）电源

辅助系统组合的仪表和控制应对向电厂辅助负荷和厂内负荷，包括仪表和控制系统负荷供应电力的系统进行监测和控制。由厂外供电系统、厂内备用 AC 供电系统、DC 和重要仪表 AC 供电系统以及照明和电气保护系统提供电力服务功能。仪表和控制应在电厂正常运行、启动和正常停堆期间对电厂电源的非安全负载提供监测和控制；并对缓解事故和安全停堆的安全系统的供电提供监测和控制。

5）燃料装卸

电厂支持服务组合的仪表和控制应监测和控制燃料装卸活动。燃料装卸功能由换料机械和相关设备完成。在燃料装卸操作期间，即在其他电厂系统已无显著功能的运行模式期间，仪表和控制应提供监测和控制。

6）消防

电厂支持服务组合的仪表和控制应对火灾的探测和扑灭进行监测和控制。在电厂正常运行、停堆和事故工况下，仪表和控制应对电厂消防系统提供监测和控制。

7）辐射监测

电厂支持服务组合的仪表和控制应提供辐射监测系统的数据管理并对其进行监测和控制。这些系统为控制电厂的排放和评定释放的排出物对环境的影响提供必要的数据。在正常运行、停堆和事故工况期间，仪表和控制应提供监测、控制和数据管理。

8）实物保护

电厂支持服务组合的仪表和控制所提供实物保护系统的数据管理，并对其进行监测和控制。该系统：

①防止未授权进入保卫区域；

②探查未授权进入或将未批准的材料引入该区域的企图；

③在保卫区域内便于经授权的活动和条件；

④应保证授权的进入并探测到未经授权穿过保卫区域。

9）去污

电厂支持服务组合的仪表和控制应对排出和降低电厂设备、防护衣具和人员的放射性污染的去污系统和设施进行监测和控制。这项去污功能由传输系统控制器、喷淋嘴组件（装置）、化学和（或）研磨的供应系统、收集和贮存箱、高压泵、过滤器、除盐装置以及与废物处理装置连接的管道等实现。仪表和控制应提供正常运行、启动、停机和事故工况期间的监测和控制。

10）实验室

电厂支持服务组合的仪表和控制应对分析电厂系统和环境的采样的实验室提供数据管理并对其进行监测和控制。电厂实验室包括分析化学实验室和放射化学实验室。实验室还包括能与主电厂数据库计算机系统接口的、基于数据管理系统的计算机。仪表和控制系统应提供正常运行、启动、停机和事故工况期间的监测、控制和数据管理。

11）放射性废物处理

电厂支持服务系统组合的仪表和控制应监测和控制放射性废物处理系统，该系统对安全监督排放和处理的放射性废物进行收集、分离、贮存和处理。放射性废物处理功能由气体、液体和固体的放射性废物处理系统实现。仪表和控制系统应提供正常运行、启动、停机和事故工况期间的监测和控制。

12）区域放射性监测

电厂支持服务组合的仪表和控制应监测电厂某些区域的放射性，即可能有放射源和人员可能居留的那些区域。这项监测所提供本地和远距离的指示，并提供与被测放射性水平的重要性和用途相适应的报警。当需要支持人员照射的控制、提供设备不工作的指示和满足适用的管理规程时，仪表和控制系统应与工艺流放射性监测的人接口系统总合和协调。仪表和控制系统应提供正常运行、启动、停机和事故工况期间的监测。

（2）边界和接口

它们也包括仪表和控制硬件：仪表传感器、数据传输设备、数据处理设备、控制器和逻辑装置、操作员接口硬件（例如，控制器、指示器）、支持仪表和控制硬件的软件。

（3）控制和监测策略

设计人员宜对系统的仪表和控制部分使用一致的策略。控制和监测不应发生在MCR中或有操作员参与，除非功能和任务分析表明他们的参与对功能是必要的。

1）启动和停机操作

仪控系统应提供必要的监测和控制，以便操作员或电厂有资质人员在就地正常启动或停运系统，控制和监测可以是自动的也可以是手动的。设计人员应评估确定系统应该在MCR中还是在就地控制。如果对任务分析表明手动或就地操作对操作员来说是巨大负担或分散其注意力或可能不可靠，则涉及的具体任务可自动或在MCR中执行。

2）正常运行

系统通常在电厂稳定运行或正常的功率变化时提供自动或无人值守运行。这适用于连续的和重复的任务。在连续有人管理的系统中如安保系统，许多操作员的行为本质上无法自动执行。然而，这种系统的操作人员（例如，安保人员）不宜承担系统配置的日常任务，以便其能执行正常工作任务。

3）再配置操作

当需要避免人员伤害、主设备损坏，或需要电厂仪表和控制的其他部分采取支持措施时，例如，在反应堆自动停堆或安全系统动作时，仪表和控制应保证系统的再配置（例如停机）。对配置中的其他改变和恢复系统正常状态的运行，应提供MCR外的必要的手自动控制和监测。可自动返回到初始配置的条件是，设计人员确认自动操作可能显著有效于：

①减少对保护系统和安全系统的威胁；

②减少人员的伤害；

③提高电厂的可用率；

④降低损坏电厂主设备的风险。

应将任何这样自动返回初始配置的情况通告操作员。

4）试验操作

仪控系统通常应考虑仅在操作员或电厂有资质人员的指导下进行在线试验。

（4）与工艺系统运行协调一致

仪控系统的设计应与工艺系统运行协调一致，以便满足整个电厂的性能要求和功能要求以及单个系统的那些要求。另外，设计人员应将这些设计性能与仪表和控制的其他部分相协调。

（5）独立性和冗余性要求

仪表和控制设计应满足在辅助组合的单个系统章节中包含的独立性和冗余性要求。特别是，这些系统的仪控故障不应影响电厂可用性或对反应堆保护系统或安全系统造成影响。

仪表和控制的与工艺系统运行协调一致的要求不得损害单个系统的独立性和冗余性要求。总体可用性目标要求辅助系统和支持系统非常可靠。这些系统的仪表和控制也必须满足很高标准的可靠性。

（6）消防和保卫

仪表和控制设计应提高电厂消防和保卫的能力。特别是，这些辅助系统的仪表和控制应提供替代的控制、监测策略和设计功能，以便当不必停机处理火灾事故，而仪控设备又不可用时，不会导致停机。仪表和控制设计还应最大限度地减少这些功能，这些功能也会导致安全漏洞，从而使整个系统失效，导致电厂停机停堆或使执行安全功能所需的部分系统失效。

第 8 章　电力系统

8.1　总体要求

8.1.1　目的及范围

本章规定的要求涉及电厂电力系统的设计以及电力系统设备。为实现电厂安全性、可用性和经济性的目标，通过制定相应的设计要求，提高核电厂电力系统的标准化程度。

本章范围包括厂外电力系统、中压交流配电系统、厂内交流电源系统、低压交流配电系统、直流和交流不间断电源系统、照明及防雷接地系统。

8.1.2　电力系统可靠性和标准化

8.1.2.1　电力系统的可靠性

华龙技术电厂的设计使用能动与非能动相结合的安全系统，该系统需要安全级的电力系统供电，因此应尽量提高厂外电力系统、厂内交流电源系统与直流和交流不间断电源系统的供电可靠性，从而降低丧失厂外电源、丧失安全级交流电源及直流电源出现的概率。

因此电力系统设计时应设置必要的冗余和备用设备，在输电系统扰动、电厂工况异常或设备故障时，电力系统可以保证供电可靠性，满足纵深防御的要求，并对电厂投资起到保护作用。为了提高设备的可靠性，电力系统应为设备试验和设备维修提供可靠的供电电源。

在华龙技术电厂设计中，可考虑加强对直流蓄电池和厂内交流电源进行“在线”维护的设计，在改善安全性和经济性的同时提高电厂可用性。

华龙技术电厂应配置与安全系列相对应的多台厂内应急交流电源。厂内应急交流电源的容量应确保在发生厂外电源丧失的情况下能够向应急厂用设备提供足够的电力，使机组安全停运。该电源应具备高可靠性和高可用性水平，同时将成本降至最低。厂内应急电源的冗余设置也可避免由于电源检修或试验等导致的电厂可用性的下降。

华龙技术电厂设计须考虑 SBO 事故导致堆芯损坏的风险，并制定相应的措施以降低 SBO 事件的出现概率和对电厂安全的影响。

8.1.2.2　电力系统的标准化

电厂设计的标准化工作是一种降低成本和加强管理的有效方法。本章对电力系统规定了标准的配置要求，以保证华龙技术电厂的安全性、可用性，简化电力系统的配置。

电力系统的配置会由于电厂实际容量、与电厂连接的厂外输电系统的特性和其他特殊厂址条件的不同而产生一些变化。本章给出了适合大多数华龙技术电厂厂外和厂内电力系统通用的系统配置。电力系统的结构应尽量简化，尽量使用最少的备用及冗余设备和内部连接来保证电厂的安全性和可用性。应对由电力系统供电的各负载类型进行分级分类，确保各个不同分级分类的负载由相应等级的电源系统进行供电，同时满足其功能要求。

8.1.3 功能和运行要求

8.1.3.1 电力系统功能要求

(1) 系统和设备的能力和容量应具有足够裕度来满足预期功能要求；

(2) 紧急情况下，电力系统可耐受持续性的过负荷、过电压，同时保留必要的保护，以保证安全级电力系统的功能；

(3) 为防止电力系统发生共因故障，需识别可能对电力系统安全造成威胁的事件并采取有效措施，明确设计基准并定期复核。可采用电源多样性配置来防止电力系统发生共因故障；

(4) 应特别关注安全级电力系统和非安全级系统之间的接口设计，需确保核电厂电力系统出现扰动时，非安全级设备不会对安全级设备造成不利影响；

(5) 应考虑电压和频率的暂态和短时波动对核电厂电力系统和设备可能造成的影响。电网预期的电压和频率变化不应对核电厂安全重要电力系统的功能造成不可接受的影响；

(6) 保护定值应考虑厂内和厂外电力系统运行参数的预期变化范围，并采用合理的保护配置方案，以保证正常厂外电源的扰动不会影响安全级电力系统及其负荷的安全运行。在应急情况下，为保证安全级电力系统设备优先执行安全功能，其保护系统可只保留必需的功能；

(7) 当电气设备在额定电流、过电流等作用下产生高温、弧光或机械应力时，应采取恰当的设计来保证人员面临的危险和设备遭受的损害降到可接受的程度。

8.1.3.2 电力系统运行要求

电力系统应在所有工况下按要求运行，需满足容量、独立性、冗余度和可试验性以保证在电厂运行的全部工况下为电厂的安全级和非安全级系统供电。厂用电系统有以下几种运行方式：

(1) 起动：厂外电源（主电源及辅助电源）正常运行时，由厂外主电源经主变压器及高压厂用工作变压器向厂用设备供电，使机组起动；

(2) 正常运行：当发电机达到并网前所要求的电压和频率时，闭合发电机出口断路器，使机组与电网并联运行，厂用设备由发电机经高压厂用工作变压器供电，同时经主变压器向电网输出电能；

(3) 正常停堆：由操作人员进行操作，使反应堆降功率，机组减负荷。然后断开发电机出口断路器，使机组与电网解列。停堆过程中及停堆后，由厂外主电源经主变压器及高压厂用工作变压器向厂用设备供电；

(4) 厂外主电源故障：主变高压侧开关分断，由发电机通过高压厂用工作变压器向厂用设备供电（带厂用电负荷运行）；

(5) 发电机或汽轮机故障：发电机出口断路器跳闸同时使发电机灭磁，由厂外主电源经主变及高压厂用工作变压器向厂用设备供电，使机组安全停堆；

(6) 反应堆故障：发电机出口断路器跳闸同时使发电机灭磁。由厂外主电源经主变及高压厂用工作变压器向厂用设备供电，使机组安全停机；

(7) 发电机母线失电引起停堆：由于主变、高压厂用工作变压器或其他故障，引起发电机母线失去电压，这时主变压器高压侧开关跳闸，发电机出口断路器断开，为常备厂用设备供电的母线自动切换到厂外辅助电源供电，进行相应的停堆操作，实现停堆。

8.1.4　厂用电负荷分类

8.1.4.1　单元厂用设备

（1）这些设备是电厂单元机组正常运行时所需要的设备。当机组停运后，这些设备均可停用；

（2）这些设备只需一个厂外电源，该电源在机组起动、并网、满功率运行及带厂用电运行时都应有效。它们均由高压厂用工作变压器供电。

8.1.4.2　常备厂用设备

（1）它们是核电机组正常运行时需要工作，且在正常停运过程中以及停运期间（包括机组检修）还需要运行的设备；

（2）这些设备需要两个厂外电源，正常时由工作电源（主电源）供电。当工作电源故障时，经电源自动切换，能够由辅助电源供电。

8.1.4.3　应急厂用设备

（1）它们是保证核安全和电厂主要设备安全所必需的设备，包括核安全厂用设备及主设备安全厂用设备；

1）核安全厂用设备：这些设备用来防止、限制、减少放射性物质的泄漏；

2）主设备安全厂用设备：这些设备保障电厂主要设备的安全，以维持发电设备在可运行状态。

（2）应急厂用设备在两个厂外电源均失去时，需要由厂内应急电源供电，以保证核电厂的安全。应急交流负荷由应急柴油发电机组供电的10 kV、380 V交流系统供电。应急直流负荷由直流电源系统供电。供电不能间断的交流负荷由交流不间断电源系统供电。

8.1.4.4　厂区共用设备

（1）这些设备与电能生产无直接关系，其功能不直接影响单元机组的运行；

（2）这些设备由两个单元机组的厂用电系统供电，当一个单元机组的电源系统故障时，由另一个单元机组的正常厂用电系统供电。

8.1.5　通用电气设备

8.1.5.1　一般要求

（1）安全级电气设备按安全级设备设计和鉴定，以满足为电厂安全系统运行规定的环境条件和工作周期。鉴定要求应符合最新版本《核电厂安全级电气设备鉴定》（GB/T 12727）；

（2）所有安全级设备例如开关装置、母线、电缆、电缆通道、电动机以及其他给定安全系列的电气负载应使用容易识别的颜色及标识；

（3）所有安全级设备和支撑结构均应满足规定的结构设计要求，满足抗震I类要求。鉴定要求符合最新版本《核电厂安全级电气设备抗震鉴定》（GB/T 13625）；

（4）为减少华龙技术电厂遭受地震风险，应特别关注对地震敏感的安全级设备，保证其在极限安全地震动（SL-2）作用下具有足够的抗震裕度；

（5）电力系统非安全级设备支撑结构的运行和地震负载应按照统一的建筑物规定来设计；

（6）电力系统中不易更换的主要部件或电缆应按60年设计，也考虑可能延长到60年以上的电厂寿期。如果系统设计和建筑物布置允许进行设备更换，则无需提出此要求；预期寿命短的部件，例如连续通电的继电器、电子部件等，设计时应确定部件的预期寿命值并采取易于更换部件的设计措施；

（7）电气配电装置等设备应尽量远离辐射控制区；

（8）电气设备的设计应采用现代成熟技术，可选用经验证的智能化电气设备。

8.1.5.2 设备额定值

（1）电气设备的额定值应有足够的裕量，并考虑后续华龙技术电厂优化和改造的需求；

（2）应定期并至少在主要设备更换、电厂改造和定期安全检查时对设备额定参数的裕度进行验证，验证应基于保守假设和可信方法；

（3）用于安全重要物项的电动机应具有足够的输出转矩，以允许在电力系统设计基准规定的最低电压条件下起动。电动机额定功率、安全级电气设备容量和过载保护装置的整定值应与电动机实际负载以及输出转矩相匹配；

（4）阀门的驱动装置应在电力系统低压和低频时可提供足够的扭矩来打开或关闭阀门，且在高压和高频时不超过最大允许转矩。电机驱动机构的保护装置与力矩开关的定值应互相配合，以避免在运行过程中保护装置误动作；

（5）安全重要物项的电动机和其供电回路设备应能够承受设计基准定义的稳态、短时和暂态运行工况所导致的电压和频率波动；

（6）电气设备及电缆的选择和鉴定应符合其使用条件和环境条件；

（7）电气设备的额定电压应与系统标称电压相适应，且额定耐受过电压能力应大于可能承受的任何瞬态电压；

（8）电气设备选择应满足如下条件：

1）在允许的电力系统电压波动范围内，可承载回路工作电流；

2）满足负荷运行要求而不超过温度限值；

3）可承受规定切除时间内的系统短路电流；

4）可承受短路峰值电流而不超过其机械强度。

8.1.5.3 电动机

（1）整个电厂的电动机额定电压应协调一致，即由相同额定电压（例如10.5 kV、400 V）母线供电的电动机应具有相同的额定电压（例如10 kV、380 V）。所有电动机的设计应使其在电压变化为电动机额定电压的±10%时仍能运行；

（2）非安全级电动机在不小于80%额定电压时能够正常启动；

（3）除电动阀门（MOV）电动机以外，单台安全级电动机在不小于75%额定电压及要求的时间内能够正常启动。安全级电动阀门（MOV）电动机（交流或直流）不小于80%额定电压时能够正常启动；

（4）应按照最新版本的《核电厂安全级阀门驱动装置的鉴定》（NB/T 20093）鉴定安全级阀门电动机。应按照最新版本的《核电厂安全级连续工作制电动机的鉴定》（NB/T 20290）鉴定其他安全级电动机；

（5）连续工作的中压电动机按照在电厂正常运行期间B级温升F级绝缘结构进行设计；

（6）电厂正常运行期间连续工作的中压电动机应设置热电偶或热电阻测温装置，以测量绕组和轴承的温度；

（7）安全级中压电动机宜采用全封闭的水—空气冷却设计。通过电动机自身所带的泵或相同安全系列的设备冷却系统提供排热的循环水，来保护电动机内部零件；

（8）当电动机采用调速装置运行时，在公共连接点产生的总电压畸变应限制在3%以内；

（9）调速装置宜考虑其所控制的电

机在所有运行影响因素下具备全范围的调速能力，电机及其调速装置宜成套供货；

(10) 为了保证调速装置的温度不超过设备制造商推荐的温度，应考虑装设专用冷却装置。如果未设计专用冷却装置，应保证预期最高环境温度不会影响调速装置性能或运行寿命；

(11) 设备制造商应提供设备以下相关资料及软件；

1) 升级和淘汰的全寿命管理方法；

2) 调速装置运行、维护和检修的培训教材；

3) 一整套图纸（外形图、正面图、逻辑、连接件和电路图）、检修指南和故障诊断代码；

4) 要求维护的设备的完整清单和更换频率；

5) 能输出开放式结构数据的软件；

6) 调速装置硬件/软件/固件升级的通知；

7) 接线盒接入空间应满足电缆的弯曲半径要求，端接设备应允许重复使用；

8) 中型/小型电动机应使用铜转子结构；

9) 中型/小型电动机应视其大小配备检查塞/窗口来检查线圈端部、转子和绕组的状态。如果配备冷却扇，应为金属结构。根据使用环境，考虑配备除湿用加热器；

10) 中型/小型电动机供货商应提供详细全面的用于运行维护的资料；

11) 大型电动机的油封轴承设计时应针对所有预期的电动机工作范围（空载到最大负载）进行轴承稳定性分析，并采取有效措施保证电动机可靠运行。

8.1.5.4　电缆

(1) 电缆绝缘材料和电缆护套材料按预期运行环境的要求选用防热、防潮、抗冲击和抗核辐射类型；

(2) 安全级电缆应选择专用电缆绝缘材料和电缆护套材料，以满足电厂60年运行寿命的要求；

(3) 依据《核动力厂设计安全规定》(HAF 102) 及安全导则《核动力厂防火与防爆设计》(HAD 102/11) 的规定，电缆绝缘材料、护套和填充材料应为低烟无卤阻燃型；

(4) 所有安全级电缆应符合最新版本《核电站用1E级电缆 通用要求》(GB/T 22577) 规定的要求；

(5) 应根据额定电流、容许电压降和故障电流容量选择电缆。选择电缆应满足以下要求：

1) 为连续工作制电动机供电的电缆，其载流量至少为电动机满负荷电流的125%；

2) 为消防泵电动机、电动阀门 (MOV) 电动机供电的电缆，应能耐受堵转电流；

3) 为变压器馈电线供电的电缆，其载流量可为变压器额定值的100%。

(6) 在计算电缆导体温度时，应考虑以下因素：

1) 最高环境温度；

2) 正常电流和故障电流；

3) 负载率；

4) 在同一或附近通道中其他电缆的布置情况；

5) 电缆通道、穿墙、穿楼板、防火堵料和阻燃涂层对电缆发热的影响。

(7) 电缆系统的设计应满足电缆的最小允许弯曲半径的要求，并使电缆所受的牵拉引力和侧壁压力不超过供货方承诺的允许限值；

(8) 电缆屏蔽层应接地；

(9) 电缆敷设应尽可能避免恶劣环

境。恶劣环境包括高温、高辐射、遭受化学品暴露的区域和潮湿区域；

（10）必须在恶劣环境中运行且可能要求在电厂寿期中进行更换的电缆，电缆路径应考虑可达性和降低更换过程对电厂运行的影响；

（11）位于地下、难以达到或电缆沟中的电缆应采取免于受潮或被水淹的保护措施。

8.1.5.5 电缆通道

（1）根据电缆的功能和电压等级分类如下：

1）中压电力电缆；

2）低压电力电缆；

3）控制电缆；

4）测量电缆和专用仪表电缆。

（2）仪表电缆的电缆托架应采取防止干扰信号源影响的保护措施。

（3）架在空中的电缆导管宜使用刚性金属导管或金属屏蔽层。仅在设备连接处的一小段长度使用金属软管。只有当用混凝土封闭或直接埋入地下的管道才允许使用非金属导管。

（4）在电缆穿过挡火墙的位置，电缆通道的设计中应包括一些特殊措施，以保证因火灾丧失电缆支架时，挡火墙密封的完整性不受影响。

（5）母线、电缆通道（即电缆桥架或电缆保护管）及其支架应设计成能够承受电缆及其附件的机械载荷，并留适当的裕度。

（6）应向安全级电力系统的母线、电气间隔和电缆提供充分的保护，以应对设计始发事件可能造成的损害。可能影响母线、电气间隔和电缆的灾害包括火灾、飞射物、机械或结构设备的故障。

（7）安全级电缆应采取合理的敷设和防护措施，使其因火灾、旋转机械设备故障或支撑系统故障等外部事件损坏的电缆不超过安全分析报告中论证过的可接受的最小范围（通常是任一完整安全功能中的一个或多个序列）。机械设备故障包括管道甩动、喷射冲击、旋转设备或其他高能系统故障产生的飞射物及其可能造成的后果。

（8）电缆和通道应采用永久标牌来标识列别。可在电缆和电缆通道的两端和固定间隔处做永久的标识，每根电缆应有适当的标识以确保其敷设在正确的通道中。

（9）安全级电缆和设备之间的连接应使用经鉴定合格的连接装置。禁止在桥架内使用连接装置。

（10）应采用适当的方法对以下对象进行隔离：

1）安全级与非安全级电缆；

2）属于不同安全系列的电缆；

3）不同电压等级的电缆。

（11）可靠接地的金属保护管可作为有效的隔离屏障。

8.1.5.6 安全壳电气贯穿件

（1）电气贯穿件应能够耐受持续工作电流和短时故障电流并保持结构完整性，且泄漏不会超过规定的水平。对于不影响贯穿件结构完整性的电气功能的安全分级，应和与其连接的安全壳内部设备保持一致。贯穿件的设计应符合最新版本《核电厂安全壳电气贯穿件》（GB/T 13538）规定的要求；

（2）每个贯穿件只能承载一种电压等级的电缆，即要求贯穿件分别用于中压电缆、低压电缆、控制电缆和仪表电缆。光缆可安装于于以上类别的电气贯穿件中，优先考虑仪表类电气贯穿件。电气贯穿件额定值的选择应当满足：

1）贯穿件的额定持续工作电压不小于所在系统的标称电压；

2）贯穿件的额定冲击耐受电压不小于所在系统最大预期的暂态过电压；

3）贯穿件应能持续承载各种运行状态下的预期负荷电流，而不超过导体允许的温升限值或导致压力边界的劣化；

4）在预期的电压波动条件下，贯穿件应能够安全地承受从短路发生至保护装置切除故障期间的短路电流。

（3）电气贯穿件是实现放射性包容安全功能的设备，应满足安全分级要求；

（4）电气贯穿件宜配置多重的安全保护装置，且应动作于断开不同的开关设备。若分析表明非能动保护装置（例如熔断器）不会失效且假设始发事件不会影响其功能，则可选用单一的非能动保护装置（例如熔断器）来保护贯穿件。若贯穿件能长期承受安全壳内部故障导致的最大预期电流，则不需要配置多重的保护措施。在设定保护装置整定值时，应考虑电气贯穿件持续额定电流值和短时耐受电流值；

（5）根据最新版本的《核电厂安全级电力系统及设备保护准则》（NB/T 20089），保护安全级电路的主保护和备用保护装置应是安全级的。保护非安全级电路的主保护和备用保护装置应是非安全级的；

（6）所有的安全壳电气贯穿件的导体应有裕量。设计人员应确定需提供的导体和连接器的备用数量。

8.1.6 控制及监测

8.1.6.1 电力系统的控制

（1）当厂外主电源不可用时，应将常备厂用设备自动切换到厂外辅助（备用）电源供电；

（2）当厂外电源和主发电机异常且未恢复时，安全级电力系统应自动启动和接入应急交流电源，并按照规定顺序带载；

（3）替代交流电源宜采用手动方式接入系统；

（4）当正常电源恢复供电时，安全级电力系统宜能同时恢复到正常电源供电；

（5）在正常运行或停堆模式下，厂内电力系统可手动切换至试验、维护和维修状态；

（6）电力系统的所有安全动作应可自动启动。当满足下列要求时，也可采用手动操作：

1）运行人员能从安全级电力系统的传感器和设备获得充分而明确的信息，以便对需要采取安全措施的必要性作出合理的判断；

2）运行人员有足够的时间评价核电厂的状况并完成所需的操作；

3）运行人员有足够的控制手段来执行所需的操作；

4）执行操作的运行人员之间的通信系统足以确保这些操作的正确执行；

5）为运行人员提供执行安全操作的书面程序和培训。

8.1.6.2 电力系统的监测

应提供足够的监测信息以评价安全级电力系统的可用性，这些信息包括：

（1）断路器位置；

（2）母线电压和电流；

（3）应急交流电源的电压、电流和频率。

应在主控室中显示安全级电力系统设备的不可用或旁路状态。对于频繁处于旁路或不可用状态的设备，其状态应在主控室中自动显示。安全级电力系统不可用或旁路状态的报警应由断电逻辑实现。

8.1.7 设备布置

8.1.7.1 电气设备布置一般要求

设备布置应保证防止水灾、洪水、飞机撞击和附近管道故障导致的管道甩击。电气设备不宜置于消防喷头暴露的位置。如果这种情况不能避免，电气设备应使用《外壳防护等级（IP 代码）》（GB 4208）中 IPX6 等级的外壳保护。设备的厂房和布置设计允许在所有运行工况下对其进行外观、状态检查。应允许在电厂正常运行期间对不正常运行的设备进行维修。为防止系统试验对机组运行产生不可接受的干扰，应采取有效的措施对系统予以隔离。

8.1.7.2 主变压器及高压厂用工作变压器布置要求

主变压器和高压厂用工作变压器应布置在汽机房外靠近发电机端和发电机断路器之处。变压器间的防火墙以及集油措施应满足国家标准的要求。

8.1.7.3 辅助变压器布置要求

辅助变压器的布置应与主变压器和高压厂用工作变压器保持一定距离，以便把火灾和环境因素的共因后果降至最小。

8.1.7.4 柴油发电机布置要求

应保护应急柴油发电机组不受到洪水、龙卷风、飞射物破坏和火灾的影响。每个应急柴油发电机组外壳应设置单独的专用通风系统。厂区附加柴油发电机组厂房设计不考虑飞机撞击。SBO 柴油发电机组所在建筑物应能够防止龙卷风的破坏。

8.1.7.5 蓄电池布置要求

电厂蓄电池的安装应符合最新版本的《核电厂用蓄电池第 2 部分：安装设计和安装准则》（NB/T 20028.2）的推荐方法。建议将 HVAC 系统设计为将蓄电池间的平均环境温度保持在一定范围内，以使蓄电池内部平均温度保持在 20～25 ℃之间。发生在交流电力丧失期间的预期最大温度变化不应超过在这一事件期间与蓄电池要求的性能相适应的值。与每个蓄电池组有关的充电器和主配电装置应安装在尽可能靠近蓄电池组的位置。

8.1.7.6 配电室布置要求

配电室的工作空间应符合国家标准要求。配电室内中压配电装置应考虑 10%～25%的备用出线回路，用于将来负荷的增长和/或维护灵活性。低压配电变压器和低压配电装置宜尽量靠近负荷中心布置。

8.2 厂外电力系统

8.2.1 系统功能要求

厂外电力系统执行如下功能：

（1）当核电厂起动、正常或紧急停机、或当核电厂停运时，厂外电力系统用于从厂外输电系统向核电厂的厂用负荷供电。

（2）在核电厂正常运行时，厂外电力系统用来将发电机产生的电力输送到厂外输电系统、和核电厂的厂用负荷。

8.2.2 功能和运行要求

厂外电力系统应设计成在核电厂起动、正常或紧急停机时，或核电厂停机时，安全级和非安全级的厂内配电系统由其供电；在核电厂正常运转时，和在核电厂从输电系统解列之后而汽轮机不跳闸时，安全级和非安全级的厂内配电系统应由核电厂的主发电机直接馈电（即电力通道不应经过开关站）。

厂外电力系统应设计成，当系统无故障时，厂内配电系统的安全级和非安全级在核电厂的起动、正常运行、正常或紧急停机的整个过程中，二者都能获得连续馈电而不切换（即没有负荷切换）。

厂外辅助电源应设计成一旦正常供电回路故障或不能利用时，厂外电力可通过切换至辅助电源供电使核电厂的安全级负荷和常备厂用负荷仍能运转。

厂外电力系统应设计成能限制厂内配电系统工作电压的变动在合适的范围之内，借以确保所有核电厂负荷的正常和安全稳定运行；在有部分负荷仍在工作的情况下，使有限的驱动系统起动并加速；在电压下降的情况下，控制和保护系统能可靠工作。具体来说，当在负荷的终端进行测量时，按全电压水平的电压变化不应超过额定电压的+5%或-5%（在所有的稳态运行模式下）；当电动机起动时，电压变化不应超过电动机额定电压的-20%。

应按可能发生的厂外输电系统和主发电机电压变化预期的整个范围，对最大和最小负荷工况下辅助变压器的低压端电压水平进行分析。对厂外供电系统的每种可能的回路组态应进行单独的分析。

核电厂的设计单位应对推荐的引入核电厂的电力线路的具体组态以及核电厂所连接的输电系统的特性进行复核，以确定厂外电力系统的可靠性，并验证它是和概率安全分析的关键性假定和基本准则是相一致的。

8.2.3 系统配置

（1）厂外主电源及辅助电源要求

厂外电力系统是由一组电气回路和相关设备所组成，这些回路和设备用来把厂外输电系统、核电厂的主发电机、以及厂内配电系统相互连接起来。它包括核电厂的高压配电装置或远端开关站、主升压变压器、高压厂用工作变压器（单元厂变）和辅助变压器、高压联络线、和分相封闭母线、以及与它们相关的辅助系统、包括继电保护装置和就地的仪表和控制装置。

厂外电力系统的始端在于连接开关站至厂外输电系统的断路器至输电系统一侧的终端，其末端在核电厂主发电机的终端和辅助变压器的低压侧终端。

厂外主电源通常经由一个开关站，即核电厂的高压配电装置，把核电厂的主发电机、厂内配电系统和厂外输电系统连接起来。这一回路应能向电网输送主发电机的最大电出力，在核电厂起动、正常运转、正常或紧急停机时，为核电厂安全级系统和非安全级系统运行提供所需的电力，这一电力由厂外输电系统或主发电机提供。

厂外辅助电源通常经由一个开关站，即核电厂的高压配电装置，把厂内配电系统和厂外输电系统连接起来。这一回路专用于把厂外电力供给电厂的安全级系统和不停止运转的非安全级系统。这一备用回路的容量和能力应能在厂外主电源回路不可用时，确保在预期的运行工况下向这些系统安全、可靠供电。

厂外主电源回路和辅助电源回路在电气上应是独立的，实体上应是分隔的。

厂外主电源回路和辅助电源回路应连接到独立的，分隔的开关站。具体地说，应利用厂外备用回路容量要求低的优点，将其连接到不同的输电系统，常用的做法是将其接到一地区电网，该电网的容量和电压均低于和厂外主电力回路相连接的输电系统。

厂外主电源回路和辅助电源回路连接线所接入的开关站的配置，亦即母线和断路器的布置，应能做到：只要接到同一开关站的输电线路进线（即引自厂外输电系统）至少有一回是带电的，则这些连接线仍然是带电的。

厂外主电源的连接线所接入的开关站应设置2组全容量的主母线，并且任一引进或引出的输电线路可以切换，而不影响另外的线路；任一单台断路器可以隔离进行维修，而不会中断任一回路的运行；任一组主母线的故障可进行隔离而不会中断任一回路的运行。建议开关站的主接线还需要根据接入系统审查意见进行实施。

（2）厂内设备要求

主变压器和高压厂用工作变压器应布置在汽机房外靠近发电机端和发电机断路器之处。变压器间的防火墙以及集油措施应满足国家标准的要求。

辅助变压器应布置在反应堆建筑物之外、离开主变压器和高压厂用工作变压器一定距离之处，并靠近内部设有供电给安全级负荷和不停止运转的非安全级负荷母线的配电装置室附近。辅助变压器应最大限度地和其他变压器分隔，以便把火灾和环境因素的共因后果降至最小。

如必须建设一个新的开关站，那新开关站的架空线设计、选择屋外或屋内式GIS（气体绝缘金属封闭开关设备）设计将取决于当地的环境、气象条件以及系统电压要求。应采用适当的模拟技术进行分析研究来选定最佳方案，使之满足实际厂址条件的华龙核电的可靠性和经济性要求。

和开关站的情况一样，厂外主电力回路连接线路的不同设计方案的选择，诸如选用常规架空线、气体绝缘导管、离相封闭母线、高压电缆等，应取决于当地的环境和气象条件以及系统电压要求。

如采用架空设备，则架空线、配电装置的母线、杆塔结构等，应按适合于特定厂址所在处的温度变化、风速、冰雪负载进行设计，并应符合国家标准对导体载荷的相关要求。

厂外主电源应包括一台主变压器；一回连接主变压器至开关站的连接线；一台给厂内配电系统供电的高压厂用工作变压器；一组连接主变压器的低压侧至发电机和高压厂用工作变压器高压侧的离相封闭母线系统；一台位于发电机和主变压器、高压厂用工作变压器之间的发电机出口断路器，并和离相封闭母线组合在一起。

主变压器组应由三台单相变压器组成，并另加一台备用相。应采取措施保证，当正常工作的一台单相变压器发生故障后，能及时将备用相接入并带电。根据电压调整的需要，应装设无载或有载开关。

高压厂用工作变压器组应由两台三相变压器组成，高压厂用工作变压器为分裂变压器。每台变压器应能在最大可能出现的同时负载条件下，包括所有必要的裕度、具备供应核电厂安全级和非安全级系统运转所需电力的容量和能力。变压器应根据需要装设无载或有载开关，以便在变压器所有可预见的载荷条件下，直到最大出力条件下，维持变压器的二次侧电压在限值之内。

发电机出口断路器应按能承受最大的均方根值（有效值）和瞬时峰值电流设计，并能切断在产生最大故障电流处的金属性三相短路故障所确定的最大非对称和对称电流。

厂外辅助电源应包括一台或两台向核电厂安全级系统、常备厂用负荷和一些其他负荷供电的辅助变压器；经开关站把辅助变压器连接到厂外输电系统的连接线。

主变压器、高压厂用工作变压器以及辅助变压器的设计和构造应能承受由于外部短路所产生的机械应力和热应力、并应满足国家标准的相关要求。

8.2.4 设备

机组的同期通常应经过发电机出口断

路器。应采用同期校核继电器以避免误同期。还应有措施使机组可经过开关站的断路器进行同期。

所有用于厂外电力回路、主变压器和开关站设备的继电保护方案（除变压器非电量保护和断路器保护外）应是冗余的，并应包含后备保护特性。所有的断路器应装有双跳闸线圈。供给跳闸信号的每一冗余的保护回路应接至一独立的跳闸线圈。与安全相关的每一冗余系统有关的所有设备和电缆布线应是物理上分隔的；非安全相关的每一冗余系统有关的所有设备和电缆布线按照《电力工程电缆设计标准》（GB 50217—2019）中 7.0.7 规定执行。

应设置两路冗余的低压交流供电系统将交流电力供至开关站的辅助负荷。每路系统应由分隔的、独立的交流电母线供电。每路系统的容量应足够满足开关站设备正常运转所需的交流电力需要。

8.3 中压交流配电系统

8.3.1 范围

中压交流配电系统由工作电压为 10 kV的配电回路组成，为中压交流负荷供电。该系统始于高压厂用工作变压器和厂用辅助变压器低压侧以及厂内中压柴油发电机组电源断路器的输出端，终止于中压负荷的输入端。该系统主要中压负荷包括中压电动机及低压厂用工作变压器。中压交流配电系统还包括开关、母线、就地仪表、继电保护装置等设备，以及连接开关设备和所有负荷或母线的电缆。中压交流配电系统的容量应满足各种运行工况下，中压负荷对交流电源的要求。

8.3.2 功能和运行要求

8.3.2.1 中压交流配电系统功能

（1）确保机组在启动、正常运行、正常停堆期间，由高压厂用工作变压器为用于机组正常运行的单元厂用负荷供电；

（2）确保机组运行或在电厂停运期间，为需要运行的常备厂用负荷供电，分为以下供电电源：

1）厂外主电源、主发电机电源，即高压厂用工作变压器供电回路；

2）厂外辅助电源，即辅助变压器供电回路。

（3）确保为缓解事故或安全停堆时，为应急厂用负荷供电，分为以下供电电源：

1）厂外主电源、主发电机电源，即高压厂用工作变压器供电回路；

2）厂外辅助电源，即辅助变压器供电回路；

3）厂内电源，即厂内柴油发电机组供电回路。

（4）确保厂区共用厂用负荷供电，这些设备与电能生产无直接关系，其功能不直接影响单元机组的运行。分为以下供电电源：

1）厂外主电源、主发电机电源，即高压厂用工作变压器供电回路；

2）厂外辅助电源，即辅助变压器供电回路。

8.3.2.2 厂外主电源丧失

对于厂外主电源丧失工况，常备厂用母线采用自动切换方式切换到厂外辅助电源供电，为常备厂用设备及部分共用厂用设备供电，进行相应的停机操作，实现停机。

8.3.2.3 厂外主电源、主发电机电源和辅助电源全部丧失

当同时失去厂外主电源、辅助电源、主发电机电源时，应急柴油发电机组经自动启动后分别连接到应急母线上。每一台应急柴油发电机组的容量可承担一个机组的一个安全系列的所有厂用设备的用电，包括安全级厂用设备及主设备安全厂用设备的用电。所有安全级厂用设备及主设备安全厂用设备应自动转移到厂内应急电源系统。

8.3.2.4 电源切换

设计人员应选择简单、可靠的切换方案，并利用电厂的运行裕度，以尽量减少电源的互连，并降低在切换过程中对电机和其他设备的损坏风险。应能确保负载切换过程中备用电源的电压和频率维持在允许范围内。

8.3.2.5 厂内应急电源

在主发电机电源、厂外电源丧失的情况下，华龙技术电厂应配置厂内应急电源向安全级负载供电。应急电源由与专设安全系统相对应的多台柴油发电机组成，每台柴油发电机组可以为厂内相应序列的应急厂用设备提供电能，以确保核电机组的安全停堆以及防止主要设备损坏。

8.3.2.6 厂区附加电源

可根据需要考虑是否设置厂区附加电源。厂区附加电源可由与应急柴油发电机等容量的柴油发电机组成。该电源不执行安全功能，可在单元机组失去全部厂外和厂内电源时向所需的核辅助设备供电。另外，在核电厂正常运行期间，当某一台应急柴油发电机组不可用时，可由厂区附加柴油发电机组临时替代。

8.3.2.7 SBO 电源

为应对 SBO 工况，华龙技术电厂应设置一组 SBO 柴油发电机组，为 SBO 时需要恢复供电的执行堆腔注水功能的相关设备、执行安全壳热量导出相关设备、必要的通风系统、应急照明设备、非能动专用电源系统、必要的仪表监测系统机柜等负荷提供电源。

8.3.2.8 移动式柴油发电机电源

移动式应急电源是为应对与日本福岛核事故类似的严重事故设置的。该电源不在电厂所属设备范围内，只在厂用电系统的电源全部丧失时提供来自厂外的应急电源。作为纵深防御的一种手段，华龙技术电厂每个厂址应设置有一台 10 kV 和一台 380 V 移动式应急柴油发电机组，供电负荷包括电厂安全参数的监测和控制，必要的通讯、通风和照明，反应堆冷却剂泵密封和移动泵（当不采用自带动力的移动泵时）及其他临时设施，一台低压安注泵或一台辅助给水泵。用于核电厂严重事故工况下在厂内外交流电源全部丧失时，为应急措施提供临时动力，以缓解事故后果，并为恢复厂内外交流电源提供时间窗口。该电源的设置应满足《福岛核事故后核电厂改进行动通用技术要求》。

8.3.3 系统配置

8.3.3.1 中压交流系统电压等级

华龙技术电厂机组，中压交流配电系统应使用 10 kV 电压等级。采用 10 kV 的单一电压等级，有利于减少母线、电动机和开关设备的采购成本。

8.3.3.2 单元厂用设备母线设置

单元厂用母线是非安全级供电母线，向单元厂用设备供电。当机组正常运行时，由主发电机经高压厂用工作变压器为

该母线分别供电；当主发电机组停运时，由厂外主电源及主变压器经高压厂用工作变压器供电。

单元厂用设备母线应根据不同的工艺系统中负荷的情况进行设置，直接影响电厂正常运行的负载在母线的分配应能对应地体现出这些负载在不同工艺系统的布置要求，为操作员提供清晰、统一的工艺系统布置，使操作简洁且灵活。冗余的泵或泵组应由不同的母线供电。母线数量应尽量减少，负载应尽量均匀对称地分布在母线上，以便于电压调节。

8.3.3.3　常备厂用设备母线设置

常备厂用母线是非安全级供电母线，向常备厂用设备供电。当机组正常运行时，由主发电机经高压厂用工作变压器供电；当高压厂用工作变压器失电时，从厂外辅助电源经辅助变压器供电。

常备厂用设备母线应设置不少于两条专用母线，常备厂用设备应尽量均匀对称地分布在这些专用母线上。

8.3.3.4　应急厂用设备母线设置

应急厂用母线是安全级供电母线，向核安全厂用设备及保证主设备安全的厂用设备等应急厂用设备供电。当机组正常运行时，应急厂用母线由高压厂用工作变压器供电；当高压厂用工作变压器失电时，切换到辅助变压器供电；当上述两个电源均失去时，由应急柴油发电机组向该母线供电。

应急厂用设备母线的设置应符合系统冗余和系列隔离要求。应设置与专设安全设施序列相对应的独立中压应急母线段。

8.3.3.5　厂区共用设备母线设置

厂区共用设备母线是非安全级母线，向厂区共用设备供电。正常情况下，由一台机组的高压厂用工作变压器供电；当一台机组的高压厂用工作变压器失电时，由另外一台机组的高压厂用工作变压器供电；当上述两个电源均失去时，由厂外辅助电源经辅助变压器供电。

厂区共用设备母线应设置不少于两条专用母线，厂区共用设备应尽量均匀对称地分布在这些专用母线上。

8.3.4　设备

中压配电装置应为封闭式成套开关柜，柜内的断路器和接触器等均安装在具有互换性，能水平抽出的小车装置中，该装置具有保障人身及设备安全的设施。断路器应具有断开短路电流的能力，与熔断器组合的接触器应具有与使用条件相一致的分断能力和关合能力，设备选型应符合相应国内国际标准。宜使用耐电弧开关设备。建议在使用附加保护装置时配置光学传感器观察弧光故障探测。断路器监测应与保护控制功能分开以确保保护控制功能免受监测故障的影响。应在所有电源和负载断路器的开关室中提供就地手动开关设备控制装置。

宜采取必要措施确保在没有任何直流或交流电源的情况下可以手动打开和闭合所有中压开关设备。中压开关设备的设计应基于现代成熟技术。

中压配电装置支撑结构和地板的水平偏离范围应避免断路器合闸和分闸时受力不均匀，同时关闭柜门而不会损坏断路器。

开关设备所处环境应保证空气质量(温度、湿度、化学物质、油接触)。断路器应避免暴露在事故后严酷环境下。

8.3.5　保护和监测

中压配电系统继电保护应符合现行国家标准《继电保护和安全自动装置技术规

程》（GB/T 14285）的要求，控制、信号的设计参照现行行业标准《火力发电厂、变电站二次接线设计技术规程》（DL/T 5136）的相关要求，测量仪表的设计应符合现行国家标准《电力装置的电测量仪表装置设计规范》（GB/T 50063）的相关要求，对于应急厂用配电系统还应符合最新版《核电厂安全级电力系统和设备保护准则》（NB/T 20089）的相关要求。

8.3.5.1 保护

（1）应配置继电保护装置以执行以下功能：

1）人员保护；

2）变压器保护；

3）开关设备的保护；

4）电缆保护；

5）电机保护和工作负载保护；

6）故障报警。

（2）由断路器柜供电的电动机出线保护：

1）过负荷保护；

2）短路保护；

3）接地保护。

（3）由熔断器—接触器柜供电的电动机、变压器保护：

1）短路保护；

2）过负荷保护；

3）过电流保护；

4）接地保护。

8.3.5.2 监测

应提供必要的设备监测装置，以便对以下开关设备运行参数进行就地监测：

（1）电流：开关柜母线电流和馈线电流；

（2）电压：开关柜母线电压和输入电源电压。

8.4 厂内交流电源系统

8.4.1 范围

厂内交流电源系统包括厂内交流电源至厂内交流配电系统相关的供电电路。厂内电源系统包括原动机和交流发电机、辅助系统（启动、润滑、冷却、燃料供应、励磁等）、燃料储存和输送系统以及相关的就地（靠近设备位置）仪表和控制装置系统，并区分安全级和非安全级。

8.4.2 一般要求

（1）应提供冗余的厂内安全级电源，以便在主发电机回路跳闸伴随失去厂外电源的情况下，向电厂部分非安全级负荷和安全级负荷提供交流电源。安全级电源按规定的冗余和分区要求配置。每个安全级电源应包括一台应急柴油发电机组；

（2）安全级柴油发电机组的设计特征和鉴定程序应符合最新版本《核电厂备用电源用柴油发电机组准则》（EJ/T 625），《核电厂安全级电气设备鉴定》（GB/T 12727）的规范要求；

（3）宜根据营运单位需求确定是否配置备用厂内非安全电源附加柴油发电机。该机组可在规定的时限替代任何一台不可用的应急柴油发电机组。附加柴油发电机不宜直接连接到电厂的主电源或备用厂外电源或安全交流配电系统。厂区附加柴油发电机组与应急柴油发电机组不应共用能动部件和非能动部件，厂区附加柴油发电机组的故障不应影响应急柴油发电机组的运行；

（4）应提供应对SBO事故的SBO柴油发电机，可在全厂失电的情况下，用来向防止、限制和减少放射性物质泄漏的核安全厂用设备供电，以确保主控室的可居留性，必要的通信和照明，以及机组运行所必需的仪控功能；

(5) 应尽量控制厂内交流电源与厂外电力系统发生共模失效的概率，保证在与天气有关的事件或单一故障导致厂外电力系统丧失的同时，不会导致厂内交流电源的失去；

(6) 设备制造商应提供柴油发电机组维护说明，包括所有供应设备的全套图纸、示意图和零部件清单。

8.4.3 功能和运行要求

8.4.3.1 功能

厂内交流电源系统的主要功能是在主发电机跳闸和厂外电源丧失的情况下，向电厂部分非安全级负荷和安全级负荷提供交流电源。应急柴油发电机组的运行需要确保核安全，通过向专设安全设施提供交流电源来缓解事故或实现安全停堆。

8.4.3.2 负载能力

(1) 每台应急柴油发电机组应能提供专设安全设施所需的电力，以便在失水事故伴随厂外电源丧失的情况下，仍能将电厂维持在安全状态，以确保核电机组的安全停堆以及防止主要设备损坏；

(2) 每台应急柴油发电机组的额定功率应根据最恶劣工况下需满足其所供电的安全系列的安全系统负荷启动以及稳态运行的需求来确定，且应大于任何工况下由该装置供电的所有安全负载之和，并应留有足够的裕度来满足电厂将来可能的负荷增加；

(3) 在启动和负荷加载过程中，在达到最大短时额定功率期间，电压和频率在任何时候均不得低于额定值的80%和95%，在加载程序时间间隔60%的时间内，电压和频率均应恢复到其额定值的90%和98%范围。甩负荷试验引起柴油机转速的增加不超过其额定转速与超速保护限定值之间的75%和额定转速15%之中的较小值；

(4) 附加柴油发电机组（如有）负载能力可替代任何一台不可用的应急柴油发电机组；

(5) SBO柴油发电机组应能提供SBO工况下所需的电力，用来向防止、限制和减少放射性物质泄漏的核安全厂用设备供电，以确保主控室的可居留性，必要的通信和照明，以及机组运行所必需的仪控功能。

8.4.3.3 启动时间

(1) 应急柴油发电机组应在收到启动信号后自动启动、加速至额定转速、达到额定电压并开始加载负载。启动时间应满足安全分析的要求。加载时间应满足电厂工艺加载负荷的要求；

(2) 应急柴油发电机组应能在非部件故障引起的任何停机后可迅速再次重新启动，即开始新的启动顺序。此要求确保在电厂启动和正常运行过程中，任何应急柴油发电机组误触发后具备再次正确启动的能力；

(3) 附加柴油发电机组（如有）加速至额定速度，达到标称电压，启动时间应满足电厂工艺加载负荷的要求；

(4) SBO柴油发电机组采用自动或手动启动方式，加速至额定速度，达到标称电压，并在收到启动信号后两分钟内准备好加载负载。

8.4.3.4 运行方式

(1) 在核电厂正常运行条件下，每个电源应能持续保持在备用状态；

(2) 失去厂外电源后，各应急柴油发电机组应自动启动，加速至额定转速，达到额定电压，并准备向相应负荷供电；

(3) 每个应急柴油发电机组应专用于向安全负荷提供应急电源。但是，在非安全负荷失去所有电源的情况下，应急柴油发电机组也可用于向选定的部分常备非安全负荷供电；

(4) 在一个应急柴油发电机组不可运行的情况下，如核电厂配置了厂区附加柴油发电机组，则该机组作为附加电源替代应急柴油发电机组运行，附加电源应设计为非安全级系统。在电厂运行期间厂区附加柴油发电机组不执行安全功能；

(5) 在核电厂丧失了全部的厂内、厂外交流电源（厂外主电网、辅助电网、主发电机、厂内应急柴油发电机组）的情况下，应起动SBO柴油发电机组，向SBO工况下需要运行的用电负荷供电。

8.4.4 系统配置

8.4.4.1 系统电源要求

启动和操作电源所需的辅助交流或直流系统应使用与厂内交流电源供电的相同序列或分区的交流和直流电源。

8.4.4.2 系统配置

每个机组的厂内应急电源系统应包括与专设安全设施序列相对应的多个相同的、功能冗余、电气独立的应急柴油发电机组，电厂应急配电系统的每个独立序列配置一台。宜根据营运单位需求考虑是否配置厂区附加柴油发电机组。每个机组的厂内应设置一台或两台应对SBO事故的SBO柴油发电机，可在全厂失电的情况下，用来向防止、限制和减少放射性物质泄漏的核安全厂用设备供电。

8.4.5 设备

8.4.5.1 总则

(1) 厂内交流电源需进行空载或轻载试验；

(2) 每个厂内交流电源应是全封闭的、完全装配好的和经试验的机组。提供的设备应包括所有必需的辅助系统和就地仪表及控制系统；

(3) 建议安装曲轴箱超压保护装置；

(4) 电厂厂内交流电源应能在没有任何交流或直流电源的情况下手动启动。

8.4.5.2 启动系统

(1) 华龙技术电厂每个厂内交流电源都应配备可靠的启动系统；

(2) 空气启动系统应由一组能够满足启动要求的空气启动电机、供气管线和供气控制器组成。电磁阀应具有就地手动操作功能；

(3) 应为每个空气启动系统装备空气干燥器和空气过滤器；

(4) 空气启动系统应包括一个专用空气压缩机。应由贮气罐压力自动控制空气压缩机；

(5) 每个空气启动系统的管道材料应是不锈钢或铜。

8.4.5.3 冷却系统

厂内交流电源自身应具有独立的冷却系统。

8.4.5.4 润滑系统

(1) 每个厂内交流电源本身应具有独立的润滑系统；

(2) 应为每个厂内交流电源设置一套润滑油泵，用于满足机组在满载运行时的润滑要求。

8.4.5.5 调速器

应为每个厂内交流应急电源设置一个调速器，用于控制机组在下降或同步状态下稳定运行。调速器应提供快速可靠的超速保护。在待机或紧急模式下，调速器应能够在110%负载下对满负载抑制作出响应，而不会出现超速跳闸。

8.4.5.6　交流发电机

（1）发电机外壳应具有自通风功能，并能防止水滴侵入；

（2）发电机绝热等级应为F或者更高。

8.4.5.7　励磁机和调压器

（1）应为每个厂内交流电源装备一台静止或无刷旋转励磁系统。励磁系统应设有自动调压装置，每个电压调节器应能提供全电压控制；

（2）在柴油发电机组并网期间，励磁和电压调节系统应保持发电机功率和功率因数的稳定；

（3）输出电压偏差应在±10%以内。频率偏差应在±2%以内。

8.4.5.8　供油

（1）应为每个厂内交流电源提供独立的供油系统。每个供油系统由一个贮存罐、一个运输泵、一个日用油罐和连接管道组成；

（2）每个贮油罐应具有足够的容量使有关的备用电源以其最大额定功率运行不少于下列时间中较长的时间：

1）不小于安全分析要求的最短时间；

2）在发生设计基准事故以后，从其他处重新补充燃油所需的时间；

（3）每个日常油罐应有足够的容量；

（4）每个燃油罐应具有检测罐内是否有水的能力，如有必要应能将水从罐底抽出；

（5）应为贮油罐和相关管道的内表面和外表面提供防腐处理。

8.4.6　控制和监测

8.4.6.1　启停控制与监测

每个电源应配备适用于手动启动和关闭以及运行期间监测和控制的仪表和控制系统。应能远程控制自动启动和负载顺序加载。

8.4.6.2　就地仪表

为每个电源提供就地仪表，监测电源的运行参数，包括发动机和发电机振动。监测系统应包括启动、冷却、润滑和以及励磁和电压调节系统等。还应监测室温、控制电源、前/后润滑和预热情况。

8.4.6.3　环境条件

就地仪表和控制系统的设计应不受其运行环境条件的影响，不受温度、振动、湿度等方面的影响。

8.4.6.4　保护跳闸功能

在机组所有运行模式下，保护跳闸功能应保持正常，应根据需要使用保护逻辑方案和保护旁路方案，避免机组运行期间不必要的跳闸。对于应急柴油发电机组，应根据需要使用保护旁路方案，避免机组运行期间在事故条件下不必要的跳闸。这些方案的实施应符合最新版本《核电厂备用电源用柴油发电机组准则》（EJ/T 625）。

8.4.6.5　自动切换

每个电源控制系统应设计为在接收到启动信号时，具有使机组从任何试验模式自动切换至应急启动模式的功能。

8.5　低压交流配电系统

8.5.1　范围

低压交流配电系统由为安全和非安全负荷提供380 V电源的厂内配电回路组成。低压交流配电系统始于由中压交流配电系统供电的变压器的高压侧，终止于负荷（电动机、加热器等）的输入端、直流和交流不间断电源系统蓄电池充电器的输入端、调压变压器的输入端以及照明变压器的一次侧。

低压交流配电系统包括低压配电变压器以及与继电保护和仪表控制有关的配电装置。还包括电缆、接头和电气贯穿件。

8.5.2 功能和运行要求

8.5.2.1 低压交流配电系统功能

低压交流配电系统为低压配电装置、电动机负荷、电动阀和其他负荷供电。低压配电装置为直流和交流不间断电源系统、照明系统和其他负荷供电。

低压交流配电系统的安全级配电系统可为安全级的直流蓄电池充电器供电以减轻事故或用于安全停堆。低压交流配电系统的非安全级配电系统是根据电厂运行的不同工况为非安全负荷供电。

8.5.2.2 低压交流配电系统运行要求

与系统母线或配电装置连接的冗余电源不能同时运行。根据负荷特性要求提供自动或手动的电源切换方案。

低压交流配电系统应按照为电厂制定的超出设计基准策略和程序的要求连接移动式柴油发电机。应确保能够通过移动柴油发电机建立简单的连接，向直流和交流不间断电源系统的应急厂用负荷供电。

8.5.3 系统配置

8.5.3.1 低压交流系统电压等级

新建华龙技术电厂的低压交流系统由 10 kV 中压配电装置通过 10 kV/0.4 kV 变压器提供电源，为交流额定电压为 380 V 或交流 220 V 的设备供电。

8.5.3.2 低压交流系统配置要求

低压交流系统母线设置与中压交流系统母线设置相对应，安全级低压交流配电系统由相应的安全级中压交流配电系统供电，非安全级低压交流配电系统由相应的非安全级中压交流配电系统供电，冗余工艺设备应由不同的低压交流配电系统供电。安全级低压交流配电系统的设计应尽可能提高电厂低压安全负荷供电的可靠性。电厂安全系统的可操作性在很大程度上受低压负荷供电的影响。此外，安全级低压交流配电系统的试验和维修将对电厂的可用性产生不利影响，故提出以下要求：

（1）将电气故障对电厂安全系统可操作性的影响降至最低；

（2）应考虑在线试验和维修时导致部分低压交流配电回路不能工作的情况下，不影响其他低压配电回路的正常运行。

8.5.4 设备

8.5.4.1 低压开关柜

低压开关柜为金属封闭式，柜内的设备均安装在具有互换性、能水平抽出的抽屉内，该装置具有机械闭锁等保障人身安全的设施。开关柜结构应设计成能抵御由设备运行产生的所有应力而不变形或损坏。开关柜的结构应符合最新版本的《低压成套开关设备和控制设备》（GB/T 7251）。低压开关柜（包括断路器和熔断器—接触器）的设计应采用现代成熟技术。

8.5.4.2 低压配电变压器

室内不应使用油浸式变压器。室内的变压器应采用阻燃型，即变压器是由无闪点、无燃点、在空气中阻燃的材料制造。

低压配电变压器在容量选择时，额定容量应大于最大预期负载。应考虑特殊的操作或环境条件，按照规范预留适当裕度。低压配电变压器应采用最新版本《电力变压器》（GB 1094）和《干式电力变压器技术参数和要求》（GB/T 10228）标准中列出的最高基本脉冲电平（BIL）。干式变压器设计应考虑足够的检修距离，以查看关键位置（如变压器线圈、导线或连接）。干式变压器应具有防止小动物侵入的措施。

8.5.5 保护和控制

8.5.5.1 保护

（1）变压器低压侧中性线安装的零序电流互感器采样不平衡电流，由保护装置来实现变压器低压侧接地故障保护；

（2）低压母线采用过电流保护；

（3）熔断器（断路器）——接触器组成的馈线回路，由熔断器或者断路器实现短路保护，熔断器每相各配一个撞针，熔丝熔断时联动接触器脱扣；过负荷保护由热继电器实现；

（4）阀门电动机应配置热过载保护：热过载保护装置的选择和容量确定应按照最新版本的《核电厂安全级电力系统及设备保护准则》（NB/T 20089）。电动阀执行安全功能时应旁路热过载保护。

8.5.5.2 监测

应对室内变压器绕组温度、电流及电压运行参数进行就地监测。

8.6 直流和交流不间断电源系统

8.6.1 范围

直流电源系统由为电厂直流负荷提供直流电力的供电和配电设备及电路组成。系统范围始于电厂安全级和非安全级蓄电池充电器的电源端，终止于电厂直流负荷（电动机、控制负荷等）的输入端和交流不间断电源系统逆变器的输入端。

交流不间断电源系统由为连续运行的仪表负荷、计算机系统和其他重要的电厂负荷提供低压交流电力的供电和配电设备及电路组成。系统范围始于逆变器和备用调压变压器的输入端，终止于系统负荷的输入端。

系统包括蓄电池组、蓄电池充电器、逆变器、不间断电源（UPS）、调压变压器、配电装置、有关的保护继电器和仪表，以及所有从电源端到系统负荷端的电缆和接线。

8.6.2 功能和运行要求

8.6.2.1 直流和交流不间断电源系统功能

直流和交流不间断电源系统为控制及仪表负荷（例如反应堆保护和安全专设驱动系统）和电厂启动、正常运行以及正常或应急停堆所要求的其他直流和重要交流负荷提供连续、可靠的电力。

在交流电源完全丧失的工况中，由蓄电池组向直流和交流不间断系统负荷提供运行所需的电源。

在 DBC（设计基准事故）工况中，为反应堆保护和停堆设备供电的直流和交流不间断电源系统按安全级设计。其余系统按非安全级设计。

8.6.2.2 运行方式

在正常运行期间，蓄电池充电器、UPS 和逆变器一般应连续带载运行。蓄电池组和蓄电池充电器一般应与直流配电母线保持连接，保证系统处于备用状态。蓄电池在正常运行期间保持浮充电，在交流电力丧失或蓄电池充电器故障的情况下自动放电，为直流配电母线上的负荷供电。

直流电源系统的设计应保证系统的负荷设备在工作电压（包括浮充、均充和放电末期）的整个范围内可靠运行，并考虑所有预期的运行工况的稳定状态和瞬态下电缆的电压降。如果电压过低可能导致不可接受的设备损坏或非计划操作，则应采取相应措施以保证系统的负荷和设备在所有预期的运行工况下按设计要求运行且不会损坏。

8.6.2.3 母线冗余

安全级直流和交流不间断电源应具有足够的冗余度，以保证：

(1) 单列安全级直流或交流不间断配电母线的丧失不会导致电厂瞬变，同时系统可对该单一故障事故作出响应；

(2) 在主发电机电源与厂外电源均丧失的工况中，任一列电厂蓄电池或直流母线的丧失，以及停堆冷却所需其他系统同时发生单一故障，不应导致反应堆冷却能力的完全丧失；

(3) 直流和交流不间断电源系统设备应具有足够的冗余度，以保证单组蓄电池、单个蓄电池充电器或逆变器的故障或不可用不应导致停机或强制停堆。

8.6.2.4 蓄电池容量

直流电源系统的蓄电池容量应满足下列运行要求：

(1) 非安全级蓄电池组和应对设计基准事故的安全级蓄电池组，在无需甩负荷的情况下，根据极限载荷曲线，为其负荷至少提供2小时的电力。从而保证了仪表和控制系统在交流电源完全丧失以后能连续运行，在2小时内不能恢复交流电源的事件中延长预期的应对周期，为操作员提供操作时间；

(2) 应对设计扩展工况的蓄电池组，在无需采取手动甩负荷或负荷管理程序的情况下，为选定的安全负荷在严重事故条件（包括丧失所有交流电源）下至少提供12小时的电力。12小时载荷曲线应包括那些在严重事故条件下进行事故后监测和电厂控制所需的直流和交流不间断负荷；

(3) 根据电厂为应对设计扩展工况建立的策略和程序，系统应能接入移动式柴油发电机，从而为负荷提供足够长时间的供电；

(4) 蓄电池容量的计算应按最新版本的《核电厂用蓄电池第1部分：容量确定》(NB/T 20028.1)。对于12小时工作周期的蓄电池，建议使用蓄电池生产厂家推荐的温度系数。用于确定蓄电池大小的载荷曲线应包括短时和瞬态负荷，例如断路器开关负荷、直流电动机负荷，要求在计划应对时间结束时（例如2小时或12小时）为蓄电池充电并采取其他适当的恢复措施。

8.6.2.5 应对时间

应对设计基准事故所需的直流和交流不间断电源系统的部件应设计为在缺少强制冷却或自然冷却（HVAC）时至少运行2小时。

应对设计扩展工况所需的直流和交流不间断电源系统的部件应设计为在缺少强制冷却或自然冷却（HVAC）时至少运行12小时。

8.6.3 系统配置

8.6.3.1 总则

(1) 直流电源系统的设计应符合最新版本的《核电厂直流电力系统设计推荐实施方法》(GB/T 14546)；

(2) 直流电源系统应不接地运行，确保单点接地故障不影响系统运行；

(3) 为安全级负荷供电的电源和电路应与为非安全级负荷供电的电源和电路保持实体隔离和电气隔离；非安全级负荷由安全级电源和电路供电时，应通过隔离装置，且该装置能避免非安全级负荷的故障对安全级电源和电路的影响；

（4）直流电源系统的设计应尽可能提高电厂正常和应急工况的安全级和非安全级直流负荷供电的可用性。每条直流母线应与一组蓄电池和至少一台蓄电池充电器连接；

（5）直流和交流不间断电源系统的设计应减少系统部件的数量，实现系统简化的目的和降低维修要求；

（6）应为每个逆变器或不间断电源提供低压交流电源，如一个具有足够容量的调压变压器，在单个逆变器故障或不可用时保证系统正常运行。对于安全级逆变器或不间断电源，低压交流电源应为安全级。

8.6.3.2　安全级系统

（1）直流和交流不间断电源系统的安全级部分应设置与专设安全设施的序列相对应的多个独立序列。各个序列的部件之间应保持实体隔离和电气隔离。不同安全系列的系统之间不应设置联络母线；

（2）安全级直流和交流不间断电源系统的布置应满足反应堆保护通道的数量和独立性要求以及反应堆紧急停堆逻辑要求。如果在电厂某些区域无法满足上述第 1 条）要求，应保证冗余分区之间的物理隔离要求与消防系统、内外部灾害和单一故障准则的要求相一致；

（3）应为交流不间断安全级负荷（包括反应堆保护和安全系统驱动通道）以及安全系统仪表和控制负荷配置 UPS 电源；

（4）由 12 小时蓄电池组供电的负荷数量应尽可能少，尤其是持续运行的负荷，以确保在事故情况（包括丧失所有交流电源）下提供充足的监测和控制能力；

（5）负荷分配时应保证任意单个安全级直流或低压交流母线的丧失不会导致电厂瞬变，同时可对该单一故障事故作出响应。

8.6.3.3　非安全级系统

（1）应为电厂大型负荷（例如备用润滑油泵或密封油泵）的运行提供单独的非安全级直流电源系统；

（2）非安全级直流电源系统应包括多条供电母线、蓄电池组和蓄电池充电器。如系统配置两台冗余的充电器，该冗余的两台充电器应由不同的交流母线供电；

（3）非安全级交流不间断电源系统向电厂计算机、仪表和控制负荷以及火灾探测等系统设备提供 UPS 电源。

8.6.4　设备

8.6.4.1　总则

（1）直流和交流不间断电源系统的所有部件应能在允许的电压变化范围内运行；

（2）为了避免部件的快速热老化，蓄电池充电器和逆变器的设计应考虑保守的温度裕度；

（3）为了使所有部件在较低的温度下运行，对额定容量超过 50 kVA 的蓄电池充电器和逆变器宜采用强制空气冷却；

（4）作为蓄电池充电器和逆变器一部分的变压器应具有 H 级或更好的绝缘系统，且不超过 F 级的温升；

（5）应在所有蓄电池充电器、UPS 和逆变器的输入端装设浪涌抑制装置。

8.6.4.2　蓄电池组

（1）安全级蓄电池组应符合最新版本的《核电厂安全级排气式铅酸蓄电池鉴定》（NB/T 20080）的要求；

（2）考虑到未来负荷增长，蓄电池的容量应考虑 10%到 15%的裕度，该容量裕度是除了环境温度、老化、初始容量等因素的影响之外应考虑的。建议蓄电池组定容时采用的设计温度不超过 25 ℃；

（3）蓄电池组的设计应允许更换单节蓄电池。每组蓄电池应配置相应的隔离开关以便于维护。建议在蓄电池上安装测试端子，以免影响其他接线。为了便于维护和/或更换蓄电池，蓄电池架应设计留有足够的间隙；

（4）选择不同安全系列的蓄电池时应考虑将影响单个序列蓄电池共模故障的风险尽量降低。

8.6.4.3 蓄电池充电器

（1）蓄电池充电器应能在最大预期负荷的情况下为与其相连的稳态负荷供电，同时可将蓄电池组在 24 小时内从设计的最低带电状态重新充电至满充电状态的 95%。充电时间一般推荐在 8～12 小时之间。如果蓄电池总容量较大，也可以在有利于限制蓄电池充电容量的情况下，充电时间最长不超过 24 小时；

（2）蓄电池充电器应具有降压输出特性，可以在系统负荷超过充电器额定值时由蓄电池组供电，防止蓄电池充电器因过载而损坏；

（3）蓄电池充电器应具有在失去交流电源后，防止蓄电池组通过充电器向交流电源输入侧反向供电的功能。

8.6.4.4 不间断电源（UPS）

（1）UPS 应由 380 V 交流电源和带蓄电池组的直流电源并联供电，在交流电源丧失时由直流电源提供冗余。它提供了两个电源间的无扰动切换。整流器应配备一个隔离二极管，以防止蓄电池对其放电；

（2）每个不间断电源应配置先通后断式静态开关，用于在逆变器故障时自动将负荷切换至备用交流电源上。每个直流序列应配备专用的调压变压器作为备用电源。应提供手动切换开关，用于在逆变器或静态开关维修时手动将负荷切换至备用电源上，以此将 UPS 或逆变器故障对安全级交流电源的影响减至最低，并允许正常运行期间对 UPS、逆变器和静态开关进行维修。

8.6.5 保护和监测

8.6.5.1 热过载保护

应向装设直流电动机的阀门执行机构提供热过载保护。对于安全级执行机构，应采用合适的工艺和热过载装置提供最大程度的保护，从而避免对系统的安全功能造成不可接受的危害。当有必要用于防止电动机故障和产生报警以指示误操作时，该保护可用于断开执行机构。

8.6.5.2 监测

每个直流系统应配置如下指示表计，提供如下报警信息：

（1）指示表计：

1）直流母线电压表；

2）蓄电池（充电和放电）电流表；

3）充电器输出电流表；

4）蓄电池充电器输出电压表。

（2）报警：

1）蓄电池高、低电压报警；

2）直流母线高、低电压报警；

3）蓄电池充电器欠压报警；

4）蓄电池放电报警；

5）断路器断开报警（至少包括蓄电池和蓄电池充电器输入和输出断路器）；

6）接地故障探测器报警。

8.7 照明及防雷接地系统

8.7.1 照明系统

8.7.1.1 功能要求

照明系统按其功能分为正常照明、应急照明。应急照明分为：备用照明、安全照明及疏散照明。

在正常工况下，正常照明和备用照明共同运行，保证核电厂在运行和维护时有足够的照度。在正常照明的电源失效时，备用照明为完成核电厂必不可少的操作提供适当的照度。

在核电厂失去正常照明和备用照明期间，疏散照明为辨认和使用疏散通道提供需要的照度和指示。

安全照明为操作人员进行安全停堆操作以及处于潜在危险之中的人员提供必须的照度。

8.7.1.2 照明灯具选择及光源种类

(1) 在核辐照环境中应采用耐辐照和易去污型灯具，其防护等级不低于IP55，并应具有长寿命、易操作和易维护的特性；

(2) 为避免产生氢气，在安全壳内、核辅助部分厂房以及其他可能存在酸性或碱性物质的场所，不应使用铝和铝合金的灯具；

(3) 安装在反应堆厂房内（包括环形空间，如果有）的灯具应能承受规定的压力；

(4) 有爆炸危险的场所，采用防爆灯具，应符合最新版本的《爆炸危险环境电力装置设计规范》（GB 50058）的相关要求；

(5) 高温场所，宜采用散热性能好、耐高温的灯具；

(6) 潮湿场所，应采用相应防护措施的灯具；

(7) 有尘埃的场所，应按防尘的相应防护等级选择适宜的灯具；

(8) 计算机室及具有显示器的控制室宜选用表面亮度低的灯具或采用间接照明灯具；

(9) 部分应急照明选用自带蓄电池的照明灯具；

(10) 在满足显色性、启动时间等要求条件下，根据安装现场的视看对象、环境特点等优先选用高光效、长寿命、节省电能的光源；

(11) 在控制室、计算机室、办公室等人员长期停留场所，宜采用荧光灯或LED灯；

(12) 在反应堆安全壳内和燃料厂房内禁止使用荧光灯、汞灯和放电管中充有汞的光源。安装在这些区域内的开关或按钮也不应含有汞。其他有辐射污染区域使用的光源不宜含有汞；

(13) 没有放射性的高、大厂房选用金属卤化物灯或LED灯；

(14) 安装在辐照环境下的灯、疏散照明装置以及自带蓄电池的安全照明装置宜采用LED灯；

(15) 中低压配电室、DCS机柜间、电缆层和走廊等，可采用荧光灯或LED灯；

(16) 反应堆堆腔水池、换料水池、乏燃料水池上方的所有灯具应满足水池防异物要求。

8.7.1.3 照明系统供电

(1) 核岛厂房的正常照明系统由380 V交流正常电源系统供电；

(2) 核岛厂房的应急照明系统由380 V交流应急电源系统供电；

(3) 厂外电源正常工作时，应急照明由厂外电源供电；厂外电源故障时，应急照明改由应急柴油发电机组供电；

(4) 备用照明由应急照明配电装置供电；

(5) 在控制室和计算机室，安全照明灯具由直流蓄电池装置供电。正常运行时，蓄电池装置由其中一列应急电源供电，当一列供电电源失去时，由另一列应急电源供电。应急照明电源均失去时，由蓄电池向安全照明系统供电；

（6）反应堆厂房的安全照明由自带蓄电池的照明灯具提供。此灯具通过馈线由反应堆厂房的应急照明电源供电；

（7）核岛厂房的疏散照明由自带蓄电池的照明灯具提供。其中反应堆厂房的疏散照明灯具通过馈线由反应堆厂房的应急照明电源供电。其余厂房内的疏散照明可直接并单独与相应的应急照明线连接；

（8）安全照明和疏散照明选用成套装置。有电压时，应急装置蓄电池进行充电，失去电压时，应急装置蓄电池处于放电状态，成套装置照明灯具点亮。

8.7.1.4 其他要求

（1）应为每个照明配电箱设置一个主开关，并预留20%的裕度以满足后期可能增加的照明负荷；

（2）照明配电箱应安装在便于安装、维修、试验和操作的区域；

（3）照明灯具装置的设计和安装位置应易于后期的维修和更换，并应考虑到维修和更换的安全问题；

（4）各照明装置的供电回路应尽可能与其他供电回路错开，交错回路应由单独的电气序列供电，以确保这个房间的照明不会因线路故障而失去；

（5）用于主控制室的照明设备应抵御SL-2地震，不应形成飞射物伤及人员或影响附近的安全级系统元件的安全功能。为地震后保持功能而设的照明应按相同的地震基准来设计；

（6）除主控制室外，其他位于安全级设备附近的照明灯具的支撑应可以承受一次SL-2地震，以确保在发生SL-2地震期间及之后，它们不会影响到附近安全级系统元件的安全功能；

（7）反应堆堆腔水池、换料水池上方和燃料厂房乏燃料水池上方的所有灯具应满足SL-2地震下结构的完整性，没有任何部件的跌落。

8.7.2 防雷接地系统

8.7.2.1 功能要求

防雷接地系统的设计和分析应遵循最新版本的《交流电气装置的接地设计规范》（GB/T 50065）及《建筑物防雷设计规范》（GB 50057）推荐的方法。主要功能要求如下：

（1）接地系统将故障时产生的接地故障电流引向大地，以限制跨步电压及接触电压在安全数值内，防止工作人员因触摸绝缘损坏而带电的金属部分或接触带电部件而造成的人身伤亡；

（2）接地系统将过电压及静电向大地释放，以确保人身及设备安全；

（3）接地系统提供电气系统中性点，以及电子设备的工作基准点，以确保其正常运行；

（4）接地系统使所有电气设备正常不带电的金属部分处于等电位（地电位）。防止因冲击电流产生电位升高，而导致电气设备因过电压而发生故障；

（5）防雷系统用以防止由于雷击引起的人身伤亡和财产损失，以及雷击电磁脉冲引发的电气和电子系统损坏或错误运行。通过接地导体将雷击产生的雷电流引向大地，以确保人身和设备的安全。

8.7.2.2 接地系统分类

（1）电力系统工作接地：提供电气设备的中性点，以保证电气设备的正常运行。

（2）保护接地（接零）：防止工作人员因触摸绝缘损坏而带电的金属结构或外壳以及接触带电部件而造成的人身伤亡事故。

（3）防雷接地：通过安装于各建筑物上的防雷装置，吸引雷电放电，并将雷电流导入大地，从而保证人员、设备和建筑物免遭雷击。

（4）电子设备接地：提供电子设备的工作基准点，以保证电子设备的正常运行。电子设备通过接地线就近与各建（构）筑物内的共用等电位联结网相连，或通过绝缘接地电缆采用单点接地的方式与接地网相连。

8.7.2.3　接地系统的构成

接地系统将电力系统工作接地、保护接地、防雷接地、电子设备接地等接地装置接在一起，形成共用接地系统，由全厂接地主网、安全接地网和防雷接地网几部分构成。

（1）全厂接地主网

全厂接地主网由以下几个系统组成：建（构）筑物的地下接地系统；厂区围栏接地系统；不同建（构）筑物间的接地系统；厂区照明接地系统；厂外辅助电源变电站及厂外主电源开关站的接地系统；接地检查井和防雷接地井。各接地系统通过在户内的接地母排或户外接地检查井和防雷接地井中的连接母排相连。

每个建（构）筑物的接地网原则上应有至少两点与全厂接地主网相连，在任何一点接地导线断裂时，不会使建筑物与全厂接地主网分离。

全厂接地系统，将工作接地、保护接地、防雷接地、电子设备接地等连接在一起，接地电阻值取各接地系统的最小值。

（2）安全接地网

建筑物内的等电位联结网构成了安全接地网。安全接地网构成环路，多环之间相互连通，接地网至少有两点（对于不成环路的接地网取其线路两端）通过等电位接地母排和室外防雷接地井或接地检查井与全厂接地网相连。

接地母排、主接地干线、电缆托盘的接地导体就近相互连接，构成核岛厂房内部的共用等电位联结网。所有金属部件如电缆托盘组件、设备金属外壳、系统构件（如管道）、厂房结构（如门和窗等），必须被连接到共用等电位联结网上。

BOP各厂房内都分别设有以裸铜缆或扁铜构成的主接地干线，各建筑物内的保护接地干线至少应有两点与全厂接地网相连接。建筑物内各种电气设备正常不带电的金属外壳，电气金属构架，电缆桥架和穿线钢管等均按规范要求与主接地干线可靠相连接。

（3）防雷接地网

防雷接地网由接闪器（接闪杆和接闪带）、引下线、连接母线和接地网组成，引下线与深埋接地网和地下接地网相连，并通过防雷接地井与全厂接地网相连。

8.7.2.4　防雷系统分类及措施

防雷系统应按照国家标准《建筑物防雷设计规范》（GB 50057）进行设计，根据本工程各建（构）筑物的重要性、使用性质、发生雷电事故的可能性及后果确定其防雷分类并相应的采取防雷措施。防雷装置由外部防雷装置和内部防雷装置组成。各防雷建筑应设防直击雷的外部防雷装置，由接闪器（接闪杆和接闪带）、引下线和接地装置构成，并应采取防闪电电涌侵入和防闪电感应的措施。各防雷建筑应设内部防雷装置，内部防雷装置由防雷等电位连接和与外部防雷装置的间隔距离组成。

第9章 电厂支持系统

9.1 核岛消防系统

9.1.1 系统功能要求

核岛消防系统是通过纵深防御设计方法来确保与安全有关系统执行其安全停堆功能的能力，并保证在火灾时将放射性释放到环境中去的可能性及对人员的危险性降至最低，并减少由于火灾带来的生命和财产损失。

（1）范围

为保护核电厂免遭火灾危害、确保火灾事件中能实现和保持安全停堆等三项基本安全功能所需要的各系统，核岛消防系统要确保厂内人员的生命安全、保护财产和保持电力生产的连续性。

本系统包括火灾和烟雾探测系统、自动和手动灭火系统。

（2）功能

核岛消防系统具有如下功能：

1）通过防火区探测和定位火灾，并及时报警；

2）迅速扑灭火灾，把火灾对安全重要构筑物、系统、部件和发电的不利影响降至最小；

3）为自动灭火系统提供手动备用灭火系统；

4）限制火灾蔓延；

5）确保实现安全停堆所必需的冗余设备序列之一不受到火灾的危害；

6）把火灾造成的放射性或有害化学物质对人员的照射及向环境排放的后果降至最小。

9.1.2 系统基准要求

（1）概述

核电厂消防系统的设计、安装和试验应符合《核电厂防火设计规范》（GB/T 22158）的规定。消防系统的方针是通过纵深防御确保火灾不妨碍核电厂执行必需的安全停堆功能等基本安全功能，而且不会大幅度增加放射性向环境释放的风险。

（2）火灾危害性分析

1）应当对与安全相关的建（构）筑物、系统及设备开展火灾危害性分析工作；

2）设计单位负责对电厂核安全相关区域进行火灾危害性分析。对于非核安全相关区域进行的火灾危害性分析主要考虑不能对核安全区域造成影响。通过设计要求、可燃物分隔、变压器及电缆等一系列具体设备的防火设计，来验证这些区域的设计及布置可以降低火灾造成的损失及产生的后果。另外，火灾危害性分析还需要包括火灾探测、灭火设施的设计情况，如自动喷水灭火系统、消火栓、二氧化碳灭火系统、便携式灭火器；

3）非安全相关区域的火灾危害性分析不需要考虑SL-2地震条件下设备的可运行性。

9.1.3 系统配置及要求

（1）冗余安全分隔区保护

应对安装有冗余安全停堆设备的区域进行完全实体隔离，以确保电厂在假想火灾情况下有充分的安全停堆能力。

由于反应堆停堆操作可在远程停堆站上实现，因此对于主控制室则没有这方面的要求。另外，安全壳内冗余安全停堆系统也没有这方面的要求，但是需要进行空间分隔、限制可燃物、火灾探测及消防联动等措施来实现防火的要求。

（2）部件更换

消防系统的设计和安装应满足由于预期的老化、早期故障或者报废引起的可能更换。

（3）扩展的防火范围

1）安装了自动灭火系统的所有核电厂区域也应同时配备手动备用灭火装置。在不需要自动灭火系统的区域，应根据火灾危害性分析结果安装手动灭火装置；

2）火灾危害性分析为确定防火区内含有的可燃材料达到了必须安装固定灭火系统的标准，则应配备自动固定灭火装置；

3）由火灾危害性分析确认的火灾危害没有达到必须配备固定灭火系统的区域，应配备火灾自动探测设备；

4）放有重要设备和易燃的重要电力生产用材料的仓库，如电缆或对其他发电重要建筑物构成火灾威胁的那些设备，应配备自动洒水灭火设备；

5）对于每个建筑物内每个区域都应安装足够数量的消火栓以便能形成两路消防水流。水龙带的长度不应超过 30 m。每个消火栓都应配备单独的隔离阀；

6）对于汇集有可燃材料并且火灾危害性分析已确定有可能受到火灾危害的通风过滤器，应安装灭火系统。

9.1.4　系统运行和维修要求

（1）自动水灭火系统

每个系统由供水阀门到泄水点之间架空管道和部件组成。一些系统设有一个能由火灾探测系统自动打开的控制阀门。每个系统有一个状态报警装置监测系统运行的状态，主要有自动喷水灭火系统和水喷雾灭火系统。其中，自动喷水灭火系统中的预作用系统用于替代湿式系统泄漏或误动作会产生不可预知后果的场所。

（2）消防泵

1）应设置两台或多台消防泵，以便在假设最大容量泵发生故障或失去厂外电源的情况下仍提供 100% 的设计容量。电动消防泵的电源应符合电力系统相关章节的规定。备用消防泵应提供至少 100% 的设计消防泵容量；

2）消防泵应自动启动，以保持消防总管压力。消防泵的关闭只能手动停止；

3）对于由水箱或类似专用水供应的消防泵，应提供带有流量指示的 100% 流量再循环管线，以进行泵试验。

（3）水源

1）消防用水应由来自专门的供水水源。应进行处理以减少生物污垢，并经过滤去除泥砂和碎屑；

2）由于辐射区采用水系统灭火有可能引起污染扩散，在辐射区使用水系统灭火应是最后的手段；

3）应分析安全停堆所需设备区域内的消防水源、供水设备及消防水管系统供应立管和软管连接，分析在 SL-2 地震下保持功能有效，以确保在这种情况下系统的完整性；

4）设计应确保有足够的隔离阀，以便进行预期和预防性维护。

（4）初期火灾消防水

对于火灾扩散速度较快的油类火灾，应设置初期火灾消防水，并应采取能够在 1 分钟之内释放初期消防水量的措施。

（5）稳压泵

稳压泵的总水头应维持在消防泵的初始启动压力值以上至少 0.07 MPa，首选使用管道补压泵。

(6) 二氧化碳

1) 应尽量减少使用全淹没固定式二氧化碳灭火系统，只在确实需要并有明显好处的区域才使用。例如，有明显电气火灾危险的区域，使用其他药剂可能损坏设备，可使用二氧化碳进行保护；

2) 二氧化碳灭火系统中使用的连接装置，应该可以通过使用空气而不是二氧化碳完成检查性实验，以证明集管和支嘴没有堵塞。

(7) 电缆托盘的防火

应对自动喷水灭火器的灵敏度进行测试，并证明其足以满足电缆槽组的防火要求。此外，喷水装置的设计应确保对预期电缆槽火灾具有适当的敏感性。或在主要不确定的区域，可能需要使用选定的洒水器进行全尺寸火灾试验，以确保电缆槽得到充分保护。

(8) 手提式灭火器

除非火灾危险性分析表明存在特定要求，否则手提式灭火器不应放置在高放射性区域；若确实需要，便携式灭火器的位置应确保其不受阻碍，且易于接近高放射性区域。在可能的情况下，软管站应位于高放射性区域之外；软管站的位置必须确保任何包含或可能对安全相关设备造成危害的位置都可以通过至少一个有效的消防软管（最大长度 30 m）到达。

(9) 仪表和控制

系统中所有设备的控制可通过主控制室（盘）手动远控和就地控制完成。

电动阀门除主控制室内远程手动启闭外，可设置就地按钮直接启闭，同时通知主控制室内进行了相关操作。

(10) 维修

日常应进行以下检查，发现故障及时维修：

1) 消火栓

①所有设备组件的安装都不应缺少并且型号匹配；

②所有的阀门应能够操作并工作正常；

③消火栓不应有损坏、腐蚀或泄漏痕迹；

④消火栓必须处在准工作状态，保证供水和足够的压力；

⑤最不利点的消火栓的压力不能低于 0.4 MPa.g。

2) 固定灭火系统

①固定灭火系统入口处的水压应满足要求；

②湿式自动喷水灭火系统入口阀门应处于开启状态；

③手动干式闭式灭火系统入口阀门应处于关闭状态，且检漏管不应有水漏出，如出现应及时维修；

④水喷雾灭火系统的喷头朝向保护对象；

⑤碘吸附器灭火系统入口阀门应处于关闭状态，且检漏管不应有水漏出，如出现应及时维修；

⑥喷头的覆盖范围应有重叠。

3) 其他

定期检查减压阀上的压力表指示值是否正常，设备完好。

9.2 供热、通风和空调系统（HVAC）

9.2.1 系统功能要求

9.2.1.1 系统范围

本节范围包括厂址内为每个建筑物提供通风、供热、冷却和对有毒或放射性物质进行收集、过滤和排放所需的系统。

9.2.1.2　系统功能

（1）使工作环境保持在运行和维修人员所需的舒适程度内；

（2）确保设备和构筑物处于适当的环境中；

（3）确保气载放射性物质不会从潜在高剂量区流向潜在低剂量区；

（4）系统分区设计符合防火分区要求；

（5）系统屏障设计满足防飞射物和限制人员进出的保卫系统要求；

（6）系统能保持建筑物或区域内适当的相对压力，以控制潜在放射性流出物的泄漏流向；

（7）系统配备适当的通风过滤装置，以去除和限制污染物的扩散；

（8）系统在正常和事故条件下向环境的排放满足《核动力厂环境辐射防护规定》（GB 6249—2011）、《大气污染物综合排放标准》（GB 16297—1996）的要求；

（9）系统在正常和预计运行事件情况下能达到设计的功能目标；

（10）系统能防止烟、热气和灭火剂扩散到其他防火区从而避免安全停堆能力的丧失，也避免对操作员的行动构成威胁。

9.2.2　系统基准要求

9.2.2.1　适用于安全相关和非安全相关系统的要求

通风系统应提供适宜的环境，确保在正常运行和假想设计基准事故条件下电厂人员的安全和舒适以及电厂设备可正常运行。

（1）通风系统设计依据的室外和室内温度如下：

1）室外空气设计环境条件应根据如下规定确定：

核安全相关系统、部件的区域、建筑物和隔间，其通风系统建议按《核电厂工程气象技术规范》（GB/T 50674—2013）中全年不保证 2 小时的干球温度和对应的湿球温度的数值进行设计。

汽轮机厂房等非安全相关建筑的通风系统应以《工业建筑供暖通风与空气调节设计规范》（GB 50019—2015）规定的数值进行设计。

极端气象参数建议按《核电厂工程气象技术规范》（GB/T 50674—2013）中规定的数值进行设计。

2）室内温度应根据建筑物、区域各工况时的功能确定：

居留区：轻体力工作（办公室、实验室等）没有特殊电子设备：18～26 ℃；

居留区：中等体力工作（车间、维修设施）：18～30 ℃；

控制机柜区温度：18～28 ℃，具体根据控制机柜供应商的温度要求确定；

经常检查、维修区（没有敏感电子设备）：10～38 ℃；

不经常检查或维修活动的区域：温度随工作服类型和工作时间长短确定；

非通行区（没有敏感电子设备）：10～45 ℃。

特定区域、部件的温度详见相关段落。

（2）对于可能含有放射性的区域（厂房），其通风系统应设计成：

1）为减少不可控放射性物质向环境排放，保持该区域相对于大气和邻近区域为负压；

2）为减少受控放射性物质向环境的排放，对排出气体进行过滤；

3）应对每个潜在受污染的排放点的排风设置连续监测，并在控制室设有高水平放射性报警器；

4）为保证不超过最大允许浓度（MPC）水平并符合 ALARA 原则，应有室内净化和室外送风设施；

5）提供能确定并隔离放射性泄漏区域的排风措施。

（3）通风系统应设计成空气不能从潜在高气载放射性区域流向潜在低放射性区域；

（4）防火屏障上用于通风系统的贯穿开口应使用同防火屏障具有同等耐火极限的防火阀进行防护。穿过保卫边界的通风管道贯穿件应装备适当的屏障；

（5）通风系统应配备足够的仪表和控制装置以确保系统安全、有效和可靠地运行；

（6）通风系统控制和显示应集中并满足人因要求；

（7）为在初始试验和定期试验中对部件和设备进行监测，证明其性能参数在运行限值内，应在适当位置上安装具有足够规模的、足够数量的仪表和仪表接口；

（8）所有核级空气处理系统应根据《核空气和气体处理规范 设计和制造通用要求》（NB/T 20038—2011）、《核空气和气体处理规范 通风、空调和空气净化》（NB/T 20039）进行设计、制造、安装和试验；

（9）应尽量减少设备如风机、过滤器、盘管、档板等的类型和尺寸的多样性；

（10）由于实际冷/热负荷可能比计算负荷高，所以冷/热负荷容量应按下列裕度进行设计：

1）总负荷的 10%；

2）风机压差的 10%。

（11）为了把通风设计中的不确定因素降至最小：

1）通风系统性能应以设计模型和设计分析为基础；

2）设计人员应评估和借鉴现有类似设备的运行问题。

（12）为了对设备进行实验和维修，所有自动控制设备应同时能够手动控制；

（13）通风系统应配备足够数量的平衡阀以保证系统流量平衡；

（14）来自于空气的凝结水应排到地漏；

（15）采用气体灭火系统的防火区，其通风系统应随气体灭火系统起动而停运，以防防火区内灭火气体被稀释；

（16）设备设计应包括必要的降低噪音的措施，包括减震垫或减震支座，进出口软连接等；

（17）通风空气吸入口应处于合适的位置，以避免吸入电厂排放的气体，诸如蒸汽发生器大气排放阀、安全阀、辅助锅炉燃气等排出的气体；

（18）通风系统的电机、风机、风阀等部件应能在正常环境下运行；

（19）为确保设备能承受 SL-2 地震作用而不影响其操作性，空气处理设备宜刚性安装或配备防止晃动的装置。长轴轴流风机应在电动机和风机之间有轴承并且在电动机和风机上都设有轴承；

（20）抗震 I 类通风系统和设备应设计为其失效不会影响或损伤抗震 I 类系统和设备。通风风管部件的支架应满足安全隔离功能需要，例如不影响隔离阀的动作。设计、建造和安装应符合《核空气和气体处理规范 设计和制造通用要求》（NB/T 20038—2011）、《核空气和气体处理规范 通风、空调与空气净化》（NB/T 20039）的规定；

（21）碘过滤器

设计人员应进行分析确定运行中是否需要碘过滤器并评估是否满足 ALARA 原

则要求。当通风系统所在区域需要使用碘过滤器，为降低正常运行期间包括预计运行事件时产生的放射性活度，碘过滤器应设计具有如下特征：

1）碘过滤器和相关部件的设计应符合《核空气和气体处理规范 设计和制造通用要求》（NB/T 20038—2011）、《核空气和气体处理规范 通风、空调与空气净化》（NB/T 20039）；

2）碘过滤器的上游安装初效过滤器和高效空气粒子过滤器（HEPA）；

3）对于安全级碘过滤器，对应的电加热器应由厂内应急交流电源供电；

4）非安全级碘过滤器的任何故障，不应阻碍其所在安全有关系统执行其安全有关的功能。

另外，为满足简化、标准化、经济性和易于检修的目标，设计人员应考虑如下要求：

1）炭阱尺寸应标准化，使其具有单一尺寸或处于一定的尺寸范围内以降低成本和减少零配件，并能简化应急情况下的活性炭更换过程；

2）碘过滤器系统的设计应考虑防护性或可隔离性，以防止维修期间水分、有机物、灰尘或其他污染物对活性炭的污染；

3）碘过滤器的消防措施应使用就地灭火系统，例如能被隔离并能够手动接入消防软管的系统；

4）为更换被污染的活性炭，设计应提供接近活性炭床和临时停放活性炭更换装置的适当通道。

（22）设备冗余

下列区域的通风系统应具有足够的冗余度，使得最大容量部件（风机、过滤器、盘管）由于维修或检修停运时，仍能保持设计条件（流量、温度、湿度、压力）：

1）所有布置有安全相关设备的区域；

2）主控制室；

3）装备有对温度敏感的试验仪器的实验室，例如放射性化学、健康物理实验室和出入口监视区域；

4）人员长期居留的区域。

对于其他区域，由于最大容量部件（风机、过滤器、盘管）维修或检修停运导致的不可用，使设计温度和湿度临时不满足设计值，则应遵守以下原则：

1）通过降级的系统应暂时满足人员温度需求和使设备通风、冷却区域不超过供应商要求的设备可靠运行的温度范围；

2）气流组织方向应遵守 ALARA 原则；

3）辐射防护区应形成负压。

（23）通风冗余列的控制应与电厂火灾探测和消防系统相匹配以防止烟气和热空气蔓延至冗余列；

（24）通风系统的布置应与防火分区相匹配；

（25）通风设备通常应安装在室内以防止气象灾害，对于空冷机组等依赖外界环境的设备，为能有效运行则安装在室外；

（26）用于盥洗室和蓄电池间排风的风机和风管室外安装部分应选择合理的设计，例如选择抗腐蚀的材料等。卫生间的外部排风管道应避免可能的泄漏而进入其他人员活动区域；

（27）核电厂烟囱应能够混合、监测和排放电厂所有的废气。应该慎重选择电厂烟囱的地点，以尽量减少排出废气再返回到电厂通风系统新风入口处的可能性。

9.2.2.2 只适用于安全相关系统的要求

（1）在假设发生单一能动故障和丧失厂外电源的情况下，通风系统应设计的可承受 SL-2 地震并能完成其预期功能；

（2）通风设备各列之间应采用实体

屏障完全隔离；

(3) 外部空气吸入口和排出口应进行保护以免遭受龙卷风的影响；

(4) 接到安全触发信号或有关安全设备的联锁启动要求时，通风系统应自动启动运行。即使保护动作信号复位，投运设备的保护功能不应受到影响；

(5) 通风系统的电动机、风机、阀门和其他部件应设计成在正常和事故工况有关的环境条件下都能运行；

(6) 通风系统设有配套仪表和设备状态反馈便于在主控制室内监测有关系统运行；

(7) 所有通风装置/部件和支承/吊架的设计、建造和安装应符合《核空气和气体处理规范 设计和制造通用要求》(NB/T 20038—2011)、《核空气和气体处理规范 通风、空调与空气净化》(NB/T 20039) 的规定；

(8) 通风系统应有能力通过自动触发的冗余阀门把重要部件与非重要部件隔开。阀门应为安全级抗震 I 类设备。

9.2.3 系统配置及要求

本节对各厂房、区域通风系统的配置要求做出规定。

9.2.3.1 安全壳冷却通风系统

安全壳冷却通风系统用于保证电厂运行及维修/换料停堆期间安全壳内环境条件在设计范围内。反应堆顶盖主螺栓张拉期间，安全壳内空气温度应符合技术规范要求。

(1) 系统冷风机组应合理布置，要有足够冗余度，即使一台冷风盘管机组停运，系统仍可满足需求；

(2) 冷却盘管一般由非安全冷冻水系统提供冷却水，也可根据情况由安全冷冻水系统提供冷却水；

(3) 冷风机组应由主控制室手动启动；

(4) 应能在主控制室内利用风机出风温度来监测系统的运行情况。应合理布置温度敏感元件和指示器来监测房间温度；

(5) 在失去厂外电源期间需要投入运行的冷风机，应由厂内应急电源供电。

9.2.3.2 安全壳空气净化系统

安全壳空气净化系统用于提供空气循环和就地过滤以降低气载放射性水平。

(1) 系统至少应由高效空气粒子过滤器 (HEPA)、碘吸附器、排风机、风阀、风管以及相关的控制和测量仪表组成；

(2) 应合理布置过滤器装置的排风，防止送风和排风气流之间发生短路；

(3) 系统应通过主控制室手动开关启停；

(4) 本系统由非安全级电源供电。

9.2.3.3 控制棒驱动机构 (CRDM) 通风系统

控制棒驱动机构 (CRDM) 系统用于建立反应堆堆顶排风罩的空气流场，以保持 CRDM 温度和相关电缆温度在运行限值以内 (由反应堆和电缆供应商决定此运行温度限值)。

(1) 空气经吸收热量后经过由设备冷却水冷却的冷却盘管后进入安全壳内大气环境；

(2) CRDM 通风系统应由厂内应急电源供电；

(3) 系统应由运行风机和备用风机组成；

(4) 系统应由主控制室内手动开关启停，通过状态指示和电机跳闸报警控制和监视。

9.2.3.4 堆坑冷却通风系统

堆坑冷却通风系统用于保持堆坑区域

在温度限值范围内，具体应根据反应堆结构等专业的要求加以调整。

（1）堆坑底部到RPV支承环区域的通风温度限值：75 ℃；

（2）堆坑主管道开孔处混凝土表面温度限值：80 ℃；

（3）系统应提供容量各为2×50%的两个系列，每个系列至少包括送风机、风阀和有关仪表；

（4）系统应由厂内应急电源供电，在电厂正常运行和丧失厂外电源期间运行；

（5）管网布置应保证有足够冷却空气流过整个堆腔空间；

（6）确定系统容量时，除了考虑设备和管道散热外，还应考虑来自中子和γ辐射的热负荷；

（7）系统运行情况应可通过状态指示、高温报警和电机跳闸报警在主控制室监视。

9.2.3.5　安全壳换气通风系统

安全壳换气通风系统由大流量和小流量两个子系统组成。

（1）大流量子系统

大流量子系统用于在冷停堆和换料期间工作人员进入安全壳前及进入期间提供100%处理后新风，由核辅助厂房通风系统提供送、排风，排风经过滤和监测后排入烟囱。系统设计应确保当设备闸门或人员闸门打开时，气流流向是从反应堆厂房外流向反应堆厂房内。

1）此子系统应设计成能保持安全壳温度在9.2.2系统基准要求给定的范围之内；

2）子系统管网的布置应保证安全壳内通风气流的合理分布；

3）子系统应由主控制室手动控制；

4）安全壳隔离信号出现时，送、排风应能隔离；

5）安全壳电动隔离阀由厂内应急交流电源供电，阀门位置应在主控制室有显示。

（2）小流量子系统

小流量子系统用于控制反应堆厂房内的压力，降低厂房内惰性气体和氚水蒸气的放射性水平，满足ALARA原则要求。

1）小流量子系统应按安全级系统设计，能在SL-1下保持运行，由厂内应急交流电源供电；

2）根据情况，送风可由核辅助厂房通风系统或燃料厂房通风系统提供；

3）排风部分单独设置碘排风列，应由预过滤器、高效过滤器、电加热器、碘吸附器、排风机、防火阀组成；

4）系统应能在主控制室手动控制；

5）安全壳隔离信号出现时，能隔离送、排风；

6）安全壳电动隔离阀由厂内应急交流电源供电，阀门位置应在主控制室有指示。

9.2.3.6　安全壳环廊通风系统

安全壳环廊通风系统适用于混凝土安全壳。对于双层安全壳，通过维持双壳间环形空间的负压，对于单层安全壳，通过对贯穿件所在房间、区域或排风罩的通风，维持负压状态，保证来自一次安全壳内部的空气在排放前经过过滤，避免被污染的空气直接流向环境。

（1）安全壳环廊通风系统由2×100%碘过滤列和1×100%正常运行列组成。碘过滤列由初效过滤器、高效过滤器、碘过滤器、电加热器、风机、防火阀等组成。正常运行列由初效过滤器、高效过滤器、风机、防火阀等组成；

（2）安全壳隔离信号出现时正常运行列停运，碘排风列启动；

(3) 碘过滤列由厂内应急交流电源供电。

9.2.3.7 主控制室空调系统

主控制室空调系统用于维持电厂运行状态和事故工况期间主控制室可居留区域内适宜的温度和湿度，为设备的正确运行和人员提供适宜的环境条件。在厂区发生放射性污染事件时，确保主控制室可居留区的可居留性。

(1) 主控制室空调系统在所有运行模式下，包括主控制室在设定的持续应急响应期间昼夜有人值班的设计基准事故下，主控制室空调系统宜使主控制室的温度处于18~24 ℃之间；相对湿度在30%~75%之间；

(2) 在任何假想设计基准事故期间，控制室人员所受的辐射照射应不超过《核动力厂环境辐射防护规定》(GB 6249—2011) 的限值要求；

(3) 一旦探测到烟尘进入控制室或控制室人员受到高剂量气载放射性的意外照射时，主控制室空调系统应能够从正常运行模式自动转换到应急或隔离模式；

(4) 运行期间，主控制室空调系统应使控制室相对于周围区域一直保持轻微正压以防止外部的灰尘、烟雾和气载放射性物质进入主控制室可居留区。放射性事故期间，主控制室可居留区相对于周围区域的压力应大于30 Pa；

(5) 主控制室空调系统应具有足够的冗余度并应与安全相关电气系统的设计相匹配。由于空间有限，一般为主控制室设计共用分配风管；

(6) 每序列设备至少应由空气处理装置 (AHU)、应急过滤装置 (EFU)、有关电源和控制装置组成；

(7) 每序列空气处理装置由预过滤器、高中效空气过滤器、加湿器、电加热器、冷却盘管和风机组成。冷却盘管应由安全冷冻水系统供水；

(8) 每套 EFU 装置至少应由预过滤器、高效空气 (HEPA) 过滤器、碘过滤器和风机组成；

(9) 外部空气吸入口应安装多重探测器 (放射性以及烟雾) 以便一接到高辐射、烟雾探测信号就关闭主控制室正常新风隔离阀。隔离阀应具有密封结构并带有故障、关闭反馈。气载放射性水平过高时，应通过 EFU 装置提供新风。探测到外部烟气时，主控制室空调系统应按循环方式运行而不补充新风。一旦出现气载污染物浓度过高信号并或安全信号被触发，EFU 装置应自动启动；

(10) 主控制室空调系统的各设备列之间应通过实体屏障进行隔离，使得任何一列设备的故障不会危害到其他设备列。所有非安全相关设备的设计不应产生任何飞射物并应符合抗震类准则；

(11) 火灾后应能够通过手动启动方式排出主控制室烟气；

(12) 盥洗室、厨房排气、加湿、供热子系统应为非安全相关系统。安全厂房/控制厂房 (电气厂房) 非控制区周边的排风管线应安装冗余隔离阀，应按抗震Ⅰ类要求进行建造；

(13) 贯穿主控制室重要边界的风管孔洞应按防飞射物要求设计。

9.2.3.8 控制机柜间通风系统

控制机柜间通风系统用以保证环境温度在18~28 ℃之间，具体应根据电子设备制造商的建议加以调整。

(1) 每列控制机柜间应配置2×100%容量的冗余空调冷却机组，其中至少有1×100%容量的空调冷却机组为安全级；

(2) 系统的冷却盘管应由安全冷冻水系统提供冷源;

(3) 风机应由厂内应急交流电源供电;

(4) 系统能从主控制室进行控制。

9.2.3.9 电气设备间通风系统

电气设备间室通风系统用以保持环境温度在5~35 ℃之间。具体应根据电气设备制造商的建议调整该温度限值。

(1) 系统应由满足安全相关电气设备要求的多个序列组成;

(2) 系统的冷却盘管应由安全冷冻水系统供水;

(3) 风机应由厂内应急交流电源供电;

(4) 系统应能从主控制室进行控制。

9.2.3.10 蓄电池间通风系统

蓄电池间的通风系统应使房间内的环境温度保持在18~28 ℃之间，具体应根据蓄电池设备制造商的建议加以调整。

(1) 蓄电池间设置独立的排风系统，直接排风至厂房外，维持房间负压，防止氢气扩散，使氢气浓度保持在低于燃烧下限的安全水平;

(2) 蓄电池间应设通风系统传感器，相关通风系统故障等应能在控制室报警和显示;

(3) 应在蓄电池间通风系统设计中防止氢气局部积聚;

(4) 若蓄电池间通风系统中设有防火阀，应考虑其关闭对氢气积聚的影响;

(5) 蓄电池间的排风系统应设计成防爆风机。

9.2.3.11 安全相关的制冷机房通风系统

安全相关制冷机房通风系统用来保证设备工作的环境温度。

(1) 冷却盘管应由安全冷冻水系统供水;

(2) 风机应由厂内应急交流电源供电;

(3) 通风系统应能控制制冷剂泄漏带来的风险;

(4) 建议制冷剂安全阀通过管道连接至外界环境。

9.2.3.12 远程停堆站通风系统

远程停堆站通风系统用于维持远程停堆站环境条件。

(1) 系统应设计成与主控制室空调系统完全独立，并在主控制室丧失功能时，为必需的安全相关系统和执行核电厂安全停堆功能的人员提供适宜的环境条件;

(2) 系统应有足够的冗余度。

9.2.3.13 蒸汽管廊道通风系统

蒸汽管廊道的通风应根据廊道的结构以及对廊道的温度要求进行分析制定通风方案。

9.2.3.14 安全厂房/控制厂房（或电气厂房）控制区通风系统

安全厂房/控制厂房（或电气厂房）控制区通风系统用于维持控制区内的环境条件，满足人员卫生安全和设备运行的要求，在放射性释放事故时提供动态包容。

(1) 安全厂房/控制厂房（或电气厂房）控制区通风由正常通风系统和应急通风系统组成;

(2) 安全厂房/控制厂房（或电气厂房）控制区的应急通风系统应设计为由厂内应急交流电源供电;

(3) 安全厂房、控制厂房（或电气厂房）控制区的正常通风系统的设计应使隔间温度保持在9.2.2系统基准要求所规定的范围内;

(4) 安全厂房/控制厂房（或电气厂房）控制区应由安全冷冻水或其他安全级

闭式冷却系统提供冷源的风机盘管机组进行冷却；

(5) 风机盘管机组应通过专设安全设施触发信号、泵启动信号或高温开关自动启动。风机盘管机组也应具备手动启停功能，以便进行试验和维修；

(6) 每个风机盘管机组应允许从主控制室进行远距离控制。

9.2.3.15 核辅助厂房通风系统

核辅助厂房通风系统主要用于保证厂房环境，维持厂房负压，为其他系统提供经调节处理的送风和对其排风进行过滤排放。核辅助厂房通风由送风系统、排风系统和碘排风系统组成。

(1) 系统由非安全级电源供电；

(2) 送风子系统由过滤器组、加热盘管、非安全冷冻水系统供水的冷却盘管以及送风机组成。送风子系统的风机应与排风机连锁。当排风机运行时，送风机运行；当排风机停运时，送风机自动停运；

(3) 排风子系统由预过滤器、高效过滤器、排风机和风量调节阀组成；

(4) 碘排风子系统由碘过滤器、电加热器、风机、防火阀组成；

(5) 系统主要设备的状态应在主控制室显示，包括风机轴承温度显示以及风机运行状态指示；

(6) 排风管道上一旦接收到高辐照信号，相应列排风切换为碘过滤器排风；

(7) 若核辅助厂房布置有专设安全设施设备，则应设置应急通风系统。

9.2.3.16 燃料厂房通风系统

燃料厂房通风系统主要用于维持控制区内的环境条件，满足人员卫生安全和设备运行的要求，在放射性释放事故时提供动态包容。燃料厂房通风系统分为正常送排风系统和事故排风系统。

(1) 正常送排风系统

1) 在所有正常运行模式下，能保持燃料厂房大厅区域内湿球温度低于 35 ℃。只要厂房中存有燃料，系统应保持持续运行；

2) 风管布置应能控制气流从较低潜在污染区流向较高潜在污染区，控制水池周围的环境条件，排出来自水池的水汽，为换料桥架提供冷却；

3) 送排风可由核辅助厂房通风系统提供，也可单独设置送排风系统；

4) 送风与排风连锁设计，当排风机手动启动时，其对应的送风机应自动启动，当排风机停运时，其对应的送风机应自动停运。

(2) 事故排风系统

1) 事故排风系统应按安全级、抗震Ⅰ类系统设计，在厂外电源丧失时由厂内应急交流电源供电；

2) 系统设 2×100% 容量的系列，每列由初效过滤器、高效空气粒子过滤器(HEPA)、碘吸附器、电加热器、排风机等组成；

3) 系统设备尽量考虑与其他功能相似的系统设备共用，以简化设计，提升经济性；

4) 当排风管道中监测到高放射性时，正常送排风系统停运，事故排风系统自动启动；

5) 事故排风系统应由主控制室来控制。

9.2.3.17 烟控系统

烟控系统是用于排烟和烟气控制的通风系统。该系统仅用于火灾情况下，电厂正常运行过程中不运行。

(1) 为受保护通道设置机械送风系统。通过送入外部空气使这些区域为正压，保证相邻房间内发生火灾时，烟气不蔓延至此；

（2）应为非控制区高火灾载荷区域（如电气机柜间、开关柜间、仪控机柜间等）以及主控制室设置机械排烟系统。排烟系统将着火区域的烟气排出，也可用于火灾后清洁室内空气；

（3）采用不同区域交叉供电形式，电源接自非本厂房或非本列。

9.2.3.18　进出厂房通风系统

进出厂房通风系统主要用于维持厂房的环境条件。

（1）系统由非安全级电源系统供电；

（2）冷却盘管由非安全级冷冻水系统供水；电加热器由非安全级电源系统供电；

（3）热更衣室、现场辐射防护办公室、去污间、污染工作服收集间、剂量值班室、控制区出口通道等热区应供应100%已过滤的、被加热或被冷却的全新风；

（4）控制区房间相对于周围区域应保持轻微的负压以防止放射性污染物向外扩散；

（5）去污区、放化实验室和取样室应配备过滤排风子系统。排风子系统应与核电厂的烟囱相连；

（6）放射性监测系统应与排风系统相连以监测流出物的放射性；

（7）本系统可选择由就地控制盘手动控制和监测。

9.2.3.19　核废物厂房通风系统

放射性废物处理厂房通风系统主要用于维持厂房的环境条件，维持厂房负压。

（1）系统由非安全级电源系统供电；

（2）系统由送风子系统，排风子系统和碘排风子系统组成；

（3）送风子系统包括过滤器、冷却盘管，送风机、风阀等；

（4）排风子系统包括初效过滤器、高效空气粒子过滤器（HEPA）、排风机、风阀等；

（5）碘排风子系统包括电加热器、碘吸附器、风机、防火阀等；

（6）系统连续运行。排风进入电厂烟囱。由放射性监测系统对排风进行监测，在无碘污染时，碘吸附器不运行，有碘污染时碘吸附器回路投入运行。

9.2.3.20　柴油发电机厂房通风系统

柴油发电机厂房通风系统主要用于维持柴油发电机厂房的环境条件。

（1）柴油发电机房通风子系统

1）主要由进风口、消声器、预过滤器和2×50%送、排风机组成，由厂内应急交流电源供电；

2）当柴油机启动时，所有送、排风机立即启动；柴油机未启动时，房间高温报警时启动一组送排风机，房间高高温报警时启动两组送排风机；手动停运或房间温度降低到允许停运值时停运。

（2）主储油罐间、日用油罐间通风子系统

1）主要由进风口、防火阀和排风机组成；

2）排风机连续运行；

3）排风机为防爆风机。

（3）电气间空调子系统

1）设置一台空调机组；

2）空调机组连续运行。

9.2.3.21　重要厂用水泵房通风系统

重要厂用水泵房通风系统用于保持泵房的环境条件。

（1）系统应设计为由安全级电源供电；

（2）每列重要厂用水泵房隔间的通风由100%容量的风机、风阀、初效过滤器和管道组成；

(3) 风机一般设为手动停运。为了试验和维修，风机应可手动启动；

(4) 为保证重要厂用水系统运行可靠性，房间采暖用的电加热器应采用厂内应急电源供电；

(5) 应从主控制室控制本系统。

9.2.3.22 汽轮机厂房通风系统

汽轮机厂房通风系统用于保持汽轮机厂房内的温度条件。

(1) 系统由送排风机和管网组成；

(2) 系统应配备显示风机状态和报警的就地控制盘。

9.2.3.23 应急指挥中心通风系统

应急指挥中心通风系统用于维持应急指挥中心内适宜的温度和湿度。在厂区发生放射性污染事件时，确保应急指挥中心的可居留性。

(1) 为阻止 LOCA 事故期间放射性物质渗入并去除补充空气流中的气载放射性，应急指挥中心的通风系统应设计得可使应急指挥中心相对于周围区域保持大于 30 Pa 的正压；

(2) 在新风吸入口探测到放射性时，应急指挥中心的通风系统应能够自动从正常运行模式转换到应急（放射性）模式；

(3) 系统设置一列，包括空气处理机组（AHU)、应急过滤机组（EFU）和管道等设备；

(4) 空气处理机组一般由一台预过滤器、一台高中效空气过滤器、一台加热盘管、一台冷却盘管和一台风机组成。冷却盘管有非安全冷冻水系统供水；

(5) 应急过滤器装置由预过滤器、高效空气（HEPA）过滤器、碘吸附器和电加热器和风机组成；

(6) 系统由非安全级电源系统供电。

9.2.4 系统运行和维修要求

设计人员应提供必要的仪表和接口用于监测系统的运行；如风道式电加热器可设置高温保护仪表和低流量保护仪表；风机可设置轴温保护仪表和压差仪表；设置过滤器压差仪表等。

系统设计和设备布置都应考虑日常检查和维修需求，以便在电厂运行期间可以进行绝大部分的检修工作。

9.3 冷冻水系统

核岛厂房的冷冻水系统应细分为两个系统组：一个用于安全相关负荷（安全冷冻水系统)；另一个用于非安全相关负荷(运行冷冻水系统)。

9.3.1 运行冷冻水系统

9.3.1.1 系统功能要求

运行冷冻水系统用于排除非安全相关暖通空调系统及部分工艺系统正常运行时传递的热量，应能提供足够数量的冷冻水，通过专用管道系统分配到电厂特定区域的冷却器单元。

9.3.1.2 系统基准要求

运行冷冻水系统应按第 9.2 节规定向非安全相关暖通空调负荷和工艺负荷提供冷冻水。

冷冻机的性能应基于以下因素确定：设计人员确定的设备冷却水温度、反应堆满功率运行、停堆运行以及事故后工况要求的冷负荷和大气温度。

系统应有足够的容量以满足所服务系统在所有运行模式下的冷冻水流量要求。应根据华龙技术电厂暖通空调系统设计来确定运行冷冻水系统负荷和流量的合理配置（影响稳态和峰值所要求的能力)。应提供所有可能的运行工况下的分析，在确定容量过程中应正确考虑不确定性和可能的误差及原因。

9.3.1.3　系统配置及要求

运行冷冻水系统是闭式回路系统，由制冷单元、泵、膨胀定压设备以及相应的管道和控制器组成。系统的冷却水取自设备冷却水系统，常规补水由除盐水提供。

运行冷冻水系统为集中式系统，为不同的暖通空调系统和工艺负荷服务。如果厂房布置不允许冷冻水系统为所有厂房设计为一个集中式系统，每个厂房可单独设一个集中式冷冻水系统。系统应包含膨胀定压设备、至少两个制冷单元和两个冷冻水泵。在至少有一个制冷单元和一个冷冻水泵停运的情况下，系统仍能承担预期的峰值负荷。

运行冷冻水系统的主要设备可设置冗余，保证系统的多样性和可靠性。根据华龙技术电厂可利用率目标确定的冗余度、设备容量的大小和系统的预期运行性，来确定制冷单元和冷冻水泵的数量。

应考虑设备冷却水系统和暖通空调系统负荷的位置，来确定运行冷冻水系统主要设备的位置和布置。应尽量集中布置，以便于维修。贯穿安全壳的冷冻水进出口管道应合理设置隔离阀。布置应确保制冷单元拆卸和更换所需的通道，包括用于吊装和安装重型制冷单元部件的单轨。

供给安全壳冷却通风系统的冷冻水根据情况可以由安全冷冻水系统或运行冷冻水系统任何一个供给；如选择由运行冷冻水供给，则为保证电厂可用率，给安全壳冷却通风系统供应冷冻水的冷冻水泵和制冷单元应接应急柴油机电源；在抗震Ⅰ级厂房范围内，冷冻水管道和设备部件应按照抗震Ⅱ级设计。以免在发生地震情况下，对安全相关设备造成损坏。

制冷压缩机应采用效率更高且有利于装置寿命的转动装置。制冷单元的设计应考虑冷凝器进水口设计温度应涵盖所有可能的极端工况，尤其需注重进水口极端的低温情况；需设置制冷剂泄漏监测系统和制冷剂泄放管路系统，若冷凝器冷却水系统未采用闭式系统，则需设再循环流量控制器。制冷单元的关键部件应设隔离阀(例如冷凝器流量控制阀、蒸发器和冷凝器进出口隔离阀等)，在维修情况下仍能实现隔离效果。

运行冷冻水系统不应使用闸阀或蝶阀进行流量控制。

运行冷冻水系统与下列电厂系统接口：系统提供冷冻水至非安全相关暖通空调系统；设备冷却水系统；系统由除盐水生产系统提供补给水。

9.3.1.4　系统运行和维修要求

运行冷冻水系统应与相关的暖通空调系统一起运行以满足该系统的冷却要求。每一个设备部件应有通过就地仪表盘启动的能力。每一制冷机组应安装内部保护装置，防止结冰、制冷剂高压力、制冷剂低压力、高排放温度、马达超负荷、润滑油失效和马达高温；如果通过正在运行的制冷机组的冷冻水流量因任何原因而丧失，则制冷机组和冷冻水泵应通过冷冻水回路中的流量联锁装置而自动关闭，在就地控制屏上也应报警；如果在任何运行的制冷机组入口处不论任何原因丧失电厂设备冷却水水压，则制冷机组应延迟一段时间后经连锁装置而自动关闭；每个制冷机组应与其相关的泵连锁，只有当水泵运行情况下，才允许制冷机组运行。

每个泵/制冷机组的组合相对于其他组合是独立的；通过制冷机组的冷冻水流

量丧失应在主控制室有报警；每个冷冻机应提供必要的控制装置，以保持出口设计水温。

系统应配备可提供历史数据和事件序列数据存储设备和软件，可查看故障代码及其含义。

在机组正常运行期间，可对运行冷冻水系统的主要设备进行预防性维修。

9.3.2 安全冷冻水系统

9.3.2.1 系统功能要求

安全冷冻水系统用于排除安全相关暖通空调系统传递的热量，以及为安注泵电机提供冷却。系统应能提供足够数量的冷冻水，通过专用管道系统分配到电厂特定区域的冷却器单元。

9.3.2.2 系统基准要求

安全冷冻水系统应按第 9.2 节规定向安全相关暖通空调负荷和工艺负荷提供冷冻水。

冷冻机的性能应基于以下因素确定：设计人员确定的设备冷却水温度、反应堆满功率运行、停堆运行以及事故后工况要求的冷负荷和大气温度。

系统应有足够的容量以满足所服务系统在所有运行模式下的冷冻水流量要求。应根据华龙技术电厂暖通空调系统设计来确定运行冷冻水系统负荷和流量的合理配置（影响稳态和峰值所要求的能力）。应提供所有可能的运行工况下的分析，在确定容量过程中应正确考虑不确定性和可能的误差及原因。

9.3.2.3 系统配置及要求

安全冷冻水系统是闭式回路系统。系统由制冷单元、泵、膨胀定压设备、以及相应的管道和控制器组成。对于安全相关部分，要求隔离成序列。系统的冷却水取自设备冷却水系统，常规补水由除盐水提供。

安全冷冻水系统应由两个或三个（数目与所支持的专设安全系统一致）大致相同的序列组成，每一序列包含制冷单元、泵和膨胀定压设备。在至少有一个序列停运的情况下，系统应能承担预期的峰值负荷。每一个安全系列应完全独立，在机械和电气上隔离。系统的安全有关的部分应有防飞射物、火灾、爆炸和淹没等防灾害的保护措施；

应考虑设备冷却水系统和暖通空调系统负荷的位置，来确定运行冷冻水系统主要设备的位置和布置。应尽量集中布置，以便于维修。布置应确保制冷单元拆卸和更换所需的通道，包括用于吊装和安装重型制冷单元部件的单轨。贯穿安全壳的冷冻水进出口管道应合理设置隔离阀。制冷压缩机应采用效率更高且有利于装置寿命的转动装置。制冷单元的设计应考虑冷凝器进水口设计温度应涵盖所有可能的极端工况，尤其需注重进水口极端的低温情况；需设置制冷剂泄漏监测系统和制冷剂泄放管路系统，若冷凝器冷却水系统未采用闭式系统，则需设再循环流量控制器。制冷单元的关键部件应设隔离阀（例如冷凝器流量控制阀、蒸发器和冷凝器进出口隔离阀等），在维修情况下仍能实现隔离效果。

安全冷冻水系统不应使用闸阀或蝶阀进行流量控制。

安全冷冻水系统与下列电厂系统接口：系统提供冷冻水至安全相关暖通空调系统；设备冷却水系统；系统为丧失最终热阱时 A 列安全注入系统提供冷冻水，冷却 A 列安注泵；系统由除盐水生产系统提供补给水。安全冷冻水系统也可采用安全级补水（如有）。

9.3.2.4　系统运行和维修要求

安全冷冻水系统应与相关的暖通空调系统一起运行以满足该系统的冷却要求。每一个设备部件应有通过就地仪表盘启动的能力。每一制冷机组应安装内部保护装置，防止结冰、制冷剂高压力、制冷剂低压力、高排放温度、马达超负荷、润滑油失效和马达高温；如果通过正在运行的制冷机组的冷冻水流量因任何原因而丧失，则制冷机组和冷冻水泵应通过冷冻水回路中的流量联锁装置而自动关闭，在就地控制屏上也应报警；如果在任何运行的制冷机组入口处不论任何原因丧失电厂设备冷却水水压，则制冷机组应延迟一段时间后经连锁装置而自动关闭；每个制冷机组应与其相关的泵连锁，只有当水泵运行情况下，才允许制冷机组运行。

每个泵/制冷机组的组合（即一个回路）应对于其他组合是独立的；通过制冷机组的冷冻水流量丧失应在主控制室报警；每个冷冻机应提供必要的控制装置，以便保持出口设计水温。

主控制室的冷冻水系统每个部分应可以在主控制室内的暖通空调系统屏上手动启动。

系统应配备可提供历史数据和事件序列数据存储设备和软件，可查看故障代码及其含义。

在机组正常运行期间，可对安全冷冻水系统的主要设备进行预防性维修。

9.4　辐射监测系统

辐射监测系统由电厂辐射监测系统、环境辐射和气象监测系统和控制区出入监测系统组成，其中电厂辐射监测系统和控制区出入监测系统属于机组级，环境辐射和气象监测系统属于电厂级。

9.4.1　电厂辐射监测系统

（1）功能

核实正常运行期间电厂的放射性剂量条件与运行技术规格书相一致，并与辐射防护和放射性活度释放相关的法规要求相一致，具有如下功能：

1）监测放射性包容的屏障；

2）监测放射性释放；

3）人员的辐照和污染风险的预警；

4）通过动作，封闭放射性物质，限制放射性；

5）对于一些系统的取样点，采用实验室分析，进行间断性监测。

（2）系统要求

1）快速、准确，特别是对参与保护的核素进行连续监测；

2）有关数据能够显示在 MCR 中并长期保存。

9.4.2　环境辐射和气象监测系统

（1）功能

1）在核电厂建造和运行前收集必要的数据，以便在申请执照过程中提供必要的原始资料；

2）在正常和应急情况下，进行收集放射性流出物弥散分析所必需的气象数据，以确定核电厂对周围环境的影响；

3）收集必要的放射性和非放射性数据，以评价正常运行期间所有液体和气体排放对环境的影响；

4）如果超过规定的放射性限制，自动隔离液体和气体的排放通道。

（2）系统要求

核电厂监测设施和监测点的布置应具有合理性和代表性，满足核电厂事故工况下辐射环境应急监测方案规定的设施和功能。当极端外部事件导致环境辐射设施不可用时，应具备适当的后备宽量程监测手段或及时恢复监测设施可用性的手段，确保为核电厂及其周边环境质量评价提供现场监测数据。

系统设施设备环境实验室的设置应避开主导风向的下风向，核电厂监测站点应考虑与监督性站点互补的原则，核电厂周围 16 个方位的陆域原则上都至少布设 1 个自动监测站房。各监测站点数据能实时传送到自动监测中央站，在失去外部电源的情况下，自动监测中央站应能保证较长时间（≥72 小时）内的数据传输。环境辐射和气象监测系统的监测内容具体如下：

1）环境辐射

环境辐射监测内容包括环境 γ 辐射剂量和剂量率、陆地介质与海洋介质放射性核素浓度，具体内容如下：

①环境 γ 辐射：包括 γ 辐射固定点连续监测、γ 辐射剂量率瞬时监测、γ 辐射累计剂量测量；

②气溶胶放射性物质及其沉降物：大气气溶胶、空气碘、空气氚 ^{14}C，沉降灰，降水；

③土壤和沉积物；

④陆生生物；

⑤海生生物。

2）气象数据

①为获得数据评价大气的稳定性，应设置监测风速、风向和垂直温度梯度的气象仪表；

②在厂内和厂外规定的地方，设置固定的气象传感器、仪表和记录仪，监测风速风向，且其联合年获取率不小于 90%，完成大气稳定性参数的计算；

③气象数据采集和记录的时间间隔按标准《核电厂气象观测规范》（QX/T 369—2016）的要求进行设计；

④应制定连续 24 个月有价值的气象数据收集的条款；

⑤执照申请要求，最少提供 12 个月连续的有代表性的气象数据；如果可能，建议提供 24 个月的气象数据；

⑥所有运行工况下，气象监测设备应有能力对远距离场所，如控制室、应急响应设施等提供连续的实时数据。

3）水质数据

根据《地表水环境质量标准》（GB 3838）、《地下水质量标准》（GB/T 14848）和《海水水质标准》（GB 3097）的要求，核电厂环境辐射和气象监测系统应配备必要的传感器和设备，需完成环境辐射和气象监测系统众多参数的监测和评价。

9.4.3 控制区出入监测系统

（1）功能

人员、车辆进出核电厂现场，需要监测其放射性信息；人员进出辐射控制区，需确认其个人信息，监测进出控制区的放射性信息。

（2）系统要求

对人员、车辆的监测要求快速、准确、自动和强制，监测信息需长期保存。

9.5 实物保护系统

9.5.1 系统定义

（1）范围

本章应说明实物保护系统在设计基准威胁范围内具备保护核电厂和防止放射性蓄意破坏的能力，其设计能力与国内核安全法规和核安全导则中的要求一致。

（2）功能

为实现预期实物保护功能，实物保护系统和保安组织管理应包含但不限于下述能力：

1）禁止无相应保卫区域出入授权的人员，车辆进入相应保卫区域；

2）系统可探测未经授权的人员或核材料进出保护区主要出入口情况；

3）系统提供授权出入、探测和响应手段，能发现入侵保护区和要害区的情况；

4）核动力厂应配备武警或守卫，制定实物保护相关管理程序，使管理措施与技防措施有机结合，以保证实物保护系统的完整、可靠、有效；

5）应对实物保护设计方案进行风险分析和有效性评估。

（3）设计基准

为防止放射性蓄意破坏事件，电厂安防系统的设计应能完成预期实物保护功能，按照各个项目的实际情况确定设计基准威胁，建议参考以下的基准假设：

1）实物保护探测系统在无探测情况下不能失效，应由保安人防力量及时响应；

2）进入控制室须有授权，控制室应设置为要害区，遵守核安全导则的要求；

3）任何工况下保卫区域等级不变；

4）假定入侵电厂事件与电厂单一故障或单一始发事件不叠加；

5）安防出入控制系统的设计，不应妨碍运行人员在任何工况下执行其功能。

（4）接口系统

实物保护系统的接口系统或构筑物及功能：

1）配电系统：在正常和应急情况下，可以为实物保护系统的装置，探测设备，照明和控制提供电源；

2）主控制室警报：当外部入侵力量对电厂安全有严重威胁时，控制室应可发出警报；

3）电厂通信系统：电厂通信系统应采用有线和无线两种通信方式，通信频率由当地无委会给出；

4）实体屏障：在电厂实物保护的保卫区域设置实体出入口控制设施，保护区和要害区围栏；

5）管廊：通风、管道、电缆的跨保护区和要害区的管廊、围栏、实体墙的孔洞等需要实施实体的出入控制手段；

6）厂区照明系统：保护区和要害区围栏或实体屏障设计照明系统，保护区和要害区边界和闭路电视监视的照度需要；

7）接地系统：现场设置的照明和探测设备应配置防浪涌保护装置；

8）防雷系统：实物保护系统的平台设备，监视设备，入侵探测应设计防雷保护。

（5）实物保护名词定义

实物保护系统的名词定义可参看《核设施实物保护（试行）》（HAD501/02）给出的定义。

9.5.2　系统性能要求

（1）保护策略

1）实物保护系统根据设计基准保护核设施、核材料，避免蓄意破坏或盗窃；

2）实物保护系统应保护要害设备，以防止对核设施系统安全相关要害设备蓄意破坏；

3）实物保护系统应对蓄意篡改设备设置的情况发出报警。

（2）防护方法

实物保护设计方案包含薄弱性分析。方案包括设计基准威胁，同时薄弱性分析应与设计的基准保持一致。

（3）实体屏障布置

1）从实物保护的角度分析，应根据实物保护分级原则，将保护目标设置在相应的保卫区域内。

①围栏的设计应满足《低浓铀转换及

元件制造厂核材料衡算》(HAD502/01)导则的要求；

②要害区边界的出入口应与其实体屏障具有相同的强度，以满足实物保护设计均衡性的性能要求，相同的强度即指相同区域的围栏应具有相同的延迟能力；

③跨不同保卫区域电缆和管道敷设，在保卫区域的下方的管廊设置出入口设施，如管廊在非要害区域无终端也可不必设置相应的出入口设施；

④尽可能将电厂主要的水泵如重要厂用水泵纳入到保卫区域内，如不在保卫区域内，应设置与保卫区域相同保卫级别的独立保卫区域。

2）实物保护系统应包含管理措施和应急响应制度，确保在应急响应时，系统仍可运行，并满足相关法规要求。

(4) 实物保护入侵探测系统

保卫区域设计应考虑实物保护系统设备的结构设计要求。

1）要害区边界的墙，地板，吊顶应与围栏具有相同的延迟防护能力；

2）保卫控制中心和主控制室和需要保护的控制站的结构应具备防弹能力；

3）尽可能减少在要害区边界开孔；

4）墙体和出入口控制设备应尽可能设置在受保护的区域一侧（除出入口读卡器设备外)。

(5) 保卫区域和边界

电厂的实体边界应考虑与电厂其他功能兼容，如在保卫边界上设置车辆出入口，人员出入口，保卫控制中心应设置在保卫区域边界内。授权人员和车辆允许在出入口控制点进出核电厂。

保卫区域和边界实物保护设计要求如下：

1）配套建筑物的位置应满足安保检查的要求；

2）人员、车辆、物品通道的位置和规模应确保核电厂在所有工况下都能快速处理车辆和人员的通行；

3）厂区布置保卫区域边界的地势尽量平坦，围栏布局尽量减少转角，围栏两侧尽量留出 6 m 的空旷隔离带；

4）保护区隔离带尺寸应能满足探测设备安装使用；

5）尽量避免以水为围栏边界；

6）保护区隔离带的照明、探测和入侵探测设备应对隔离带边界内部对人员活动进行探测；

7）根据入侵报警控制台的报警可以定位入侵发生的位置；

8）保卫区域边界下面的廊道尽可能少，应对跨域区域的廊道进行与保卫区域边界同等延迟能力的加固，防止由廊道进入保卫区域，保卫区域下方人员可通行的涵洞或管道的直径大于 50 cm，应根据实际情况进行实体防护；

9）保卫区域实体屏障开口面积大于 620 cm^2 或间距大于 15 cm，需采取措施进行防护；

10）保卫控制中心和实物保护系统的设施和设备应置于保卫区域内，防止被破坏。

(6) 实物保护其他设计

在实物保护系统内，实物保护设计应尽可能灵活，其要求如下：

1）保卫控制中心的设计符合人体工效学的要求；

2）实物保护集成控制台的布置应留有足够的维修，安装空间；

3）围栏边应设计电缆沟，以便保卫区域的照明，闭路电视，入侵探测设备和出入口控制设备电缆敷设；

4）保卫控制中心应设计静电地板便于电缆敷设；

5）实物保护的各个子系统应具较强的扩展能力（如集成管理系统，实物保护供电系统，出入口控制，入侵探测系统）。

（7）出入口控制

1）所有车辆和人员出入口的设计是能够控制人员或车辆进入要害区和保护区：

①对要求和允许进入保卫区域的授权人员和车辆具备鉴别授权的手段；

②对需要进入保卫区域的人员设置检查设施，对可藏在包裹或物料中手持带进保卫区域的枪支、爆炸物的实施探测和报警，如手持式金属探测器，X光机等设备；

③在进入保卫区域前，应设置一个防弹授权中心，在授权中心可以获得进入保卫区域出入控制设备的授权；

④进入要害区域应有出入控制和探测技防措施和设备（如控制室，反应堆厂房，柴油发电机间）；

⑤任何情况下，非授权出入都会在集成管理平台上产生报警，保卫区域的每个出入口的通行信息都由集成保安管理系统记录和控制，便于允许人员出入或禁止出入；

⑥要害区出入口应确保只有授权人员才能进入保卫要害区，应对所有重要的区域进行有效的出入控制。

2）对实物保护系统的通行控制应满足紧急情况下快速进出要害区的需求。

（8）通信

1）保安通信子系统应满足下列要求：

①核电厂的报警工作站都有人员值守，每位安保管理人员和警卫人员应能保持通信联系，可以通过多个频道的无线通信和有线电话保持语音通话；

②保卫控制中心与当地公安机关，电厂武警营房有专用报警通信系统；

③核电厂主控室和保卫控制中心有通信渠道（保卫区域外不设置保安通信终端设备）。

（9）电源

1）保安电源子系统应满足核安保导则和相关标准规定的最低要求及整个实物保护系统的供电需求。保卫控制中心的集成管理平台设置电源监视系统，确保值班保安能够及时察觉到电源系统故障或遭到破坏；

2）丧失正常电源后，保安电源应设置备用电源为实物保护系统提供电力，此备用电源应布置在要害区内，正常电源应自动切换到备用电源，并将状态反馈到集成管理平台上；

3）备用电源系统应包括一个不间断供电系统，其容量满足为所有重要监视功能起支持作用的设备供电，蓄电池的容量应足够这些设备运行2小时，备用电源应包括柴油发电机，容量至少满足所有实物保护系统包括保安照明运行8小时，备用发电机的启动时间不应超过30秒。

（10）数据管理

1）整个核电厂的实物保护系统应设置主在线冗余服务器，远距离全功能工作站自带存储设备，以便在主服务器工作站中断通信时，远程全功能工作站仍然可以独立工作。所有的全功能工作站只能执行保卫功能，与其他保卫无关的系统无接口；

2）在实物保护系统的设计中，应考虑把人因工程原则应用到集成保安管理系统中（集成管理平台，就地控制站）的设计中。

（11）试验

1）应为入侵探测报警，出入口报警，通信设备，实体屏障和与保卫系统相关的其他设备和装置编制试验和检查程序；

2）实物保护系统的设备部件应具有

故障报警功能。

(12) 维修

1) 保卫系统，子系统和部件的设计和布局应考虑维修要求；

2) 适用于维修的总体要求。

(13) 网络安全

1) 实物保护系统网络应采用专用网络；

2) 实物保护相关涉密人员、信息、载体和密件管理应符合国家和主管部门要求。

9.6 核电厂通信系统

9.6.1 系统定义

(1) 范围

本章对华龙一号电厂的通信系统提出了设计要求和性能要求。

核电厂通信系统不是核安全级系统，但对核电机组的安全运行起着重要作用。核电厂通信系统在正常运行及事故工况下可提供厂内及厂外的通信手段，特别是在应急状态下必须保证与上级各主管部门的通信畅通。

(2) 功能

核电厂通信系统设计应满足核电厂相关要求，具有冗余性、多样性，应经过必要的安全分析，保证在任何工况下有可用的通信手段。

全厂通信系统应具有多样性和足够的冗余度；通信系统的供电电源必须稳定可靠；通信系统的布置应尽可能减少因一个机房的火灾导致多个系统瘫痪的可能性。

核电厂通信应包括，但不限于以下子系统：行政电话系统、安全电话系统、对讲电话系统、电力调度电话系统、无线电话系统、声力电话系统、综合布线系统、警报系统、有线广播系统、时钟系统。

9.6.2 总体要求

核电厂全厂通信系统主要用于电厂内生产调度和核电厂设备的运行管理和正常维护检修期间的通信联络。全厂通信系统必须在核电厂正常工况和事故工况下都能为核电厂各工作岗位与核岛主控室及远离核电厂的一些岗位之间提供可靠而有效的通信。当一个通信子系统出现故障时不应影响其他通信子系统的可靠性。对于一些与电厂运行调度和核应急有关的通信系统如电力调度电话系统、安全电话系统和对讲电话系统等均设有电话录音装置。

全厂通信系统应具有多样性和足够的冗余度；在任何事故工况下都必须有可用的通信手段；每个通信子系统都尽可能采用独立的供电电源和布线网络；每个通信子系统其主设备箱体和供电电源都尽可能考虑分开布置，以减少因一个机房的火灾导致多个系统瘫痪的可能性；电话系统一般由双电源供电。

9.6.3 电话系统

9.6.3.1 行政电话系统

为满足核电厂行政管理及正常运行通信需要，厂内应至少设置一套行政电话系统。分期建设的核电厂，每期均可设置局站，各期应联网。

行政电话交换机应布置于核电厂专用通信机房，它为核电厂厂内提供电话通信，且可授权一些电话分机与公网进行直接通信。为了防止行政电话交换机故障而引起电话网失效，在核电厂内设置若干直通线，不通过行政电话交换机而直接与公网相连（对外通信）。

行政电话网络采用两种不同的中继路由经行政电话主交换机连接到公共电话网。

核电厂主控室应根据操作岗位使用需求设置多部电话机；壁挂式或桌式电话机可作为办公用电话机；环境噪音较大的厂房中，电话机宜设置在隔音小室或隔音罩内并配有声光显示装置等附件；环境较为恶劣的厂房应设置壁挂式工业型电话机。

9.6.3.2 安全电话系统

安全电话系统连接核电厂内各个关键和重要的岗位，使之在事故和应急状态下保持专用可靠和有效的通信联系。安全电话系统执行事故处理的调度指挥通信功能并接入公网，实现对外通信。

核电厂安全电话系统应在应急指挥中心设置程控交换机，其容量应根据机组数量的实际情况确定。

安全电话系统宜由安全电话程控交换机、配线架、维护终端、安全电话机及辅助设备组成。

安全电话系统应具备扩容能力以满足使用需要。安全电话系统宜选用与行政电话系统和电力调度电话系统不同的话机，即话机采用不同颜色或标签来区分行政电话系统、安全电话系统和电力调度电话系统。安全电话系统是一个与行政电话系统相互独立的系统。安全电话系统应具备电话录音装置。

9.6.3.3 对讲电话系统

在核电厂正常运行工况下，为满足生产调度需求，应设置一套专用对讲电话系统。多机组核电厂主控室之间的通话可通过对讲电话系统进行。对讲电话系统宜具备在特定核电厂机组内部同时召开电话会议的能力。对讲电话系统应具备扩容能力以满足运行需要。对讲电话系统在功能和设备的设置上与行政电话系统分为两个各自独立的系统。对讲电话系统宜使用独立的线路网络。

对讲电话系统宜由对讲电话交换机、配线架、调度台、对讲终端及辅助设备组成。调度台宜配置直通键和标准键盘，亦可采用触摸屏等方式实现调度操作。对讲终端应具备多种类型以满足现场使用环境的要求。对讲电话系统应具备电话录音装置。

9.6.3.4 电力调度电话系统

核电厂电力调度电话系统宜在网控楼(开关站)设置一套数字调度程控交换机，其配置包括调度台及数字录音系统。由于核电厂电力调度的重要性，要求电力调度交换机具有完善的调度和组网功能，具有很高的可靠性和灵活性。

除在核电厂内必要场所设置电力调度电话分机外，宜在核岛主控室设置调度台，以保证核电厂正常运行通信需要。电力调度交换机的设备选型应满足当地电网技术要求。电力调度电话系统可实现厂内电力调度通信并与网调、省调、地调、厂外变电所建立中继通信。

9.6.3.5 无线电话系统

无线电话系统用于核电厂内部无线通信。在正常及事故工况下，提供有效的通信手段。核电厂无线电话系统应采用适合核电厂使用的无线接入技术，系统的配置应根据工程实际需求确定。无线电话设备的使用不得干扰核电厂安全运行相关监测及控制等设备的正常运行，同时设备使用应遵守核电厂相关管理规定。无线电话系统在满足电磁兼容性指标要求及不影响核电厂安全运行的前提下，在厂区范围内宜做有效覆盖。

核电厂无线电话系统网络应包含以下基本部件：天馈线、接入设备、交换层控制设备、手持移动终端。为保证核电厂安全运行，进入核电厂使用的无线电话设备应进行相关试验验证。核电厂无线电话系统所选用设备应满足电磁兼容性指标及系统安全性指标，应符合最新版《核仪器电磁环境条件与试验方法》（GB/T 11684）和《电磁兼容试验和测量技术射频电磁场辐射抗扰度试验》（GB/T 17626.3）的相关要求。

9.6.3.6 声力电话系统

声力电话系统适用于工作人员设备调试、维修、检测时的通信。本系统为自供电式电话系统，可允许多组工作人员在多条通话链路上同时进行各自独立的通话。

声力电话系统宜包括以下基本设备：声力电话转接箱、就地声力电话插座盒、多种声力电话机。

声力电话网通过电话电缆连接厂房内就地声力电话插座盒和主控室声力电话转接箱。

本系统网络根据工艺需求可设置多个分支分布在不同厂房内。分支内的声力电话插座盒通过电话电缆连接到主控室转接箱，通过转接箱的跳接，可实现各分支间的通话。

本系统采用共线式通话模式。

声力电话机应具有抗噪声通话功能，可通过电话连接线的插头插入就地声力电话插座盒的不同插座选择和建立通话链路。

9.6.4 综合布线系统

综合布线系统应根据核电厂各建筑物性质，功能及用户近期实际使用及中远期发展的需求，确定系统链路等级，进行系统配置。综合布线系统应为开放式网络拓扑结构，应能支持语音、数据、图像、多媒体业务等信息的传递。核岛内综合布线系统线缆应满足核电厂电缆相关技术要求。

建筑群配线设备宜设置在厂区办公楼或网络中心；建筑物配线设备宜设置在厂区办公楼、核岛通信设备间等处。

数据传输干线为光缆，语音传输干线为大对数电缆或光缆。至信息插座的水平线缆均为六类及以上非屏蔽双绞线缆。

本系统可支持厂内行政电话交换机用户和计算机网络用户。

9.6.5 警报系统和有线广播系统

9.6.5.1 警报系统

核电厂警报系统包括声警报装置和光警报装置。本系统作为核电厂厂区统一的警报网，多机组布置的核电厂，宜按期建设并独立设置警报系统主设备，各期警报系统主设备之间宜联网运行，在厂区应急状态下通知整个核电厂各期机组范围的区域。核电厂警报系统设计应考虑主要设备冗余（终端设备除外），保证单一故障情况下系统可用。

核电厂应划分若干警报区域，相关区域可直接发出单一警报、分组警报和全厂警报。警报系统设置应覆盖整个核电厂厂区。警报系统设备由控制主机、警报站、警报器和手动触发警报盒组成。事故工况下根据运行规程启用警报系统，并通过有线广播系统，告知相关人员警报发出的原因。

控制装置应保证操作的安全，不发生误动作。警报站故障时应在主控室发出声光报警信号。

每个警报信号均可由一个或多个警报站手动触发。警报站应设置在应急指挥中心、主控室、远程停堆站等。设置在应急指挥中心的警报站级别最高。

每个警报站为不同警报信号设置一套操作装置。

每次发出的警报信号均应被自动记

录，包括警报发出的时间。同时在警报站发出声光报警指示。

声警报信号的响度应高于听力阈值。因此正常运行期间其响度应比噪声电平至少高 15 dB（A）。如果警报信号的响度高于噪声电平不足 15 dB（A）时，则应证实警报信号响度明显超过听力阈值。

警报信号的最高响度在距声源 1 m 处不应超过 110 dB（A）。

噪声电平超过 90 dB（A），除发出声音警报信号外，还应增加光显示信号。

声警报、光显示信号应至少持续 1 分钟，应能从警报站及相应的控制区域采取措施中断声、光警报信号。

9.6.5.2　有线广播系统

核电厂厂区建筑物内外应设置有线广播系统，满足各种工况下广播寻人、发布指令的需求。

本系统作为核电厂全厂统一的有线广播网，若为多机组布置，宜按期建设并应独立设置有线广播系统主设备，各期有线广播系统主设备之间应联网运行，在厂区应急状态下可通知到整个核电厂厂区。

有线广播系统设备主要由广播主机、功率放大器、广播控制台、扬声器及配件等组成，主要设备放置在核电厂通信机房。

有线广播系统宜采用定压输出，输出电压宜采用 70 V 或 100 V 等。

有线广播系统设计应考虑线路损耗，以满足信号传输要求。

有线广播系统的功能如下：向核电厂全厂或部分区域进行广播；向核电厂全厂或部分区域进行紧急呼叫；除了在主控制室、远程停堆站、应急指挥中心的广播控制台发出呼叫外，还可以从应急指挥中心、主控室和远程停堆站启动录音装置发送多种信息；具有分区呼叫和优先呼叫功能。

系统对广播分区和控制台优先级应能进行灵活设置，不同控制台选择不同广播分区时，互不干扰，可同时广播。不同控制台选择相同广播分区或有重叠的广播分区时，高优先级的控制台可以正常广播，低优先级的控制台则被屏蔽，不能广播。

任何一个控制台在广播时，在其他控制台上应有提示信号。

核电厂内广播控制台的优先级顺序从高到低依次为：应急指挥中心、主控室（远程停堆站）及行政办公楼。

核电厂可选用功率可调的筒形、吸顶及号角扬声器等，以满足不同背景噪声等级需求。

扬声器设置的原则是：针对某一区域的统一广播，尽量选择多数量小功率的扬声器分布，而不选择少量大功率的扬声器，以保证声场均匀。放大器的实际负荷应不高于额定功率的 75%，这样可以避免过负荷、短路和断路。有线广播系统功放设备应设置备用单元，备用单元应具有自动或手动投入环节。

9.6.6　时钟系统

核电厂厂区应设置全厂统一联网的时钟授时系统。核电厂时钟系统应为同步时钟系统，作为整个核电厂的时间基准源。二级主时钟、扩展时钟设备、核电厂重要需授时系统，宜由主、备主时钟分别提供两路时间信号。核电厂子钟由二级主时钟提供时间信号。

核电厂时钟系统应具备完善的自身时间校验功能，能及时发现系统内时间信号错误，同时立即停止错误时间信号的输出。核电厂重要需授时系统，应设置本系统时间服务器，服务器自备时钟源，实时与来自核电厂时钟系统的时钟信号进行比对，一旦发现接收的时钟信号异常，应及时切换到自有时间，保持自身系统时间的稳定。

母钟应主、备冗余配置。母钟应接收北斗卫星导航信号、全球卫星定位系统（GPS）信号或其他标准时钟信号作为时间基准信号。

当设置石英钟作为显示子钟时，应配置母钟同步校正信号装置。

时钟系统可根据电气系统、仪控系统及计算机网络等对时间信号的需求，配置各种类型的硬件接口。

时钟系统主设备宜设置在核电厂通信机房和网控楼（开关站）等。

9.6.7 核电厂对外通信

在核电厂发生设计基准事故、外部事件及其他事故时，应保证至少有一种通信手段能实现对外通信。与电网相关的对外通信方式应根据当地电网入网要求及核电厂调度管理规定设计。

在核电厂每个机组的主控制室、远程停堆站、应急指挥中心及其他相应重要岗位应设置直通线。核电厂应急指挥中心宜设置卫星电话以保证对外应急通信的可靠性。

9.6.8 通信电源

核电厂通信系统应由不间断可靠电源供电，可采用交流或直流两种供电方式。核电厂通信系统中与应急相关的子系统如安全电话系统、警报系统等，其供电电源应由两路独立电源（其中一路应来自柴油发电机组）提供；其他通信系统宜由两路独立电源供电。电网相关通信系统电源要求除符合以上规定外，还应执行电网相关标准规定。

核电厂通信系统电源的雷电过电压保护设计应根据通信设备安装的具体情况，确定被保护对象和保护等级。

通信系统电源的雷电过电压保护设计应建立在共用接地、均压等电位基础上，并应根据雷电电磁场分布情况对系统内的接地线进行合理布放。通信系统电源雷电过电压保护工程，应选用经过国家认可的第三方检测部门测试合格的防雷器。

第 10 章　放射性废物处理系统

本节的目的是明确华龙技术电厂放射性废物处理系统（气体、液体、固体）的要求，使其符合华龙系列用户要求的目标和原则以及我国法规标准要求。

10.1　一般要求

本节说明放射性废物处理系统的主要性能要求。放射性废物处理系统的主要性能要求包括：流出物与厂址符合性、变更灵活性、源项、人员操作优化、废物最小化、ALARA 原则。

10.1.1　流出物与厂址符合性

放射性流出物（液体和气体）应降低至最小程度，并切实考虑对公众和环境的影响以及固体废物的产生。流出物应小于法规标准的要求。对于液态流出物应考虑厂址条件和运行策略。流出物排放指标应基于运行最佳的电厂性能和可行的处理技术。

固体废物的产生量满足第 2 章中关于放射性废物处理的要求。

放射性废液的排放满足法规标准的同时，可能不适合部分厂址条件，例如：厂址受纳水体的可用性、化学成分排放的限值、地方标准和政策。为应对上述厂址条件，对液体和固体废物，要求增加必要的处理设备。

10.1.2　变更灵活性

为将来的变更和考虑新技术的开发应用，放射性废物处理系统可考虑工艺灵活性和预留一定的厂房空间，并在需要时可提供替代设备的安装路径。

考虑允许使用移动设备作为正常处理放射性废物固定设施的补充，考虑通过厂房布置保证足够的空间，并留有必要接口。另外，允许移动设备替代固定安装的设备，经常采用移动设备是可接受的。在经常使用移动设备的地方，增大移动设备使用率的能力将通过合适的厂房空间分配和工艺接口维持。

在所有的放射性废物处理系统中尽可能采用较少的设备和简单的设备及控制，以达到简化系统的目的。

10.1.3　源项

在设计时，采用如下两套源项假设。

10.1.3.1　正常运行工况

在这种工况下，对于燃料行为、废物处理系统运行以及放射性物质释放的假设，均尽可能地基于在运核电厂的经验反馈。此工况下的源项称为“现实源项”，现实源项应真实反映电厂正常运行情况，该活度谱主要用于现实排放源项计算和放射性废物最小化管理。

10.1.3.2　异常运行工况

该工况对应反于应堆冷却剂活度的限值条件，此工况下的源项称为“设计源项”。对于设计工况，其分析对应于反应堆冷却剂活度较大的设计工况，较大的活度可能由于发生了某种程度上的燃料包壳破损造成的。

对于裂变产物源项，在计算设计排放源项时，还需要考虑基于在运核电厂的长期运行经验反馈的包络值，即运行源项。该活度谱用于环境影响评价和排放量申请的设计需要。

10.1.4 人员操作优化

为优化华龙技术电厂安全性和有效的操作，设计中应包括优化人员操作的要求。例如，音频、视频监视系统；远程设备与控制和监测；系统处理能力和裕度；减少系统维护；货车装卸区或坡道。

10.1.5 废物最小化

通过尽量减少湿、干废物的产生以及通过固体废物处理系统的处理，以减少固体废物的数量。

实现废物最小化不仅需要适当的设计，而且取决于电厂运行方式以及管理措施，且满足废物最小化的相关法规标准要求。

10.1.6 ALARA 原则

降低在放射性废物处理区域内工作人员所受的辐照，且满足可合理达到的尽量低（ALARA）。

要点包括：采用远距离集中操作的设计，尽量减少在操作时工作人员所受辐照；选用设计可靠和容易使用的设备，尽量减少维修工作，以及维修期间人员所受辐照；采用远距离操作设备（特别对固体废物），尽量降低人员所受辐照；采用适当的布置和屏蔽，使在运行和维修时所受辐照满足可合理达到的尽量低（ALARA）；考虑系统及设备的去污设计；采取合理的设计与材料选型，降低一回路冷却剂辐射源项。

10.2 放射性废气处理系统

本节说明了华龙技术电厂放射性废气处理系统的要求。放射性废气处理系统应能在核电厂正常运行以及预计运行事件的所有工况下有效地运行。本节以活性炭滞留衰变工艺为例说明放射性废气处理系统要求。

10.2.1 系统功能要求

放射性废气处理系统功能如下：

（1）接收和收集来自反应堆冷却系统及相关支持系统产生的放射性废气，并在排放前通过滞留衰变工艺处理达标；

（2）维持放射性废气处理系统内气体不可燃；

（3）为保证活性炭的吸附性能，应控制放射性废气的湿度和温度；

（4）为放射性核素（如 Kr 和 Xe）提供足够的滞留衰变时间；

（5）处理后的放射性废气送至通风系统烟囱，监测并排放至大气；

（6）提供辐射监测和报警功能，以防止放射性核素向环境中意外大量的释放；

（7）确保放射性废气处理系统运行和维修的职业辐射剂量预期满足 ALARA 原则。

10.2.2 系统基准要求

放射性废气处理系统流出物限值满足《核电动力厂环境辐射防护规定》（GB 6249—2011）及相关法规标准要求。

放射性废气处理系统是一个采用活性炭滞留衰变工艺的常温系统，用干燥器或其他方式达到放射性废气的设计湿度要求。通过活性炭滞留衰变降低放射性废气的放射性活度浓度。

放射性废气排放前，在活性炭滞留床

内的滞留衰变时间应满足前述废气排放目标要求。

放射性废气处理系统应可以连续运行或定期运行，流速应满足化学和容积控制系统和硼回收系统等上游系统的设计要求。

活性炭的吸附系数和环境温度密切相关，活性炭床所在房间环境条件要求可以通过暖通系统来维持。

输入活性炭床的放射性废气应满足活性炭性能要求的温度和相对湿度条件。

通过干燥器或其他方式来进行湿度控制，从而达到活性炭设计要求的湿度。

放射性废气应排放至通风系统的烟囱进行监测排放。

在可能存在氢气和氧气混合爆炸的情况下，放射性废气处理系统的设计应保持系统的完整性，可考虑使用氢氧复合或其他工艺将混合气体中氢氧浓度降至燃爆限值以下的安全范围，氢氧复合发生前用于配比氢氧浓度的测量回路中，应使用并联的气体分析仪，以探测混合气体的形成和累积，分析仪应能就地及在控制室发出报警信号。

放射性废气处理系统应始终保持不可燃。在反应堆冷却剂含氢较大以及含氧较大工况下，应通过氮气稀释废气。

10.2.3　系统配置及要求

放射性废气处理系统处理来自反应堆冷却系统的稳压器、化学和容积控制系统的容控箱、硼回收系统的脱气塔以及相关系统产生的放射性废气。放射性废气处理系统处理达标的废气通过通风系统烟囱排放至环境。

放射性废气的湿度应通过干燥器或其他方式降低至设计人员提出的活性炭运行规范要求。至少配置两台活性炭床和一台保护床，活性炭床最小容量应满足旁路一台活性炭床而不影响系统运行的设计要求。应有足够的工艺措施确保进入活性炭床的废气湿度满足设计人员的要求，并对湿度参数进行连续监测。保护床和活性炭床之间应可以实现实体隔离，并有足够的设计措施对保护床进行维修维护，确保保护床失效工况下，放射性废气可以得到有效滞留，不会出现放射性废气误排放事件。

用于干燥保护床的气体应能再循环或经放射性废气处理系统后监测排放。

通风系统应提供连续通风，以便排出来自放射性废气处理系统设备所在房间的可燃气体和放射性气体。

阀门应采用密封性能较好的隔膜阀、波纹管阀或其他具有相似密封特性的阀门。疏水管道和阀门应选择合适的尺寸并具有连续坡度。排气口应连接至受控的通风系统。

放射性废气处理系统设备应尽量减少泄漏，泄漏限值应在法规标准规定的限值内。仪表和阀门正常泄漏率不得高于法规标准规定的限值。

活性炭床的卸压和排放，应排放至受控系统内。活性炭床的设计应做到：如果气体垂直向上流动，则在任何预期工况下，活性炭床不会流体化。进入第一个活性炭床的气体应自上而下，其后串联的活性炭床，要尽量减少管道连接长度。活性炭床的设计应为活性炭的添加和去除提供措施。活性炭床的设计应有足够容量，在设计流速下，废气通过活性炭滞留床的速度不应低于 1 mm/s，不应因轴向扩散造成滞留的效率降低。活性炭床上应设置疏水管道，以便在水压试验后或检修前能将水排净。

热交换器中可能导致放射性物质泄漏

到环境中的泄漏点，在列管和管板的连接处应进行密封焊接。热交换器的设计应设置一个可拆卸的封头盖，以便于检修人员检修管板。应能拆卸封头盖对热交换器内的任意一根管进行封堵。

应提供排气和疏水措施以便热交换器启动和维修。应设置地坑或排水管道，防止启动和瞬态及正常运行期间废水累积。

在要求有捕集器的地方，应安装过滤器，并应选择不易堵塞的类型。

捕集器、过滤器以及远距离操作都应安装在低辐射区域。

为保证放射性废气处理系统满足相关要求并为其他系统提供支持，需要必要的支持和连接系统，如：反应堆冷却剂疏水箱、核辅助厂房疏水箱、容积控制箱、硼回收系统脱气塔排气进入放射性废气处理系统；运行冷冻水系统用于冷却气体冷却器；氮气分配系统用于系统防爆或吹扫；核辅助厂房通风系统用于系统排放和设备通风；放射性废液处理系统用于收集、处理系统疏排水；气体排放和收集的取样点取样，取样后排回本系统。

10.2.4 系统运行和维修要求

手动操作系统中经常操作的阀门和部件应安装带有指示的远距离手动操作装置。

含氢浓度较高且有潜在氢气泄漏风险形成氢氧混合气体的房间，应设置氢气探测器，报警信号接入相关控制室。对于布置在可能发生氢气泄漏的设备间内的，或直接与含氢废气接触的仪控设备、电气设备，有防爆设计要求。

本系统排气管线上，应设置放射性活度浓度连续监测装置，当放射性活度浓度超过设定值时进行报警和自动停止排气。

放射性废气处理系统的设计应允许对仪表进行定期校验。

系统的设计必须便于维修，应尽量减少维修操作对机组运行的影响。

10.3 放射性废液处理系统

放射性废液处理系统用于接收、贮存、取样、处理、监测和排放核电厂正常运行以及预计运行事件产生的放射性废液。

10.3.1 系统功能要求

放射性废液处理系统功能如下：

(1) 将废液进行分类收集，并将废液分别输送到各处理单元中；

(2) 暂存和处理在电厂正常运行和预计运行事件期间产生的放射性废液；

(3) 将废过滤器滤芯、浓缩液以及废树脂输送到放射性固体废物处理系统中；

(4) 在电厂内，考虑再利用可复用的废液；

(5) 将经处理后的废液监测排放到环境中；

(6) 按照相应的管理要求，控制和监测废液处理系统化学和放射性物质向环境的释放量；

(7) 通过自动控制系统、优化布置、便利的操作以及易维修的设备、屏蔽保护和远程操作等实现 ALARA 原则，保护电厂人员免受放射性辐照。

10.3.2 系统基准要求

放射性废液处理系统应设计成满足《核电动力厂环境辐射防护规定》(GB 6249—2011) 及相关法规标准的排放目标。放射性废液处理系统设计应采用经济性好和性能经过工程实践的技术。

废液需有效的分类收集和处理，以保证固体废物体积最小化。通常可复用废液，例如一回路系统管道检修时的排空液等，需考虑送去硼回收系统复用。

核电厂中通常含有氢及裂变气体的反应堆冷却剂，应该被收集在密封的疏水箱内，或直接经化学和容积控制系统排至硼回收系统。含氢废液应避免暴露在空气中，可使用氮气覆盖。核电厂中不含氢但带有放射性或潜在放射性的废液，应直接用管道引至各厂房内地坑、贮槽、废液收集箱等。

每个厂房至少有一个地坑收集放射性废液，并且该地坑位于厂房低点，废液靠重力排入地坑。

泵底座废液可能含有废油，应采取各种措施尽量减少废油的泄漏，避免废油进入放射性废液处理系统。

废液收集点可以确定废液量，有取样需求的地坑和贮槽建议提供取样点。

应在切实可行的基础上，收集反应堆冷却剂，考虑就近收集在贮槽内，再通过硼回收系统处理。

应设置槽式排放和排放总管监测排放，要求：任何时候都应该保证稀释液体的最小流量；如循环冷却水的排放不符合稀释流量的要求，则停止废液排放。在化学与放射性监测范围内将产生的废液排至环境中。此外，添加剂的使用应评估其释放到环境中的潜在毒性。

在排放前，所有排放到环境中的放射性废液必须在贮槽经过混匀、取样、检测合格，并且满足《核电动力厂环境辐射防护规定》（GB 6249—2011）等相关法规标准要求。避免废液由于重力、虹吸导致的误排。

监测箱泵的容量应满足工艺要求，满足混匀、取样、排放要求。

放射性废液处理系统应具有足够的处理流量及储存容量以处理其每日所输入的废液。这些废液指核电厂正常运行和预期运行事件期间，包括换料、停堆、维修、启动及其初始启动所产生的各种废液。

大容量系统应设置两台并联的收集箱。小容量系统，采用单个收集箱也是可接受的。大容量系统应设置两台并联的监测箱。小容量系统，采用单个监测箱也是可接受的。

核电厂设计应衡量储存容量和处理流量是否与其最大预期输入（不考虑发生的频率）相匹配，以确定其处理能力。若认为不足时，则可设置附加的容量。每一个常压的贮箱和地坑均应在其总容量中包括一个较大的裕度。

在控制区内的旋转设备的轴封泄漏不能任由其坠落或飞溅到底盘或地面。含油系统在维修期间应防止废油滴落在地面或进入地面废液。尽量避免出现大面积的积油，如果有此情况则不可排往地面废液。收集的含油废物考虑场内暂存。

10.3.3 系统配置及要求

本系统工艺设备主要包括接收废液的贮槽，处理设备如过滤器、离子交换床、蒸发器、取样箱等，以及相关的仪表、控制器、泵、管道和阀门等。放射性废液处理系统产生的废树脂、废过滤器芯、浓缩液等送至放射性固体废物处理系统处理。

在核电厂中，工艺废液一般是被稀释了的或被污染了的反应堆冷却剂，应被单独收集在工艺废液贮槽，一般采用离子交换处理，也可采用其他成熟可靠的技术。地面废液和其他杂质较多疏水应进入收集贮槽和过滤单元，采用成熟可靠的技术进行处理。化学废液应被单独收集并暂存在化学废液贮槽内，一般通过过滤、蒸发处理，取样分析后排放，也可采用其他成熟可靠的技术。不含去污剂的溶剂、化学取样疏水和放化实验室的疏水被认为是化学废液。洗衣废液应被单独收集并在洗衣废液系统中处理。洗衣废液一般在取样和分析后被输送到洗衣废液贮槽进行过滤和监测排放，在放射性较高的情况下，应能采用成熟可靠的技术对其进行处理。

核电厂汽轮机厂房的设备疏水及地面疏水应分别加以收集。通常，它们与放射性废液处理系统无关，在经检测其放射性含量后便经常规岛废液排放系统单独排放。一旦汽轮机厂房和它的疏水出现放射性超出规定限值时，将这些疏水引导至相应的核岛放射性废液排放系统的贮存箱内，待检测后决定是否需按放射性废液进行处理。

化学预处理系统将支持所需的添加剂按照处理技术规范添加。

核电厂的设计人员应为处理设备设置设备启动和运行灵活性所需要的旁路。

在含有浓缩液的阀门和管道均应设有冲洗措施，并应设计成能预防这些浓缩液在管路中结晶。浓缩液贮槽排放管道应设计成防止冷冻或堵塞。

在控制区应设置地面疏水管道，废液排向就近的地面废液地坑。在不希望有交叉污染的厂房各房间和隔间之间的地面疏水管道，应分隔排出或加以密封。

对管道存在间断排水的情况，其系统的工艺管道根据需要考虑设置充有水的U形管水封或相应的隔离阀。

在正常运行时需要变动阀位的放射性废液处理系统的工艺管道阀门均应在放射性废液处理系统的控制室操纵屏上进行远距离操作。所有远距离操作阀门均应设有阀位指示。

远距离操作的隔离阀可采用球阀、旋塞阀、截止阀、隔膜阀等。浓缩液管道上阀门应是全流道的阀门，这样浓缩液不会影响阀门的操作。用作阀门密封件的材料应具有适当的耐辐照性，并能适应预期的用途和使用寿命。聚四氟乙烯可考虑用作阀门密封件。

泵应配备可靠的机械轴封，该轴封应是经过验证的，并应便于维修。泵及其相关管道的连接应设计成便于轴封更换和维修。暴露在外部的泵旋转部件应设置防飞射物装置。

泵壳应设置排气和疏水连接。泵及其连接管道应设置必要管道用于冲洗。

泵与其排出和吸入管道之间应采用法兰联接。泵应安装在远离箱体底部、过滤器和离子交换床的地方。泵应设置吊耳或其他用于吊装的部件。

地坑泵入口应设置与泵流量匹配的，易于清洁的过滤网。地坑泵应便于拆装和维护。用于固体含量高的废液的泵推荐使用气动隔膜泵或螺杆泵。

常压贮槽应设排气管。排气管的尺寸应能防止贮槽产生超压或真空。有空气进入的贮槽其排气管建议接至核电厂的通风系统。

贮槽应尽量减少贮槽底部固体废物的积聚。

贮槽外侧应设有梯子，便于人员进入贮槽。

贮槽应设有足够大的人员进入口，以便允许穿着防护服，并携带维修设备的工作人员进入。对于顶部入口的人孔，应在贮槽顶部留有足够的空间。

贮槽的所有连接优先考虑焊接。

有取样需求的收集箱和监测箱应设置可搅拌其内废液的措施，以便能提供有代表性的样品。

对于放射性活度浓度较大的非抗震类贮槽，其设备间的滞留池宜设置不锈钢覆面，钢覆面的高度应确保能容纳贮槽内的全部废液。

反应堆冷却剂疏水箱及其具备同样功能的废液处理系统的设备均需采取一定的措施，以防放射性气体的释放，并避免氢爆。典型的方法是氮气或者惰性气体覆盖。

地坑的排气建议引至通风系统，以便控制气载污染。地坑应加盖或者格栅以防止碎屑物落入。盖子应是可移动的，或设置人孔，以供人员出入。地坑应有涂层或内衬。控制区内地坑需考虑设置地坑泵。

废液处理单元若需用化学物品、絮凝剂等，则应包括混合箱、搅拌器、计量装置等设备以及管道、阀门。添加剂设备应布置在低辐射的区。

离子交换床应规定树脂的类型和形式，树脂应可在一定温度下使用（不超过 60 ℃），使用寿期应长。

蒸发器结构材料的选择应该考虑料液的化学成分，同时应考虑料液中可能存在的杂质和化学调节剂，要能够经受在浓缩液沸腾条件下的腐蚀，并留有足够的腐蚀裕量。对于带有独立加热器的蒸发器，其加热器应可拆换。蒸发器应能完全排空后进行清洗。蒸发器的设计应尽可能降低二次蒸汽中夹带液滴量，以提高蒸发器的去污因子。蒸发器应能远距离操作。设计和布置蒸发器时，应该考虑尽量减少维修期间对工作人员的辐照。

蒸发器应设计成能允许检查其内部构件。要求人员通道应满足穿防护服和戴空气面罩的人员出入。蒸发器还应设计成易于拆卸其内部构件，并应提供为拆卸或其他维修操作所需的工具。除工艺特殊要求外，蒸发器及其连接件应布置在分隔的屏蔽区内，以减少在维修活动中来自其他部件的辐照。

蒸发器冷凝器和排气冷凝器应布置在高位，其高度足以能正常疏水。

为保证放射性废液处理系统满足相关要求并为其他系统提供支持，需要必要的支持和连接系统，如：接收和收集来自各种系统中释放阀、设备排放和泄漏的反应堆冷却剂；收集安全壳内的泄漏；来自乏燃料水池和换料水池冷却和净化处理系统的排放连接到放射性废液处理系统中；当蒸汽发生器传热管泄漏导致在蒸汽发生器下泄二次侧、汽轮机厂房设备和地面排放装置中存在放射性情况下，则可向放射性废液处理系统监测排放，以避免放射性物质排放到环境中；来自化学和容积控制系统容积控制箱、热交换器和离子交换床的排放进入到放射性废液处理系统中；设备冷却水系统向蒸发装置设备提供设冷水；厂房通风系统接收设备排气及维持设备所在房间温度；除盐水分配系统为系统运行提供除盐水；公用压缩空气生产系统为系统运行提供压缩空气；放射性固体废物处理系统接收并处理系统运行产生的二次废物。

10.3.4　系统运行和维修要求

地坑泵应能分别在高、低液位的控制下自动交替启动和停运，能在液位异常的情况下发出报警信号通知运行人员。地坑泵的运行应在所在厂房控制室内或主控制室集中显示。

采用两台并联使用的贮槽时，当第一台贮槽充满时，应由操作员判断后手动切换进水阀门使水送至第二台贮槽，即当一台贮槽出现高液位时应将其入口的水流切换至另一台贮槽内。对定期有废液批量输入至贮槽的应设置贮槽的液位指示。

需要执行隔离功能，应配备适当的隔离阀执行隔离功能，不建议通过调节阀实现隔离功能。

设在固体含量高的液流（蒸发器浓缩液）中的仪表传感器应设置隔离阀，并具有冲洗传感器管线的措施。仪表传感器应尽量选用不易堵的传感器。仪表传感器应设置在不易堵塞且能提供精确和稳定读数的位置。应采用外部的传感器。

在向环境排放管线或总排放管线上应设置放射性浓度监测系统、流量测量装置、自动和手动隔离阀，以测量流出物的放射性浓度，瞬时流量和累计流量，以及避免在排放废液时的人为错误，超过设定值时能够自动停止排放。

系统的设计必须便于维修，应尽量减少维修操作对机组运行的影响。

10.4 放射性固体废物处理系统

本节说明了华龙技术电厂放射性固体废物处理系统的要求。放射性固体废物处理系统处理电厂正常运行及预计运行事件产生的放射性固体废物，包括湿废物处理系统、干废物处理系统和放射性固体废物暂存库。

10.4.1 系统功能要求

10.4.1.1 湿废物处理系统

湿废物处理系统接收和处理电厂产生的湿废物，包括：废树脂、浓缩液、废过滤器芯等。

主要功能如下：

（1）输送、接收、暂存和处理废树脂、浓缩液等；

（2）采用高整体容器、固化或其他等工艺对湿废物进行处理和整备，形成适宜处置的废物包；

（3）采用屏蔽容器、钢桶水泥固定或其他方式对废滤芯进行转运及暂存、整备形成适宜处置的废物包；

（4）将产生的废液送至放射性废液处理系统；

（5）采用盖子和其他方式对废物包装容器进行密封；

（6）送放射性废物暂存库；

（7）检测废物包表面沾污水平，必要时采取去污处理措施。

在将废树脂送往废树脂贮槽或处理容器的过程中，应有取样接口；循环管道提供取样接口，废树脂贮槽旁路管道提供取样接口。在废过滤器滤芯从过滤器取出时，进行辐射剂量率水平测量。在取样或测量时，应尽量减少职业辐射暴露。设计中可考虑使用移动式处理设备增加湿废物处理系统处理能力。

10.4.1.2 干废物处理系统

干废物处理系统运输、处理、整备电厂产生的干废物，包括可压缩废物，如纸张、擦拭材料、衣物等；不可压缩废物，如受污染的工具、放射性设备部件和维修产生的废物等。

主要功能如下：

（1）对废物进行就地分类；

（2）将废物转运至处理设施；

（3）为废物提供中间暂存；

（4）废物分拣（可压缩与不可压缩、不适于手工分拣的高剂量废物、非放废物和可循环使用物品）；

（5）压缩可压缩废物；

（6）将可压缩和不可压缩废物包装入容器或水泥固定用于暂存和运输；

（7）将装满废物的容器转运至运输车辆或者放射性固体废物暂存库；

（8）检测废物桶。

10.4.1.3　放射性固体废物暂存库

在送往处置场之前暂存放射性固体废物，放射性固体废物暂存库容量满足第 2 章中关于放射性废物处理的要求。

主要功能如下：

（1）放射性固体废物暂存库提供不超过 5 年的暂存期；

（2）根据需求设置屏蔽措施；

（3）提供整备后废物包的运输、放置和回取功能；

（4）提供放射性气溶胶的监测；

（5）废物包运输前提供设置有屏蔽的空间用于放射性物质的衰变；

（6）检测废物包中的放射性核素组成及其活度，表面剂量率水平等。

10.4.2　系统基准要求

10.4.2.1　湿废物处理系统

湿废物的来源包括废树脂、废过滤器芯、浓缩液等核电厂水处理系统产生的废物。通过减少放射性水处理系统的污染物的输入和废液体积，并利用先进废物减容技术，以实现废物最小化。设计人员应充分考虑有效的经验反馈，以减少湿废物产生，考虑实施废物清洁解控，实现废物最小化。

湿废物处理系统的性能指标以最佳运行的电厂为基础，随现有技术、法规要求、行业标准和环境问题不断发生变化。实现废物最小化目标不仅需要合理的设计，而且取决于电厂运行、相关的国家和地方法规标准以及暂存、运输和处置废物的形式和活度水平。

所有的湿废物应进行分类收集，且应存具有暂存能力，如废树脂贮槽、屏蔽容器等。至少应设置两个废树脂贮槽，以分别贮存不同放射性活度浓度的废树脂，但废树脂贮槽的进料管道应相互连接，以便必要时废树脂贮槽可互为备用。

废树脂应按其放射性水平分类收集，存于不同的废树脂贮槽，能进行清洁解控的应进行清洁解控。通过输送泵或压缩空气，将废树脂从离子交换床输送至废树脂贮槽。

废树脂贮槽容量要求如下：废树脂贮槽容量应至少能够容纳一批次最大废树脂输入；废树脂贮槽容量应考虑脱水和转运因素；应根据废树脂接收贮槽及废过滤器贮存设施规模合理确定高完整性容器（HIC）脱水装置的数量及脱水能力；在转运车辆装卸区，应提供专用的装卸工具和建筑空间。

可采用高整体容器或固化或其他工艺对湿废物进行处理和整备，形成适宜处置的废物包。最终废物包应符合国家法规标准和处置场的要求。

在操作和设备维修过程中，由于核素累积，需要安装屏蔽措施。废物处理设施的设计应充分考虑分类收集、处理和暂存活动。

10.4.2.2　干废物处理系统

设计人员需对干废物产量做出合理的估计，以便提供减容措施，以满足电厂总体目标。设计人员应充分考虑有效的经验反馈，并将有效的干废物最小化举措纳入电厂设计。设计人员应考虑实施废物清洁解控，实现废物最小化。

减少干废物产生的举措包括：设计便于维护的厂房和设备；合理管理维修活动，包括根据放射性水平、废物来源进行废物分类；将废物分为放射性废物和非放射性废物；减少和回收利用纸张、塑料、脚手架、工具等。上述举措通常在运行程序中体现而不是在设计或者技术规范中体现，但是为了实现废物最小化的目标需要上述实践。

干废物应进行分类收集。在放射性废物设施、移动系统设施或其他收集地点应提供空间，以测量进入的废物容器的表面剂量率。应预留空间，以便将剩余废物按预期的处理方法分类。必须提供空间和支持设备（例如压缩空气、除盐水、电气、通风等）来处理干废物。可以通过使用固定设施或设备来实现，也可以通过使用移动式处理设备实现。

干废物暂存区的容量应不少于预期最大输入时 7 天产生的干废物的量。压实装置的处理能力应能处理预期最大输入的废物量。

最终废物包应符合国家法规标准和处置场的要求。

10.4.2.3 放射性固体废物暂存库

放射性固体废物暂存库的设计前提是处置场可用，固体废物暂存库贮存量不应低于核电厂三个月所产生的废物量，并且不超过核电厂五年所产生的废物量。设计应考虑暂存库的扩建，如果处置场不可用，应不影响电厂寿期内的正常运行。建议暂存库考虑全厂共用的设计要求。暂存库建议考虑放射性固体废物处理系统处理产生的废物包以及装有蒸汽发生器排污系统废树脂的钢桶、废通风过滤器芯和受到轻微污染的大尺寸废物等。

放射性固体废物暂存库容量满足第 2 章中关于放射性废物处理的要求。暂存库需适应废物最终处置容器。暂存库可通过在单独设施或者共用设施的空间实现。若现场暂存库为单独的设施，则需与其他设施邻近并处于低辐射控制区。高放射性废物包贮存区域应与其他水平放射性废物包暂存区域分离。暂存库需室内贮存。暂存库需在贮存容器外运区域为卡车提供泊位。满足电厂辐射限制要求。可不受限制的接近贮存区外。降低对邻近区域的辐射影响。保持移出废物的能力。监测和控制潜在的放射性气溶胶污染，例如通过厂房通风系统。

暂存库需具有火灾自动报警和灭火系统。暂存库及其处理和转运设备需满足废物包容器的要求。高剂量废物包贮存区域需满足贮存的废物包逐一回取原则。高剂量废物包贮存区域需提供具有可识别特定废物容器的远程监视手段。在高剂量和低剂量区域中的废物包的运输设备需满足湿废物处理系统和干废物处理系统中对于废物包的要求。暂存库宜根据实际需要设置废物包信息存储系统，包括废物包位置信息和核素信息。

10.4.3 系统配置及要求

湿废物是指水处理系统产生的废物，如废树脂、废过滤器芯、浓缩液等。湿废物处理系统应能处理所有此类废物，包括不同类别和放射性水平废物。干废物处理系统，包括干废物分拣设施、可压缩废物的压缩设施以及包装设施。干废物处理系统包括干废物的厂内运输、处理设备本身以及相关的仪表和控制。暂存库暂存放射性固体废物。

在满足安全性、成熟性、经济性以及设备国产化的条件下，可考虑先进的废物处理技术，包括但不限于焚烧、蒸汽重整、树脂热压、湿法催化氧化等技术。

设计也可考虑如下内容：固体废物的处理（预处理、处理、整备）可考虑采用灵活性高和经济效益好的移动处理设备；设计人员可以考虑厂外处理设施，如焚烧、超压、金属熔炼等设施；根据新技术发展以及良好的经验反馈，设计考虑采用新的处理技术。

10.4.3.1　湿废物处理系统

基于系统部件故障率和部件维修更换难易程度，应考虑对废树脂输送和脱水系统中的部分组件设置冗余。脱水系统包括收集废树脂的管道和阀门，排放废液和废气的管道、阀门和软管，以及脱水设备本身。处置容器应满足处置场的要求。设计人员应设计完整的脱水系统，包括废树脂排放和脱水后废液排放的管道和阀门，可移动设备的特殊接口和运行要求。人员在低放射性时才可以进入废物处理区域。正常情况下所有通道应为紧闭状态。

设计应使在脱水操作时人员所受辐照剂量最小。设计应设置人员就近操作或远程操作。脱水容器泄漏的废物量应最小化。脱水操作应在一个装填站中进行，并邻近转运拖车位置。装填区域应包括脱水头以及其清洗所需的其他设备的暂存区域。

管道和阀门应满足放射性废液处理系统关于管道和阀门的要求。用于水力输送废物（如废树脂等）的管道应进行特殊设计以实现无故障操作：输送废树脂等的管道尺寸应至少为 DN50；管道中的流速应满足一定要求，并应具有足够的液/固比例，在树脂排放时容器内必须充满足够的水；管道应直接连接至屏蔽容器；弯管应有至少 5 倍管道直径；宜采用对接焊；管道设计应减少废物沉积，以易于输送树脂；管道上应预留冲洗管连接头以使管道堵塞时易于管道的冲洗，冲洗管连接头应与管道成 45°，并配有接口；管道支管连接应使废物沉积可能性降至最低，支管应设计水平连接在主管道在中心部位，管道的底部中心部位不应连接支管；管道在端部和底部都应该连接冲洗管道；废树脂等的输送应由泵或容器的压力提供足够的压头以克服管道压力损失和使管道中树脂保持悬浮状，并应提供足够的水，以维持足够的液/固比例，此外还应提供超压保护；输送管道在输送完废树脂后应提供管道的自动冲洗功能，并提供至少两倍管道容积的冲洗水量。

废树脂贮槽满足耐腐蚀的性能要求。贮槽底部设置水力混合使罐体中废物混合均匀，不沉淀，便于排出。易造成阻塞的杂质不能进入贮槽或搅拌装置中。废树脂贮槽应具备通过动力混合器进行树脂的疏松功能，树脂的疏松使得树脂取样装置可以正常取样。

设计需在最少人员剂量和污染扩散条件下，将废过滤器芯转运到废物包装站。通常的方法为使用单轨吊或者转运小车。需提供滤芯更换、屏蔽和转运的方法。系统设计需保证转运废过滤器芯时避免从转运小车上泄漏。为了实现辐射防护的 ALARA 原则，转运小车需设置屏蔽。将废过滤器芯装载到转运小车的过程应可采用不需目视监测的远程操作。废过滤器芯子可考虑整备在钢桶或者高完整性容器（HIC）中或其他满足要求的容器中。

为保证湿废物处理系统满足相关要求并为其他系统提供支持，需要必要的支持和连接系统，如：接收水处理系统、放射性废液处理系统等产生的废树脂以及水处理系统、放射性废液处理系统等产生的废过滤器芯；放射性废液处理系统接收湿废物处理系统产生的废液；厂房通风系统接收湿废物处理系统产生的废气；除盐水分配系统提供除盐水；公用压缩空气生产系统提供用气；转运至处置场通道；潜在的移动式处理设备接口。

10.4.3.2 干废物处理系统

放射性废物处理设施需为固定设备以及与其等效的移动式处理设备提供空间，满足如下功能：运输容器的运输通道和贮存空间完全可达；干废物在压缩前的暂存和运输，包括必须的辐射屏蔽和人员隔离；干废物分拣、压实、经整备后废物暂存的空间以及运输。

需为接收干废物提供暂存空间，该空间需为单独房间。该房间需具有隔离放射性废物的能力。布置需便于通向放射性废物处理设施。保证物流通道，充分考虑物料移动、与操作员相互影响以及通风。需提供屏蔽用于废物运输容器外表面污染检测和必要时的表面去污。

压实装置按压力一般分为初级压实装置和超级压实装置两类，初级压实装置一般采用100~1000 kN的压实机。压实装置排风系统的设计应能保证压实区域保持一定的负压。压实装置的排气应排往厂房排风系统的吸入口。压实装置需具备足够的结构强度以承受可能发生的最不利的偏心载荷。压实装置需具有连锁以防止通风系统故障或者门未关闭的情况下运行。压实装置的液压软管不能暴露在人员易于接近的地方。需提供压头导向、容器对中和满载容器卸出功能。压实装置需能够安全的将容器保持在压头所在位置。压缩过程需能够允许使用防废物反弹装置。

分拣设备应考虑去污手段，下部设置相应的排水口。为提高废物分拣效率，干废物分拣设备一般设有多个工位，用于将分拣出不同类型的废物放入相应的废物收集容器。分拣台的边缘需能够防止废物滑落到地面。宜采用密封式分拣设备，应设置排气净化装置和照明设备。干废物分拣台宜设置远距离操控机械手，以降低分拣人员受照剂量。

设计人员应为不需屏蔽的干废物设计便利高效的处理和转运设备。设计人员应为需屏蔽的干废物设计转运设备。需提供将废物包运输到放射性废物暂存库和厂外处置场的运输方法。操作人员受辐照剂量应通过设备的屏蔽保持在低水平。

需提供检测干废物容器的方法，以便确定其分类。

为保证干废物处理系统满足相关要求并为其他系统提供支持，需要必要的支持和连接系统，如：接收来自废物产生点的废物；接收来自各厂房通风系统的废滤芯；水处理系统产生废过滤器芯也可能作为干废物处理；厂房通风系统接收来系统的排气；公用压缩空气生产系统提供用气；提供去污和循环使用的工具和设备；转运至处置场通道；潜在的移动式处理设备接口。

10.4.4 系统运行和维修要求

10.4.4.1 湿废物处理系统

仪表和控制应具备湿固体废物处理系统的集中控制室和可进入区域的就地控制。集中控制应包括湿固体废物处理系统所有的仪表显示和控制需求，包括废树脂贮槽相关的树脂转运控制。对于自动控制过程步骤均应预留手动控制功能。

仪表传感器应满足可用于带有大量固体颗粒流体的测量的要求，并且满足规定的湿废物液位测量要求。

应将废过滤器芯运送到湿废物处理设备，同时最大限度地减少人员接触和污染扩散。设备设计应防止在运输废过滤器芯时从运输车辆泄漏。转运车辆应进行屏蔽防护，以减少对操作人员的辐射。可采用高整体容器、固定或其他工艺对废滤芯进行处理和整备，形成适宜处置的废物包。

应提供方法对每个废物容器进行辐射调查。应提供方法允许定期取样或表面检测，以确定和核实废物分类。

设计应考虑到放射性废物的远程操作。

系统的设计必须便于维修，应尽量减少维修操作对机组运行的影响。

10.4.4.2　干废物处理系统

设计应考虑到放射性废物的远程操作。

系统的设计必须便于维修，应尽量减少维修操作对机组运行的影响。

第 11 章　设备通用要求

11.1　反应堆本体结构

本节仅规定了反应堆压力容器、控制棒驱动机构、堆内构件及堆顶结构的通用要求。

11.1.1　反应堆压力容器

11.1.1.1　性能要求

反应堆压力容器盛装反应堆的堆芯部件、堆内构件及堆芯测量部件；支承反应堆控制棒驱动机构和其他堆顶结构件，以及在役检查设备；作为反应堆冷却剂系统压力边界的组成部分，必须保持反应堆压力容器冷却剂压力边界的完整性；

反应堆压力容器及其支承、反应堆压力容器金属保温层设计寿命应为 60 年。

11.1.1.2　设计要求

反应堆压力容器的设计应防止其发生破裂，并具有足够的安全裕度，以保证在规定的各类运行、维护、试验及受到事故工况下的系统动态载荷时，反应堆压力容器处于非脆性状态且快速扩展断裂的概率最小；应考虑在规定的各类运行、维护、试验及假想事故状态下实际温度及有关因素对其影响和作用；在确定材料性能、辐照对材料性能的影响、残余、稳态及瞬态应力、缺陷大小以及腐蚀等方面时，应考虑不确定性，留有裕度。

反应堆压力容器应采用规范要求及工程上成熟的材料，保证 60 年的设计寿命，反应堆压力容器主体材料和焊接材料的化学成分应予以控制，降低材料对中子辐照损伤的敏感性，设计阶段应预测辐照对压力容器堆芯活性区材料性能变化的影响。

为了监督容器的辐照及辐照对容器材料性能的影响，需要编写材料辐照监督大纲。通过辐照监督试样获得压力容器堆芯环带区材料辐照后的力学性能、脆化程度，验证压力容器参考无延性转变温度的变化与设计阶段预测的一致性，并为确定在役阶段水压试验的试验温度、压力-温度运行限值曲线等数据提供依据，监测应在整个容器设计寿期内进行，这既要考虑材料所经历的中子注量率也要考虑在燃料管理方面的变化。

在电厂运行一开始就应将辐照监督管插入反应堆压力容器。监督大纲应给出监督管的安装位置、试样设置和监督管插拔计划。试件应包括足够的备用材料以便有可能制造追加的试样。

反应堆压力容器设计在满足疲劳设计准则方面应有较大的安全裕度。应当对压力容器关键部件进行鉴别、分析或试验验证，以证实满足疲劳设计准则。

反应堆压力容器设计应减少焊缝数量，焊缝应尽量避开高中子注量区，以减少在役检查工作量及提高使用寿命。

反应堆压力容器支承在结构选型、总体设计、厚板焊接设计、不等厚的焊接连接等方面应尽量做到完善，以保证结构设计的完整性。

在严重事故工况下，反应堆压力容器金属保温层应能维持结构完整性并与反应堆压力容器外表面形成一个冷却通道，避免反应堆压力容器被熔穿。

反应堆压力容器上封头应设计排气管，以便排出压力容器内的蒸汽和不可凝结气体。同时排气管的尺寸应与反应堆冷却剂系统排放操作时的预期排放率相匹配。

反应堆压力容器应设置贯穿件以便控制棒驱动机构从压力容器顶部插入堆芯，同时反应堆压力容器应为堆内测量仪表组件提供导向通道及支承。堆内测量仪表组件均从压力容器上封头引入，以保证压力容器下封头的结构完整性。

除了进出口接管和仪表管座，反应堆压力容器上也可以有其他功能类型的接管，这些结构需要与相关的系统功能相匹配；进出口接管的位置均应高于堆芯活性区，接管的位置不能影响换料、维护及在役检查等操作。

按照 ALARA 的要求，反应堆压力容器主螺栓应可远距离拆卸和转运，螺栓孔在螺栓拆卸期间需要防护，主螺栓操作系统应该简单可靠。

为了缩短电厂换料大修时间，反应堆压力容器顶盖、顶盖中心保温层及堆顶应可整体吊装；设计的可拆卸的接头均应快速可靠。

换料密封环应尽量设置在反应堆压力容器高位，以减少容器外表面被含硼水浸泡面积，换料密封环位置不应影响顶盖的安装和拆卸。堆腔和换料密封环设计时，应考虑适当的通道，以便在进行在役检查时可接近反应堆压力容器底部。堆腔内应设置通风措施，用来冷却混凝土。

反应堆压力容器法兰-螺栓密封设计应设置冷却剂检漏装置和收集系统，换料密封环设计时应考虑密封环失效导致反应堆水池水位下降的单一故障，设计人员应根据系统的给水能力确定密封环损坏泄漏的设计准则，保证在密封损坏时反应堆水池容量，同时需要考虑误操作产生的密封失效。密封环的清洁应可远程操作，清洁人员不需要接近堆芯。

主螺栓应布置在顶盖法兰连接处，这样在顶盖密封处发生泄漏时主螺栓附近的冷却剂最少。

11.1.1.3　在役检查

核岛厂房设计时应提供接近被检查部位的通道，满足设备操作要求以便对容器所有焊缝（包括接管焊缝）进行自动在役检查。

反应堆压力容器螺栓孔在换料期间应予以保护。螺栓孔塞的设计应设置可靠的密封以防止含硼水或腐蚀产物进入螺栓孔。

11.1.2　控制棒驱动机构

11.1.2.1　性能要求

（1）使用寿命要求

控制棒驱动机构压力边界应设计为使用寿命 60 年。非承压边界的零件使用寿命可以低于 60 年，但应可维修和替换。

控制棒驱动机构设计应考虑正常运行、事故工况和试验的载荷循环总次数（包括反应堆冷却剂压力边界的压力试验和反应堆运行期间的紧急停堆和落棒停堆试验），要求如下：反应堆驱动线抗震试验按照《核设备抗震鉴定试验指南》（HAF J0053）和《核电厂能动机械设备鉴定 第 2 部分：抗震鉴定》（NB/T 20036.2）的要求执行，设计和试验准则应与设计寿期 60 年相一致。

控制棒驱动机构应配备外部冷却装置，若使用耐高温线圈应提供证明材料供业主查阅，并对高温线圈的采用进行分析和试验验证，以便在高温条件下能够保证其功能正常运行。

(2) 紧急停堆时间要求

当切断控制棒驱动机构线圈的电源时，在重力作用下，控制棒能够在预定的落棒时间内，从全提升高度完全插入堆芯。总的落棒时间从一次传感器感应到检测参数的变化开始到控制棒完全插入堆芯，该时间应满足事故分析的最大限定值。紧急落棒时间应包括机电延迟时间。

(3) 响应和棒位探测能力

控制棒驱动系统的响应时间和位置指示精度应能使堆芯反应性引入速率提供一个可以控制的运行特性（如期望的功率水平和功率分配），并且避免由于误操作而造成不可接受的反应性引入速率。

控制棒驱动系统棒位探测方法应采用冗余设计，且至少采用一种直接棒位探测方法，以增加每一组控制棒从全插入到全提升高度的位置探测的可靠性。如果棒位作为一个输入参数提供给电厂保护系统，为防止棒位发生指示偏差而导致事故，所有的棒位探测方法都应采用直接探测方法。

(4) 安全性和可靠性要求

控制棒驱动机构应设计成在任何一个部件或设备单一故障的情况下，不会妨碍落棒的安全功能。

控制棒驱动机构应设计成在外部冷却中断（短时间）的情况下，仍能正常运行，并且不会造成设备损坏。

11.1.2.2 设计要求

控制棒驱动机构耐压壳属于冷却剂一回路压力边界，具体设计要求如下：

(1) 在选择材料时应考虑相应规范和标准的要求及在工程上的应用数据。选择用于焊接顶盖密封件的材料、所采用的焊接方法应使焊接密封件发生 IGSCC（晶间应力腐蚀开裂）的概率降至最低；

(2) 控制棒驱动机构密封设计均应采用焊接密封，以防止冷却剂泄漏。为了方便检验及维护，在不拆卸相邻驱动机构的情况下应能接近密封结构；

(3) 为了防止驱动机构插入或提升控制棒超过某一限定位置而降低其安全功能的能力，控制棒驱动机构的机械结构在所有运行载荷下均不能失效；

(4) 控制棒驱动机构设计应具备解扣驱动杆的能力，以便反应堆压力容器顶盖拆卸；

(5) 控制棒驱动机构设计应能在提升、下插控制棒以及紧急落棒期间，驱动杆和控制棒组件不会因出现误操作而解扣；

(6) 为了便于通过将反应堆压力容器顶盖提升至高于驱动杆组件的位置进行顶盖拆卸，驱动杆组件在任意高度位置时（例如控制棒保持在某一位置）均应能解扣；

(7) 为了防止在反应堆大修期间控制棒组件误操作地从堆芯中提出，反应堆设计应提供一个清晰的、可视的方法来检查驱动杆组件是否与控制棒组件脱开、分离并提升了足够的安全距离。

11.1.2.3 在役检查

控制棒驱动机构所有主要部件应能单独更换，线圈应能互换，线圈及所有电气部件应能在不破坏一回路压力边界和不拆除邻近驱动机构的情况下进行更换。

控制棒驱动机构与电气部件的连接，都应采用可靠性高且成熟设计的快拆结构的连接接头。连接接头应可在不拆卸其他设备的情况下能够接近。

控制棒驱动机构所有部件包括驱动杆组件，均应能单独拆卸。

11.1.3　堆内构件

11.1.3.1　功能要求

堆内构件的结构设计应使冷却剂流量分配充分冷却堆芯，并且满足安全分析的热工裕量要求。反应堆内冷却剂的自然循环应足以有效地使堆芯冷却和排出衰变热。

11.1.3.2　设计要求

（1）在长期高辐照条件下，堆内构件所用材料应能保证足够的力学性能及较低的活性积累，尽量限制或禁用含有活性截面大、半衰期长及辐照后易脆化元素的材料。材料应具有良好的耐腐蚀性能和耐磨蚀性能，同时也应具有良好的工艺性能；

（2）反应堆本体下腔室应在满足堆芯入口冷却剂流量分配要求的前提下容积尽可能缩小，这样可以降低堆芯再淹没时间；流量分配装置设计时应考虑机械的可靠性和冷却剂分配的合理性，满足冷却剂在堆芯入口流量分配的需要；

（3）如果堆内构件为原型设计或当堆内构件的结构修改较大时，应开展必要的整体水力学试验；

（4）堆内构件设计应考虑堆内构件与燃料组件匹配性的要求，能够为燃料组件及相关部件提供可靠的支承、压紧和精确定位；

（5）堆内构件设计方案应考虑为压力容器顶盖实施冷却，这样在顶盖腔室不会产生热分层而影响反应堆正常运行；

（6）在正常运行工况下堆内构件应使冷却剂沿堆芯向上流动，避免由于压力导致冷却剂对堆芯外围燃料组件的喷射；

（7）堆内构件设计时应考虑为反应堆压力容器辐照样品监督管提供支承和定位；

（8）堆内构件设计时应考虑流致振动的影响，在电厂的运行前和启动阶段应该进行流致振动监测。如果堆内构件为原型设计，在设计建造阶段需要对流致振动进行综合评价，综合评价应包括堆内构件流致振动预计、现场实测和冷热态试验前后的全面检查。如果为非原型设计，应将已验证流致振动的分类依据、试验数据或在役检查数据形成文件，并将文件保存以备查阅；

（9）一般来说，堆内构件的螺栓应采用超低碳控氮不锈钢，如果需要提高螺栓强度，可采用冷加工制造。如果需要使用高强度螺栓，则可使用镍基合金代替，而此类螺栓在使用过程中涉及的材料、采购、质保等文件应予以保存，以便查阅；

（10）由于堆内构件长期处在高辐照环境条件下，堆芯下部区域设计师应尽量减少螺栓连接，降低反应堆内螺栓因辐照效应引起失效的风险。

11.1.3.3　在役检查

上部堆内构件和下部堆内构件均应可作为整体从反应堆压力容器内垂直吊出，堆内构件的吊装应与反应堆停堆换料的总体要求保持一致。

在核电厂寿期内反应堆堆内构件设计应可远程自动检查紧固件、焊缝和其他结构。反应堆停堆换料时应对堆内构件结构完整性和表面沉积物等进行检查。对于堆内构件结构性能可能发生退化的零部件设计上应便于在役检查。

11.1.4　堆顶结构

11.1.4.1　性能要求

堆顶结构应能保证顶盖组件吊装需求，有效限制控制棒驱动机构的过度变形以维持其正常功能，利于控制棒驱动机构线圈散热，合理引导堆顶电缆。

11.1.4.2 设计要求

堆顶结构设计应能满足各类功能要求，具体如下：

(1) 推荐采用整体吊装的堆顶结构，尽可能整合堆顶结构相关部件，减少反应堆开扣盖操作步骤，节省反应堆开扣盖时间，减小操作人员受辐照剂量；

(2) 在确保设计与工程应用可行的前提下，尽可能取消堆顶强制通风系统；

(3) 在地震情况下限制控制棒驱动机构的过度变形以维持其正常功能，保证在事故工况下的功能完整性；

(4) 能够带走控制棒驱动机构线圈的发热，以保证控制棒驱动机构正常工作；

(5) 将反应堆顶部的所有电缆引到规定土建接口处；

(6) 在安装、换料和检修时与反应堆压力容器顶盖吊具连接将整个堆顶结构吊到（离）压力容器；

(7) 尽量减少制造、安装及在役检查难度，尽量减轻堆顶结构重量，尽可能提升经济性；

(8) 在堆顶结构设计时建议考虑防止控制棒驱动机构驱动杆及行程套管的弹射。

11.2 反应堆冷却剂系统主要设备

11.2.1 蒸汽发生器

11.2.1.1 性能要求

蒸汽发生器的作用是将反应堆产生的热量通过冷却剂传递给二次侧的水，水被加热转变为蒸汽，蒸汽经汽水分离和干燥后去驱动汽轮机发电，蒸汽发生器需满足如下性能要求。

(1) 为核电厂提供性能参数合格的蒸汽；

(2) 为核电厂提供可靠的第二道安全屏障；

(3) 为反应堆冷却剂系统提供有效的自然循环冷却能力。

11.2.1.2 设计要求

蒸汽发生器设计寿命 60 年，设计要求如下。

(1) 材料

对蒸汽发生器材料的总要求详见 11.4 节，此外，传热管、传热管支承、给水环、管板和其他内件的材料应具有足够的抗损伤的能力，如传热管的耗蚀、减薄和凹陷，由于热工水力条件和腐蚀性化学品造成的侵蚀和腐蚀、晶间腐蚀、应力腐蚀裂纹、传热管点蚀和破裂以及其他已知的劣化因素。蒸汽发生器与一回路冷却剂相接触的表面堆焊不锈钢或镍基合金。

(2) 传热管支承要求

管束布置及传热管支承的设计需要经运行经验或分析的验证，以避免在运行工况下蒸汽发生器传热管流致振动造成的损坏。

(3) 防振条组件

合理布置防振条的位置，控制防振条与传热管的间隙，避免管子发生流致振动损坏。

(4) 内件结构设计要求

蒸汽发生器内件结构设计应考虑下列动载荷的作用：

1) 一回路和二回路系统管道破裂，包括不能用破前漏（LBB）技术排除的支管破裂；

2）满功率下汽机旁排的误开启。

这些动载荷的作用应与其他载荷组合，如：地震载荷。给水环、接管防热冲击套管和其他内件应耐热疲劳。

（5）外部重要接管

一次侧进、出口接管以及二次侧蒸汽出口接管设置安全端。

（6）人孔和检查孔

在二次侧壳体上临近管板上表面处设检查孔，设计蒸汽发生器人孔和检查孔的方位时，应考虑可达性。

（7）传热管与管板连接

蒸汽发生器传热管与管板连接应采用全深度胀接加管板一次侧密封焊的结构，这种结构消除了缝隙，降低了胀管过渡区的残余应力，胀管设备和工艺应经评定。

（8）减小泥渣沉积

蒸汽发生器排污收集管和排污管嘴的数量、规格和位置应满足热态运行工况下排污的要求，减少泥渣在管板上的积聚，降低非挥发性溶解杂质浓度。

（9）水锤的预防

蒸汽发生器的设计及给水管道的布置，应减小主给水管道、应急给水管道、排污管道、取样管道内或蒸汽发生器内件上发生水锤的可能性。

（10）满功率蒸汽流量和压力

蒸汽发生器在满功率工况下，二次侧产生的蒸汽应满足压力、质量流量要求。此外，蒸汽发生器传热面积要有足够的裕量，以保证在堵管 10%时，二次侧仍能产生满足满功率要求的蒸汽。

（11）蒸汽湿度

在反应堆冷却剂系统及给水系统以规定参数运行时，蒸汽发生器应按规定的压力、温度和流量提供湿度不大于 0.25%的蒸汽。

（12）二回路侧水装量

蒸汽发生器二次侧应有足够的水容积，以便在完全丧失正常给水后，应在 20 分钟内不要求启动应急给水，水位不会达到低水位停堆整定值。30 分钟内蒸汽发生器不烧干。

（13）循环倍率

蒸汽发生器二次侧应有大于或等于 3 的循环倍率以及良好的流动状态。

（14）密封

一次侧与二次侧应有可靠的密封。

11.2.2　稳压器

11.2.2.1　性能要求

稳压器对一回路主系统进行压力、容积的调节和控制，对保障一回路主系统压力边界完整性有重要的作用，在与其相关的设备和管系的共同配合下需满足如下性能要求：

（1）当核电厂正常运行时，把系统压力控制在正常范围内。这些工况包括：启、停堆，升、降温，功率运行，负荷线性变化，甩负荷等。

（2）当核电厂处于异常工况或发生事故时，会引起系统的压力急剧上升或下降，这时，应在相关辅助系统配合下，把系统压力变化控制在允许范围内。这些工况包括：流量部分丧失，断电故障，阀门故障等。

（3）其所设置的安全阀，可对整个系统实现超压保护，以维护一回路压力边界的完整性。

（4）稳压器应有足够的容积，使得当一回路冷却剂由于温度变化而变化时，其变化部分可由稳压器内水容积的变化来得到补偿。

（5）稳压器电加热器提供部分热源，和反应堆冷却剂泵一起，在反应堆启动时，满足系统升温、升压要求。

11.2.2.2 设计要求

稳压器设计寿命60年，设计要求如下：

（1）材料

对稳压器材料的总要求详见11.4节。

（2）稳压器电加热器

稳压器电加热器应采用成熟的产品或经验证的产品。

稳压器加热器设计应保证加热器裸露时不会造成反应堆冷却剂边界的破口，也不会损坏稳压器外壳，或在电加热器裸露时，能提供冗余的切断电加热器电源的方法；稳压器加热器在设计上应考虑备用和单独更换，布置电加热器时，应处理好与波动管在布置上的关系。

（3）稳压器喷雾器

要求喷雾器有足够大的流量，以满足瞬态压力波动要求。喷雾器应能产生合适角度的全圆锥形均匀的雾化流。

喷雾器压降应较小，雾化颗粒应较细。喷雾器最小连续喷雾流量应能补偿喷雾管、波动管及所属管件的散热损失，并保证稳压器中有均匀的水质和硼浓度。

稳压器喷雾管穿过稳压器上封头处应设置热套管，以降低冷的喷雾水喷入时引起高的热应力。喷雾器应便于更换，通常用螺纹连接并用锁紧块锁紧，然后通过焊接予以固定。

（4）人孔

设计人孔方位时，应考虑可达性。

（5）重要接管

稳压器喷雾接管、波动接管、阀门接管等设置安全端，喷雾接管、波动接管同时设置防热冲击套管。仪表接管与设备本体的连接采用冷装或胀管工艺，焊接在稳压器内壁的堆焊层上。

11.2.3 反应堆冷却剂泵

11.2.3.1 性能要求

在规定的环境条件（包括环境温度、环境相对湿度、环境放射性水平等）、运行条件（包括反应堆冷却剂温度及压力、设备冷却水和密封注入水条件等）下，主泵机组应能按照设计要求连续满负荷运行至少一个换料周期。

在密封注入水或设备冷却水维持供应条件下，主泵应能长时间处于热备用状态而不损坏；主泵运行期间丧失密封注入水或设备冷却水二者之一后，主泵应能继续连续运行；当密封注入水和设备冷却水同时丧失且不能恢复时，主泵应能安全惰转停机而不损坏。

主泵机组的转动惯量应满足设计要求，确保在停电惰转过程中可提供足够的冷却剂流量。其设计应考虑反应堆冷却剂系统自然循环特性、电网频率波动等因素的影响。在电动机顶轴油装置不可用情况下，主泵机组应能安全惰转而无损伤。

轴封装置应满足泄漏可控的要求，相应的泄漏应进行收集；在全厂断电工况下，应确保主泵轴封的完整性。

11.2.3.2 设计要求

（1）总体设计要求

主泵机组为空气冷却、立式、单级、轴密封回转动力泵，由鼠笼式感应异步电动机驱动。整个机组包括：水力机械部分、轴封装置和电动机部分。

应在设备规格书中规定主泵主要材料要求。主泵泵壳设计寿命应为60年，推荐采用锻造泵壳。轴封装置和轴承设计寿命应满足总体设计要求，所有易损件应在一个换料周期内不需要维修或者更换。主泵机组效率应大于等于76%。

主泵及电动机设备冷却水应满足总体可靠性要求，主泵组件设备冷却水供电电源应设计为能从厂外或厂内备用交流电源供电。

主泵及密封的设计应能在充水期间自行排气，不需借助辅助排气装置。主泵的设计应考虑更换密封等维修（更换泵壳除外）时不需排空反应堆冷却剂系统或不需排空至低于系统要求的最低水位。

（2）设备设计

泵轴应能承受各种工况下主泵的载荷，不产生断裂、过度变形及疲劳损坏。泵轴在水润滑导轴承处应设置轴套，轴套应与导轴承轴瓦的材料、硬度相匹配。

过流部件（包括叶轮和导叶等）应选用耐腐蚀的不锈钢。若选用奥氏体或奥氏体—铁素体不锈钢，应注意防敏化。叶轮应可靠的连接到泵轴上，应防止轴向和周向的移动。过流部件应能从泵壳中取出，泵壳内不可拆卸部件不应影响内部目视检查。

为减小系统温度对主泵不耐热部件的影响，应设置隔热装置。隔热装置可采用管式水—水冷却器和隔热层等形式。若采用管式水—水冷却器，则热交换管的设计应满足反应堆冷却剂承压边界要求；当轴封注入丧失时，隔热装置能冷却来自一回路的高温冷却剂，以保证主泵的正常运行。

轴密封应选用三级动压轴封。轴密封的设计应允许在多级密封中，某一级失效后主泵仍能连续运行；应提供在主泵停转时承受全压的停车密封，以确保在全厂断电工况下主泵轴封的完整性。主泵应设置仪表监测系统，便于操作员监测密封运行情况。轴密封应易于拆装，其设计应考虑现场搬运、维修空间要求，应配备专用拆装工具。轴密封的设计寿命应为 4 年以上，并有电厂使用经验或型式试验和鉴定证明。

电动机润滑油系统应该设置顶轴油装置，便于电机转子与泵转子对中。在可能造成油泄漏的接头及连接等位置，应配置润滑油收集装置，该装置应能承受 SL-2 地震作用。电动机润滑油箱应设置具有远传指示功能的油位计。电动机供油管道禁止使用螺纹连接附件。对公称直径 ≥50 mm的管道，所有焊缝应采用全焊透对接焊。应对管道及其支承在所有运行工况下（如运行过程的振动、SL-2 地震、热膨胀等）的完整性开展应力分析验证。如使用软管，可采用全金属材料软管。电动机的设计应考虑电动机润滑油充装及换油设施和措施。

电动机还应设置防倒转装置，防止主泵转子发生倒转。

飞轮的设计应满足《压水堆核电厂反应堆冷却剂泵设计制造规范》（NB/T 20269）和国际相关规定中的设计要求，应确保飞轮在各运行工况下能够正常可靠运行，并在事故工况下能保证其结构完整性。

电动机应配备绕组加热器防止电动机停转后产生凝结水，绕组加热器由独立于电机电源接线盒外的单独接线盒供电，绕组加热器应保证主泵电机停机后绕组温度保持高于环境温度 3~4 ℃。

每个主泵应安装相应仪表用于监测主要的运行参数，包括轴封注入口的温度、停车密封的位置、转速、振动、相位、零件松动、卡转子、径向轴承温度、推力轴承轴瓦温度、电机绕组温度、电机差动保护和油箱液位等。

（3）试验

主泵及电动机的试验要求应满足《压水堆核电厂反应堆冷却剂泵设计制造规

范》（NB/T 20269）相关试验要求。首台泵的台架试验应包括200小时稳态运行性能试验；系列泵台架试验应包括50小时的稳态运行性能试验。所有辅助系统设备应与主泵一并试验，如不可实现，经与设计方沟通同意后，辅助设备可单独试验。

（4）维修

应规定计划性维修要求，对主泵重要部件应规定在设计寿期内检查和维修更换周期。应编制维修手册并提供专用操作工具，以便完成密封组件的拆卸、更换以及主泵电动机的组装。应设置中间轴，在不拆除电动机的情况下检修和更换轴封系统和水润滑导轴承。电动机轴和泵轴应易于对中。

为便于对主泵进行维修，主泵布置空间应满足现场维修通道、专用装卸工具、部件存放、辅助管线拆装及更换密封垫片等空间需求。

11.2.3.3 在役检查

主泵的结构设计应考虑对其内部相关部件进行在役检查操作。

主泵在役检查按相关标准要求执行，应充分考虑在役检查可达性。

11.2.4 主管道及波动管

11.2.4.1 主管道

（1）性能要求

主管道连接反应堆压力容器、蒸汽发生器和主泵，构成封闭的反应堆冷却剂循环的环路，应保证反应堆冷却剂系统压力边界完整性。

（2）设计要求

主管道及其上的接管嘴是关键部件，应符合第11.4节中有关材料要求，所有的材料应是经过鉴定的。主管道材料应选择超低碳控氮奥氏体不锈钢。主管道应采用锻造制造，应是无缝的。主管道应采用LBB技术，降低主管道破裂风险。应尽量减少主管道上的焊缝数量，提高设备安全性，并缩减在役检查工作量。

11.2.4.2 波动管

（1）性能要求

波动管连接稳压器和主管道，应保证反应堆冷却剂系统压力边界完整性。

（2）设计要求

波动管是关键部件，应符合第11.4节中有关材料要求，所有的材料应是经过鉴定的。波动管材料应选择超低碳控氮奥氏体不锈钢。应确定波动管的尺寸并合理布置波动管，在符合其他功能和布置要求条件下，尽可能减小流阻。波动管应从稳压器向主管道逐渐向下倾斜。波动管的设计应考虑可能发生的热分层现象，尽可能缓解热分层。

波动管应采用LBB技术，降低波动管破裂风险。应尽量减少波动管上的焊缝数量，提高设备安全性，缩减在役检查工作量。

11.3 辅助设备

11.3.1 泵

11.3.1.1 功能要求

泵应确保在设计运行要求工作区内（工况点和保证点）正常运行，且正常运行工况下，泵的启停均应可远距离控制。有快速启动要求的泵应无须润滑可直接启动。

执行专设安全功能的泵及其部件应设计成能承受SL-2地震而不降低性能，即在SL-2地震期间和以后泵组应保持结构完整及可运行性。

所选用泵应具有稳定的扬程—流量曲

线（即从最大流量到零流量扬程曲线呈连续上升趋势，无驼峰）。

11.3.1.2　设计要求

（1）总体设计要求

泵的结构设计、选材、制造、装配、试验均应考虑运行、维修、去污等因素，以便减少活化产物及去污工作，减少人员所受放射性剂量。零部件应设计成可快速、整体拆装，并具有互换性。

执行专设安全功能泵的结构设计、材料选择等均应满足在热瞬态工况下可靠运行的要求。

优先选用低速泵。对于中小型泵，第一阶临界转速应大于各工况下最大运行转速 20%。

（2）设备设计

叶轮结构应是整体式（如铸造或焊接制造），应被可靠固定到泵轴上，防止按规定方向旋转时发生周向或轴向移动。应装设密封环以避免泵壳与叶轮接触磨损。有特殊设计需求时，应考虑采用硬化材料，相配合的两种材料之间布氏硬度值至少相差 50 HB。

轴封的设计应能在运行工作区内正常压力、温度波动下维持其密封性能，并与工艺流体相兼容。轴封冷却所需的密封水质应与系统设计要求的水质一致。泵密封件、电动机密封件以及轴承等内部构件应易于拆卸和更换。在放射性场所运行的泵应使用长寿命轴承、持久润滑，与放射性介质接触的泵应设置冲洗去污、疏水等设施。

除从泵进、出口排气外，在泵壳上应设置排气管线；同时，在泵壳上应设置疏水管线，除规格书另有规定外，泵基础板上的疏水管线应与泵轴封泄漏和泵壳疏水管线分别设置。

（3）特殊要求

上充泵承压部件应使用奥氏体不锈钢制造；应满足在系统要求的任何一种工况下运行并不发生汽蚀；应满足泵机组无预润滑启动要求。

余热排出泵承压部件应使用奥氏体不锈钢制造；机械密封应使用来自密封室的液体冷却，而该液体循环通过热交换器被设备冷却水冷却。机械密封的泄漏应收集并通过专用管线疏排；应能承受反向运行而不损坏或者配备防逆转装置。

低压安注泵承压部件应使用奥氏体不锈钢制造；应满足在系统要求的任何一种工况下运行并不发生汽蚀，应满足在再循环阶段设计要求的固体颗粒流体条件下连续运行；机械密封应采用泵送流体来冷却，不需外部冷却源冷却。

应急硼酸注入泵与流体相接触的承压部件应使用奥氏体不锈钢制造；应考虑设置硼酸加热系统或局部保温措施，防止浓硼酸结晶；泵内部接管的连接不允许使用螺纹连接。

应急给水泵及电动机优先选用系统自身输送水来冷却。

屏蔽泵应配备冲洗水，减少放射性物质在泵和电动机内的沉积；其结构设计及选材应满足较长时间免检查和免维修要求。

（4）试验

首件泵应开展质量鉴定试验，试验内容应至少包括：承压部件水压试验、性能试验及耐久性试验（200 小时的厂内耐久运行试验及启停试验）、启动时间试验、热冲击试验、杂质试验、抗震试验、耐辐照试验、电动机相关试验、试验后解体检查等。

（5）维修

应规定计划性维修要求，对泵重要部

件应规定在设计寿期内检查和维修更换周期。应编制维修手册，并提供专用操作工具，以便完成密封组件的拆卸、更换以及泵电动机的组装。

为便于对泵进行维修，泵布置空间应满足现场维修通道、专用装卸工具、部件存放等空间需求。泵的设计应满足所需在役检查项目在现场条件下可有效实施。

电动机轴和泵轴应易于对中。泵的设计还应考虑电动机润滑油充装及换油设施和措施。辅助管线布置应满足易于拆装及更换密封垫片的空间要求。

11.3.2 阀

11.3.2.1 阀门

(1) 功能要求

不同类型和位置的阀门实现的功能不同。隔离阀通常用于实现“阻断和排放”功能；调节阀用于实现调节介质的流量、压力和水位的功能；逆止阀用于防止介质倒流；安全阀主要用于防止管路或设备超压；疏水阀用于从蒸汽管道、汽水分离器、蒸汽冷却器及其他可能产生凝结水的设备内自动排出凝结水，同时防止蒸汽管道内的蒸汽漏出。

(2) 设计要求

1) 总体设计要求

应从系统安全功能、系统运行功能、预期流量范围、设计压降范围、可靠性要求、冗余要求、规范要求、监管要求、隔离要求等多方面评估每个阀门的必要性；在满足安全要求、功能要求、可靠性要求和可用性要求的前提下，尽可能减少阀门的数量。

可能对安全相关部件的可操作性或电厂持续运行产生重大影响的阀门应考虑采用鲁棒设计，防止单点失效导致阀门可用性受限或降低，并应可以进行在线维修。

完全相同的阀门应可直接互换；在满足设备设计和鉴定要求的前提下，同类型阀门之间的同型号部件或备件应可互换。

为降低共模失效的风险，阀门以及执行机构尽可能多样化设计。

阀瓣易于在流体冲击作用下移动的阀门不应用于高流速、变流速、变压力或流体闪蒸的工况；除生水系统外，阀门与管道连接方式优先采用焊接连接；如采用法兰连接，法兰应配置贯穿螺栓。

2) 设备设计

阀门设计应尽可能避免热黏结和防止压力锁定。阀门内部滑动表面应硬化处理或硬质堆焊。阀门内螺纹部件锁紧装置的设计应尽可能避免产生松动部件。

阀体、阀盖和轭架结构应能够承受由阀门执行机构施加的最大压缩、拉伸和剪切载荷（包括地震），阀杆应可承受上述载荷与其他载荷（如压力、热或外部施加的载荷）组合在一起的综合载荷而不发生永久变形。

手动或动力驱动阀应具有全行程机械指示，可通过直接观察而无需仪器或电源来确定阀位（包括部分开启阀门的中间位置）。除电磁阀外，阀门的关闭件与阀杆应有可靠的机械连接，以避免反向流条件下非预期阀门关闭。

闸阀、截止阀和蝶阀等阀门采用可由多个制造商制造的标准化设计，以便在其中某个制造商遇到质量问题时能灵活处理。

3) 材料要求

阀门设计和制造中的材料应具有高抗腐蚀性和高抗侵蚀性，未经同意不得使用铝和铝合金；汽蚀条件下阀门材料的选择应特别注意；所在回路与反应堆冷却剂系统连接的阀门应尽可能采用锻造阀体；输送反应堆冷却剂的阀门阀座表面堆焊材料尽可能不用钴基合金；用于生水系统的阀内件应为不锈钢材质；可能被阀门填料或密封垫片处泄漏的含硼水浸湿的阀门外部部件应采用不锈钢或其他抗硼酸材料，阀门轭架和执行机构可以是碳钢；隔膜和“O”形环可选用三元乙丙橡胶（EPDM）；为降低阀门对流体加速腐蚀的敏感性，抽汽或排放逆止阀应用铬钼钢或不锈钢制成；电厂辅助系统中的气动阀应使用低摩擦填料以降低填料载荷和保证平稳运行。

4）特殊要求

主蒸汽隔离阀应按照规范Ⅰ级的设备要求进行阀体壁厚计算和应力分析。阀门关闭时闸板承受的压力，应不会妨碍闸板的关闭。

阀体和阀盖的连接为法兰、螺栓型连接，采用全封闭型或压力密封。阀体应为单一整体铸件或锻件。主蒸汽隔离阀的设计应能防止产生锅炉效应。

主蒸汽隔离阀的动力逻辑如下：主蒸汽隔离阀的各控制通道应该是独立的并且具有足够的冗余度；在接到关闭信号后阀门应保持关闭状态直至重新接收到驱动信号；阀门仅在操作员操作下才能开启；制造厂设计的阀门控制逻辑须经采购方认可；应采取可行的保护措施以防止在短暂失去动力（电压、压缩空气）的情况下阀门误关闭（必要时在压缩空气供气柜上应安装贮气罐）。

在正常运行期间，主蒸汽隔离阀长期保持开启，为了确保执行机构的可用性，通过相应的控制通道进行部分关闭试验。试验期间，如果发生保护信号（主蒸汽隔离快关信号），该信号应保证阀门在5秒钟内关闭。

主蒸汽安全阀应为弹簧式安全阀。阀体应为整体铸件结构。与主蒸汽安全阀相连接的主蒸汽管道上的接管应是挤压成型的接管，其所有端部应是焊接连接。阀盖一般采用开放式铸件。阀门喷嘴（阀座）应安插在阀体上（螺纹连接）或者与阀体做成一个整体部件。阀门关闭时，介质应完全集中在阀门中阀瓣下部的管嘴内。

阀体与阀盖应当采用螺栓连接。阀杆与阀瓣之间采用球形端部的连接。应防止阀瓣转动。阀门的弹簧应当设计成在阀瓣全开时弹簧的压缩量不大于全压缩量的80%，弹簧的永久变形不应大于自由高度的0.5%（弹簧自由高度与对弹簧进行室温下预调之后的三次压实后过十分钟测量的弹簧高度之差定义为永久变形）。弹簧底板应设计成适合阀杆的底座表面。安全阀的阀杆应能承受在没有压力时需要用动力装置提升阀瓣所要求的拉伸应力。

主蒸汽安全阀需在制造厂车间中试验检查阀门的开启和关闭，并验证阀门的密封性。在每次换料时，当反应堆处于换料冷停堆之前的热停堆状态，须按要求验证主蒸汽安全阀的压力整定值。

容器隔离阀尽可能避免使用隔膜阀类，但低温低压系统可考虑选用金属隔膜阀作为仪表隔离阀（其他情况应选针形阀或截止阀）；刚性闸板易因热变形而卡住，故刚性闸板楔式闸阀不应用于温度超过65 ℃的系统；“Y”型截止阀不应用于生水系统以避免阀内缝隙处积聚腐蚀杂质增加执行机构的负荷。

5）维修及在役检查

通用维修要求见本用户要求第2.8节。

重要阀门应按照专用技术要求进行试验，应具备对重要阀门进行试验所需的仪表和接头以监测阀门性能及变化趋势；对于需专用技术要求进行检查和试验的阀门，应建立必要频率的解体和检查计划，以便检测到先进非介入技术检测不到的不可接受退化。

应对所有免除可运行性验证试验的阀门建立替代方法，替代方法可以为定期试验、全行程试验、诊断试验等，也可以是阀门在小流量条件下执行了安全功能基础上的分析证明。

6）试验和鉴定

每台阀门都应做出厂试验，试验内容包括强度试验、密封试验及阀门功能试验。应在试验前制定试验规程，其内容应至少包括试验环境要求、试验装置简图、试验介质、测量仪表精度、试验操作规程、试验报告填写及试验后阀门的处理等。

强度试验包括阀体强度试验和阀瓣强度试验，若阀门技术规格书无特殊规定，强度试验应在涂漆前完成。

所有阀门都应进行壳体压力试验和密封试验，具有上密封结构的阀门还应进行上密封试验。

手动阀的阀门功能性试验内容应包括：动作方向、动作平稳性、阀门全行程、开度指示、手动操作平稳性及填料函泄漏试验；电动阀的阀门功能性试验内容应包括：动作方向、动作平稳性、阀门全行程、开度指示、动作时间、行程控制开关的动作、手动操作平稳性、填料函泄漏试验、手动到电动的切换、启动和运行电流、转矩和行程开关动作及绝缘电阻；气动阀的阀门功能性试验内容应包括：动作方向、动作平稳性、阀门全行程、开度指示、动作时间、行程控制开关的动作、手动操作平稳性、填料函泄漏试验、手动到气动的切换、启动和运行气压；安全阀功能性试验内容应包括：整定压力、排放压力、回座压力、开启高度、机械特性以及排量或排量系数。

功能鉴定应确保阀门在规定寿期内能满足其功能要求。鉴定大纲/程序应包括鉴定目的、要求、所采用标准、鉴定方法及验收准则等内容。

试验条件应包括正常和事故工况下全流量、压力、温度、压差、环境条件和外部动力源变化范围；安全相关阀门及其执行机构应经过鉴定试验以证明阀门组件能够在规定的全部设计工况下运行，相同类型、尺寸和运行条件的阀门中至少试验一台阀门和执行机构组件；试验应验证操作阀门所需的力、执行机构选型以及使用工况。

11.3.2.2 阀门执行机构

（1）总体设计要求

尽可能减少执行机构类型和设计（尺寸、型号等）的数量。

通过仪表信号来控制系统参数（如流量）的阀门应配备气动或电磁驱动执行机构；要求快速驱动至完全打开或关闭位置的阀门应配备气动、液压及其他利用系统内介质压力的执行机构、爆破或电磁执行机构，具体选择取决于阀门的尺寸和驱动阀门动作需要的阀杆推力（或扭矩）。上述阀门必须能在失去外部动力时通过配置的弹簧或其他方式来到达指定位置（关闭或开启）。

要求相对较长的时间内保持在固定位置的阀门（例如开启、关闭或中间位置）应配备电动执行机构，驱动速度应适中，且执行机构应具有自锁功能，以使阀门在失去外部电源时保持在其最后位置而不因内部流量或压力变化而漂移。

直流电动执行机构仅用于在失去厂内和厂外交流电源的情况下必须运行的阀门。

为避免开启过快且无法控制，蒸汽系

统中的闸阀尽可能不使用气动活塞式执行机构。

阀门及其执行机构应为一个相匹配的系统，以确保阀门在设计基准流量和压降工况范围内正常运行，包括从可能的误动作中恢复。执行机构的设计和选型应考虑所有的运行模式、正常运行与最坏情况下的压差、流体温度范围和环境影响。

所有阀门执行机构和轭架结构的设计应尽可能确保其一阶自然频率不低于 33 Hz。

阀门执行机构非金属件的选择应考虑尽可能长寿命、少维修。应基于部件的磨损、温度、压力、湿度和辐照环境等因素，确定非金属件的更换周期。

（2）设备设计

执行机构与阀盖之间的阀杆无螺纹部分应足够长，便于安装和接近诊断用感应元件且感应元件不会随着阀杆运动妨碍填料或进入执行机构。

阀门手动执行机构的设计应保证可单人手动操作而不需借助辅助工具。

动力驱动阀应配备带有管理控制装置（如链条和锁）的就地手动操作机构，且配有内置手动锁紧装置。

电动阀应配置用于机械和电机保护的力矩开关和热过载继电器。力矩开关通过断开电机的方式限制电动执行机构输出力矩不超过力矩设定值；热过载继电器应可设定用于电机过热损坏前切断电机电源。电动执行机构应具有防水的插头或电缆接头以减少因水分侵入而引起电气故障；对于承受管路中较大温差（93 ℃或更大）阀门的电动执行机构，应评估双向推力复位弹簧组应用于电动执行机构的必要性。除特殊情况外，运行于高温或高速条件下的力矩开关电动阀，应考虑使用弹簧复位执行机构以限制惯性载荷。重型电动阀执行机构应包含用于为执行机构设计的二次支承点。支承点应尽可能靠近执行机构的重心以限制执行机构的重量在任何方向的组合最大加速度作用下作用于阀杆轴心。

气动阀执行机构的供气管线应装有空气过滤器。气源与气动阀执行机构的操作装置之间应使用柔性软管连接以降低振动对阀门的影响。

远距离操纵装置（阀门远传）设计要求：操纵杆操作（远传）应尽可能只用于手动阀门，其布置应允许人员可达，结构和支撑应简化。操纵杆应尽可能采用单一直线型。尽量通过恰当的阀门布置和安装来减少操纵杆万向节、柔性缆绳和锥齿轮的使用。阀门操纵杆、手轮和齿轮应与阀门的尺寸和操作扭矩要求相匹配，且手动操作不会损坏阀门或执行机构。

（3）安装及运行

阀门和执行机构的布置和定位应确保其易于维修、校准和试验。预计的维修应包括彻底拆除执行机构和阀门内部构件。执行机构的位置也应符合制造商的要求，以防止阀门内的黏结、电气外壳或电机内的油脂积聚。

应避免在全面系统清洁和电厂启动准备之前启动阀门。在此期间，阀门最好保持在完全关闭和落座位置。气动和液压外源应符合执行机构制造商的要求（如：清洁度、干燥度等）。

（4）试验和鉴定

详见 11.3.2.1 试验和鉴定部分；为确定辐射、温度、湿度、环境压力、水分侵入、老化和地震加速度各因素对于同一型号执行机构的影响，可分别进行各类别的鉴定试验，以支持阀门和执行机构组件的整体鉴定。

11.3.3　换热器

换热器应按照相关规范进行设计和制

造，设计中应考虑纳入设计持证单位和制造商的经验总结。

换热器的设计应避免在最大预期流量和设计温度条件下换热管出现不符合要求的流致振动，可采用以下任一准则：

（1）相同的换热器在相同的流量和温度条件下运行良好；

（2）换热器应按相应标准进行流致振动分析，分析结果满足相应准则。

结构设计应考虑便于检查、测试、维护、净化和更换。接触放射性或潜在放射性液体的换热器应考虑介质可以排净及对设备进行冲洗。系统应设置相关阀门、仪表和控制装置用于换热器的隔离及放射性的监测，以满足设备的操作、检查和维护。

污垢系数应根据系统和设备设计以及预期运行工况，考虑材料累积且保守的原则确定。在考虑换热器的节流设计和布置时，应在工艺出口节流。更容易导致污垢的流体应位于管程，以便清洁。换热面积应考虑不小于5%的堵管裕量。为避免换热器的换热管、管板和其他内部零件的冲蚀，换热器管壳程入口处应按相关标准设置防冲板或导流筒等。换热器必须能够在流体温度低于100 ℃时，或者温差低时，随时运行，且不需要任何特殊的准备或状态调整。当可行时，温差高的情况也应满足该要求。

11.3.4 容器

本节适用于盛装放射性或潜在放射性液体的容器。

设计应考虑防止意外颗粒物滞留的措施：放射性液体进入容器之前通过过滤或离子交换等方式进行净化；采用锥形（首选）或倾斜容器底；对于放射性液体废物罐，立式筒体、锥底容器侧面设置人孔，并在靠近人孔的地方为人员和清洗设备提供通道；对于卧式容器，在上端设置法兰式人孔；含有可能积聚污泥的放射性液体的容器（如洗衣房、去污间和化学废物间的放射性废物地漏容器），对表面预处理至特定值（如机械或电子抛光）；考虑足够的容器冲洗能力；通过强劲的循环流方式（包括喷雾器）进行搅拌；喷枪或化学清洗应有足够的清洗能力；定期完全排空容器内的液体。

现场制作容器应严格执行设计规范和制造控制，以确保放射性或潜在放射性液体容器的制造质量。溢流口应采用硬管连接至接收容器或室内集水坑，并应设置高水位警报装置。

11.3.5 过滤器和离子交换器

本节给出了在放射性条件下使用的过滤器和离子交换器的相关要求。

11.3.5.1 过滤器

（1）性能要求

过滤器应满足如下性能要求：

1）满足工艺上充分去除固体颗粒的要求，具有足够的纳污容量来过滤预期数量的固体颗粒；

2）对于反冲式过滤器，通常要求反冲间隔时间不得小于8小时。

当滤芯元件需要金属结构支撑时，应考虑在过滤器容器设计中提供支撑架。此外，过滤器应该考虑以下设计属性：

1）在放射性条件下能够保证过滤的效率，能够在非金属介质中应用；

2）放射性液体中的过滤器外壳应充分屏蔽，使一般区域工作剂量率维持在低水平；

3）放射性液体中的过滤器外壳设置易于接近的远程辐射剂量探测器。

（2）通用要求

过滤器应具有在不需要任何准备和处

理的情况下，使流体以最大压力和全流量进入的能力，按正常规定将过滤器投入运行的操作除外。过滤器的内件应能够承受系统所能产生的最大压差，支撑件应能通过均匀分布载荷的垫板固定在设备的壳体上。垫板应采用同壳体相同级别的材料。

设计应使在役检查和试验能够容易进行。为便于设备的安装或拆卸，设备应安装有吊耳或其他可用于吊装的装置。过滤器维护工作量尽量少。对于同种类型的设备，相同零件应是可以不需要任何附加措施而能互换的。

过滤器使用的阀门在关闭时不允许泄漏，应选择减少放射性累积的阀门（例如全流道球阀），反冲洗使用的阀门应是快开式的。

11.3.5.2　离子交换器

离子交换器应该是深床式的。设计应按更换树脂而不是再生树脂来考虑。

树脂床深度、体积和类型的确定应考虑工艺流体流量、污染物水平、出水质量要求、允许压降和每体积处理液产生的废物量等。最大深度应由于树脂层的最大允许压降来决定，并且应小于可能造成树脂床机械损伤的数值。设计应考虑在核电厂满功率运行情况时更换任何树脂床而不会因此引起泄漏。用于放射性废物处理的离子交换容器应设计成可在完全或部分介质负载情况下运行，并允许将来添加叠加介质。

应合理选择树脂床的横截面积，以得到合适的体积流速和足够的容量。

应根据具体情况来选择混床中阳离子和阴离子的比例，以得到最大的经济性。采用单床和多床的设计时，应对所有放射性进行评估，还应考虑改变每个容器中树脂的类型和体积。

应当有措施来确保阳离子和阴离子树脂在添加之前被充分混合，并在装载到容器内部后也保持混合；或有措施来使树脂在容器内混合而不分层。

排水口应设计成能够阻止树脂和碎屑通过。排水口和入口流量分配器应保证流体均匀通过树脂床。排水口及其支撑应有足够的强度，以免承受树脂施加的水力载荷、树脂床两端最大设计压降、和/或树脂移动产生的压力时产生移动或变形。

11.3.6　吊车

吊车的设计应满足核电厂建造和运行阶段的吊运服务，吊车服务半径应考虑设备和部件的吊装路径。

其中，环吊外形轮廓与安全壳穹顶上安装的喷淋管、风管应保持必要的距离。环吊在 LOCA 时无操作要求，但设计上应考虑其影响，环吊的重要部件应能经受 LOCA 的环境条件考验，以便在 LOCA 后能参与处理事故。环吊的布置应使它在整个行程内的任意位置都便于维修或运行人员使用，因此须合理规划安全壳布置。

吊车的承载量应根据正常维修或换料操作起吊的最大重量决定（环吊的承载设计应根据核电厂建造阶段的吊装，运行阶段停堆换料和设备维修所需吊装的最大重量确定）。

11.4　材料相关要求

11.4.1　概述

本节给出了核电厂构筑物、系统和部件所用材料的总体要求。在材料选择时需要考虑构筑物、系统、部件的设计要求，以及系统内的相互作用。在核电厂设计过程中，除了需要辨识出材料是否经过验证外，还应制定制造和安装的过程控制要求，并对在核电厂运行过程中影响材料性能的环境条件提出控制要求。

本节主要目的是为了避免因各类原因（如腐蚀、疲劳、辐照效应等）造成的材料性能退化，并尽可能减少腐蚀产物及特定性产物（如^{60}Co）。

11.4.2 材料选择基本要求

用于核电厂构筑物、系统和部件材料，应从经过核电厂实际验证的材料中选取。经验证的材料是指与现有核电厂所用的材料相比，具有等效材料牌号、相同工艺（如制造、安装）以及相同工作条件（如应力水平、水化学条件或温度），且已在核电厂中经过一段时间使用的材料。鉴于部分材料性能退化机制的潜伏期较长，为了能够从在役材料中合理选材，应充分借鉴国内外核电厂反馈数据和研究成果。

如果设计人员需采用不符合上述要求的未经验证的材料，则应以书面形式提请营运单位注意该材料及其特定用途，书面论证采用该材料的原因以及选择依据（包含经验、测试或分析等），并进行材料评定（具体的评定项目由供需双方协商确定）。论证应包括该材料所用部位的峰值应力和应变、局部水化学、预计的辐照环境和温度等条件。

11.4.3 通用要求

11.4.3.1 核电厂材料设计总体要求

设计人员应规定核电厂构筑物、系统和部件的材料。核电厂使用的材料应满足所属部件在服役中经受工况的要求，应考虑寿期内所有环境条件和使用工况，包括影响设备寿命的异常工况。应优先选用设计建造规范中的材料，且优先采用在性能限值范围内具有良好服役表现的常用材料。在满足使用条件和设计性能目标的情况下，选用材料的类型和等级应尽量少。除非营运单位批准，否则应避免使用定制或专用合金。

核电厂材料应符合相应设计建造法规和标准中的要求，但核电厂中的实际使用条件可能比规范规定的更恶劣，设计人员可根据需要在标准基础上补充附加要求。

只有在没有合适替代材料时，才可允许采用对人员、设备或环境有害的材料（如放射性、毒性、易燃性、腐蚀性的材料）。在确需使用有害材料时，设计人员应根据相应规章要求，规定材料的装运、储存、操作和使用的方式，以将危害降到最低。应设置有毒有害废物暂存区域。

在主系统和腐蚀产物可进入主系统的其他系统中，应严格控制材料中的钴含量。对于高中子通量区域的部件（如燃料包壳、堆芯支撑板、反射层、控制棒、反应堆压力容器堆焊层等）、与主系统冷却剂接触面积较大的部件，也应限制所用的不锈钢和镍基合金中的钴含量。

应尽量减少焊接结构。一般焊接过程中应禁止使用衬垫，如需使用应满足相关规范的要求。

根据国内外核电厂材料相关经验反馈，在新设计中应提前考虑材料老化、维修、管理或检验问题。

11.4.3.2 制造要求

制造和安装工艺可能对材料表面状态和微观结构产生不利影响，需予以控制，确保产品满足使用要求。应根据核电厂建造时的规范和工业水平，制定制造、运输、贮存及现场安装过程中的清洁度标准。

应对制造和焊接过程进行控制。应对焊接产生的污染物加以控制，以确保不会因其导致腐蚀问题。

应尽可能减少由制造工艺带来的残余应力，应按规范要求进行消除应力热处理。

11.4.3.3　检验和试验要求

材料技术规格书中对检验和试验的要求应满足相应标准规范的规定。材料加工制造应满足技术规格书的要求，以达到预期使用目的。基本检验要求如下：

（1）承压材料应进行力学性能试验和化学分析，试验结果应满足技术要求；

（2）承压材料及焊缝应按相关标准进行无损检测；

（3）对于需要进行在役超声波检测的设备或焊缝，其结构设计和材料要求应充分确保现场超声波检测的可行性。对于计划进行射线检测的焊缝，尽可能考虑设计超声波全厚度检测，以便用超声波检测代替射线检测；

（4）部件设计要充分考虑现场可检性。

11.4.4　具体要求

11.4.4.1　金属材料要求

与放射性流体接触的金属材料应具有良好的耐蚀性，一般不允许使用碳钢材料。与反应堆冷却剂接触的金属材料应能抵抗各种形式的腐蚀，如侵蚀、晶间腐蚀、应力腐蚀和接触腐蚀等。应严格控制奥氏体不锈钢或镍基合金部件的 Co 含量，不能超过相应标准的规定。应尽量避免采用硬质钴基合金来制造耐磨层，确需采用时，设计人员应说明所有选用钴基合金的部件，并提供选材的技术论证。用于主回路系统湿表面的材料（如蒸汽发生器传热管），应采用经核电厂经验证明可使其长期保持低腐蚀速率的工艺方法进行制造。

在放射性区域使用的材料应满足：能够耐辐射影响；材料外表面有足够的光洁度，尽可能减少表面放射性污染问题；尽量避免使用难以去污的材料；对于后期需进行放射性废物处理或贮存的材料，应满足放射性废物处理相关技术要求；在容易产生氧化物脱落或弥散的区域，应尽量避免使用未经表面防护的铁素体材料；在停堆过程中会沾污的材料或涂层，应易于去污。

铁素体材料的压力边界材料应抗脆性断裂，无延性转变温度（RT_{NDT}）不应超过相应标准规定值。对可能导致辐照脆化的微量元素，应控制其含量。

低熔点金属及其合金（如铅、锑、镉、铟、汞、锌、铋和锡及其合金）不得与主回路系统部件和二次侧系统中不锈钢和镍基合金部件接触。也禁止将低熔点金属及其合金用于二次侧系统部件。在二次侧的泵轴承材料设计时，应避免进入主给水中的有害低熔点材料含量达到危害不锈钢和镍基合金部件的程度。冷却剂中可以加入少量的锌，其含量按 ZnO 含量要求同等控制。铜合金可以少量用于不会扩散至反应堆冷却剂中的部件。

反应堆压力容器内部支撑件所用材料应能抗脆性断裂，并且在寿期内因中子影响造成的 RT_{NDT} 变化尽可能小。应对反应堆压力容器内部支撑件进行分析，以证明其在核电厂最大设计寿命和功率下的可接受性，并应识别所有操作限制以避免可能出现脆性断裂。应提供足够的通往压力容器支承结构的通道，以便在需要时能够对材料温度进行监测，对结构材料进行改造或热处理。

焊接耗材应满足相应标准的要求。铁素体钢焊材强度和韧性应大于或等于母材。不锈钢焊材的化学成分和铁素体含量、镍基合金焊材化学成分应满足本节相关条款的要求。

对于冷却剂系统和相关系统中使用的金属材料，有关要求如下：

（1）奥氏体不锈钢锻件

奥氏体不锈钢使用应遵守以下规定：

1）可根据用途不同选择05Cr19Ni10、06Cr19Ni10、022Cr19Ni10、022Cr19Ni10N、026Cr19Ni10N、06Cr17Ni12Mo2、022Cr17Ni12Mo2、026Cr18Mi12Mo2N、06Cr18Ni11Ti、015Cr17Ni12Mo2N、06Cr18Ni11Nb等牌号（或其他标准体系中等效牌号）奥氏体不锈钢；奥氏体不锈钢锻件应以固溶热处理状态供货；

2）与硼酸水接触的奥氏体不锈钢、焊后没有固溶热处理或其他焊后热处理的奥氏体不锈钢，均应采用抗敏化和抗晶间腐蚀开裂的材料。应按照相应的标准规定对锻造奥氏体不锈钢材料进行抗敏性试验，来证明其抗晶间腐蚀能力；

3）对于与硼酸水接触的部件在制造和装配过程中所用的不锈钢焊材及垫板，应按相应标准规定严格控制其铁素体含量；

4）对于硼水中、压力边界或堆内构件采用的奥氏体不锈钢锻件，若冷加工后不进行固溶热处理，则应按下述要求进行控制：

①对于可能处于异常水化学环境（如富氧死水区域）中的组件，应满足：与成型设备（如轧辊、芯轴等）接触的材料表面，应进行评估以避免出现过度冷加工硬化；避免在机加工和打磨过程中对材料表面造成冷加工硬化；如果材料表面存在过度冷加工硬化，尤其是对于待焊材料，应采取缓解措施（如抛光）以减轻或消除该效应；

②在没有经验证的可替代材料时，允许将冷加工奥氏体不锈钢用于非焊接部件上，如销、紧固件、套筒、拉杆等。但需对每处应用进行技术论证，包括有关试验、服役经验、允许的最大冷加工量及其过程控制方法。

（2）马氏体不锈钢

采用马氏体不锈钢锻件和铸件制造的部件，应按相应标准要求进行热处理。对于可能产生应力腐蚀开裂的部位，应通过适当的热处理以控制材料硬度。铸件焊接修补后应按相应标准要求进行完整的热处理，以改变力学性能，或是消除应力。除铸件外其他马氏体不锈钢制品不允许进行焊接修补。

（3）镍基合金

在需要利用镍基合金的特殊性能时，设计人员应按照未经验证的材料进行相应论证，论证应重点说明：特殊需求、缺乏合适的替代材料、在预期条件下良好的使用性能等。也应考虑要容易检查和更换。

在选用NS3105（或其他标准体系中等效牌号）时，应严格按照标准规定进行热处理，以改善其抗应力腐蚀开裂的能力。NS3105（或其他标准体系中等效牌号）可用于制造蒸汽发生器传热管和其他主系统的热交换管。在确无可替代材料时，可使用时效硬化镍基合金来满足高强度需求，如GH4145、GH4169（或其他标准体系中等效牌号），但应严格控制热处理条件，并充分考虑抗应力腐蚀开裂（SCC）。禁止对所有用于浸湿环境的镍基合金进行表面酸洗。禁止使用NS3102（及其他标准体系中等效牌号）及其焊材ENiCrFe-3、ERNiCr-3。

（4）奥氏体不锈钢铸件

所有奥氏体不锈钢铸件均应按相应标准要求进行固溶热处理，热处理温度应在1050~1150 ℃之间。为减少奥氏体不锈钢铸件热老化，碳含量（质量百分比）最大不能超过0.04%。所有与硼酸水接触的奥氏体不锈钢铸件，如果焊后不能进行固溶热处理，则应严格控制碳含量。奥氏体不锈钢铸件和焊材中的铁素体按相应标准要求控制。奥氏体不锈钢铸件补焊应满足相应规范的要求，填充金属的牌号应与母材相同，补焊后不要求进行固溶热处理。为确保材料在寿期末韧性不会降低到设计所要求的限值以下，应进行分析验证或加速试验验证。

（5）碳钢和低合金钢

对于所有暴露在水环境中且未经保护的碳钢、低合金钢，应考虑腐蚀裕量（均匀腐蚀、点蚀和缝隙腐蚀等）。

反应堆压力容器和主回路系统容器所用的低合金钢，可选用 16MnNiMo（或其他标准体系中等效牌号）锻件。与反应堆冷却剂接触的低合金钢、碳钢承压容器和管道应堆焊奥氏体不锈钢，堆焊层铁素体含量按相应标准进行控制。

核电厂所用的无缝碳钢钢管，可根据对应级别选用 10、20、25、15Mn、P280GH 等牌号（或其他标准体系中等效牌号）。应对其全长进行正火热处理。暴露在反应堆冷却剂中的任何铁素体钢管道都应该在内壁堆焊奥氏体不锈钢。

核电厂所用的碳钢焊制管，可根据对应级别选用 Q235、Q265HR、Q295HR、Q355HR、15MnHR 等牌号（或其他标准体系中等效牌号）。焊接管应按相应标准进行焊接。如有需要，可用低合金钢管代替普通碳钢。

核电厂所用的低合金钢板材、锻件，可根据用途不同选用 16MnNiMo、18MnNiMo 等牌号（或其他标准体系中等效牌号），并按相关标准要求控制其性能。

核电厂所用的普通碳钢铸件，可选用 ZG235-470、ZG275-485 等牌号（或其他标准体系中等效牌号）。铸铁不应用在核安全设备的重要功能部件上。

对于给水、蒸汽和冷凝系统的材料，应考虑限制杂质和铁进入蒸汽发生器。与给水、蒸汽或冷凝水接触部件中禁止使用铜合金，其余部件中所有铜合金应用应由设计人员根据目前的经验提供理论分析。二次侧系统材料选择时，设计人员应关注减少氧致腐蚀。处于湿蒸汽、闪蒸液态流、单相湍流中的部件，需选用抗流动加速腐蚀的材料。材料抗流动加速腐蚀能力应与设备所处液流条件相匹配，如温度、湿度、湿蒸汽流速、氧含量、pH 等。

11.4.4.2 非金属材料要求

核蒸汽供应系统及相关系统中使用的非金属材料中的杂质水平应控制在规定限值以下。

对反应堆冷却剂系统中以下情况所用的非金属材料，其杂质含量应进行限制：运行时与反应堆冷却剂相接触的非金属材料；用于可能与反应堆冷却剂相接触的部件表面，且在运行前不能彻底清除的非金属材料；由于设计原因或投入运行前不能完全从接触面清除，而与反应堆冷却剂系统设备外表面的不锈钢和镍基合金接触的非金属材料；在设备设计寿期内，所经受的辐照剂量大于 1000 Gy 或产生热老化的非金属材料。杂质含量限值如下：

（1）Cl、F、Br 总量：不超过 200 mg/L；

（2）Hg：不超过 1 mg/L；

（3）As：不超过 2 mg/L；

（4）Pb：不超过 10 mg/L；

（5）S：不超过 200 mg/L；

（6）Zn：不超过 200 mg/L。

对于二次侧部件中可能污染主给水的非金属材料，以及用于清洗二次侧部件中的不锈钢或镍基合金的材料，其杂质限值如下：

（1）Cl、F、Br 总量：不超过 200 mg/L；

（2）S：不超过 250 mg/L；

（3）重金属（Hg、As、Pb 总量）：不超过 200 mg/L。

对于安全壳内其他设备，在制造、运输和贮存中与钢或镍基合金接触的非金属材料，其杂质限值如下：

（1）Cl：不超过 500 mg/L；

（2）F、Br 总量：不超过 300 mg/L；

（3）S：不超过 700 mg/L；

（4）低熔点金属元素总量：不超过 500 mg/L；

（5）单个低熔点金属元素：不超过 200 mg/L。

辐射性系统（如辐射性流体系统或潜在辐射性流体系统）中禁止使用聚合材料。

辐射性环境（如辐射性系统所在隔间或走廊）中应尽可能不使用聚合材料。禁止因高累积剂量区的聚合材料性能退化而对系统或设备造成功能损害。

设计者应关注核电厂可能使用或接触到的非金属材料对其他设备的影响，并根据相关标准和使用经验提出对材料的推荐和限制要求。对于供应商提供的信息，只有在被运行经验证实后才能采用。需关注的材料类别主要包括：添加剂、粘合剂、防冻剂、水泥、清洁剂、布、涂料、缓蚀剂、切削油、干燥剂、洗涤剂、显影剂、染色标记、过滤介质、垫圈和 O 形圈、胶、除草剂、软管、液压液、抑制剂、杀虫剂、绝缘材料、标签、润滑剂、记号笔（蜡笔）、填充物、标记、纸、笔迹、塑料薄膜、防腐剂、橡胶制品、密封剂、溶剂、标签、胶带、传动液、处理剂、超声波耦合剂、焊接保护纸、包装材料等。如有可能，对用于核蒸汽供应系统及电厂其他部分的每种材料都进行评估。

11.4.4.3 保温材料要求

对于需要进行在役检查的部位，或是可能沾污而不适合采用非金属保温材料的地方，应尽可能采用金属保温材料或有金属外罩的保温毡进行管道和设备保温。对于需要从外部进行在役检查的反应堆系统和非安全辅助系统管道和设备，应尽可能采用可快拆的金属反射型或玻璃纤维保温层。

11.4.4.4 电气仪控材料要求

在电气系统中使用的材料，尤其是在那些安全相关的应用中使用的材料应该在正常工况、异常工况以及事故工况中进行功能可靠性检查，包括老化影响分析。电气系统使用的材料需具备阻燃特性，以最大限度的降低火灾的可能性以及火灾后引起的后果。对于安全壳内的电气部件（如 CRDM、反应堆冷却剂泵）应符合预期的环境要求并给予证明。

11.4.5 材料规格书

所选材料至少应满足相应标准规范的要求。设计人员或营运单位可以根据需要在材料规格书中对材料的物理或化学特性、制造程序、检验等方面提出附加要求。材料采购方应向制造厂提供相应的材料规格书，技术规格书中应包括材料交货时应满足的所有技术要求、验收准则以及鉴定等要求。

11.5 在役检查

在役检查要求应符合国家核安全相关规定和《压水堆核电厂核岛机械设备在役检查规则》（NB/T 20312）（或其他标准体系中等效标准）。

华龙技术电厂的布置设计应为管道、容器和部件的在役检查提供条件：

(1) 管道、管道支撑、保温、吊架和支架挡块的设计不应对检查设备和人员造成干扰。如果存在干扰，相关部件应便于快捷拆除；

(2) 反应堆压力容器外应设置永久性通道，以便对反应堆压力容器、管嘴、反应堆压力容器下封头进行在役检查；

(3) 在役检查中需要进行体积检验或外观检验时，管道或设备焊缝周围应有足够的净操作空间；

(4) 管道布置应按标准规定，在相邻管道焊缝之间、穿墙管道焊缝与墙体之间、设备管嘴、三通、弯头、阀门、直管连接和其他附属件之间应预留适当距离，以便有空间以执行在役检查；

(5) 在役检查中需进行体积检验的焊缝，应设计为人员、远距离自动焊接设备和超声波检验设备充分可达。对需要进行体积检验、表面检查、维修的焊缝，应设置平台、通道等以便到达焊缝位置，管道或设备焊缝周围应有足够的净操作空间；

(6) 对要求进行现场试验的安全相关级阀门，应保证可达性；

(7) 在放射水平超过 0.5 mSv/h、有实体限制或禁止手动操作的区域，应考虑自动检测。需在役检查的焊缝表面轮廓和完工要求应在焊接数据单上明确。考虑到后续便于开展在役检查，应合理设计焊缝余高和完工表面粗糙度要求。

11.6　力学

根据设备分级采用合理的计算方法对安全级设备进行各类工况下的应力分析与评定，使设计满足标准规范的要求。

载荷组合应尽可能反应真实情况，考虑实际事件序列和相对时间顺序。同时发生的概率极低的事件不必组合。多种动态载荷最大值同时出现的概率很低，推荐采用平方之和的平方根（SRSS）方法进行组合。

地震动力学分析中，阻尼比应按《核电厂抗震设计规范》(GB 50267—2019) 表 3.5.2 的规定取值。当采用反应谱分析方法进行地震分析时，应提取反应谱截止频率以下所有模态，有效质量系数应大于 90%，若小于 90%则应采用合适的方法对结果进行修正。物项最大反应值可取各振型最大反应值的平方和的平方根。对有密集模态的分析对象，可先对密集模态进行分组组合并考虑耦合效应，再与其他振型的最大反应值按 SRSS 进行组合，也可采用完全二次型（CQC）进行组合。地震震动的三个分量引起的反应值，当采用反应谱法时，可取每个分量在同一方向引起震动的最大反应值，按平方和的平方根法进行组合；当采用时程法时，且地震时程激励的三个分量相互独立，可求出时间历程函数反应分量的代数和，并取组合反应值的最大值。

主系统和反应堆 LOCA 动力学分析时，应对流道方向改变和截面突变处施加 LOCA 水力载荷，由于间隙和非线性支承等非线性因数，推荐采用时程法。

应对反应堆压力容器的束带区（反应堆压力容器中直接环绕堆芯活性区有效高度的筒体区域，以及预计会遭受足够中子辐照损伤的相邻区域）进行承压热冲击(PTS) 分析。考虑辐照对束带区材料韧性的影响（以 ΔRT_{NDT} 体现)。评定准则按《压水堆核电厂反应堆压力容器承压热冲击评定准则》(NB/T 20032—2010)。

疲劳分析时，当 $S_n \leqslant 3S_m$，应进行疲劳分析，且累积损伤系数小于1；当 $S_n > 3S_m$，可进行简化的弹塑性分析，且应满足以下5条准则：

（1）$S_n^* \leqslant 3S_m$；

（2）应进行热棘轮分析，且满足规范相应要求；

（3）应进行疲劳分析，考虑大于1的弹塑性修正系数对总应力幅值进行修正，且累积损伤系数小于1；

（4）室温下屈服强度和抗拉强度比值应小于0.8；

（5）运行温度不能超过表11-1中的最高温度。

表11-1　材料最高运行温度

材料类别	最高温度/ ℃
低合金钢和马氏体不锈钢	370
碳钢	370
奥氏体不锈钢和镍-铬-铁合金	430

符号说明：S_n—一次加二次应力幅；S_n^*—S_n 扣除热弯曲应力；S_m—许用应力强度。

疲劳分析中考虑的SL-1循环次数：发生 N_s 次SL-1，每次有 n_s 个最大响应循环，其中 $1/2N_s$ 次循环叠加到最严重的瞬态组合之上，其余 N_s（$n_s-1/2$）次循环作为独立的瞬态考虑（可与其他瞬态组合）。对于设计寿命为60年的部件，$N_s=30$、$n_s=20$、$1/2N_s=15$、N_s（$n_s-1/2$）$=585$。

11.7　管道和管件

11.7.1　通用要求

对于放射性流体管道，因维护需要频繁拆卸的位置允许使用法兰连接，其余位置应全部采用对接焊。

放射性或潜在放射性液体应尽量避免使用埋地管道。确需使用埋地管道的，应尽可能对管道进行泄漏检测和监测。应尽可能将管道设计在人员可进入的地下通道中。应详细记录地下管道和埋地管道的基本信息和位置信息。

所有放射性废物系统及其监控系统之间的连接管道、管件等都应位于建筑物内，以便有效控制系统之间连接处的泄漏，消除未知或未监测到的泄漏的可能性，也便于检查和维修。

管道结构设计应该尽量减少污染积聚。应尽量使用对接焊，尽量避免使用承插焊。确保废物系统和其他高固体含量管道结构便于进行清洗、去污。

尽量减少将管道埋入混凝土结构中。对于贮水池、管沟和嵌入式管道，设计应尽可能考虑进行泄漏检测，以避免流体进入周围环境（如地下水）。

高能管道系统上的焊接接头数量应尽量少，应尽可能采用弯管代替直管和弯头之间的焊缝。

应尽量避免在安全壳贯穿件套管内设置承压焊缝。连接套管和工艺管道的管件应与工艺管道焊接连接，不破坏管道压力边界。

埋地管道和地下管道系统应尽量提供进行远程检测和现场维修条件。因为埋地深度不同，核电厂埋地管道通常会具有复杂的几何形状，应该考虑用奥氏体不锈钢等耐腐蚀材料制造埋地深度较大的管道。不受其他管道或结构所阻碍的近地管道可以用碳钢制造。

11.7.2　限流器

应合理设计限流器尺寸，以尽可能降低流阻，从而避免在正常运行时出现汽蚀。可根据需要串联使用两个或多个限流器。本规定不适用于利用空泡效应来限制流量的设备（如空泡文丘里管），但是设计人员应完整识别这类设备，并证明不会造成管道损伤。

节流孔板设计应保证在正常运行时不会产生汽蚀，其安装位置上下游必须有足够的直管段长度。用于流量测量的孔板应按相关规范要求安装，且在维修时能够移除。

设计应保证通过直接目视检查就能验证限流器在系统中的安装位置。限流器应有规格和流向标识，且尽可能不拆开系统就能直接观察验证。标识应由供应商安装，应是永久性的、和限流器结合成一体、且现场安装操作不会对其造成改变的。允许现场拆除保温层进行标识。对于那些不能满足该要求的限流器，设计人员应进行识别并告知营运单位。

11.8　螺栓连接件和螺纹紧固件

11.8.1　螺栓连接件的使用

螺栓连接件和螺纹紧固件只应在必要时使用。使用螺栓连接件时不仅要考虑初始投资，还要考虑后续维护、使用故障风险和放射性废物收集风险。当必须使用螺栓连接件来满足功能要求时，其设计应简单、牢固。

除非另有说明，本节中的要求适用于反应堆冷却剂系统及相关系统、蒸汽、给水和冷凝系统的压力边界、结构件、具有重要机械功能的接头（如阀门驱动机构与阀杆或阀体的连接）。

螺栓连接件的结构应根据类似条件下的使用经验和核电厂设计时的实际工业水平来确定。相似性应基于以下方面：

（1）材料相似，包括紧固件、垫圈、锁定装置、润滑剂、经表面处理的垫片、密封、法兰和其他连接部件所用的材料；

（2）温度和使用环境相似，包括：辐照剂量、保温层的类型和位置、异常环境如垫片泄漏或去污溶液导致的润湿；

（3）应力相似，包括一次、二次和峰值应力。影响应力的具体设计细节也应相似，如：螺纹类型、螺纹结构、配合、公差和刚度；

（4）载荷和循环次数相似，包括大小和频率；

（5）制造和安装工艺相似，如：金属加工方法、表面处理方法、润滑和预紧；

（6）在制造、安装和在役检查中的检验方法相似；

（7）相似的螺纹紧固件的锁紧和保持方法。

11.8.2　螺栓连接件相关材料要求

（1）金属紧固件

对于反应堆冷却剂及相关系统设备、管道和支承所用的紧固件，以及蒸汽、给水及冷凝系统设备、管道和支承所用的紧固件，应根据相似条件下的良好使用经验来选择材料。所有高强度低合金钢螺栓的硬度应按相应标准规定进行控制。对于马氏体不锈钢紧固件（如 05Cr17Ni4Cu4Nb），不宜应用到设计温度超过 250 ℃的环境。

（2）螺纹紧固件润滑剂

设计者应书面规定用于反应堆冷却剂系统及相关系统、蒸汽、给水及冷凝系统中设备、管道和支承的螺纹紧固件润滑剂。应基于使用经验和试验数据选择适用的润滑剂，且润滑剂不会引起和加速紧固件的腐蚀。如果在螺纹紧固件上使用泄漏密封剂，或在使用过程中密封剂与紧固件可能接触，应基于使用经验和试验数据选择合适的密封剂，应避免密封剂和润滑剂可能出现不利的相互作用。

（3）非金属粘合剂

非金属粘合剂应与所应用的材料应相互兼容，并应通过经验验证或测试证明粘合剂不会导致相接触的金属材料性能退化。

连续工作温度不超过200℃，可采用硅化物；连续工作温度不超过90℃，可采用聚醚聚氨酯。可根据经验或鉴定试验替换上述材料。

11.8.3 连接结构设计

为压力边界（特别是工作介质带放射性、有毒或腐蚀性）提供密封的螺栓连接，其结构设计应尽可能降低泄漏风险和泄漏后果，如使用耐腐蚀材料、采用有利于泄漏监测的结构设计等。在垫圈泄漏会导致连接件腐蚀和明显的结构损坏的地方（如硼水落在碳钢材料上），应该使用耐腐蚀性良好的材料，但不允许降低连接件的功能要求（如密封性能）。如果在某些特殊的连接中不能使用耐腐蚀的紧固件，而泄漏会导致腐蚀，则该紧固件必须可检查、可维护，且设计单位应书面将此类连接告知营运单位，并说明依据和检查维护方法。

连接件的结构（包括螺纹紧固件）应该便于进行状况检查。连接件的设计应考虑制造公差、安装时预紧载荷的变化以及使用中有可能发生的预紧载荷改变（如，松弛）。对于使用预紧载荷的螺栓连接，设计人员应书面（图纸或规程）规定需要的预紧载荷及预紧方法。

11.8.4 螺纹紧固件的锁紧和保持

下列情况螺栓连接应锁紧：

（1）螺栓连接承受交变载荷（占最小预紧载荷的比例较大），特别是紧固件或连接部件产生微小变形就可以解除预紧载荷的情况；

（2）螺栓连接不能有效预紧。

当螺纹紧固件要求锁紧时，除其材料应满足本节要求外，还应满足：

（1）应证明锁紧方法在同样的使用条件下是满足要求的，如：载荷、环境、尺寸和结构；

（2）当利用材料塑性变形进行锁紧时，变形应控制在材料延伸率范围内；

（3）锁紧装置中不应有任何过度振动的零部件；

（4）锁紧要求的技术水平应尽量较低；

（5）锁紧装置在不拆卸的情况下可便捷验证其安装是否正确；

（6）设计者应书面（图纸或规程）规定锁紧装置的细节及锁紧方法，不允许在车间和现场进行规定；

（7）如果螺纹紧固件承载部分发生故障而松动时会对其他部件造成破坏，从而造成严重的人员伤亡、核电厂长时间停运或昂贵的维修，则其锁紧手段还应能防止断裂紧固件的脱落或转动。

对于通过焊接来锁紧和保持的情况，应满足以下要求：

（1）设计者应该书面（图纸或规程）规定焊接的有关要求，包括：尺寸、位置、焊接规程和检验等方面的要求；

（2）应和结构焊缝一样对待，如：应由具有资格的焊工按照有效的规程进行施焊，焊接完成后应采用适当的方法进行检验；

（3）应考虑焊接热量对连接件材料和预紧的影响。

第 12 章　电力生产系统

12.1　前言

12.1.1　目的

华龙系列用户要求文件本章的目的是定义先进压水堆发电系统的功能性要求。

12.1.2　范围

本章涵盖电力生产相关主要系统。

12.1.3　功能

每个系统的具体功能参见每个系统的各自章节。

12.1.4　边界和接口

列出的界面是核电厂的典型界面。根据各个压水堆核电厂设计的详细信息，这些接口可能不适用。所有这些系统的共同点是与仪表、控制和电力系统的接口。因此，下面将讨论这两个系统的接口和边界。

（1）仪表与控制

在本章中，定义了影响仪表和控制装置类型、范围和位置的功能要求。其他设计要求见 7.4.3 节控制室和人机接口要求。

一般而言，发电系统及其仪表之间的接口在传感器与系统管道或部件的连接处。传感器被认为是人机接口系统（7.4.3 节控制室和人机接口要求）的一部分。对于执行机构，接口位于致动器与其线路或管道的连接处，通过这些线路或管道传输电力或控制信号。执行器是发电系统的一部分。

（2）电力系统

发电系统和电力系统之间的边界位于配电子系统与相关部件（电机、致动器等）的连接处。电力系统的一般设计要求见第 8 章：电力系统。

12.1.5　应用声明

以下是与华龙核电发电系统相关的项目政策声明。这些不是要求，但它们的目的是帮助理解需求及其制定过程中采用的方法。

（1）可靠性和可用性

给水和凝结水系统的降级或失效对电厂的可靠性和可用性有两个直接的负面影响：导致反应堆停堆，以及在部件停止运行时对功率水平的限制。此外，该系统对压水堆蒸汽发生器的沉积物堆积、管-支承结构结垢、管支架和管子腐蚀以及压水堆燃料性能和停堆辐射水平的影响，对可靠性产生了重大影响。

1）给水和凝结水系统是核电厂反应堆停堆的主要原因。第 7.7.6 节规定了减少此类跳闸的要求，包括：

①尽量减少仪表控制功能和控制回路的数量；

②泵的设计应考虑防止运行中出现低净正吸入压头（汽蚀余量）而停泵的措施。

2）电厂作为电网电源的可靠性通过在合理的高功率水平下运行的能力而得到提高，即使某些部件停止运行。第 7.7.6 节规定了给水和凝结水系统保持高功率水平的要求，包括：

①凝结水系统、主给水系统应允许在一台泵停止运行、备用泵自动启动的情况下机组以100%功率运行；

②当一台低压（LP）或高压（HP）给水加热器停止运行时要求电厂能够在70%满功率下运行。

3）汽轮机跳闸和主蒸汽隔离阀（MSIV）关闭后恢复发电的能力通过以下方式得到改善：

①辅助蒸汽供应连接至汽轮机轴封。

②疏水和排放系统确保蒸汽管道快速加热，以便重新启动。

4）加强反应堆和蒸汽发生器的化学的设计要求：

①系统材料（见下文材料）；

②除盐装置和冷凝水精处理装置设计要求；

③再循环净化容量；

④冷凝器完整性要求。

（2）简化

在本章中，在确定要求时，考虑了简化和易于量化的因素（如资本成本、燃料成本）。

（3）可维护性

发电系统包含许多需要定期维护的部件，并且可能需要在电厂寿命期间进行更换。本章节包括确保此类维护和更换能够轻松完成的要求。这些要求包括，例如，为再热器、给水加热器和冷凝器更换管子或管束提供足够的通道和空间的要求。

（4）材料

由于流动加速腐蚀（FAC）和材料选择不当导致的腐蚀，发电系统中的管道和部件在运行中出现问题。这些问题包括管道或部件的故障和腐蚀产物的产生，这些腐蚀产物可以被输送到反应堆或蒸汽发生器。在确定本章中对这些地点所用材料的要求时，已经考虑了这一经验。示例包括传热管材料（再热器、给水加热器、冷凝器）、管道材料（抽汽管道、加热器排水管道、给水管道）、给水加热器和汽水分离器外壳和内部，以及给水加热器和汽水分离器外壳和内件材料。

（5）纵深防御

纵深防御要求见1.2.1节。

12.2 通用要求

12.2.1 总则

本章所涵盖系统的设计应符合第12章的要求。

12.2.2 特定的要求

（1）阀门

第11.3.2节规定了适用于华龙技术电厂的阀门和阀门致动器要求。在11章总的要求中的关键要求包括：

1）尽量减少阀门和阀门执行机构的数量；

2）尽量减少阀门和阀门执行机构的类型、尺寸和型号；

3）使用经过验证的设计的阀门和执行机构，强调可接近性、可维护性、耐用性和简单性；

4）阀门填料设计，以消除填料泄漏。

以下要求特别适用于发电系统：

暴露在真空中的阀门应规定包括一个或多个以下特点：

1）无填料（波纹管）密封；

2）填料上的水封；

3）带弹性材料的活载/人字形填料。

所有排放到冷凝器或相当低压力点的阀门应安装在尽可能靠近排放点的位置，以尽量减少闪蒸流造成的侵蚀。

(2) 材料

第11.4节规定了华龙技术电厂的材料要求，包含给水、蒸汽和冷凝水系统的具体要求，包括严禁使用铜合金，以及对暴露在湿蒸汽或闪蒸液体流中的管道和部件使用FAC和防腐蚀/耐腐蚀材料（非碳钢）的要求。

(3) 仪表和控制

发电系统的仪表和控制设备应符合7.4.3控制室和人机接口要求。应通过分析7.4.3控制室和人机接口要求的功能和任务，确定控制和显示器及其位置。

12.3 主蒸汽系统（核岛部分）

12.3.1 系统功能要求

主蒸汽系统执行如下功能：

(1) 向汽轮机和其他蒸汽用户提供SG产生的蒸汽；

(2) 在机组启动期间，对主蒸汽隔离阀下游蒸汽管道预热；

(3) 排出蒸汽管道内的冷凝水；

(4) 向应急给水系统的汽动泵供汽（如有）；

(5) 通过关闭主蒸汽隔离阀，限制二次侧排热能力增加及放射性外泄；

(6) 通过主蒸汽安全阀的蒸汽排放，确保二次侧压力边界的完整性。

12.3.2 系统基准要求

主蒸汽系统应能满足第2章总体要求的相关要求和本节的具体要求。

发生蒸汽管道断裂事故时，通过主蒸汽隔离阀（MSIV）隔离主蒸汽管道限制一回路过冷（断裂发生在MSIV下游）。

发生蒸汽管道断裂事故时，通过MSIV隔离主蒸汽管道限制安全壳超压（断裂发生在安全壳内）。

正常停堆过程中，将蒸汽排放到凝汽器，导出堆芯余热，直至余热排出系统接入一回路。

在DBC-2～DBC-4事故工况下，汽轮机旁路系统通过主蒸汽管道将蒸汽排放到凝汽器，或者蒸汽排大气系统通过主蒸汽管道将蒸汽排放到大气（凝汽器不可用时），冷却一回路，直到机组达到可控状态或安全停堆状态。

在DEC-A事故工况下，汽轮机旁路系统通过主蒸汽管道将蒸汽排放到凝汽器，或者蒸汽排大气系统通过主蒸汽管道将蒸汽排放到大气（凝汽器不可用时），冷却一回路，直到机组达到最终状态。

在DEC-A事故工况下，如应急给水系统失效，二次侧非能动余热排出系统通过主蒸汽管道冷却蒸汽，排出余热。

SGTR事故工况下，通过主蒸汽隔离阀隔离受影响SG的二次侧（蒸汽侧），包容放射性物质。

超压事故工况下，通过主蒸汽安全阀（MSSV）及主蒸汽释放阀（MSRIV及MSRCV）的蒸汽排放，确保二次侧压力边界的完整性。

LOCA事故或严重事故（主蒸汽管线未断裂）工况下，安全壳内的主蒸汽管道作为第三道屏障（安全壳）的一部分，应该确保其完整性。

在额定功率运行下的最大压降不能使汽轮机主汽门进口处蒸汽的湿度超过0.5%。应根据部件受压降影响程度对其进行优化，以达到最经济的配置。

任意两个蒸汽发生器出口管嘴之间的压差必须满足如下限制：

(1) 对于稳定运行工况，压差不得超过70 kPa；

(2) 对于时间不超过1分钟的瞬态工

况，压差不得超过 210 kPa。

设计必须考虑以下两点：

（1）蒸汽管道布置的差异；

（2）运行过程中环路的潜在压差（蒸汽发生器的堵管数量）。

在每个主蒸汽隔离阀上游均应设置疏水点。通用疏水要求参照 12.5 主蒸汽/旁路系统执行。

12.3.3 系统配置及要求

主蒸汽系统及其边界主要包括主蒸汽管道、主蒸汽隔离阀（MSIV）、主蒸汽安全阀（MSSV）、主蒸汽隔离阀旁路管道及其隔离阀与控制阀。

主蒸汽管道面积应根据成功运行经验及蒸汽流速进行选择，并考虑流体的预期工况（压力、温度和湿度）和以下规定的材料要求。正常工况下满功率运行时，主蒸汽管道的流速宜低于 55 m/s。

避免使用斜接缝。

主蒸汽管道材料选择应考虑一般腐蚀及 FAC。

主蒸汽隔离阀特性：

（1）阀门应为以下类型之一：

1）球阀（气液联动、空气和弹簧驱动或主蒸汽驱动）；

2）闸阀/双滑阀（气液联动或主蒸汽驱动）。

（2）采用运行试验期间持续可靠运行的阀门，阀门或驱动机构不卡死或意外关闭；

（3）阀门在设计工况下关闭时不应受到损伤；

（4）应确保阀门便于维护和修理（例如，阀门填料的更换、阀座的打磨、传动装置的更换）；

（5）在额定流速下当阀门全开时，从阀门入口到出口，不可逆的压力损失不超过 21 kPa；

（6）阀门应在接收到安全信号 5 秒内关闭（注：如果经过安全分析论证也可采用较长的关闭时间）；

（7）具有冗余且独立的控制系统部件；

（8）具有在线进行功能试验的能力；

（9）具有全关、全开和部分开度（功能试验）位置的远传显示功能；

（10）设计压力和设计温度不能低于蒸汽发生器相关参数；

（11）主蒸汽隔离阀的驱动机构应满足单一故障准则；

（12）正常运行工况及蒸汽管道断裂工况均需要进行环境鉴定；

（13）阀门要在双向、任意温度至设计温度、主阀座两侧压差从 0 至设计压力，都要保证密封性；

（14）在正常运行、扰动、应急和故障工况下能保持结构完整和功能可用性。

主蒸汽安全阀特性：

（1）安全阀的设计应以事故工况下还能执行功能为基础。在运行试验期间，当压力在可接受限值的范围内并接近整定值时，应使阀门始终处于全开状态的成熟设计。设计人员应根据瞬态分析和控制系统的设计，详细规定可接受的限制条件；

（2）安全阀入口管道不应采用环形水封，除非已经证明在实际试验条件下带有初始充水环形水封的阀门能够满足功能要求（如流速的瞬变）而不损害自身或下游排放管道；

（3）管道和阀门的布置应尽可能减少对固有装置的荷载，而且应进行分析；

（4）当压力接近整定值，在阀门开启动作前必须将轻微泄漏降至最低；

（5）安全阀的容量应同时满足超压

安全及不可控释放防止一回路过冷的要求。

主蒸汽旁路隔离阀与控制阀特性：

主蒸汽隔离阀设置一个旁路管道及相应的隔离阀和调节阀。旁路上隔离阀应该满足除关闭时间外其他所有隔离准则。旁路管道上的调节阀应该具有作为旁路隔离阀的冗余隔离的功能。旁路管道上的调节阀需要具有流量控制功能。

为保证主蒸汽系统满足相关要求并为其他系统提供支持，需要必要的支持和连接系统，如：交流和直流配电系统为系统用电设备提供电源；仪控系统为系统监测、控制提供保障；蒸汽发生器（SG）为主蒸汽系统提供蒸汽；常规岛取样系统从主蒸汽系统取样并提供化学分析；主蒸汽系统向汽轮发电机系统、辅助蒸汽系统、二次侧非能动余热排出系统、应急给水系统（如采用汽动泵）、凝汽器及蒸汽排大气系统提供蒸汽。

12.3.4 系统运行和维修要求

应能根据蒸汽管道压力等信号判断主蒸汽管道破裂，并触发主蒸汽隔离阀关闭。

应为 MSIV 配备自动和手动控制装置，同时还应配备能测试阀门运行状态的设备。

应配备主蒸汽隔离阀控制系统的操作界面。应能从主控室手动打开、关闭，并能查看阀门开度。

对可能引起水锤、汽锤的阀门，应配备能测试阀门运行状态的设备。

在设计阶段以下维修方案应特别考虑：

（1）主蒸汽隔离阀处应设有足够的维修空间和维修通道；

（2）对于阀门的可拆卸部件，应考虑足够的空间和起重措施；

（3）设备管道布置确保维修时的人员安全。

12.4 主给水流量控制系统（核岛部分）

12.4.1 系统功能要求

主给水流量控制系统的主要功能为蒸汽发生器提供给水，并调节给水流量，维持蒸汽发生器液位在对应工况的整定值范围内。

在设计基准事故时，主给水流量系统需保证主给水的有效隔离，防止一回路过冷、限制能量释放和防止放射性物质泄漏到环境中。系统的测量通道要向反应堆保护系统提供蒸汽发生器的液位信息，以便进行事故监测。

12.4.2 系统基准要求

（1）系统的隔离功能为安全功能，需满足单一故障准则，安全相关的液位测量仪表需冗余配置，需满足反应堆保护系统测量需求；

（2）通过合理的布置设计可使主给水流量控制系统发生共因失效的可能性降低到最小；

（3）主给水管线分成三列，位于三个阀站内，保证了实体隔离；

（4）主给水逆止阀，布置在靠近蒸汽发生器的管道上，减少发生不可隔离破口的管道长度；

（5）蒸汽发生器液位仪表，液位测量配置有蒸汽冷凝罐，连接蒸汽发生器和冷凝罐的引压管线布置有一定坡度，维持冷凝罐的参考液位恒定，确保测量精度；

（6）布置设计应考虑对阀门进行检查、维修（阀体和驱动机构）的可达性。

12.4.3 系统配置及要求

给水通过常规岛（CI）的主给水母管分配到三列独立的给水管线，经过安全厂房的主给水阀站，被分别送至每个SG。在给水阀站的上游，每列主给水管线均装有一个文丘里管和一个孔板（位于文丘里管下游）用于流量测量。此外，每个SG上的液位测量也是主给水流量控制系统的一部分。

（1）每列主给水管线，在调节阀下游与反应堆厂房贯穿件上游之间安装有一台主隔离阀（MIV），在反应堆厂房内靠近SG给水管嘴处安装有一台逆止阀，用于执行安全壳隔离功能；

（2）每列主给水管线由并联的一条满负荷管线和一条低负荷管线组成。满负荷管线安装有满负荷调节阀和满负荷隔离阀。低负荷管线安装有低负荷调节阀和低负荷隔离阀以及一台位于上游低负荷隔离阀上游的流量计（文丘里管）。此外，可根据启动给水需要设置启动调节阀与低负荷调节阀并联安装；启动调节阀，提供至少4%的名义给水流量，用于机组启动和停闭；

（3）建议每台蒸汽发生器设置8个位测量通道（包括四个窄量程水位测量通道和四个宽量程水位测量通道），用于水位调节和触发反应堆保护动作。

12.4.4 系统运行和维修要求

（1）系统运行

正常运行时，蒸汽发生器二次侧水源由常规岛的给水系统提供。主给水流量控制系统通过调节阀控制给水流量维持蒸汽发生器液位在整定值范围。

机组正常运行工况下，主给水流量控制系统调节主给水流量，控制蒸汽发生器液位。根据反应堆功率水平，通过自动调节系统的调节阀和主给水泵转速，将蒸汽发生器液位控制在允许范围内。

事故工况下，主给水流量控制系统不要求运行。此时，由应急给水系统或其他系统执行给SG供水。若触发主给水隔离命令，主给水流量控制系统通过调节阀和隔离阀实现主给水的有效隔离。

主给水流量控制系统的蒸汽发生器水位测量仪表不仅参与给水流量调节，还参与反应堆保护系统控制触发安全级设备动作。

（2）维修要求

调节阀处应有足够的维修空间和便利的维修通道。

在电厂正常运行时，有足够的空间区域用于检修设备。

通过定期试验来检查设备的可用性和特性数据的正确性。

对主给水流量控制系统在安全壳内设备的在役检查，应在停堆状态下进行（功率运行阶段不要求进行检查），并在限定的时间内完成。

12.5 主蒸汽/旁路系统

12.5.1 系统功能要求

常规岛主蒸汽系统是将蒸汽发生器产生的主蒸汽输送到下列设备和系统：

（1）汽轮机高压缸或高中压合缸；

（2）汽水分离再热器系统的第二级再热器；

（3）通往凝汽器的汽轮机旁路系统；

（4）汽轮机轴封蒸汽系统；

（5）辅助蒸汽分配系统。

另外，系统收集主蒸汽系统中各路蒸汽管线的疏水，排向凝汽器、常规岛废液收集系统。

汽轮机旁路系统是当反应堆功率与汽轮机负荷不一致时，汽轮机旁路排放系统通过把多余的蒸汽排向冷凝器或大气，为反应堆提供一个“人为”的负荷，从而避免核蒸汽供应系统中温度和压力超过保护阈值，确保核电厂的安全。

12.5.2 系统基准要求

汽轮机旁路系统设计应满足以下要求：

(1) 允许汽轮机突然降负荷而不引起紧急停堆，也不会引发主蒸汽安全阀、大气释放阀和稳压器安全阀动作；

(2) 允许在某些工况下汽轮机脱扣而反应堆不紧急停堆；

(3) 允许反应堆接受不超过±10%额定负荷的阶跃变化和每分钟±5%额定负荷的线性变化；

(4) 在紧急停堆期间，防止一回路升温使蒸汽发生器释放阀及安全阀开启；

(5) 使一回路冷却，直至余热排出系统投入运行；

(6) 允许汽轮机启动前对二回路暖管，还允许在手动棒控范围（0%~15%额定功率）内汽轮机加负荷。

(7) 汽轮机旁路蒸汽应排入凝汽器；

(8) 旁路蒸汽排放阀性能要求如下：

1) 阀门具有线性特性；

2) 在0.5 MPa (a) 至蒸发器设计压力的整个蒸汽压力范围内，阀门可模拟调节，全行程的最大时间为10秒；

3) 在0.5 MPa (a) 至蒸发器设计压力的整个蒸汽压力范围内，收到快开信号后，第一组阀门由全关到全开的最长行程时间为2.5秒（含驱动电磁阀所需要的时间），其他旁路阀门由全关到全开的最长行程时间为2秒（含驱动电磁阀所需要的时间）；

4) 在0.5 MPa (a) 至蒸发器设计压力的整个蒸汽压力范围内，收到快关信号后，旁路阀门由全开到全关的时间小于5秒（含电磁阀断电时间）；

5) 在0.5 MPa (a) 至蒸发器设计压力的整个蒸汽压力范围内，阀门的最小可控蒸汽流量必须小于其流通能力的15%；

6) 在0.5 MPa (a) 至蒸发器设计压力的整个蒸汽压力范围和整个调节范围内，当接收到恒定的调节信号时，阀门的流量偏差不能超过其流通能力的1%。

12.5.3 系统配置及要求

(1) 主蒸汽在进入汽轮机之前应有消除压力、流量偏差的措施。应设置主蒸汽母管（或交叉管）连接主蒸汽隔离阀的下游管道和汽轮机主汽阀的上游管道。蒸汽发生器产生的主蒸汽可以通过主蒸汽支管汇集到主蒸汽母管，再从主蒸汽联箱上接出各路主蒸汽支管连接到汽轮机主汽阀，通过主蒸汽母管实现主蒸汽压力和流量的平衡；

(2) 在主蒸汽截止阀的下游，汽轮机主汽阀的上游，应设有连接于主蒸汽母管（或交叉管）上的汽轮机旁路管道，旁路蒸汽应通过旁路阀排放到凝汽器；

(3) 主蒸汽、汽轮机旁路管道的布置应避免有多处低位点；

(4) 除了因维修需要容许部件进行拆卸的地方之外，主蒸汽、汽轮机旁路系统不应采用螺纹和法兰连接；

(5) 在满负荷工况下，主蒸汽管道的压降应保证汽轮机主汽阀入口处的蒸汽湿度不大于0.5%；

(6) 汽轮机旁路系统应有足够的容量和瞬态响应能力满足核电厂启动、负荷突降、带厂用电运行、停机不停堆等要求；

(7) 主蒸汽和汽轮机旁路系统设计

应满足汽轮机防进水要求，疏水系统的设计应满足下列规定：

1）主蒸汽和汽轮机旁路系统应配置自动疏水系统以满足机组启动、正常运行和停机时的管道疏水要求。疏水管道宜单独接入疏水扩容器或集管，不应与不同工作压力的其他系统进行疏水转注或疏水合并；

2）汽轮机主汽阀前管道、主蒸汽母管/联箱以及管道的低位点应设置疏水罐，疏水罐的公称通径不应小于 DN200；

3）管道疏水宜采用气动疏水阀和疏水器并联的疏水方式。气动疏水阀应能在主控室进行操作，疏水器应采用机械式；

4）疏水管道和阀门的通流截面应按机组在各种运行工况下可能出现的最大疏水量设计，并应能满足在最小压差的情况下排出可能出现最大水量的要求，且内径不应小于 25 mm。

（8）主蒸汽和汽轮机旁路管道的通流截面应根据成熟的运行经验，考虑介质参数（压力、温度、湿度）和材料要求，选用合适的蒸汽流速。在满负荷额定运行条件下主蒸汽管道的介质流速宜在 40～55 m/s 范围内；汽轮机旁路阀上游管道的介质流速宜在 45～80 m/s 范围内，汽轮机旁路阀下游管道的介质流速宜在100 m/s以内；

（9）管道布置应力求减少使用 90°弯头、斜接管等；

（10）主蒸汽、旁路系统主管道材料应选用控铬的优质碳素钢或低合金钢；

（11）汽轮机旁路阀的数量、分组、单阀的最小排放量和最大排放量以及动作时间应满足核岛要求；

（12）汽轮机旁路阀应能调节蒸汽流量以满足 12.5.2 节的要求；

（13）汽轮机旁路阀在失去电源或失去控制气源时必须处于关闭状态。

12.5.4 系统运行和维修要求

汽轮机主蒸汽旁路阀控制：

（1）当汽轮机甩负荷或跳闸时，核岛对汽轮机旁路阀进行控制。开启的旁路阀数量及开度视甩掉负荷的数量大小而定；

（2）当凝汽器压力高、凝汽器旁排喷水压力低时，汽轮机旁路阀应关闭；

（3）应装设真空传感器，在凝汽器压力上升至规定的整定值时将汽轮机旁路阀关闭；

（4）主蒸汽管道的疏水罐、疏水阀，应为操作员配备疏水罐液位状态和疏水阀的监视和控制手段，并能够就地自动控制；应采用液位开关对疏水罐进行监视和高水位报警。

防止汽轮机进水的控制措施：

（1）最新版的《核电厂汽轮机防进水导则》（NB/T 25039）应作为基本设计的准则；

（2）主蒸汽管道应装备有自动疏水和水位控制设备，以转移在主蒸汽管道中不正常的凝结水积聚；

（3）用于主蒸汽管道上的阀门设计应能进行规定间隔的和经常性的检查，以确定阀门及其操作器是否正确动作。

应设有足够的空间和场地以及起吊设施用于设备和阀门的检修维护。

主蒸汽疏水器、疏水调节阀、疏水扩容器、管道支吊架、阻尼器等应按设备厂家操作和维护手册的说明执行。

设备、阀门维修应当在电厂停运时进行。但是在确保系统安全运行和维修人员安全的前提下，主蒸汽疏水调节阀或主蒸汽疏水器可以在隔离阀确保已关闭严密并有效泄压下进行维护。

12.6　凝结水抽取系统

12.6.1　系统功能要求

凝结水抽取系统功能要求如下：

(1) 接受汽轮机排汽并将其冷却成凝结水；

(2) 当排向凝汽器的旁路排放系统运行时接受旁路蒸汽，并对其减压减温；

(3) 正常运行时接受低压加热器疏水、各种管道疏水和蒸汽发生器排污水，在启动、低负荷和特殊运行工况运行时接受高压加热器疏水、除氧器溢放水、减温水和各种设备管道疏水；

(4) 接受除盐水分配系统的补水；

(5) 为回热系统贮存适当的凝结水量；

(6) 对凝结水进行除氧；

(7) 将凝汽器中的凝结水送入各级低压加热器和除氧器。

(8) 向辅助给水箱提供凝结水；

(9) 向进入凝汽器的旁路蒸汽提供减温水；

(10) 向蒸汽发生器排污水提供减温水；

(11) 向汽轮机低压缸排汽口喷淋系统提供减温水；

(12) 向凝汽器疏水扩容器提供减温水；

(13) 向凝结水泵提供轴封冷却水；

(14) 向凝汽器真空破坏阀提供密封水；

12.6.2　系统基准要求

凝结水抽取系统设计应满足下列要求：

(1) 为汽轮机提供一个经济的背压；

(2) 在规定的冷却水温度范围和运行工况下安全和可靠地运行；

(3) 满足要求的热力性能；

(4) 凝结所有进入的蒸汽，并按照热交换协会（HEI）标准保持合适的含氧量；

(5) 提供充分的凝结水储存能力；

(6) 在所有的运行方式下，向除氧器输送所要求的凝结水量；

(7) 根据除氧器和凝汽器的热井水位，调节系统内的凝结水量。

12.6.3　系统配置及要求

三台50%容量的凝结水泵从凝汽器热井吸水，升压后经过轴封冷却器后，将凝结水送入低压加热器系统。

每台凝结水泵进口有电动蝶阀、过滤器和不锈钢波形补偿器，每台凝结水泵出口安装止回阀和电动隔离阀。

三台凝结水泵出口汇集成一根母管后通过一根凝结水管道将凝结水送到汽轮机轴封冷却器。

汽轮机轴封冷却器下游设置凝结水精处理装置和凝结水流量测量装置，在凝结水精处理装置的下游管道上接出若干分支管道，主要有凝结水系统排水管道、高压加热器冲洗/上水管道、凝结水减温水用户母管和凝结水再循环管道，凝结水最后进入凝结水流量控制站。

凝结水在循环管道设计能满足凝结水泵和汽轮机轴封冷却器所需的最小流量要求。

凝结水流量控制站有两个并列的气动调节阀。

位于凝汽器两侧的疏水扩容器接受汽轮机热力系统的各类疏水，扩容器的疏水及排汽排至凝汽器。

根据运行工况要求，系统设置启动补水和正常运行补水，凝汽器补水来自机组的常规岛除盐水系统。

在机组阀门全开工况、能力工况以及

高背压的事故工况下，凝汽器均能够运行并满足除氧要求。

凝汽器内部旁路蒸汽分布管道的设计能够避免蒸汽冲击管束和仪表。

每个凝汽器设计有两个独立的水室，循环水从一个入口流向一个出口。

管子与管板严密连接，连接处采用胀焊工艺以防止循环水漏入凝结水中。

根据厂址条件，可以为凝汽器配置胶球清洗系统。

凝汽器喉部抽汽管道的布置不影响凝汽器的性能。

凝汽器的滑动支座、固定支座以及所需的导向结构等设施可以保证凝汽器热膨胀。

凝汽器腐蚀裕度符合 HEI 标准。

凝汽器排汽喉部的设计中为安装低压加热器提供必要的留孔、支座以及隔板。

凝汽器壳体为焊接结构，并有足够的刚度和强度要求，能防止来自汽轮发电机组的振动的影响。

壳体采取特殊的措施确保流量分配装置和挡板具有足够的强度，以防止高速、高温汽流冲击凝汽器管和内部构件。

壳体的设计能同时承受存在的管子传递荷载和内部设计压力。

凝汽器壳体在管束上方设置人孔门。壳体上部设置临时格栅通道以便管束、加热器和抽汽管道的检查和维护。

凡与凝汽器壳体相连的管道接口，疏水排汽运行温度在 150 ℃及以上者均设隔热套管。

凝汽器包括进口水室和出口水室，均由碳钢板制成。其内表面均有衬胶，免受侵蚀。水室设计成表面光滑连续，从而确保将冷却水均匀地分配到管中。

水室上部设有必要的通风排气口，下部设有一个放水口。并且，每个水室均设有两个人孔。每个人孔门盖为绞接转向螺钉固紧的绞接快速开启门盖。

水室内可能同循环水接触的螺钉、销钉和螺母等均采用防腐材料。每个水室均装有安装起吊用的吊耳。

壳体下部包括一个聚集凝结水的热井。配有凝结水出口。蒸汽在管束、凝结水面上方流动，这样可以提高冷凝效率，降低含氧量及过冷度。

凝结水出水口设置防涡流装置。凝结水出水口底部高出热井底部 5~15 cm，从而防止异物进入凝结水管道。

热井设置人孔门，每个人孔门盖为绞接转向螺钉固紧的绞接快速开启门盖。

热井放水管能在 1 小时或更少时间内排出正常运行水位下的全部凝结水。

在每个热井设置取样水槽和取样管接口，以监视各个水室管束的严密性。

凝汽器内部支撑元件例如管道支架等具有疏水孔，以防止在凝汽器试运行或检修时水或者污染物在不流动区域沉积。

凝结水泵应适合机组的各种不同工况的运行参数要求，凝结水泵本体应能承受热冲击的影响，首级叶轮必须采用抗汽蚀性能较好的不锈钢材料制成，并在结构上考虑加装诱导轮或采用双吸叶轮及其他防止汽蚀发生的形式。

凝结水泵的结构设计应保证在整个长轴系中均匀分配径向力，提高转子稳定性，降低泵的振动。

轴封冷却器为表面式热交换器。凝结水进入轴封冷却器的前水室，流经管子后从后水室排出。阀杆漏汽和汽封漏汽通过两个蒸汽入口进入凝汽区，经冷却，凝结水通过壳体疏水口排至凝汽器。

轴封冷却器应配备电动排气风机以维

持部分真空。排气风机用以排出轴封冷却器内不凝结的气体，并在故障条件下可以承受最大蒸汽温度。轴封蒸汽冷却器采用不锈钢管。

12.6.4 系统运行和维修要求

凝汽器热井水位应设置三冗余的液位变送器，用来测量凝汽器热井水位。三个凝汽器热井水位信号经过三取中模块后，输出的信号值作为凝汽器热井水位调节回路的被调量。当三个凝汽器热井水位变送器中有两个故障时，调节回路自动切换到手动控制。

凝汽器热井的水位应由正常/应急凝结水补水阀和溢流阀联合维持。正常补水阀应维持热井的正常水位，而当不正常情况时，则由应急补水阀快速补充凝结水。当运行在自动模式下，水位控制应是稳定的。应能自动补水，并在出现超过正常的水位控制范围时，隔离凝汽器补水。溢流管和补水管相类似，也采用正常/应急溢流阀并联组合而成。

机组正常运行时，两台凝结水泵流量即可满足要求，第三台水泵作为备用。当运行的泵跳闸时，备用泵自动启动。

凝结水泵在凝汽器热井水位出现超低水位信号时应自动进行保护跳闸。凝结水泵在泵的轴承温度过高、轴承振动过高及电机线圈温度过高时应能发出报警信号，并根据设备制造厂的要求进行保护跳闸。

凝结水调节阀应由除氧器水位控制系统进行控制。应提供两种模式的自动控制，即单冲量和三冲量的控制。

当凝汽器冷却管脏污或损漏，需进行半边清洗和堵管时，凝汽器允许单侧壳体运行，此工况汽轮机的最大负荷允许带至额定负荷的75%。

当凝汽器短期停用时，为了避免下次启动设备时形成气囊，凝汽器的水侧应充满水；凝汽器的汽侧不需要采取措施。

当凝汽器长期停用时，冷却水应从水室中排出，并打开水室人孔盖检查，清除水室内部的杂物；凝汽器热井内的凝结水需排干。

凝结水泵通常在计划停运期间、不带负荷的情况下维修。如果出现故障情况，可以通过泵前后所设置的隔离阀来隔离单台泵进行维修。

12.7 化学加药系统

12.7.1 系统功能要求

化学加药系统执行如下功能：

(1) 核电厂常规岛的化学加药应满足在冷停堆、热启动、正常运行及停机湿保养等工况下的水化学技术条件；

(2) 化学加药系统是通过添加必要的液态化学药品来维持凝结水和给水的化学指标在要求范围内；

(3) 化学加药系统向给水和凝结水系统提供定量的化学药剂用于控制水质。

12.7.2 系统基准要求

(1) 系统应保持适合电厂长期运行的水化学工况。此要求适用于所有电厂条件，包括电力操作、启动、关闭和长时间停机；

(2) 系统应能够独立注入定量的联氨或其他除氧剂，以及控制pH的碱化剂。系统也应能够在设备保养时添加除氧剂和碱化剂。注入联氨的目的是为了除氧，注入氨或胺是为了控制pH；

(3) 该系统应适用于商用浓度的散装化学品，并将其与除盐水稀释混合；

(4) 在正常加药速率条件下，该系统应具有足够的容量，加药的药液箱应不少于2台，单台容积不应小于8小时的用量，以保证24小时内连续添加化学药剂。操作简单，每天只需配一次药品；

（5）应为联氨和碱化剂提供单独的添加设备和加药管。每台机组的二回路化学加药系统由给水、凝结水加碱化剂装置、给水、凝结水加联氨装置、以及应急给水系统加碱化剂/联氨装置、核岛给水加碱化剂/联氨装置和闭冷水缓蚀剂加药装置组成。加药速率取决于机组功率和二回路水化学控制调试。应考虑公用加药点，以尽量减少管道管件；

（6）碱化剂和联氨将加入净凝结水泵出口母管与主凝结水泵出口母管汇合点的下游、除氧器下降管、启动给水泵进口管、辅助给水除氧器下降管和核岛给水系统；

（7）应在每台计量泵出口安装一个脉冲阻尼器。脉冲阻尼器能提供均匀的流量，并减少管道部件的振动磨损。同时能够防止泵中隔膜破裂时的油污染；

（8）药品贮存罐的溢流、底部排污等将被送至电厂的化学废水中和池；

（9）建议化学加药系统采用撬装式，撬装内应完成所有的管道连接和电控接线，并留有连接主系统的接口；

（10）系统部件应采用能够耐联氨、其他除氧剂、氨和其他碱化剂［例如，乙醇胺（ETA）、甲基丙胺（MPA）和脱氢表雄酮（DEHA）］接触的材料制成。

根据需要，将在化学加药系统及其注入的工艺系统上设置取样点，以监控化学加药系统的正常运行。

12.7.3 系统配置及要求

（1）化学加药系统包括药品溶液箱，泵、管道、仪表和凝结水/给水系统的加药点；

（2）溶液箱应由304型不锈钢制成，设计压力为常压。通过抽桶泵或卸药泵从药桶或吨桶/槽罐车中抽取原药送至溶液箱。每个溶液箱应具有进药口、出药口、除盐水进水口、泵安全阀回流口、液位仪表接管口、排水口和密封溢流的接口。作为现场设置溶液箱的替代方案，允许使用由厂外供应商提供的移动式储罐和已配置好浓度的药品溶液。补给水源应靠近或连接到带有搅拌装置的溶液箱。溶液箱应设置4~20 mA液位变送器，并设定高、低、低低液位值，高、低液位报警，低低液位停泵。与加药泵连锁的低低液位开关，该开关还应连锁系统隔离阀；

（3）计量泵应一用一备。除氧剂和pH控制剂的加药泵应为隔膜泵。除隔膜外，所有过流部件应采用316型不锈钢制造。每台泵的出力应根据配药浓度进行计算，且扬程应不小于加药点的设计压力和沿程阻力损失的总和。每台泵进口支管或进口母管上应配备一个过滤器或过滤网，来防止药品中固体颗粒影响加药系统，并且应配置泵的扬程/出力校验系统，以及安全阀和逆止阀来保护系统不会受到超压和回流的影响，系统内所有元件均可隔断，以便进行检修维护。数字流量指示信息应远传至厂内计算机；

（4）系统应具有远程控制停机的功能；

（5）需人工小车运输原药桶（袋）配置的药品溶液箱旁边必须有足够大的区域供药品运送小车通行。并且应设置围堰，围堰容积应大于最大一台贮存设备的容积，当围堰有排放措施时可适当减小其容积；

（6）系统应与外部环境隔离。该区域应提供适当的安全措施，如带洗眼器的安全淋浴器、良好的空气流通条件和通风设备等。泵的位置应位于通风处；

(7) 水汽取样系统需向化学加药系统提供控制数据。

12.7.4　系统运行和维修要求

(1) 凝结水/给水加联氨泵可根据凝结水或给水流量信号，通过变频器进行自动调节；氨加药泵的流量应按凝结水电导率进行自动控制。加药泵还必须能手动控制；

(2) 液位开关、流量仪表应能够将数字信号远传至本系统的上位机；

(3) 溶液箱上安装的液位开关，应实现低液位报警和泵跳闸的功能；

(4) 在一台泵维护期间，其电源应被隔离，从而不影响其他加药泵；

(5) 化学加药系统的撬装装置应设计为便于检修，其中的管件、设备等应方便替换。

12.8　除盐水生产系统

12.8.1　系统功能要求

除盐水生产系统执行如下功能：

除盐水制备系统的进水水源为原水预处理系统的产水，该系统对水进行进一步处理和储存，用于核岛和常规岛的除盐水补水。

12.8.2　系统基准要求

(1) 除盐水制备系统应提供适合核电厂长期运行的合格除盐水，并且满足核电厂的所有工况下的需水量和除盐水品质要求，包括正常运行，启动，关闭，长时间停机等工况。通过与化学加药系统和水汽取样系统相结合，提供满足压水堆蒸汽发生器的水质；

(2) 本系统的设计取决于核电厂的原水取水水质。为确保所有水质的限值是相互兼容并符合相关规定，必须有一套总的水质要求；

(3) 除盐水制备系统的容量应综合评估，以确保补给水容量不受限制，也无需从场外借调。在一些投运的核电厂中，现场补充水供应一直是一个问题，导致启动延迟，并且外购补给水造成昂贵的费用。

设计人应评估并选择一个适合原水水质的系统，同时确定设备为固定安装或移动式或撬装式。为了提高系统的经济性和性能，在核电厂运行中可使用几种类型的膜系统。

出于经济和技术原因，许多电厂通过招标系统供应商来提供除盐水制备系统。这种方法实现了以最低成本，利用最新技术获得高质量的除盐水。

除盐水箱应能贮存除盐水制备系统的产水，并且带有取样口，然后再输送至除盐水各用户。除盐水箱的设计均应保证水质不受污染。取样是为了确保除盐水箱中的除盐水输送至凝补水箱之前，水质是符合标准的。

在蒸汽发生器启动和关闭期间，压水堆系统的除盐水均需除氧。

12.8.3　系统配置及要求

(1) 除盐水系统包括过滤设备、预脱盐设备、除盐设备（离子交换器或膜系统）、酸碱计量与贮存设备和仪表、可取样的除盐水箱。其中，反渗透设备经常用于预处理，并且根据除盐水产水要求，可能需要增设过滤，澄清，软化，氯化/脱氯等其他预处理设备。该系统的安装可以是固定的，也可采用撬装或安装于便携式拖车中；

(2) 连续运行的泵至少应配备两台，一用一备；

（3）应设置除盐水箱，除盐水箱可采用不锈钢材质。建议在除盐水箱上安装不锈钢或柔性浮顶，以最大程度地减少空气进入。浮顶是防止空气进入的有效方法。尽管可以使用其他方法，但经验表明，合成隔膜容易变质，并且氮气覆盖不如不锈钢浮顶有效（EPRI NP—2294）。至少应配备两台除盐水泵；

（4）除盐设备宜布置在室内。当露天布置时，运行操作盘、取样装置、仪表阀门等宜集中布置，并根据需要采取防雨、防晒、防冻等措施；

（5）本文列出的接口是非能动核电厂和先进型核电厂的典型接口。根据单个小型模块化轻水堆设计的细节，这些接口可能不适用。除盐水制备系统的接口如下：

1）为除盐水制备系统提供清水的原水预处理系统；

2）除盐水制备系统向常规岛给水和凝结水系统提供除盐水；

3）除盐水制备系统向化学加药系统提供除盐水；

4）除盐水制备系统向核岛提供除盐水；

5）除盐水制备系统向水汽取样系统和化学品添加系统提供除盐水。

12.8.4 系统运行和维修要求

（1）除盐水制备系统应能在就地或汽机房的控制室进行控制与监测；

（2）应为程序控制步序设置手动控制手段，作为自动和半自动控制的后备；

（3）应装设适当的自动跳闸和/或隔离装置，以防化学药品的入侵（即当除盐装置出水中二氧化硅、钠、或导电度超过限值时）。

除盐水取样系统应带有防护罩并安装在设备附近。

12.9 辅助蒸汽系统

12.9.1 系统功能要求

（1）辅助蒸汽分配系统是把由辅助锅炉（在机组停运和启动期间）产生的或主蒸汽（机组正常运行期间）减压产生的辅助蒸汽分配到各用户。

（2）辅助蒸汽系统为下列用户和设备提供蒸汽：

1）主给水除氧器稳压和加热蒸汽；

2）汽轮机轴封系统；

3）热水生产分配系统；

4）核岛三废用户；

5）应急给水系统除氧器用汽、辅助给水汽动泵调试用汽。

12.9.2 系统基准要求

（1）辅助蒸汽系统应满足机组调试、启动、正常运行、低负荷运行、甩负荷和停机等工况下，各蒸汽用户所需要蒸汽的压力、温度和流量要求；

（2）辅助蒸汽分配系统（常规岛部分）能够将由辅助锅炉或主蒸汽减压产生的辅助蒸汽分配到各用户；

（3）在启动期间由辅助锅炉通过高压辅助蒸汽母管提供蒸汽。在正常运行工况下，由主蒸汽减压提供；

（4）辅助蒸汽系统的额定容量不小于一台机组正常运行同时一台机组冷态启动期间所需要的辅助蒸汽量总和。

12.9.3 系统配置及要求

（1）辅助蒸汽来源

1）辅助锅炉供给：机组启动阶段，辅助锅炉提供符合用户参数要求的辅助蒸汽。

2）主蒸汽供给：主蒸汽通过减压阀

减压产生辅助蒸汽，减压阀前设有电动隔离阀；减压阀后配安全阀，为辅助蒸汽系统提供过压保护；

3）设置厂区辅助蒸汽母管，通过厂区辅助蒸汽母管，为邻机提供辅助蒸汽汽源。

（2）辅助蒸汽用户

1）根据蒸汽用户参数要求设置高压和低压供汽母管；

2）高压供汽母管，为主给水除氧器、汽轮机轴封系统、辅助给水汽动泵定期试验、热水生产分配系统（冬季）提供辅助蒸汽、主给水汽轮机（若有）；

3）低压供汽母管，为核岛三废处理、应急给水系统除氧器提供辅助蒸汽。

高压蒸汽减压站设置在常规岛汽机厂房内，将主蒸汽减压产生辅助蒸汽。高压蒸汽减压站主要由一组气动调节阀以及前后隔离阀组成，并在高压蒸汽减压站后设置安全阀排放管路。

低压蒸汽减压站设置在常规岛汽机厂房内，将由辅助锅炉（在机组停运和启动期间）或主蒸汽减压（机组正常运行期间）产生的高压辅助蒸汽减压为低压辅汽。低压蒸汽减压站主要由两组并列的气动调节阀以及前后隔离阀组成，两路减压阀一用一备。

辅助蒸汽母管应设置全启式安全阀。

12.9.4 系统运行和维修要求

来自主蒸汽系统的辅助蒸汽经过减压调节阀送至主除氧器；另一路辅助蒸汽送至应急给水系统。管道上设置的减压调节阀和旁路减压调节阀，自动调节阀门出口蒸汽压力。

应设有足够的空间和场地以及起吊设施用于设备和阀门的检修维护。

辅助蒸汽系统的疏水器、调节阀、管道支吊架等应按设备厂家操作和维护手册的说明执行。

设备、阀门维修应当在电厂停运时进行。

12.10 低压给水加热器系统

12.10.1 系统功能要求

低压加热器系统的功能是利用汽轮机的抽汽来加热凝结水，加热器壳侧的疏水排至低一级加热器或低压给水加热器疏水回收系统或凝汽器，同时将加热器壳侧的不凝结气体排至凝汽器。以提高机组的热效率。

12.10.2 系统基准要求

低压加热器系统满足下列要求：

（1）满足要求的热力性能；

（2）防止蒸汽或疏水反向流动，以保护汽轮机；

（3）在所有的运行工况下能安全可靠地运行；

（4）在所有的运行工况下保证凝结水流向除氧器；

（5）尽量减少加热器及其管道受腐蚀的程度；

（6）保证加热器和抽汽管道疏水流畅。

12.10.3 系统配置及要求

低压加热器系统主要由双列、多级低压加热器及其凝结水、抽汽、疏水及排气系统组成。每级低压加热器包括 A 列和 B 列两台低压加热器。

根据工艺流程低压加热器系统可分为凝结水系统、抽汽系统、疏水系统和排气系统。

凝结水系统：凝结水从凝结水抽取系

统进入本系统后分成两路，分别送进A列和B列复合式加热器进行加热。

抽汽系统：低压加热器抽汽来自汽轮机低压缸。抽汽管道上安装了一只气动逆止阀和一只电动隔离阀。逆止阀靠近汽轮机抽汽口安装，以减少抽汽管道容积，防止汽轮机脱扣甩负荷时蒸汽倒入汽轮机引起汽轮机超速或损害叶片；抽汽管道上的电动隔离阀靠加热器布置，在加热器内管束破裂或疏水受堵不畅时，防止加热器满水倒灌进汽轮机引起大轴弯曲和动静碰撞事故。

疏水系统：加热器壳侧的疏水排至低一级加热器或低压给水加热器疏水回收系统或凝汽器。低压加热器的紧急疏水排至凝汽器。

排气系统：为了及时排除机组运行时抽汽凝结过程中析出的气体，提高加热器管束传热效率，每个低压加热器壳侧均设置了运行排气管，将析出的气体排向凝汽器。在加热器运行之初，为了排除加热器及抽汽管道内积聚的不凝结气体，每个低压加热器壳侧均设置了启动排气管。

低压加热器分为两列，每列容量为额定容量的50%。当一列加热器故障停运时，剩下的单列加热器应可以50%的满负荷凝结水流量运行，其余50%凝结水流量通过旁路运行。低压加热器采用卧式、U形管、双流程、表面加热的型式。低压加热器壳侧设有蒸汽凝结段和疏水冷却段。低压加热器均设计为全焊接结构，且壳体可以切割并抽出，以方便检查和维修。

管子管板连接采用胀接加焊接。先在管板上堆焊一层不锈钢用以提高焊接性能；并用先进的钻孔工具，充分保证孔径、光洁度、孔距，从而保证焊接和胀管质量；先进的管子管板全位置自动氩弧焊，保证焊接质量。低压加热器采用机械胀管。

凝结段是利用蒸汽冷凝时的潜热加热凝结水。一组隔板使蒸汽沿着加热器长度方向均匀地分布，起支撑传热管的作用。

蒸汽进入凝结段，从壳体与管束之间的空间沿轴向充满整个管束外围，在抽空气区形成的压差作用下，蒸汽从外围向内部抽空气区流动，此间充分与冷却管换热，将凝结水加热，蒸汽被冷却成疏水，最终在壳体下部进入疏冷区。在蒸汽及疏水入口区均设置有不锈钢挡板，以防止流体对管束的冲刷。

疏水冷却段是把离开凝结段的疏水的热量传给进入加热器的凝结水，而使疏水温度降至饱和温度以下，有利于顺利疏水，大大减弱对疏水调节阀和管道的冲蚀、振动。

加热器的管侧和壳侧应设置安全阀，以防止系统超压对设备造成损害。

12.10.4 系统运行和维修要求

(1) 低压加热器的隔离

当列内任何一台加热器水位过高，应关闭与加热器相对应的进汽电动阀、进汽气动逆止阀和进出水电动阀，并开启加热器旁路阀。给水加热器的电动进口/出口隔离阀应能在主控制室进行遥控和手操。

(2) 低压加热器进汽电动阀

正常运行时，应由主控制室操作员控制。在大部分时间内，这些阀门是开启的，除非长期停机（例如检修）。当汽轮机脱扣或受影响的列内任何一台加热器超高水位，这些阀门自动关闭。当这些阀门的关闭条件消除后，由操作员重新打开阀门。这些阀门的状态在主控制室的操作员站上应有显示。

（3）低压加热器抽汽逆止阀

这些阀门应配有电磁阀操作的气动执行机构。一旦汽轮机脱扣或列内任何一台低加解列，为防止汽轮机进水和超速，电磁阀控制回路动作，关闭对应的抽汽逆止阀。

（4）低压加热器进出水电动阀和旁路阀

这些阀门可以在就地执行机构处操作或在主控制室远方操作。在正常运行和正常停机的工况下，进出水电动阀都是全开的，旁路阀全关。当运行的加热器解列时，其进出水电动阀自动关闭，同时旁路阀自动打开。在受影响的加热器恢复到正常水位时，并满足开启条件后，应由操作员重新打开进出水电动阀。当所有相应的进出水电动阀均全开时，旁路阀才可以关闭。

（5）防止汽轮机进水的控制措施

1）抽汽管道应装备有自动疏水和水位控制设备，以防止在循环系统中不正常的凝结水积聚；

2）最新版的《核电厂汽轮机防进水导则》（NB/T 25039）应作为基本设计的准则；

3）用于抽汽管道上的阀门设计应能进行规定间隔的和经常性的检查，以确定阀门及其操作器是否正确动作。

一般情况下，不推荐在带负荷情况下对设备和阀门进行维修。

如果发生一列低压加热器需要隔离的故障情况，应在下一次计划停役和无负荷的情况下进行内部检查和修理。

12.11　低压给水加热器疏水回收系统

12.11.1　系统功能要求

收集 LP3 和 LP4 低压加热器壳侧疏水，通过疏水箱、疏水泵将疏水送入 LP3 低压加热器凝结水出口，提高回热系统效率；当疏水箱发生高高水位时，疏水直接排入凝汽器。

12.11.2　系统基准要求

低压加热器疏水回收系统满足下列要求：

（1）满足热力性能的要求；

（2）在所有的运行工况下能安全可靠地运行；

（3）尽量减少加热器、管道和扩容器的冲刷和腐蚀时危险性；

（4）保证积集在加热器壳侧的凝结水能有效和可控地排出。

12.11.3　系统配置及要求

低压加热器疏水回收系统由疏水箱、疏水泵及其管道阀门组成，LP4 低压加热器的疏水分别经疏水调节阀流进 LP3 低压加热器。LP3 低压加热器的疏水直接流入对应的疏水箱。当 LP4 低压加热器出现高高水位时，危急疏水调节阀自动开启，将危急疏水排向凝汽器。

疏水箱下方各设有疏水泵，将各自疏水箱中的疏水升压后送入 LP3 低压加热器凝结水出口管道。当疏水箱出现高高水位时通过开启危急疏水调节阀，将疏水直接排向凝汽器。当疏水箱出现低低水位时开启疏水再循环调节阀，将疏水送回疏水箱，保证疏水泵的安全运行。疏水泵出口母管上安装了流量测量装置和疏水调节阀，根据疏水箱水位信号控制疏水调节阀开度。

两列低加疏水回收系统各自独立运行。机组在额定功率运行时，两列低压加热器投入运行，两台疏水箱和疏水泵均处于正常工况下运行，疏水箱水位处于正常水位。

本系统每列低加疏水箱配置低加疏

水泵。

低加疏水箱为带有半球形封头的圆筒形压力容器，通过两个支座水平安装，其中一个为滑动支座，另一个为固定支座。

疏水箱上设置低压加热器疏水进口，正常疏水出口，紧急疏水出口，疏水泵再循环接口，人孔，以及热控仪表接口。疏水箱设有与 LP3 的汽平衡接口。

12.11.4 系统运行和维修要求

（1）低压给水加热器水位仪表

低压给水加热器水位应设置三冗余的液位变送器，用来测量水位。三个水位信号经过三取中模块后，输出的信号值作为水位调节回路的被调量。当三个水位变送器中有两个故障时，调节回路自动切换到手动控制。

（2）给水加热器疏水控制

1）低压给水加热器的水位应由正常疏水阀和应急疏水阀组合来维持。正常疏水阀应维持加热器的正常水位，而应急疏水阀则在不正常工况时为了快速排水至凝汽器热井而设置；

2）最新版的《核电厂汽轮机防进水导则》（NB/T 25039）应作为基本设计的准则。

（3）低加疏水泵本体仪表及控制

低加疏水泵在低加疏水箱位出现超低水位信号时应自动进行保护跳闸。低加疏水泵在泵的轴承温度过高、电机线圈温度过高时应能发出报警信号，并根据设备制造厂的要求进行保护跳闸。

低加疏水泵一般在计划停运时进行维修。

当疏水泵故障而被迫停运时，疏水泵与系统隔离后可进行检修。由于低加疏水箱设有紧急疏水管路排向主凝汽器，因此机组隔离低压疏水泵时不需停用相应系列的 3 号和 4 号低压加热器。泵组接口为法兰连接，方便在检修时完全拆除泵体。

疏水箱一般在计划停运时无负荷进行维修。

当疏水箱故障而需维修时，可以隔离相应系列的 3 号和 4 号低压加热器和低加疏水泵，安全隔离后可以进行非计划检修。

12.12 主给水除氧器系统

12.12.1 系统功能要求

主给水除氧器系统通过汽轮机抽汽对来自低压加热器的凝结水进行加热和除氧，向给水泵和启动给水泵提供符合蒸汽发生器给水含氧量要求的给水。通过除氧器提供给水泵和启动给水泵充分的净正吸入压头，并储存足够的水量以满足蒸汽发生器需水量和凝汽器供水量不匹配时的瞬态工况，同时将非凝结性气体排向凝汽器和大气。系统还满足使凝结水能够循环回至凝汽器以满足系统冲洗、启动或试验的要求。

12.12.2 系统基准要求

系统设计满足以下系统基准要求：

（1）汽轮机抽汽将进入除氧器的凝结水加热并除氧到规定的状态，正常运行工况时，除氧器出口的给水含氧量≤5 μg/l；

（2）辅助蒸汽用于在汽轮机冲转前以及汽轮机抽汽供除氧器投运前的低负荷阶段进行加热和除氧。辅助蒸汽也用于在短期停运时将贮水箱内的水保持在饱和温度；

（3）汽轮机甩负荷时用来自主蒸汽的辅助蒸汽来维持除氧器压力和给水泵净正吸入压头；

（4）除氧器储存足够的水量以满足蒸汽发生器需水量和凝汽器供水量不匹配时的瞬态工况。

12.12.3　系统配置及要求

系统的除氧器相当于 5 级加热器。在正常水位时除氧水箱的储水量至少应等于 4 分钟的设计给水流量。系统设置有辅助蒸汽供汽，以保证在低负荷和启机时除氧器压力。除氧器和连接的汽、水管道的设计应避免发生水锤。除氧器储水箱的标高应能在正常和瞬态条件下为给水升压泵提供合适的 NPSH。

在通往除氧器的抽汽管道上应装设隔断阀和带辅助动力的逆止阀，对这些阀门应配置就地的和远方的手动控制装置。抽汽阀门相对于除氧器的布置应尽可能减少汽轮机进水或汽轮机超速的可能性。

在机组启动、停机或正常运行时有可能积水的加热蒸汽管道系统的低位点应布置疏水点，疏水点设置疏水罐。疏水管道宜采用气动疏水阀和疏水器并联的疏水方式，气动疏水阀应能在主控室进行操作，疏水器应采用机械式，疏水管道应坡向疏水方向。

抽汽管道的通流截面应根据成熟的运行经验，考虑介质参数（压力、温度、湿度）选用合适的蒸汽流速。在满负荷额定运行条件下抽汽管道的介质流速宜在 20~35 m/s 范围内。

除氧器一般设置为卧式无头除氧器，由壳体、支座、给水装置、弹簧喷嘴、排汽装置、加热蒸汽装置、高加疏水装置、再沸腾装置及水泵再循环管等组成。为防止任何汽源引起除氧器超压，除氧器上应装设安全阀。安全阀应采用全启式弹簧安全阀。安全阀的数量不应少于 2 只。

来自低压加热器系统的凝结水管道应设计成能避免冲刷损伤，选用控铬的优质碳素钢；

本系统加热蒸汽管道材料选用低合金钢，连续排气系统管道材料选用不锈钢。

12.12.4　系统运行和维修要求

（1）主给水除氧器水位仪表

主给水除氧器水位应设置三冗余的液位变送器，用来测量水位，采用三取中模块。三个水位信号经过三取中模块后，输出的信号值作为水位调节回路的被调量。当三个水位变送器中有两个故障时，调节回路自动切换到手动控制。

（2）除氧器给水箱的水位控制

1）除氧加热器的水位应由两只水位控制范围分开的气动凝结水调节阀维持。在启动和低负荷时，一只阀门将正常地调整流量，而第二只阀保持关闭状态。随着负荷增加，第二只阀门将调整流量，而第一只阀门仍保持开启；

2）凝结水调节阀应由除氧器水位控制系统进行控制。应提供两种模式的自动控制，即单冲量和三冲量的控制。在单冲量控制中，除氧加热器的水位对两只调节阀有不受约束的影响。在三冲量控制中，将至蒸汽发生器的给水总流量用作为前馈要求信号，而以测得的除氧器入口凝结水量和除氧加热器水位的反馈对控制作修正。

（3）防止汽轮机进水的控制措施

1）进入除氧器的抽汽管道应装备有自动疏水和水位控制设备，以防止在循环系统中不正常的凝结水积聚；

2）最新版的《核电厂汽轮机防进水导则》（NB/T 25039）应作为基本设计的准则；

3）用于抽汽管道上的阀门设计应能进行规定间隔的和经常性的检查，以确定阀门及其操作器是否正确动作。

（4）除氧器的压力控制

1）正常运行工况，当高压缸排汽压

力大于某一定值，采用高压缸排汽供汽，其压力是汽轮机负荷的函数；

2）当高压缸排汽压力衰减率大于某一速率时（甩负荷工况），应采用除氧器保压阀将除氧器压力维持在甩负荷之前的压力一段时间，控制进入除氧器的新蒸汽以保证给水泵不发生汽蚀。

应设有足够的空间和场地以及起吊设施用于设备和阀门的检修维护。

抽汽管道疏水器、疏水调节阀、管道支吊架等应按设备厂家操作和维护手册的说明执行。

设备维修应当在电厂停运时进行。但是在确保系统安全运行的前提下，加热蒸汽疏水调节阀或疏水器可以在隔离阀关闭下进行维护。

12.13 主给水泵系统

12.13.1 系统定义

主给水泵系统是将除氧器的水抽出并升压，经高压加热器系统向蒸汽发生器供应品质合格的给水。

12.13.2 系统基准要求

给水泵具有调速功能，能在启动、带负荷直至带额定负荷停机、以及核电厂的设计瞬态条件下具有自动地向给水系统供应所需流量的能力，而不致中断运转或损伤设备。

当一台运行中的给水泵退出运行时，处于备用状态下的主给水泵组可快速启动，核电厂应能在100%功率下运转。

主给水泵组设有最小流量保护系统——最小流量再循环系统。当泵组的流量降低到某一预定值时，最小流量保护系统即投入运行。

12.13.3 系统配置及要求

系统设计应采用3台并联的主给水泵组，正常运行时两台运行，一台备用，三台泵组可以任意切换。

每台前置泵应供水给一台主给水泵。在前置泵和主给水泵之间应不设母管、隔断阀、或逆止阀。主给水泵前置泵入口前配置滤网及相应仪表。

泵组设置再循环系统，以备在低流量时保护泵组。应在每台给水泵的下游设置单独的通流管道引到除氧器，其尺寸应按给水泵所要求的最小流量选择。再循环回路包含调节阀及其前后隔离阀，并使阀组尽可能靠近除氧器布置。

给水泵要求的最小流量一般约为其额定流量的35%。

给水管道所有元件的设计压力应等于或大于无流量情况下电动给水泵的排出压力（泵的关闭压头）。

给水应设计成能避免冲刷损伤。管道系统的设计和布置应考虑流体速度、弯头位置、闪发点位置对管道材料的影响。应根据成功的运行经验选择管道布置、流速和材料。在满负荷额定运行条件下，前置泵入口管道的介质流速宜在0.5~3.0 m/s范围内，主给水泵出口管道流速在3~6 m/s范围内。

给水管道选用控铬的优质碳素钢。

三台水泵应有完全相同的特性曲线，三台泵在容量、运行转速、吸水要求和机械设计方面应完全相同。

每台泵的设备规范书应要求作工厂性能试验，以验证其压头-流量特性、NPSH、功率要求和设计相符合，且在泵的流量和转速的整个运转范围内不致遭遇汽蚀或过份的振动。

在所有运行工况范围内，前置泵的有

效汽蚀余量比其必须汽蚀余量宜高出 60%的裕量。前置泵的扬程应大于主给水泵所需的必须汽蚀余量并留有足够裕量（用以抵消电厂中系统瞬变引起的变化），裕量不小于 1.8 倍。

每台机组配置 3×50%给水泵。给水泵组应能在最大运行工况点连续长期运行，同时又能满足蒸汽发生器各种运行工况下给水的需要量。

为满足现场调试、运行需要，给水泵宜设置暖泵系统。

12.13.4　系统运行和维修要求

（1）电动给水泵的控制

1）电动给水泵系统设置三台电动给水泵。正常运行时，两台泵运行，一台泵备用，任何一台给水泵均可作为备用泵，当两台运行泵中有一台事故停运时，备用泵自动投入运行；

2）运行人员可以在 DCS 操作员站上启停电动给水泵，电动给水泵出口阀的控制应随运行工况决定它的启闭。当启动首台电动给水泵时，应采用出口电动阀关闭的启动方式，待电动给水泵启动后，再开启该泵的出口电动阀。当自动启动备用泵时，应采用出口电动阀开启的启动方式，当给水泵出口压力大于给水母管压力时，冲开给水泵出口的逆止门，向蒸发器供水；

3）电动给水泵的转速由核岛负责控制；

4）电动给水泵在除氧器水位出现超低水位信号时应自动进行保护跳闸。电动给水泵在泵的轴承温度过高、轴承振动过高及电机线圈温度过高等本体设备故障时应能发出报警信号，并根据设备制造厂的要求进行保护跳闸。

（2）最小流量再循环阀控制

1）每台电动给水泵均设有最小流量再循环系统。用于保证电动给水泵的安全启动。最小流量再循环系统根据电动给水泵流量进行控制。当电动给水泵流量低时，最小流量再循环阀处于开启状态，当流量高时，再循环阀关闭；

2）当给水泵准备投入运行前，运行人员应确保最小流量再循环管路上的所有阀门（包括手动阀）处于开启状态。

（3）电动主给水泵油系统控制

1）电动主给水泵油系统向前置泵、电动机和主给水泵提供轴承润滑油，这个系统也向液力耦合器提供工作油；

2）通过改变电动给水泵液力耦合器内勺管的高低位置，可以改变液力耦合器中油池的充油率，继而改变电动给水泵的转速，勺管的高低位置决定了电动给水泵的转速。勺管的位置由电动执行机构进行操作。

（4）电动主给水泵前置泵入口阀控制

1）前置泵开启前，应确保其入口阀门为开启状态；

2）应设有足够的空间和场地以及起吊设施用于电动给水泵设备和阀门的检修维护；

3）再循环调节阀、管道支吊架等应按设备厂家操作和维护手册的说明执行；

4）设备维修应当在电厂停运时进行。

12.14　高压给水加热器系统

12.14.1　系统功能要求

高压给水加热器系统是利用汽轮机高压缸抽汽加热高压给水，并接受汽水分离再热器第一级和第二级再热器疏水和排气，最后将疏水送入除氧器，以提高回热系统的效率。

12.14.2 系统基准要求

系统设计满足以下系统基准要求：

（1）高压给水加热器系统应设计成能在启动、带负荷直至带额定负荷停机、以及核电厂的设计瞬态条件下具有向蒸汽发生器供应所需流量的能力，而不致中断运转或损伤设备；

（2）给水加热器系统应满足核电厂运行经验范围之内的最终给水温度。在所有的负荷下，宜保持连续、稳定的给水流量；

（3）当一列高压加热器被隔离时，系统应能正常运转；

（4）系统设计应保护汽轮机防止发生蒸汽或给水的反向流动；

（5）系统设计应保证加热器和抽汽管道充分疏水，应能防止加热器满水。

12.14.3 系统配置及要求

系统设置两列并联的可以隔离的高压加热器。

只对每一整列的高压加热器提供隔离措施。不应为任一单台高压加热器设旁路管线。隔离一列高压加热器后剩下的单列加热器应可以65%的满负荷给水流量运行，且没有运行时间限制，其余35%给水流量通过旁路运行。

对并联的高压给水加热器的各列应设单阀门隔离。

在通往高压给水加热器的抽汽管道上应装设隔断阀和带辅助动力的逆止阀。对这些阀门应配置就地的和远方的手动控制装置。

抽汽阀门相对于给水加热器的布置应尽可能减少汽轮机进水或汽轮机超速的可能性。

2台高压加热器的疏水应逐级疏放到除氧器。在两列中的一列或两列都投运时，高压加热器的疏水系统应能运行。

当正常疏水不合适时（如：启动工况和微小的加热管泄漏），应具备有把疏水从每台高压加热器直接送到凝汽器热井的措施。

高压加热器疏水及其相关控制装置的设计应按照汽轮机防止进水伤害的推荐经验。

给水加热器的放气不应逐级排放，高压加热器的放气应各自地排向除氧器。

在机组启动、停机或正常运行时有可能积水的加热蒸汽管道系统的低位点应布置疏水点，疏水点设置疏水罐。疏水管道宜采用气动疏水阀和疏水器并联的疏水方式，气动疏水阀应能在主控室进行操作，疏水器应采用机械式，疏水管道应坡向疏水方向。

抽汽管道的通流截面应根据成熟的运行经验，考虑介质参数（压力、温度、湿度）选用合适的蒸汽流速。在满负荷额定运行条件下抽汽管道的介质流速宜在20～35 m/s 范围内。

本系统加热蒸汽管道材料选用合金钢。

与蒸汽接触的元件禁止使用铜合金。

给水管道所有元件的设计压力应等于或大于无流量情况下电动给水泵的排出压力（泵的关闭压头）。

给水和疏水应设计成能避免冲刷损伤。管道系统的设计和布置应考虑流体速度、弯头位置、闪发点位置对管道材料的影响。应根据成功的运行经验选择管道布置、流速和材料，在满负荷额定运行条件下给水管道的介质流速宜在3～6 m/s 范围内。给水管道选用控铬的优质碳素钢，疏水管道采用控铬的优质碳素钢，疏水调节阀后采用合金钢或不锈钢。

与给水接触的元件禁止使用铜合金。

给水加热器的管束应采用不锈钢材质，管束与管板应采用焊接。加热器在停运期间应采用氮气保养。

所有的给水加热器应水平安装。

高压加热器疏水调节阀，应采用适当材料防止汽蚀。

12.14.4　系统运行和维修要求

（1）高压给水加热器水位仪表

高压给水加热器水位应设置三冗余的液位变送器，用来测量水位，采用三取中模块。三个水位信号经过三取中模块后，输出的信号值作为水位调节回路的被调量。当三个水位变送器中有两个故障时，调节回路自动切换到手动控制。

（2）高压给水加热器水位控制

1）高压给水加热器的水位应由正常疏水阀和应急疏水阀组合来维持。正常疏水阀应维持加热器的正常水位，而应急疏水阀则在不正常工况时为了快速排水至凝汽器热井而设置；

2）当列内任何一台加热器水位过高，应关闭与加热器相对应的进汽电动阀、进汽气动逆止阀、上游疏水阀和进出水电动阀，并开启加热器旁路阀。给水加热器的电动进口/出口隔离阀应能在主控制室进行遥控和手操。

（3）高压加热器进汽电动阀

正常运行时，应由主控制室操作员控制。在大部分时间内，这些阀门是开启的（即使在停机期间），除非长期停机（例如检修）。当汽轮机脱扣或受影响的列内任何一台加热器高高高水位，这些阀门自动关闭。当这些阀门的关闭条件消除后，由操作员重新打开阀门。这些阀门的状态在主控制室的操作员站上应有显示。

（4）高压加热器抽汽逆止阀

这些阀门应配有电磁阀操作的气动执行机构。一旦汽轮机脱扣或列内任何一台高加解列，电磁阀控制回路动作，关闭对应的抽汽逆止阀。

（5）高压加热器进出水电动阀和旁路阀

1）这些阀门可以在就地执行机构处操作或在主控制室远方操作。在正常运行和正常停机的工况下，进出水电动阀都是全开的，旁路阀全关。当运行的加热器解列时，其进出水电动阀自动关闭，同时旁路阀自动打开；

2）在受影响的加热器恢复到正常水位时，并满足开启条件后，应由操作员重新打开进出水电动阀。当所有相应的进出水电动阀均全开时，旁路阀才可以关闭；

3）防止汽轮机进水的控制措施；

4）抽汽管道应装备有自动疏水和水位控制设备，以防止在循环系统中不正常的凝结水积聚；

5）最新版的《核电厂汽轮机防进水导则》（NB/T 25039）应作为基本设计的准则；

6）用于抽汽管道上的阀门设计应能进行规定间隔的和经常性的检查，以确定阀门及其操作器是否正确动作。

应设有足够的空间和场地用于高压加热器抽管束和阀门的检修维护。

抽汽管道疏水器、疏水调节阀、管道支吊架等应按设备厂家操作和维护手册的说明执行。

设备维修应当在电厂停运时进行。但是在确保系统安全运行的前提下，加热蒸汽疏水调节阀或疏水器可以在隔离阀关闭下进行维护。

如果是长期停机，高压加热器汽侧应采用充氮气保养。

12.15 主给水流量控制系统（常规岛部分）

12.15.1 系统功能要求

主给水流量控制系统是控制向蒸汽发生器输送的给水流量，保证蒸汽发生器二回路侧的水位维持在整定值。

12.15.2 系统基准要求

（1）主给水流量控制系统应设置流量测量装置，用于蒸汽发生器水位控制及相应的反应堆保护通道；

（2）主给水流量控制系统应设有用于核电厂启动期间核性能试验时标定核校核仪表的措施。

12.15.3 系统配置及要求

应采取适当措施避免瞬态工况时管道内形成气柱，并避免水锤发生。

主给水流量控制系统的给水母管上的进口和出口支管的布置，应能保证在给水进入调节站之前，其温度得到均匀的混合。

设置给水系统清洗管道，清洗管道通向凝汽器。

主给水管道的通流截面应根据成熟的运行经验，考虑介质参数（压力、温度、湿度）和材料要求，选用合适的流速。

主给水管道材料应选用控铬的优质碳素钢或低合金钢。

12.15.4 系统运行和维修要求

应设有足够的空间和场地以及起吊设施用于设备和阀门的检修维护。

主给水流量控制系统的阀门、管道支吊架等应按设备厂家操作和维护手册的说明执行。

设备、阀门维修应当在电厂停运时进行。

第 13 章　汽轮发电机组

13.1　汽轮机系统

13.1.1　系统功能要求

（1）主汽轮机系统主要包括下列子系统：

1）主汽轮机；

2）汽水分离再热器（MSR）系统；

3）润滑油系统；

4）汽轮机控制系统；

5）轴封系统；

6）仪表装置。

（2）主汽轮机

1）把热能转换成机械能；

2）控制蒸汽流量以满足电功率输出的需求；

3）为给水加热器和再热器供应抽汽；

4）把蒸汽导引到凝汽器；

5）支承主要管道如主蒸汽、再热蒸汽、抽汽、排汽管系统的连接反力。

（3）MSR 系统

1）从高压缸或高中压合缸中的高压缸部分排汽中除去约 98% 的水分；

2）在蒸汽进入低压缸或高中压合缸中的中压缸部分之前提高它的温度。

（4）润滑油系统

1）为汽轮机、发电机、励磁机供给正常的和紧急的用油；

2）提供冗余度，使单一元件或电源故障不会导致系统失效；

3）保持油质在运行的许可限度之内；

4）维持油温在汽轮机及盘车正常运行许可的限度之内；

5）使系统中保持低的氢浓度。

（5）汽轮机控制系统

1）控制汽轮机转速与发电机出力；

2）为热力、液力和电参数提供监测，对安全和经济运行所必需的设备部件进行控制；

3）在主汽轮机系统中检测到有不安全的事件时，提供自动报警、触发汽轮发电机停机。

（6）轴封系统

1）在真空状态下防止空气漏入汽轮机，在承压状态下防止蒸汽漏出汽轮机；

2）备有冗余的汽源和控制装置可供利用，使汽源或控制装置的单一故障在任一设计运行工况下，不致使系统失效。

13.1.2　系统基准要求

（1）主汽轮机

1）应有超出汽轮机最大保证出力所需流量的 3% ~5% 的流量裕度。当汽轮机调节阀处的蒸汽湿度达 0.5% 时仍能发出最大保证出力；

2）汽轮机应能连续地在阀门全开、额定蒸汽压力、所有抽汽都投入的工况下运转，而不会缩减其可用率或工作寿命；

3）当汽轮机的功率水平处于 15% ~ 100% 的范围时，汽轮机应能作 10% 的阶跃式负荷增、减，而不会引起汽轮机跳闸；

4）汽轮机应能作负荷跟踪运行；

5）当一整列的高压加热器或低压加热器退出运行时，汽轮机应至少能带70%的满负荷运行；

6）在汽-汽再热器部分或全部退出运行时，汽轮机应能连续，长期在最大节流流量下运转。汽轮机的供货商应对运行限制提出定量化要求，或者对与此种运行方式有关的不利于汽轮机部件的影响提出定量化意见；

7）包括转子预热，汽轮机应能在12小时内从冷态起动到带满负荷；

8）在制造期间，汽轮机转子应在工厂的试验台架上作从0%~120%额定转速的动平衡。额定转速时在轴头处测得的最大振动水平应低于0.05 mm全幅值（正负峰到峰），包括电气的与机械的径向摆动度；

9）假定任何单一部件故障（例如某一抽汽管上的逆止阀故障），汽轮机应不超出其超速的限值；

10）转子或静止部件的挠曲不致引起相互干扰、磨擦或发生正常运行时和设计瞬态时的部件损坏；

11）排汽缸的喷水应能自动和手动操作；

12）主汽门、主汽调门、再热汽门、再热调门应按危急跳闸系统的动作在一定时限内关闭，以防止汽轮机的不安全超速。此外，阀门的布置和阀门的关闭时间应做到当一只阀门关闭失效时，一起跳闸信号事件不会引起汽轮机的不安全超速；

13）调节阀和中间调节阀应能在要求的时限之内关闭，以防止汽轮机、发电机负载不平衡时发生汽轮机超速跳闸；

14）盘车装置应配以自动和手动控制。当处于自动控制状态，在润滑油压足够、顶轴油压足够、汽轮机转子零转速时，盘车装置应啮合并起动，在汽轮机开始升速时解除啮合；

15）疏水管道应有足够大的截面，以便能在各种运行工况，最小压差的条件下排出最大流量的疏水；

（2）MSR系统

1）汽水分离再热器（MSR）接收来自汽轮机高压缸或高中压合缸中的高压缸部分的高湿度排汽，利用其底部的分离器去除高湿蒸汽中的水分，并经汽轮机抽汽和新汽（主蒸汽）加热至过热状态后送入低压缸或高中压合缸中的中压缸部分，以保护汽轮机叶片免受刷蚀并提高汽轮机热效率，进而提高机组的发电效率；

2）系统的性能应考虑对压降和再热器温度端差的综合权衡作优化确定；

3）应装设排汽和/或其他装置以确保非凝结气体从再热器管束中连续排出，并确保以最小的过冷却把凝结水从加热管中稳定排出；

4）汽水分离器和每一级再热器的管束应有它自己的独立的疏水系统；

5）汽水分离器的疏水装置选择应能使疏水凭重力自行下流至分离器的疏水箱，使得在负荷下降的瞬态时系统能正常排水。此外，在每一疏水箱水位的上方应接出一独立的排汽管返回接到汽水分离器（即汽平衡管），以避免负荷下降的瞬态时发生阻塞的可能性。

6）应对全部的疏水系统进行瞬态和稳态的水力分析，以确保在所有的运行工况下的稳定性。这对于汽水分离器的疏水系统特别重要。这一分析应包括疏水箱上游和下游的全部管道，上自从汽水分离器、再热器的集水点开始下至接到给水加热器和凝汽器的排水点为止。在需要的地方，还应在疏水调节阀的上游装设一逆止阀，以减免在降负荷瞬变时闪发蒸汽倒回疏水箱。逆止阀应尽可能靠近疏水箱装设，以减少饱和水的不可控储量。

（3）润滑油系统

1）应能为汽轮发电机的轴承、密封油系统、盘车装置在各种运行情况下（包括停机、正常和紧急状态）提供100%的所需油量，并考虑足够的流量裕度以适应可能出现的偏离设计工况和磨损（汽轮机供货商一般提供50%~100%的油量裕度）；

2）在主油泵的下游应设全流量的过滤系统，过滤能力要达到10 μm或更佳，过滤系统要能在线不中断油流清洗过滤器，当过滤器前后出现高压差时能自动旁路；

3）要有带水分分离能力的润滑油净化/调整的旁路系统，过滤能力要达到3 μm；

4）在检修停机时，对润滑油系统的管道要有高速冲洗（油流湍动）的手段；

5）当主油泵故障时，交流电动油泵的容量应足以保持至各轴承的油压；

6）当主要的和紧急的密封油泵都不能工作时，润滑油系统应能以全流量供油至主发电机的密封油系统，此时，发电机氢压必须降低至汽轮机润滑油母管压力之下；

7）在所有的设计运行条件下，润滑油冷却器和加热器应维持供油温度处于43~49 ℃之间，报警温度为52 ℃；

8）当汽轮机的转速不足以为主轴油泵提供足够的泵送能力时，交流电动吸油泵（如装设）和交流电动辅助油泵应自动起动，该泵还应有手动控制手段；

9）当主轴油泵，交流电动吸油泵和交流电动辅助油泵都不能工作时，直流电动危急供油泵应自动起动，轴承危急供油泵还应有手动控制手段；

（4）汽轮机控制系统

1）应为主汽轮机及其辅助系统提供汽轮机预热，安全启动、运行、停机、以及反应堆压力控制用的手动和自动控制；

2）设备和部件的自动控制装置应尽量减少运行人员的操作而优化系统的性能；

3）在控制室内应能对汽轮机的预热、启动、从空载加荷至满负荷、连续运行时的负荷调节、正常的（定期的）试验功能、以及机组停机减负荷进行自动和手动控制；

4）当从负荷调度系统给出一个输入信号，或从控制室给出一个手动信号时，汽轮机控制装置应能自动地匹配核电厂的电力输出；

5）自动控制装置应设有可调的不连续的升负荷速率；

6）在全部的速度范围内，自动控制装置应设有若干不连续的速率和加速率的整定值来控制汽轮机的速度和加速度。自动控制功能应设计成避免汽轮机、发电机在其转子的临界转速点停留；

7）当机组脱离原有的自动控制装置时，后备的手动控制应承担起机组的速度与负荷的控制；

8）用于正常速度-负荷控制的调速器应能在105%额定转速时使调节阀与中间调节阀完全关闭；

9）当失去一个正常的调速装置时，可能达到的最大转速不应超过额定转速的105%；

10）当汽轮机从第12章（电力生产系统）所规定的负荷水平发生甩负荷事件时，自动控制应能避免汽轮机跳闸，并能容许汽轮机带厂用负荷运行；

11）当发电机负荷和发电机功率短时（7 周波或更短）失调，自动控制应能快速调节阀门使汽轮机、发电机负荷重新匹配，而不致于发生在负荷失调瞬态直至满功率时失去同步。

12）电液调节控制阀装置和操作器应能在单阀（全周进汽）和顺序阀门动作（局部进汽）之间进行在线切换；

13）在轴承建立足够的润滑油压之前，应有限制汽轮机进汽，限制汽轮机阀门控制装置的联锁，此外，当失去润滑油压时，盘车装置应跳开；

14）当发生不安全的运行事件时，应有保护跳闸系统使主截止阀、调节阀、再热截止阀、中间调节阀迅速关闭。这一系统还应设计成在跳闸系统正常运行和试验时把虚假动作和误动作减少到最低限度；

15）超速保护系统中一个部件或电源的单一故障应不致于造成汽轮机的不安全超速或跳闸动作；

16）应设有汽轮机超速保护装置，确保汽轮机安全。各汽轮机厂根据自身实际情况，可配置机械超速跳闸机构，能在转速约达 111% 额定转速时完全关闭阀门；也可配置电超速保护装置；

17）应设有独立的、冗余的后备电气超速跳闸回路，当转速约达 112% 额定转速时使阀门完全关闭；

18）汽轮机的跳闸点和轴承的机械设计转子振动限止值之间的裕度至少为约 0.127 mm 全幅值（峰到峰）；

19）应有紧急跳闸系统的在线试验手段包括单独的跳闸机构的试验；

20）主截止阀、调节阀、再热截止阀和中间调节阀的液力控制器应能在接收到跳闸信号后使这些阀门在足够快的时间内关闭，以防汽轮机不安全超速。控制器的响应要考虑阀门与汽轮机之间的管道中残留的蒸汽量；

21）汽轮机控制油应采用抗燃油，控制油系统中所有的管道、油箱、加热器和其他与油接触的材料均应使用不锈钢材料。

（5）轴封系统

1）轴封系统应能供汽到（或引出自）所有的汽轮机汽缸的轴封，还应具有轴封间隙增大时的足够的轴封汽溢出能力；

2）应具有轴封蒸汽压力和温度（必要时）的自动和手动控制手段；

3）轴封冷却器应维持部分真空。轴封排汽系统应设计成防止轴封蒸汽凝结水中挟带有空气；

4）应有从辅助蒸汽系统（辅助锅炉）供应轴封蒸汽的措施。

13.1.3 系统配置及要求

（1）主汽轮机

1）高压或高中压和低压汽轮机

汽轮机的转子和叶片材料以及制造工艺应有成熟的高度抗应力腐蚀裂纹（SCC）特性。应考虑材料强度、热处理、低合金钢的回火致脆、以及不锈钢的敏感性的影响。

机械加工、清洗、无损探伤、以及在制造、贮存、安装和检验过程中采用的其他化合物应加以控制，以免被含有氯和硫成份的化合物污染。当使用此类化合物不能避免时，汽轮机的供货商应说明使用理由，并采取措施以减少污染。

隔板叶片/导叶/分隔板所选用的材料应是现场可修理的，需要高温预热和焊后热处理的材料应避免使用。

汽轮机横向的和扭转的自然频率不应与汽轮机的运行转速、试验转速的谐波和线频率相重合，在整个汽轮机、发电机的设计中应有适当的阻尼以减小临界振幅。

叶片的调谐频率应通过试验加以验证。叶片频率的计算应包括离心力、金属温度、叶根固定因数、叶片成组装置（如拉金、固定环等）的影响。

转子和壳体的设计应避免有尖锐的转角半径和裂隙。

汽轮机高压第 1 级叶片应设计成能承受连续的部份圆周进汽所引起的循环负载。

所有的转子都应是按单体设计的，或者是按整体锻造或焊接设计的。

汽轮机、发电机的联轴器设计应能适应发电机的短路事故，而不超出联轴器或螺栓的最小屈服应力。

在汽轮发电机厂房内的汽轮机方位和布置应使与汽轮发电机主轴相垂直的平面不会和一回路的安全壳结构相交。应证明发生飞射物的故障概率是小于 10^{-4}/堆·年。此外，由于汽轮机飞射物对安全相关的系统和部件造成难以承受的损坏的概率宜小于 10^{-7}/堆·年，汽轮机发生飞射物的概率按相关标准规定的方法计算。

对于汽轮机的叶片和喷嘴应根据需要采用防冲刷材料、汽水分离措施或/和防护罩，做到在设计运行工况下至少 60 年不更换整列叶片。如机组在低负荷工况下运行超过期限，或再热器没有投入运行，则 60 年的要求不能适用。

应有减少汽轮机喷嘴和低压内缸冲刷的措施，以及改善蒸汽流道的低压级水分排出的措施。

低压转子，包括轴承应能互换（即低压转子 A 能适用于低压转子 B 的汽缸，反之亦如此），不同机组的高压和低压转子应能互换。

汽轮机低压排汽缸应装有通大气的隔膜。

对于新的或有重大设计改更的第 1 台产品，汽轮机的蒸汽流道包括转子和相关的静子部份以及汽缸，应完整地在工厂内组装以校验其不存在任何干扰。

低压转子是否需要中心钻孔应根据各厂的特定条件评估确定。

2）主汽门、主汽调门、再热汽门和再热调门

这些阀门及其支架应设计成不会因汽轮机的工作谐振和阀门中汽流或液力不稳定而激发起过量的振动。

阀门的操作机构应属于故障安全（即故障时关闭）的设计，藉以减少复杂的联动，并应采用有成熟经验的部件。

这些阀门的限位开关和阀位逻辑指示应有成熟经验。当限位开关尚无足够的实用经验时，应设置冗余的开关。所有的就地汽轮机控制开关和逻辑试验限位开关以及现场终端接线盒都应有密封外罩。同时，从开关位置至现场第一只接线盒应有备用电缆通路。

带有先导阀的阀门应是具有成熟经验的。

阀门的壳体应按其所连接管道的设定的力矩设计，该连接管道所引起的应力相当于对一次加二次应力的容许值，但如果连接点的反力对汽轮机的稳定性影响有更多的控制，则供货商应对核电厂的设计人员明确阀门能接受的接口负载。

调节阀应能在线在全周进汽和局部进汽之间进行切换，这一切换不应导致伺服机构和液压管道的振动。

汽轮机的阀门宜设计成在核电厂处于满负荷运行时可以进行任何经常需要的试验。由于试验中包含有阀门的动作，可能

会有负荷下降，这是可容许的。

控制/调速阀应设计成能承受在低于满负荷，包括负荷跟踪条件下延长期限运行。

3）汽轮机阀门、壳体间和 MSR 系统之间的主蒸汽和再热蒸汽管道

主蒸汽和热再热蒸汽管道应按第 12 章规定的接至汽轮机阀门的管道具有相同的材料。

蒸汽管道的通流截面应根据成熟的运行经验，考虑予期的介质参数（压力、温度、湿度）和下述的材料要求，选用合适的蒸汽流速。

对于不能进行内部检查的管道，管道包括保温层与附近楼板、设备、保温的管道宜至少保持 0.3 m 的间隙，此外，管道的布置宜容许对焊缝、管件、弯管和弯头进行无损检验。

管道的布置应减少 90°弯头和斜接管，有条件时应采用弯曲半径较大的弯管。斜接管宜带有导向叶片以减少湍流。

导汽管和再热蒸汽管道应设低位疏水管，在运行时有可能集水的地方应设连续排放型疏水。

热再热管道中的膨胀节材料应有成熟的抗应力腐蚀裂纹的特性。

冷再热管道的材料应采用符合第 1 章要求的耐腐蚀材料。不应使用碳钢。

4）抽汽管道接口

由于抽汽及疏水管道不属于汽轮机范围之内，汽轮机外壳应按其所连接管道的设定的力矩设计，该连接管道所引起的应力相当于对一次加二次应力的容许值，但如果连接点的反力对汽轮机稳定性的影响有更多的限制，则供货商应对核电厂的设计人员明确接口能容许的负载。

5）疏水和放气接口以及相关的阀门和管道

汽轮机疏水管道应选用耐冲刷的材料。

所有会积聚凝结水的汽轮机内部凹槽处应有适当的疏水。

阀门和管道应有合适的支架以适应自重、热力、流体静力和动力荷载。

6）汽轮机的径向和推力轴承及其罩壳

汽轮机轴承的罩壳应装有转子轴的油密封，以防漏油并减少空气漏入。

7）维修（略）

（2）MSR 系统

1）汽水分离再热器壳体材料应符合《固定式压力容器安全技术监察规程》（TSG 21）和《压力容器》（GB 150）的规定，采用韧性好、可焊性高的 Q245R 优质碳素容器钢。暴露在湿蒸汽或者两相流液体中可能产生严重腐蚀的部件应采用铁素体不锈钢材料。与湿蒸汽接触的汽水分离再热器壳体区域应采用不锈钢防护板或采用内衬不锈钢的复合钢板，不锈钢复层厚度不小于 6 mm。

2）汽水分离器再热器应采用恰当设计的安全释放阀对其进行保护，以确保在汽轮发电机最不利的运行条件下不致超压。

3）分离元件采用波纹板型或者类似的可靠、高效、低压降的除湿分离元件。分离元件应有足够厚度和刚度，能够承受高湿度蒸汽流体冲击引起的弹性振动。分离元件应由不锈钢制造。应进行以试验为依据的分析，确保汽流在汽水分离器进口平面上的良好分布，从而最大限度地提高效益，避免由于局部高速汽流可能引发的结构损坏。

4）再热器管束支撑板的结构型式和

支撑板跨距设计，应保证蒸汽流速小于引起振动的临界流速，避免发生管束振动磨损。

5）再热器管束的设计和制造的精确度应确保在所有的运行条件下，加热管能自由热膨胀而不产生过大应力或损坏管束的构架。

6）应备有适合于汽水分离器再热器材料的停用保养措施。管侧的保养应使用经过处理的水、氮、或干燥的清洁空气。壳侧的保养应采用经过处理的水或干燥的清洁空气。

7）汽水分离器的结构设计应便于分离元件的更换拆卸和从筒体内到筒体外的搬运，便于再热器堵管和抽管束。在汽水分离器顶部和再热器端部应设置操作维修平台，并供应一、二级再热器检修抽管束用移动托架。

（3）润滑油系统

1）应有一个与主发电机密封油系统连接的接口，以便于利用汽轮机润滑油系统作为发电机氢密封油系统的后备。

2）应备有一台直流电动紧急油泵，其容量应足够供应汽轮机轴承所需的油量，以防止交流电源故障时造成损伤，或由于失去润滑油压致使汽轮机跳闸。

3）用于控制交流油泵的直流电源应与用于直流电动紧急油泵的控制及动力直流电源分开。

4）对于所有的汽轮机和发电机轴承，应备有顶轴油系统，供盘车时使用。

5）应尽最大可能使管道和设备的联接点处于储油箱之内，或者处于防护罩、盖、箱等之内。

6）润滑油箱应布置在低于汽轮发电机轴承的低排油点标高以下。

7）在润滑油箱的顶部应设有防爆门。

8）所有的油管道应坡向润滑油箱。

9）在全流量滤油器下游的润滑油系统管道材料应是耐腐蚀的，如不锈钢。

10）应配备有从润滑油系统中除去夹带的空气、氢气和湿气的措施。

11）应配备有在停机末期的 24 小时内除去润滑油中水分的措施。

12）润滑油系统应有单独的排气口，其位置应防止排出的雾气和油气与明火或火花接触，排气口还应避开空气压缩机的吸入口布置。

13）润滑油系统应设有油雾消除器，其位置应尽可能靠近排气口的出口端布置。

14）应设有油箱、供油管和回油管的冲洗措施。

15）应设有冲洗时使润滑油加热的措施。

16）润滑油的供油和排油管道应尽最大可能采用全焊接结构。

17）润滑油的供油管应装设防护套管。

18）交流与直流油泵应能连续排气以排出夹带的空气，排气管应有足够的截面尺寸以防堵塞。

19）应设有在线取样的措施。

20）油系统法兰垫片应使用耐油耐热垫片。

21）应有润滑油油箱低油位保护措施。

（4）汽轮机控制系统

1）控制汽轮机转速与发电机出力；

2）为热力、液力和电参数提供监测，对安全和经济运行所必需的设备部件进行控制；

3）在主汽轮机系统中检测到有不安全的事件时，提供自动报警、触发汽轮发电机停机。

（5）轴封系统

1）应设有自动和手动控制装置以调

节轴封蒸汽的压力和温度；

2）在正常和瞬态运行工况时，轴封系统应至少能从两个独立的汽源获得蒸汽；

3）应设有冗余的，100%独立的电动或汽动风机以维持轴封冷却器的负压；

4）汽封疏水应坡向轴封冷却器，轴封冷却器应低于汽轮机标高布置。

13.1.4 系统运行和维修要求

应配置汽轮机的监控仪表以监测其热力、液力和机械参数，并实现控制功能、触发自动报警，在汽轮发电机组处于不安全状态下触发汽轮发电机组跳闸。

（1）汽轮机监控仪表（TSI）

应配置汽轮机的监控仪表以监测其热力、液力和机械参数，下列参数在所要求的 TSI 中应予以考虑：监测项目包括转速、键相、振动（轴振动、轴承振动）、大轴偏心度、汽缸绝对膨胀、相对膨胀和轴向位移。

（2）汽轮机/反应堆接口信号

应提供冗余、可靠的用于表征汽轮机已经跳闸的信号，该信号应送至反应堆保护系统用于表征汽轮机已经跳闸。

（3）在线诊断

应设置一套汽轮发电机组轴系振动故障分析与诊断系统，具有振动数据采集和故障诊断功能，能诊断汽轮机故障和指导汽轮机在线运行操作。

13.2 主发电机系统

13.2.1 性能基准要求

（1）发电机本体

1）在汽轮机提供额定转矩时，发电机应能发出额定输出功率；

2）发电机应能在任何负荷直到额定输出功率情况下，连续运行。还应能承受负荷快速变化和输电线路故障时引起的国标范围内的暂态工况；

3）发电机应在电压变化范围为±5%和频率变化范围为+1%/−1%时，能以额定功率因数连续输出额定功率，而不会发生失步和设备损坏；

4）发电机应能承受非同期合闸，和在额定负载、额定滞后功率因数及105%额定电压最不利工况下的国标范围内的机端三相突然短路；

5）发电机转子应能承受超速20%运行2分钟，而不会损坏；

6）发电机应能在规定的最小设计氢压下，以额定功率因数降低负荷方式连续运行；

7）发电机轴承的临界转速应偏离额定转速的10%范围；

8）发电机在满载、额定功率因数的情况下承受负序电流。

（2）定子冷却水系统（如装设）

1）在任何正常运行和设计瞬态条件下，定子水冷却器应能维持冷却水温度在允许范围内；

2）去离子设备应能维持冷却水电导率小于0.3 μS/cm 的水平；

3）冷却水过滤器应能维持冷却水在制造商规定的允许清洁度范围内。

（3）氢冷却系统

应装设用水冷却的氢气冷却器以带走氢气在发电机中所收集的热量损失，并保持氢气温度在允许的限值之内。

（4）氢密封油系统

1）系统应能维持其密封油压力大于发电机内氢气的压力，并有足够的压差防止氢气从发电机的端部逸出；

2）在正常运行并连续补氢的条件下，

密封油系统能维持氢气纯度为大于 98%；

3）提供全流量过滤器，过滤器的精度为 10 μm 或更好，过滤器能在线清洗，并设有旁路系统，当过滤器前后出现高压差时应自动旁路；

4）当系统内的一些部件如泵和控制阀产生故障时，仍能保持发电机的全负荷运行。

（5）发电机氢气和二氧化碳系统

1）氢气的贮存量应满足净化二氧化碳所需的氢气量的三倍，从而使发电机加压到工作压力；

2）二氧化碳储罐的容量应至少是驱走发电机内氢气所需气量的 3 倍，此外还应是停机状态驱走空气所需气量的 3 倍。应根据厂外获得气源的条件来评估是否需要额外储存量；

3）充氢系统应维持氢压在 0.2～0.57 MPa之间；

4）氢气的纯度在停机时应维持在 95%以上，运行时应维持在 98%以上；

5）应配置气体干燥器用于去除气体中的湿气，使其干度尽可能达到 100%的水平。

13.2.2 系统配置及要求

（1）发电机转子

1）转子的结构应不会产生不应有的高频回响或噪音。发电机应能运行在各种负载情况下，且能满足标准中规定的温度和高压试验；

2）发电机各部件的平均温升值，应满足相关标准的要求；

3）发电机转子应能在盘车装置的运行中防止铜屑的产生；

4）转子轴应由无裂缝和缺陷整体锻件加工而成；

5）转子绕组的固定应能防止所有正常运行条件下发生的损伤性位移或损坏；

6）转子轴应与汽轮机机械联接在一起；

7）转子绕组的设计应为 F 级绝缘和 B 级温升；

8）发电机每一轴段的自然扭振频率处于 0.9～1.1 及 1.9～2.1 倍工频范围以外，每一轴段的强度能承受国标要求的当电力系统发生次同步谐振、定子绕组出口三相突然短路、系统故障周期性振荡、高压线路单相重合闸以及误并列等产生的冲击力，而无有害变形或损坏。

（2）发电机定子

1）定子铁芯和绕组的安装应能使振动最小。定子铁芯设计和生产时，应能够承受因铁芯在允许范围内振动而引起的松动。应特别注意铁芯端部，以避免产生较高的杂散损耗以及铁芯局部发热；

2）铁芯端部的设计应考虑发电机能在低励磁直至其稳定极值范围内运行。应提供定子端部绕组振动检测装置，用于检测定子线圈端部绕组的振动；

3）6 个定子绕组出线端子的终端应由套管引出，其结构应适于与外部封闭母线连接。发电机应能使封闭母线的终端主法兰能连接在每个套管的端部法兰上；

4）定子绕组应有 F 级绝缘和 B 级温升；

5）铁芯叠片的绝缘应在所有设计运行条件下具有机械稳定性，在设计寿命阶段不会发生绝缘损坏；

6）铁芯叠片应避免产生由制造过程中的冲制而引起的毛口；

7）各端部绕组和各连接应分隔，并用非磁性材料支撑以防止线圈移动及机端短路时绕组或其他部件发生的损坏；

8）设计发电机机座时应注意确保在正常运行和暂态情况下，都不发生机座的损坏性振动。

（3）发电机轴承

1）轴承座的设计需考虑使其防止油及其挥发物质的泄漏并减少空气的渗入；

2）发电机机端轴承和励磁机轴承（若有）在电气上应绝缘；

3）在轴承座、轴封，油、水和其他相关区域进行绝缘以确保不致因轴电流而造成损坏；绝缘系统应能在机组运行时进行绝缘测试；

4）发电机本体轴承的润滑油应由汽轮机本体润滑油系统提供；

5）发电机的轴承应具有良好的运行稳定，确保不产生油膜振荡。

（4）定子冷却水系统（如装设）

1）与发电机组的进出口连接布置应能保证在任何条件下，管路内始终充满水；

2）应提供二套100%容量的冷却水泵、冷却器和二套100%容量的过滤器及滤网，并能平稳从一列切换到另一列，不影响冷却水流量，过滤器的精度为3 μm或更好；

3）应提供一套或二套去离子器及相关的树脂捕捉器；

4）不同类型材料之间的连接和材料选择应保证避免任何制造缺陷的产生，避免采用钎焊连接和螺纹连接，不同金属之间的连接应避免产生电腐蚀；

5）系统设计应考虑防止冷却水的铜污染的问题；

6）发电机冷却水管道系统设计应考虑有对定子绕组进行反冲洗装置；

7）定子绕组冷却水系统采用集装式。水系统的阀门、滤网、管道、水泵等均采用不锈钢材质（不低于06Cr19Ni1）。

（5）氢冷却系统

1）冷却器的设计能保证其热阻不大于$3.522\times10^{-4}\ m^2\cdot K/W$；

2）冷却器的材料应与冷却水的化学性能相适应；

3）冷却器的设计还应考虑采取一些措施，包括水侧在线清洗、防止氢气的聚集等；

4）发电机氢冷系统及氢气控制装置的所有管道、管件、阀门（选用进口阀门）、有关的设备装置及其正、反法兰和附件，材质采用不锈钢材料（不低于06Cr19Ni1），并应使布置便于运行操作、监视和维护检修。

（6）氢密封油系统

1）本系统应按所在地区设计温度和相对湿度条件下运行进行设计；

2）密封油系统应低于发电机布置，使所有的排油管均坡向储油箱或真空油箱；

3）应设有维持油位的措施，以防止氢气通过排油管泄漏出来；

4）应装设一台主密封油泵和一台应急密封油泵；

5）应急密封油泵应由直流电源供电和控制；

6）与汽轮机润滑油和轴承油母管的连接应设置一路恒定补充油和一路备用油至发电机轴承密封，以在主油泵不能工作时，仍保证密封油正常供油，同时设有降低发电机氢压低于汽轮机润滑油压力的措施；

7）密封油系统及密封油控制装置所有管道、管件、阀门、有关的设备装置及正、反法兰和附件，材质采用不锈钢材料（不低于06Cr19Ni1）；

8）密封油冷却器应满足：

①油冷却器应干净，确保安全没有管垢，所有和油接触的表面应涂上一层能与

汽轮机润滑油相容的防腐材料；

②冷却器的设计能保证其热阻不大于 3.522×10^{-4} $m^2\cdot K/W$；

③冷却器的材料应与冷却水的化学性能相适应。

（7）发电机的氢气和二氧化碳系统

1）本系统应按所在地区设计温度和相对湿度条件下运行进行设计；

2）在氢气供应设备压力调节阀和氢气供给隔离阀之间应装设一根短管；

3）配置氢气干燥器用于去除在发电机内循环的氢气中的湿气；

4）应提供用于测量氢气泄漏量的装置和测量环境氢气浓度装置；

5）应提供发电机内氢气浓度在线取样的装置；

6）发电机氢冷系统及气体置换装置能满足发电机充氢、自动补氢、排氢及中间气体介质置换工作的要求，能自动监测和保持氢气的额定压力、规定纯度及冷氢温度、湿度、CO_2 纯度等。

（8）励磁系统

1）根据汽轮发电机供应商的供货经验及业绩，可选择装设静态励磁或旋转励磁；

2）励磁机的构造应能承受所有的正常运行工况、三相短路、或突然加载而不致损坏；

3）供货商应向电网公司提供无功电流补偿值，欠激磁无功限值，最大激磁限值和低频率限值；

4）在励磁系统中应设置继电保护，藉以自空载至满载，自欠激磁至过激磁来保护发电机；

5）如整流器采用水冷却，则冷却水回路的设计和安装应能防止在所有的运行工况下，包括失去冷却水的临时运行工况下发生电闪蒸；

6）起始点和电压调整器整定点的校正器应为电动，以便于遥控，且应带有限位开关作位置指示用，整定点手动校正的手段也应具备；

7）整个静态励磁系统应有强制空冷系统加后备冷却；

8）静态励磁系统应配备干式变压器以操作励磁机设备；

9）旋转励磁系统的励磁机应是带有密闭通风回路和空气-水热交换器的空冷设备；

10）在旋转励磁机的周围应建一金属结构的外罩，以抑制装于轴上部件的飞射物，外罩应有通风以防氢气的积聚；

11）如励磁机是装在一根和主发电机转子无关的轴上的，则励磁机轴应直接和主发电机转子联接，联轴器的设计应能容易并快速拆装；

12）如励磁机转子是与主发电机转子分开的，则励磁机的轴承应由汽轮机的润滑油系统来润滑；

13）励磁机的外壳部份应装有起吊耳环以便于搬移；

14）为便于检查可更换的元件，如二极管或熔丝，应设有检修孔。

第 14 章　厂房设计与布置

14.1　概述

本章节主要规定了华龙技术电厂在布置设计方面的要求。

14.1.1　目的

本章节主要规定了华龙技术电厂在布置设计及其相关的总体技术、灾害、建筑、结构、辐射防护、电气、仪控等各方面的要求，与所有章节均存在接口关系，在其他章节中包含了特殊的布置要求。

14.1.2　范围

本章节内容涵盖了厂房、工艺管道、电气、仪控、通风、设备、结构、建筑、总技、辐射防护以及给排水等专业的总体布置、接口、支撑要求，且涉及核电厂寿期内从设计、建造、安装、调试、试验和运维所有阶段的布置要求。

14.1.3　功能

核电厂首先应设计为能实现热工水力、发电、运行等功能，还应具有良好的经济性。因此应当把功能上有联系、运行上互相配合的各个系统、回路或成套的机械电气设备组合在一起，分别安装在各厂房中，并且最合理地安排各厂房间相互位置，从而得到一个具有最佳发电效果的核电厂房的总体平面布局。

14.1.4　原则说明

核电厂布置主要遵循的原则有：可建造性、可操作性、可维修性、尽量减少放射性危害以及标准化等。

14.2　总体布置准则

14.2.1　总体设计准则

14.2.1.1　人因

核电厂布置和设计符合人因工程原则。设计采取适当措施使运行人员操作方便和舒适。

设计考虑提高可运行性和可维修性的设计特性和要求。对于不可接近区域，通常布置具有高可靠性、在运行期间不要求监督试验或失效后不影响核电厂可利用率等特性的设备。人力无法移动的设备，通常布置在直接通向吊装设备以及吊装孔的位置。

14.2.1.2　核电厂空间优化

核电厂厂房及其内部房间的空间布置考虑人员和设备的进入以及建造、运行、维修期间所需要的充足的作业空间。避免挖方、混凝土、管道、输水管、电缆等局部大量堆积对建造、维修、试验、检查和运行造成的不利影响。同时，应该合理规划核岛厂房，减少空房间，使核岛厂房占地面积尽量小。

14.2.1.3　建筑

为使建筑外观给人以良好的视觉感受，单体建构筑物和核电厂整体建筑风格按最新的现代化核电厂进行设计和规划布局，并适当考虑经济性。

核电厂厂房建筑内部的设计，在照

明、通风、装修、陈设、颜色选择及空间分配方面考虑人的心理因素和人的行为因素（人因工程学）。

建筑的构配件选择注重适用性和可靠性原则，建筑构配件耐久性满足核电厂寿命及使用期内维修更换期限的要求。

14.2.1.4　结构

核岛厂房土建结构设计寿期为 60 年。

核厂房设计遵循通用结构设计基准要求，设计人员设计时还需参考本章内容及其他要求作为补充。厂房详细设计按 60 年寿期要求进行选材，并最大限度考虑经济性和适用性。

厂房结构及构件设计时考虑合理的建造公差要求。

14.2.1.5　厂址条件

结构设计和核电厂布置时考虑以下厂址条件的要求：

（1）厂址地质条件符合华龙技术电厂包络的厂址设计参数要求；

（2）冷凝器冷却水和非安全相关厂用水的热阱根据相关要求确定；

（3）核电厂冷却水系统依据标准厂址包络参数进行设计，包络以外的其他厂址条件需作为特殊厂址处理。

14.2.1.6　耐久性

混凝土结构应根据设计使用年限和环境类别进行耐久性设计，耐久性设计包括下列内容：

（1）确定结构所处的环境类别；

（2）提出对混凝土材料的耐久性基本要求；

（3）确定构件中钢筋的混凝土保护层厚度；

（4）不同环境条件下的耐久性技术措施；

（5）提出结构使用阶段的检测与维护要求。

14.2.1.7　设计方法

对于核电厂的结构设计和力学分析，设计的复杂程度和所采用的分析技术与结构和构件本身的复杂性和重要性相一致。

建立核电厂全周期数字化三维模型，方便设计、施工、运行和维修。

14.2.2　安全设计准则

14.2.2.1　概述

利用结构设计来同时满足核电厂厂房设计和设备布置设计的安全要求。本节所述的安全要求还与运行和维修要求如放射性屏蔽、出入控制等结合考虑，最大可能地利用所需要的结构达到最佳设计。

14.2.2.2　安保

评估核电厂保护区和要害区的出入口在燃料进场后的施工、换料和大修期应与正常运行功能相同。

核电厂的布置和厂房设计应为人员控制和材料的运输提供最少的安保和放射控制点。监控点尺寸确定应根据满足工作人员短时间逗留、重要的维修作业或正常运行中所需要的最大空间来确定位置尺寸。厂房外部的安保区域需要设置入侵探测设备，应尽量减少建筑物不规则外形。

设计应明确定义在应急情况下人员要使用的出入路线，例如，主控制室至远程停堆站、技术支持中心和现场应急电源。安保措施应保证在应急期间必需的操纵人员出入。

核电厂的布置和厂房设计特征满足安保的要求，布置和厂房设计一定程度上可以增强核电厂抵抗放射性破坏的外部威胁能力。特别是应在要害区周界设置受控的安保出入口。

设计应将实物保护探测措施纳入到核电厂设计中，例如将要害设备布置在要害区内；安装入侵检测系统和评估系统等。

14.2.2.3 消防

（1）建筑物的建筑材料符合《核动力厂防火与防爆设计》（HAD102/11—2019）的防火要求；

（2）防火屏障的开口处设计符合《核动力厂防火与防爆设计》（HAD102/11—2019）的防火要求；

（3）安全相关构筑物外墙满足相应防火分区的耐火极限要求，防火屏障的开口和贯穿件尽可能少，并使用与防火屏障耐火极限相同的防火材料进行封堵；

（4）安全相关系统仪表和控制系统，以及通信和电源与冗余列分隔；

（5）冗余的安全相关电源相互分隔，非安全级电源与安全级电源相互分隔；

（6）控制室综合体应设置为独立的防火分区，将其与厂房中的其余部分隔开；

（7）每个防火分区都设置人员疏散通道，通向室外的楼梯作为主要逃生通道，并用于消防干预路径，反应堆停堆操作必需路径，应当配置足够的应急照明。疏散通道的设计应符合现行《核电厂防火设计规范》（GB/T 22158）的要求；

（8）应考虑因消防水造成的内部水淹，安装固定灭火系统的区域考虑设置地漏或其他防护措施，以防止安全级系统设备因消防水淹没。排出含有易燃液体时应防止易燃液体回流；

（9）柴油燃油贮存区不得设在装有与燃油系统无关的安全设备的建筑物内。罐体被安置在单独的建筑物或地下室中；

（10）变压器防火设计遵照《建筑设计防火规范（2018年版）》（GB 50016—2014）进行设计；

（11）冷却塔为不燃结构（滨河厂址适用）。

14.2.2.4 内部水淹

设计人员应考虑管道破裂产生的射流冲击、管道甩击、飞射物、环境变化等效应。

非安全级流体系统的泄漏导致的水淹不应导致同区域的安全级设备失效。对核安全相关物项，应尽可能地将内部水淹的影响范围限定于冗余安全系统的一个系列；如不可避免地有冗余安全系统的多个系列布置在一起的情况，需满足一定的空间分隔，避免由于内部水淹造成安全系统的冗余系列受到威胁。

内部水淹分隔可采用下面方式：

（1）限制内部水淹漫延可通过划分水淹分区的方式来实现。水淹分区的实体屏障限制了内部水淹从一个分区向另一分区漫延；

（2）应将存在执行安全功能的系统和设备的房间划分为水淹分区；

（3）针对分区划分的具体措施，应尽可能通过实体屏障来实现，所有构筑物的外墙、基础、楼板必须为水淹分区提供实体边界；

（4）应对核安全相关物项进行必要的防护；

（5）通过设置门槛、挡水堰等方式限制内部水淹的漫延，以达到尽可能地减少需防护设备所在区域受到内部水淹影响的目的；

（6）如果需防护的设备位置低于最大内部水淹水位且无法证明其能在被水淹情况下运行，则可以通过采取提高设备安装高度的内部水淹防护措施，使得需防护设备免受内部水淹影响。

内部水淹控制是指使用分流疏排、泄

漏探测和隔离的方式来控制和缓解内部水淹的后果。具体可采取以下防护措施：

（1）设置排水设施；

（2）泄漏的探测和隔离。

14.2.2.5　有毒和易燃物质

应识别核电厂区边界内存放物质及其特征：比如数量，物理状态和化学构成，种类，储存方式，以确定何种物质的释放会影响安全系统相关的设备或执行安全行动的人员。识别过程需要考虑物质的储存位置、分配或运送的路径。

有毒有害物质释放应遵守以下准则：

（1）尽量减少释放的可能性，包括保守设计、材料选择、高质量建造、施工和在役阶段的检查等。针对有毒有害物质释放，主要包括储存罐、分配系统的设计及其在役检修；

（2）核电厂系统和设备设计，应考虑能应对气体或蒸汽的影响，同样包括保守设计、材料选择、高质量建造、施工和在役阶段的检查等。如果有电缆和机柜靠近有毒有害物质释放源，需要通过设计和布置将有毒有害物质释放的损害降到最低；

（3）采取合理的总体设计原则，比如考虑冗余性、多样性、实体分隔和空间分离等，通过合理设计系统和有毒有害物质储存点的相对位置关系，消除有毒有害物质释放的不利影响；

（4）宜将安全重要物项布置在建筑物内部，则在气云进入厂房前，已被吹走或者浓度减小，从而缓解可能的影响；

（5）对厂房、控制室的通风系统的控制：控制系统应该关闭通风系统的进风口而使相关区域进入自循环通风模式，从而避免对人员的影响；

（6）针对化学品释放可能意外混合并且形成二次产物的情况，防护措施还应包括接受和储存化学品的管理控制，以及必要的设计措施，如酸、碱的供应使用不同的软管接头。

应避免储存可燃气体（丙烷、氢气等）的大储存罐靠近厂房结构，埋设的储存罐应由耐腐材料构成。气体储存罐的位置应考虑潜在火灾、设备失效、操作事故，并考虑气象条件、地形、地质条件和人员所处位置，如控制室新风口和电厂设备。

14.2.2.6　辐射防护

核电厂厂房设计和布置应满足：工作人员进入较低辐射区（或较低污染区）时不必穿过较高辐射区（或较高污染区），应把穿过辐射区和污染区的通行路线尽可能缩至最短。

对实施计划维修任务的人员数量和维修所需时间、工作区的预期辐射水平以及往返工作区的路径进行研究，以确认满足第 2 章：总体要求中的辐射防护目标值。

设计人员应根据核监管要求和现有的核电厂运行反馈确定屏蔽设计所用正常源项、停堆源项和事故源项。源项应考虑反应堆冷却剂水化学条件，包括添加剂。

14.2.2.7　安全系列实体隔离和保护

安全设备的分离按照系统分级规定进行。

非安全相关的管道、电缆桥架或管道附件尽量避开安全相关的设备、管道、电缆桥架或管道附件附近布置，以免发生相互影响。不能避免时，非安全相关的部件的设计按照抗震Ⅱ类要求执行。

核电厂布置考虑保护安全相关的仪器仪表设备不受内部灾害的影响，以及与非安全级辅助设备分隔。

14.2.2.8 严重事故考虑

核电厂关于严重事故保护的总目标是要充分利用核电厂必要或必需的一些措施，来执行预防功能和严重事故缓解功能。

14.2.2.9 外部事件的防护

外部事件应防护外部人为事件和外部自然事件。外部人为事件应包括：飞机坠毁（包括商用飞机恶意撞击）、外部爆炸、外部火灾、毒性气体、腐蚀性流体释放；外部自然事件应包括：极端风（包括龙卷风）、极端温度、外部洪水、降水（冰冻及积雪）、地震、极端低水位、雷击、生物现象、漂浮物及泥沙。

外部事件防护设计是为了实现核电厂基本安全目标：在核电厂中建立并保持对放射性危害的有效防御，以保护人与环境免受放射性危害。

外部事件防护设计需考虑在发生设计基准外部事件时，保护安全重要物项的安全功能，在发生超设计基准灾害时，应避免发生陡边效应，保护用于防止早期放射性释放或大量放射性释放所需的物项。

14.2.2.10 事故后通道

核电厂的布置，应提供事故后为了监视和恢复运行需要的人员进出通道。该人员进出通道应能够防止高水平的辐射，并应适当的利用远程控制技术。

14.2.3 施工设计

14.2.3.1 概述

综合考虑核电厂运行、维修需要及总成本费用，使施工设计达到最佳化。

14.2.3.2 施工顺序

根据核电厂中厂房设计和布置选择合适的施工顺序。

14.2.3.3 安全相关和非安全相关施工区的隔离

考虑安全和非安全相关区域的隔离以降低非安全相关区域的建造成本。同时还考虑实体隔离以及不同的设计要求、施工活动和质量保证中所要求的隔离。

14.2.3.4 模块化

设计允许采用大型模块进行装配和安装。设备组件模块满足可运行性和可维修性要求。同时，结合施工顺序对模块设计及选择范围进行评估。

14.2.3.5 启动试验

核电厂设计包括系统完工、预运行试验和启动试验的有关要求。

14.2.4 运行和维修设计

14.2.4.1 可维修性评价

设计人员应在设计电厂布置图的同时进行可维修性评价。可维修性评价应对受限制的作业，如受走廊通道、人孔和起重设备等尺寸限制的作业，提供详细的评价，以说明这些作业在以下范围能够执行：

（1）在核电厂运行期间的设备使用；

（2）在核电厂停堆期间的换料和主要的检查、试验和维修。

应对吊装载荷及其运行空间、墙和天花板及楼板上的吊装点、作业空间和间距、适当的作业平台和梯子、运行路线以及用于设备、工具和人员的运输设备等进行评价。根据评价结果确定合理的通道宽度和高度、进出设备通道、运输设备（包括单轨吊车、起重机、升降机和机动运输装置等）、临时吊点及堆放位置等。

需要进行维护、试验或定期检查的设备，应提供足够的检修通道满足人员可达性要求。

设计人员应考虑在重要的厂房，如反应堆厂房内预留临时脚手架的储存位置。

可维修性评价应系统地评价整个核电厂的维修活动，重点考虑进出通道和运输设施受限的情况。

设计应考虑机器人在进行可维修性评价和在役检查时的应用。

设计应标明在高密集区域的维修和运行进出路线。

14.2.4.2　可维修性设施

(1) 走廊通道

要保证所有设备的运输，考虑从安装点到吊装孔或电梯沿垂直方向到达厂房出口的路径。通道的尺寸应能适应小型自动装卸车或机动小车的进入和运输。走廊通道也应适应施工活动，包括易于施工人员活动和施工材料运输。

(2) 升降通道

对于通过多层楼层的垂直起吊，升降通道应尽量垂直。考虑分段运输，可在中间的楼层上设成转换吊装层。通道口盖板应易于拆卸，采用易于去污的表面且有防泄漏的接缝做法。

(3) 可移动墙

在墙上开洞通常是为便于设备的移动和安装。洞口的填充材料应易于更换，同时具备必要的屏蔽功能和在正常运行期间要求的其他功能。应对填充材料的初始放射性物质含量进行评估。墙体结构和填充材料表面应进行表面光洁度处理，便于去污。

(4) 坡道、升降机和楼梯

应尽量利用坡道和通往设备的地面通道。坡道应设计成适当的坡度，以便于使用千斤顶、叉车、手推车等运输工具移动设备和材料。坡道设计荷载需考虑运送已使用的过滤器、树脂或其他放射性物质的重型屏蔽容器。较大高度的运输路径，应提供升降机。设计应依据可维修性评价，为运送货物和人员提供升降机。反应堆堆腔通道应考虑设置可达楼梯或平台，如有必要，反应堆堆腔通道考虑使用移动平台。升降机的尺寸应满足大型物件的需求，如脚手架。升降机应提供单独的动力系统以确保能持续使用。

(5) 设备安装和起吊

应提供起吊和装卸较大设备及其部件的措施，包括厂房起重机用的楼板顶柱和升降口、单轨卷扬机、辅助旋臂吊车和悬挂固定点。如有必要应在墙、楼板上提供预埋件和可能偶尔需要特殊悬挂的高架装置。应标明每一个预埋件的设计载荷。应在厂房内提供厂房起重机或外部起重机备用的起卸通道。当厂房内局部区域剂量率超标时，应使用远程操作电动升降机进行操作。设计应对施工和维修人员使用的设备安装和起吊设备做出明确规定。

(6) 核电厂辅助装置

应提供核电厂辅助装置。还应提供维修方面的附加辅助装置，如氩、氮和含碳的气体装置。电气连接应包括所需的焊接。整个核电厂的辅助装置连接件应标准化。

14.2.4.3　遥控设备

华龙技术电厂应考虑遥控设备在核电厂运行和维修阶段的应用，并为遥控设备预留运行空间，尽量减少工作人员可能受到的辐射伤害。

(1) 遥控设备贮存及去污

应用遥控设备的核电厂布置，应考虑遥控设备去污措施规定的安全区域。

(2) 门、楼梯和走廊通道

应用遥控设备的厂房，在可能使用遥控设备的场所（包括平台、梯子和人员通道），其要求应与遥控设备的使用方式相适应。

(3) 闸门和设备升降口

在核电厂功率运行和安全壳可进入期间（即停堆期间），对于进入安全壳内的遥控装置，辅助设备的设计应考虑安全壳贯穿件的隔离。使用的辅助设备应包括电气电源和控制电源及相应进行监视的隔离系统。需通过的闸门大小应考虑大型遥控搬运装置和支撑设备的合理尺寸。

(4) 平台、钢梯和人行通道

在确认使用遥控设备的地方，平台、钢梯和人行通道，为方便遥控设备使用应进行如下设计：

1) 平台尺寸便于遥控设备和维修人员使用；

2) 为产生最佳的生产效率，用于遥控设备活动的平台设置参数应与遥控设备形状相匹配（机身中部高度）；

3) 用于遥控设备活动的钢梯的梯级设计应考虑便于遥控设备的移动、推进和运输；

4) 提升遥控设备的升降井要靠近钢梯；

5) 在钢梯上为遥控设备宜采用摩擦制动或重力制动的轨道；

6) 竖向钢梯安全罩尺寸应便于遥控装置通过；

7) 用于遥控设备活动的标准化的人行通道，其开间尺寸、敞开角度、螺栓配置、排水设备尺寸和位置宜标准化；

8) 设计应考虑在遥控设备活动的轨道或支撑装置内，避免出现泥浆的堆积阻塞。

(5) 遥控设备其他操作考虑

应用遥控设备的核电厂厂房特性设计，设计应包括便于遥控装置操作的其他专有特性：如辐照、内部检查、电气接线盒设置、充电、通讯和照明等。

14.2.4.4 配套设施

华龙技术电厂厂区布置应提供支持核电厂运行所需的办公室和其他设施。规定从其他厂区和场外进入这些设施的通道。划定重载运输路线以及荷载限制、屏蔽要求等。通道设计尽量减少人员通过高噪音、放射性物质或不便于核电厂周围人员行动及行动受制约的其他危险或限制的区域。核电厂厂区布置应在重要和受保护区域外提供适合的办公设施，尽可能减少必须进入高安全区域的人员数量。

华龙技术电厂厂区布置应为受污染和未受污染的设备提供车间和仓库设施。从核电厂其他区域以及从核电厂外部到这些区域的主要路线。特别是仓库设施应能通过外部走廊进入，而不必进入重要或受保护的区域。此外，受污染设备的车间和仓库的通道应与未受污染设备的相应通道分开，并应为封闭通道，以防止放射性物质进入环境。

14.2.4.5 风雨防护设施

华龙技术电厂的布置和厂房设计应尽可能为设备提供防风雨保护，以防止恶劣天气的影响并为运行和维护人员提供舒适的环境。除了大型容器及其配套的支持设备、因安全原因不能放置在室内的危险品和通常设置在室外的大型设备外，所有发电设备均应设置在室内。当必须放置在室外的设备需要进行日常维护时，应制定保护人员免受天气影响的措施（即在需要维护的设备周围提供庇护所）。

14.3 总平面布置

14.3.1 概要

14.3.1.1 范围

本章节提供了核电厂厂区设施布置的要求。内容涉及核电厂在建造、调试、运行及大修期间的厂区布置考虑及需要解决的注意事项。

14.3.1.2 厂址适用性

本章规定的要求，必须根据所选特定厂址的地形和特征进行适应性选取。如果相关要求与特定厂址条件不相符，则核电厂设计方应为业主提出合理可行的解决方案。

华龙技术电厂应考虑多机组布置的情况，坚持尽可能利用厂址多堆机组建设的原则，节省厂址开发成本。设计应考虑多机组布置的相互影响并在合理条件下对有限厂址空间进行充分利用。在多机组厂址中应考虑多机组对辅助配套功能设施共同利用的可能性，但是通常情况下不建议核安全相关的设施采取共用设计。多机组核电厂应该参照复制原则而避免镜像原则进行布置，多机组布置时应尽量避免汽轮发电机断裂或飞射物对反应堆厂房、主控制室等安全重要建构筑物产生严重影响。

14.3.1.3 布置设施的分类

核电厂厂区的设施主要分为以下几类：

主生产设施区（主要为核岛主厂房群和常规岛）：核岛主厂房群一般由反应堆厂房、燃料厂房、安全厂房、控制厂房（或电气厂房）、核辅助厂房、核废物厂房（也可做离堆设计）、运行服务厂房（内含卫生出入口）以及应急柴油发电机厂房等设施组成。常规岛一般由汽轮机发电机厂房及其附属设施组成。

辅助生产设施区：辅助生产设施区主要有配电装置设施、放射性辅助生产厂房（仓库）、非放射性辅助生产厂房（仓库）、厂内水输送及处理设施（包括厂生产用水、生活用水）、实物保护及辐防控制设施、储罐与材料堆场设施、厂区公用设施等。配电装置设施主要包括开关站、网控楼及相关输变电等设施。厂区公用设施包括公路、铁路的进出和水路装卸码头设施、厂内进出道路和停车场等运输设施、绿化、厂界围栏、厂区各类管沟及管廊等。

厂前建筑区及其他辅助设施区：厂前建筑区主要由综合办公楼、档案馆、餐厅等组成。其他辅助设施区由宣传展览中心、培训中心、应急控制中心、武警营房、消防站、气象站、环境实验室、环境监测站、水处理站等组成。

施工建造区：布置应同时考虑核电厂在建造期间的施工区布置安排，例如用于建造方的管理、生产、组装、存储及生活服务设施。

14.3.2 布局原则与总体要求

核电厂布局通常要与产业政策、电力负荷、区域发展、土地资源、环境保护、社会人口相协调，根据厂址条件、规划容量和核电厂生产、运维要求、厂内外设施、非居住区、施工区、防洪排涝设施、交通运输及设施、出线走廊等内容，并兼顾远期发展，进行统筹规划。核电厂区总平面布置应在总体规划基础上，结合特定厂址内的地形、地质、水文、气象、水源、厂内外运输条件和建设顺序等特点，落实生产流程组织、应急、安全、环境、卫生、消防、抗震、辐射控制、实物保护、人物流交通、土建施工、设备安装及检修、土方平衡等多个关联因素方面的不同要求。

14.3.3 厂区总平面布置要求

14.3.3.1 厂区布置原则

（1）满足核电厂近、远期规划容量及其配套设施所需用地面积；

（2）满足核岛等安全重要建构筑物和其他重要建构筑物对地基的要求；

（3）满足工艺流程、功能分区要求；应近远期结合，方便施工，有利于扩建；应满足实保要求合理设置控制区、保护区和要害区，合理划分放射区和非放射区；

（4）核电厂区用地应结合反应堆厂房位置和非居住区半径，应充分利用非居住区用地，减少征地拆迁和居民搬迁量；

（5）各配套设施应根据核电厂规划容量和分期建设要求合理配置，宜在满足有关规范且符合安全的前提下，相对集中布置并与核电厂区邻近；

（6）按照确定的核电厂设计基准洪水位要求，结合厂址地形条件，合理规划防排洪设施；

（7）因地制宜，优化主厂房与其他辅助厂房及循环水管沟之间的功能联系；冷却水取、排水系统和电力出线满足工艺流程，力求线路短捷顺畅，电缆和管道敷设距离尽可能短；起重机及吊装工具的通道，能够满足核电厂建设各阶段的使用需求；

（8）核电厂对外交通运输方式应结合当地交通运输状况合理选择确定，保证施工、运行和应急期间的运输需要；厂区内部通道应满足消防、卫生、安全、实物保护、管网布置及施工安装等要求。交通运输应保证核电厂新燃料、乏燃料及放射性废物的贮存和运输安全；

（9）充分利用自然条件，减少厂区工程量和基建费用。

14.3.3.2 厂区布置要求

（1）厂区设施方位

华龙技术电厂厂区建筑设施通常情况下需要满足以下的布局要求，其中对于特定厂址的特殊需求，设计方应统筹协调解决。

核电厂区布置宜位于附近城镇或居民区常年最小风频的上风侧。核岛厂房布置宜使与其毗邻的常规岛有便捷的取、排水条件和电缆敷设条件，宜有利于放射性厂房成区布置，并处于盛行风向下风向，应有利于新、乏燃料和放射性废物的运输，厂房地基应在稳定的、岩土性质均匀的地基上，地基岩土参数应符合核电厂设计的要求。

汽轮发电机厂房布置应紧靠核岛，其汽轮机长轴方向宜与反应堆呈径向布置，应使循环水管线短捷，应使高压输电线出线方便，炎热地区宜使汽轮发电机厂房面向夏季盛行风向。室外配电装置宜布置在循环水冷却设施冬季盛行风向的上风侧。

放射性辅助生产厂房宜相对集中、独立成区布置在厂区一角，常年最小风频的上风侧且厂区地形最低的地段，且应有对外运输的单独出人口，并应布置在保护区内，与核岛之间的管线和道路连接方便短捷。

非放射性仓库宜集中或联合布置，各类仓库应按贮存物料的性质、管理特性，确定其朝向并设置必要的露天作业场地。仓库区宜靠近对外物料运输的出人口，宜布置在保护区外。机、电修理车间宜集中或联合布置，应设置必要的露天堆场和作业场，仪修车间应远离振源。

动力和气体供应设施宜相对集中于一区，并应靠近核岛、常规岛。压缩空气站应布置在主要服务对象附近或靠近负荷中心。贮气罐宜布置在压缩空气站室外较阴凉的一面。制氢站及氢气储供车间应单独布置，并应布置在常年最小风频的下风侧，应远离明火或散发火花的地点，宜在厂区边缘且不窝风的地段，泄压面不应面对人员集中的地方和主要交通道路。

为降低污染物对主厂房区的影响，废气处理厂房、污水处理厂、任何气态氯设施等应尽可能设置在主厂房区下风向位置。循环水系统的主要进水和排水与汽轮机厂房之间的管道布置应力求短捷，并应减少相互之间及与其他管线的交叉。

冷却塔（如有）宜靠近汽轮发电机厂房，应与安全重要建筑物、构筑物保持安全距离，确保其损坏不会危及抗震Ⅰ类建构筑物，最大程度减少其他设备的损坏。冷却塔的强制通风方向应以主要通风冷却效果最佳化的方式确定方向方位，不宜布置在室外配电装置和主厂房建筑群冬季盛行风向的上风侧。

厂前区建筑宜布置在厂区常年最小风频的下风侧，其中餐厅宜布置在厂前区常年或夏季盛行风向下风侧，宜集中布置在保护区外且对外联系方便、面向厂外主要干道的地段，并应靠近厂区主要人流出入口处。

宣传展览中心、培训中心和厂区生活服务设施可集中或分区布置，宜靠近厂前区，布置在进厂道路附近，并应布置在控制区外。

武警营房应布置在靠近核电厂且交通便利地段，满足核电厂保卫、实物保护、突发事件和应急状态下的处置要求。

消防站宜设在厂前区边缘，在通往厂区主厂房建筑群最短捷的出入口附近，或布置在责任区的适中位置，并能顺利通往责任区内各个地段，应保证在接到报警后 5 分钟内消防队可以到达责任区边缘。

应急控制中心布置应设在厂址征地边界内与主控制室相分离的地方，应保证应急期间的应急指挥人员可以快速到达，并满足在严重事故状态下的可居留性要求。

气象站应符合国家有关气象技术的法规标准要求，应布置在核电厂厂址盛行风向的上风向。其位置能较好地反映本地气象要素特点，四周应空旷平坦，海拔高度宜与厂址地坪相适应；由气象站探测的气象信息能用于判定放射性气体在核电厂大气水平方向和厂区环境中散逸释放等技术问题。

厂区出入口设置应满足人、货分流和应急撤离要求，应设有两个不同方向的出入口，其位置应使厂内、外联系方便，且方便进厂道路与地方公路的连接。

（2）厂区排水

核电厂厂区排水能力应确保厂区可能的最大降水量及邻近区域地段疏排水流的影响下，厂区不会被淹没，并将超基准洪灾淹没厂区的可能性降至最低。核电厂厂区排水应结合地形、地质条件、竖向布置充分利用和保护自然的排水系统。场地排水宜采用管道式排水，当设置排水管道有困难或经济上不合理时，可采用明沟排水方式。挡土墙、边坡坡顶应设截水沟。当采用管道排水时道路雨水口的型式、数量和布置应按汇水面积范围内的流量、雨水口的泄水能力、道路纵坡和路面种类等因素确定，场地雨水口设置应按汇水面积范围内的流量和雨水口的泄水能力等因素确定。此外，根据国家相关法规标准要求，厂区雨水与厂区污水排放系统应采用分流制。

（3）厂区地坪标高及土建结构地下布置

1）厂区地坪标高

厂区地坪标高应满足生产、运输与装卸、工程管线布置、防洪、场地排水、土石方平衡以及施工等要求。核电厂场地标高应符合安全应急的要求，需要考虑超设计基准水淹情况（设计基准洪水位情况下，叠加千年一遇降水）。安全重要建、构筑物的场地标高应高于设计基准洪水位，并应考虑相应的波浪影响。常规岛区域场地设计标高应高于防洪标准（重现期）0.5米。核电厂的设计基准洪水应按《滨河核电厂厂址设计基准洪水的确定》（HAD101/08）或《滨海核电厂厂址设计基准洪水的确定》（HAD101/09）确定。

建筑物的室内地坪设计标高应与联系密切的车间、仓库之间所采用的运输方式相适应，进入建筑物的运输线路应符合相应技术条件，应考虑燃料容器操作设施通道进行燃料桶装卸作业的便利性。

易燃、可燃、腐蚀性液体仓库室内地坪宜低于仓库门口的地坪，或入口处设置门槛，应确保液体无外流的可能。固定露天仓库堆场地坪标高宜高于周围场地。山坡地区厂区竖向布置，在满足生产、运输等要求下，宜采用阶梯式布置。当电厂采用直流冷却供水，场地标高与取水标高相差较大时，宜将反应堆厂房与汽轮机厂房错层布置。

2）厂区土建结构地下布置

厂区土建结构地下布置考虑如下：

①核岛厂房群：反应堆厂房土建结构埋深应在建造施工成本、正常运行维护、维修便利性等因素之间取得合理平衡。反应堆厂房安全壳及其他核岛厂房的土建结构地下深度应满足有关车辆通道能够直接从室外地面到达厂房内位于吊装操作平台下方的设备维修转运通道的要求；

②常规岛汽轮机厂房：常规岛汽轮机厂房应具有适当的结构埋深。其结构地下深度应根据厂址条件、循环水取排水方案、建造成本、汽轮机冷端优化及凝汽器布置高度要求进行确定。

（4）厂区分区、安全及防水

场地布置应按生产功能联系，人物分流、安保要求、放射性控制、环境污染等进行分区且区内相对集中布置。场地内具有同类需求、用途的建筑物或设施，应根据功能相互联系进行简短便捷的路线布局，其生产与施工、维修和运行等交通流线应避免相互交叉干扰。厂区内综合管线设施也应进行分区和集中布置，尽量减少路线相互干扰。对于厂区内的主蒸汽和给水管线、发电机隔离段管道、循环水管道、动力线、放射性控制区域的排风管线以及公用设施等复杂交叉管线设施，应进行统筹规划和设计，并降低建造成本，提高使用安全。

处理潜在有害材料的厂房或设施，如氯气罐、氢气罐、酸罐等，不应设置在安全控制设施的附近。电厂设计方应对靠近控制设施的相关危险厂房或设施进行评价，并应采取措施降低此类设施污染或进入控制设施的可能性。

厂区内系统设备厂房的土建部分应考虑进行防水设计，以防止地下水进入厂房内部。如果地下水或预期的降水造成的水位高于设备厂房内部底层标高，则厂房结构应设置可靠防水层进行封闭。

（5）厂区外部的关联管线

核电厂区布置应考虑以下外部关联管线的影响：

1）供水管线，包括生活用水、厂用水和冷却水管线；

2）厂区排水、下水道和污水管道排出路线；

3）电力输入和输出路线；

4）铁路、公路、海运或河运等运输路线。

（6）厂区综合管沟、管廊

管线综合布置应结合厂区机组容量、厂区建筑布置、厂区地坪标高、交通运输以及管线特性、施工维修等基本要求统一规划；应使管线之间、管线与建构筑物、道路、铁路之间，在平面及竖向布置上协调紧凑、安全合理。

当核电厂分期建设时，厂区管线综合布置应按规划容量统一规划，近期集中，近远期结合，近期管线穿越远期用地时，不应影响核电厂将来的扩建和发展。地下综合廊道内宜预留远期管线布置的空间。近期管线布置时考虑与远期管线的接口衔接关系。

管线地下或地上敷设方式的选择，应根据管线内介质的性质、生产安全、辐射防护、卫生、检修和美观等因素经技术经济比较后择优确定，在符合安全、辐射防护、卫生和检修等条件下，管线宜采用共沟或共架敷设。

管线布置应短捷顺直，适当集中，管线与建筑物、构筑物、铁路、道路应平行布置，管线与道路、铁路及其他干管应减少交叉。一般管线不宜穿越与其无关的建筑物、构筑物，必须穿越时应采取相应措施来确保建筑物和管线的安全及正常使用功能。管线布置应满足管道防冻要求，地下管线不应敷设在酸、碱等腐蚀性物料的装卸场地下面。在严寒或寒冷地区，给水管道、排水管道直埋时应位于冰冻线以下。地下管线不宜布置在建、构筑物的基础压力影响范围内，并应考虑管线在施工和检修开挖时，对建、构筑物基础的影响。架空管线布置不应影响交通运输、人流及消防车通行，满足实物保护要求，多管共架敷设时管道的排列方式及布置尺寸应便于管道安装和维修，且保证管架荷载分布合理和避免相互影响。安全级重要廊道应满足地基和抗震要求，宜布置在稳定的、岩土性质均匀的地基上，地基岩土参数应满足抗震Ⅰ类物项的要求。

地下综合廊道应布置相应的人行道、入口通道、阶梯、照明和通风，以便满足在核电厂施工期间和日后进入进行施工、维修和检查需求。应保存地下综合廊道及其检修人孔准确的建造记录。所有的地下综合廊道应具有相应的防、排水性能。排水系统设计应尽量减少所需的排水泵数量。所有的地下综合廊道布置应保证其不会成为可能造成厂房内部水淹的进水路径。在条件允许时，管线尽可能集中布置在综合管廊内。

(7) 厂区施工场地

施工区规划应包括施工生产区和施工生活区。施工区用地内不应设置永久性设施。

施工生产区宜布置在厂区扩建端，且靠近施工场地和对外交通运输方便的地段。施工生产周转场地及临时堆场宜利用扩建工程用地。

施工生活区宜靠近核电厂或电厂附近县、乡镇，且应交通运输便捷，并应具有一定规模的生活配套条件。

施工生产区应合理规划施工生产临建、设备材料堆场、建筑垃圾堆场及施工临时供水、供电、供热等设施，并应布置紧凑、分区明确、节约用地。

施工生产区应按核设施质量保证相关要求为交付的设备提供相应防护等级的设施。应避免施工现场因腐蚀或其他环境破坏而发生交付设备丢失或损坏的情况。

施工生产区所确定的主要运输路线的道路设计应考虑包括高温、雨雪雾天、路面结冰等不同天气，对道路使用的影响，尽量确保在恶劣气象条件下路面可用性，满足重型车辆及设备的运输。

在施工开挖区的护坡工程应安全可靠

并符合相关标准规定的要求，并满足相关起重机和其他交通工具吊装和运输设备的要求。

施工区宜设置单独的临时排水设施，以及适当的照明和防雨设施。

(8) 厂区交通运输

核电厂交通运输应结合当地交通运输现状和发展规划，应满足核电厂生产运行的运输、建设期间的运输和核电厂应急计划实施的要求，且应便于经营管理，兼顾地方交通运输。

对外运输方式可采用公路、水路、铁路进行联合运输。大件设备的运输宜采用水路和公路联运的方式。核燃料、乏燃料、放射性废物运输应选择安全可靠、路径短捷的运输方式。运输路线宜避开繁忙的国家干线，应避免穿越城镇居民区。

核电厂应设置执行应急计划所需的场地、撤离道路、运输和通信方面的设施。

核电厂进厂道路应合理利用现有的国家公路及城镇道路，设置不同方向的主要和次要进厂道路，与国家公路或城镇道路连接的进厂道路线路应合理、短捷。

核电厂内道路布置应满足生产、运输、安装、检修、消防及环境等要求。厂区内所有区域和建构筑物均应设有疏散路线；厂区交通运输布置，应使物料流程顺畅短捷，并宜做到人货分流和避免交叉，放射性物流与非放射性物流宜分流运输。厂内道路宜平行或垂直于主要建、构筑物，主厂房建筑群四周应设环形道路。

核电厂的厂内、外道路设计应考虑在建造和运行期间大件设备或大型模块的运输、装卸对道路设施和作业场地的要求。厂区通道宽度应满足建构筑物、露天设备对防火、防爆、卫生间距的要求，并符合管线、管廊、道路等布置要求。

铁路和公路线的布置应尽可能减少大量可燃、爆炸等有害材料紧靠安全相关厂房进行运输的情况。铁轨的布置应使发动机失控时不会损坏安全有关的建筑物或设备。

(9) 厂区绿化

核电厂绿化布置应根据自然条件和厂内各区的功能和性质统一考虑。

核电厂保护区内不应绿化。

冷却塔区周围的空地在不影响冷却效果和不污染水质的前提下宜进行绿化。挡土墙、护坡宜进行垂直绿化。

14.4 核岛厂房

14.4.1 一般要求

14.4.1.1 总体布置

(1) 核岛厂房及常规岛厂房的布置与设计应考虑核电厂运行的安全性、可靠性、施工和维修的便利性及经济性、设备可达性。总体布置应满足核蒸汽供应系统和发电系统功能要求进行布置；

(2) 应遵照功能分区原则进行，各个不同功能的系统、设备，按功能分区，合理划分放射性厂房和非放射性厂房的位置。厂房布置要考虑采取隔离措施，防止内外部灾害；

(3) 布置设计中考虑操作通道、维修通道、人员通道以及疏散通道及临时工作区通道；

(4) 布置设计可考虑采取相关措施以便于使用机器人进行电厂维修活动；

(5) 辐射防护遵循 ALARA 原则；

(6) 高放射性区设备布置，应考虑设备维修维护、更换、运输所必需的空间，同时，为降低检修人员受照剂量，应避免将高放射性设备集中布置在空间较小的区域内，在满足防火疏散要求前提下设置一个出入口；

(7) 电缆和管道敷设距离尽可能短；

(8) 在贯穿墙体和楼板时，不同类型物项管道应尽量使用预埋套管开孔，如距离较近时，可选择共用联合贯穿孔洞。需统筹考虑不同热胀程度管道进行合并贯穿孔洞，以免增加封堵设计的难度。工艺管道与电气应分开设置贯穿孔洞；

(9) 设计中应考虑主厂房与其他辅助厂房及循环水管沟在功能上的相互联系；

(10) 安全壳和主控制室外的安全级和非安全级系统，应通过防火屏障实现防火分隔；

(11) 利于厂区供电高压输电线路的连接，不会出现反向供电；

(12) 厂区基准标高的确定应考虑暴风雨、河流和海水水位变化带来的潜在水淹；

(13) 设计应考虑起重机及吊装工具的通道，能够满足电厂建设各阶段的使用需求。

14.4.1.2　设备布置

(1) 设备布置应满足工艺设计要求；

(2) 设备布置应满足核岛厂房总体布局要求；

(3) 设备布置应充分考虑有毒、有害、可燃、可爆炸、高温等工艺设备对人员及周边物项（尤其是核安全物项）的危害，应采取防范措施用以避免或减少其危害；

(4) 设备布置应充分考虑设备的分级（含核安全功能等级、抗震等级、规范等级及质保等级等）及类别（比如储罐、泵、除盐床等），合理的分区布置；

(5) 设备布置应满足与其核安全重要性相对应的内部灾害和外部灾害防护要求；

(6) 设备布置应充分考虑其放射性的影响，避免增加人员不合理的辐射照射，避免造成环境污染或不合理的增加放射性废物的量，并满足国家相关的辐射防护规定；

(7) 设备布置应根据设备本身的特点，合理的设置运输路径、搁置空间、安装空间、操作空间、运行和维护空间、在役检查空间、更换空间及退役空间，用以满足建造、运行、维修、在役检查和退役的要求；

(8) 应为设备的安装、操作、检查等活动提供适当的附属设施，比如钢平台、钢爬梯、起吊设施等；

(9) 设备布置应充分考虑核电厂的运行要求、运营单位提出的合理要求及运营人员的能力和局限性，确保能安全高效的运行核电厂；

(10) 设备的布置应便于核电厂的退役；

(11) 设备的布置应在满足工艺要求、总体布局、安全性的、安装维护空间要求等前提下，尽可能的减少放射性废物的产生，尽可能减少占地，减少管道和线缆长度，节约电能，以提高整体经济性。

14.4.1.3　支吊架布置

(1) 工艺管道、风管、仪表管线、电缆桥架、护管等物项的支吊架设计应选用适当的设计与验收标准；

(2) 支吊架尽量采用标准化设计，但采用非标设计经济性明显优于标准化设计除外；

(3) 支吊架的类型应尽量少，结构应尽可能简单；

(4) 支吊架的设计应便于安装和维护，避免干扰其他物项的检查、操作、维修等活动，如无法避免，可考虑设计成可拆卸结构；

(5) 支吊架应避免布置在放射性污染区内，必须布置于放射性污染区内的除外；

(6) 支吊架生根形式主要有预埋板生根、钢结构生根及膨胀螺栓生根形式。核岛厂房中优先采用预埋板和钢结构生根形式，膨胀螺栓生根形式可作为预埋板生根方式的补充方案。安全壳上不允许采用膨胀螺栓生根形式；

(7) 采用液压阻尼器时，应明确测试要求，测试要求应包括测试方法和频率，并确保测试阻尼器的动态特性；

(8) 支吊架的图纸应包含相关所有信息，一般要求如下：

1) 重要的支吊架必须提供专用的支吊架图纸；

2) 小支架及常用的配件可通过图册形式给出设计信息；

3) 应通过管道元件（或系统元件）在管道图（或电缆图、风管图）中对支吊架进行定位；

4) 支吊架图纸要求如下：

①支吊架图中关键尺寸及其公差应标识清晰；

②支吊架图中应包含完整的材料清单；

③支吊架图应包含焊接文件及所有现场焊点；

④支吊架图中应明确支吊架检查要求；

⑤支吊架图中应明确其他的必要技术说明。

14.4.1.4 管道布置

(1) 管道布置应满足安全列的隔离、系统内设备的逻辑分组、系统设备可操作性以及维修通道的要求，以减少火灾、高能管道等内部灾害造成的间接破坏；

(2) 满足系统功能要求下，管道长度尽量短。管道的高低点数量保证最少。尽量采用弯管代替弯头。抗震管道不宜布置在非抗震管道下方，如无法避免，应采取措施评估其影响可接受或单独布置。管道布置应避免形成水锤；

(3) 为了维修和定期检查应设置永久或者临时出入通道；管道布置应遵守不阻碍主要设备的运行和维修的原则；

(4) 安全壳主蒸汽管道应尽量路径简短，且避免影响操作平台上的设备布置；电厂设计应避免噪声大、振动严重、散热量大的管道靠近主控制室；

(5) 法兰连接只在需要日常维修的设备上使用，如泵等设备。流量限制器的位置应满足正常运行的直管长度的要求；

(6) 阀门应布置于易接近操作和维修的区域。管道布置为管道保温层提供安装空间，管道的保温层在需要时可快速拆卸；

(7) 所有管道宜根据流向设置坡度。树脂、放射性泥浆管道应连续坡度到箱体；

(8) 硼酸管线应布置在满足温度要求的房间内，否则应考虑伴热；

(9) 对放射性和非放射性管道尽量进行隔离，运送放射性液体的管道尽量只通过控制区，并且尽量短。放射性管道尽量接近其目标设备，或者布置在屏蔽结构之后，或者远离正常通行区域以减少人员在正常运行及检修期间的剂量。对于低流速或间歇运行的放射性管道，应避免使用垂直膨胀补偿，避免U型积污；地面排水应设置水封装置，避免放射性气体通过管道流通；

(10) 放射性系统的管道布置应避免

死管段和存污管段。管道焊缝不能导致活化腐蚀。放射性管道避免采用承插焊接，DN50（含）以下的小管径除外；

(11) 管道、仪表、电缆桥架和暖通风管应靠近土建结构进行布置，以便于生根支架。在满足相关的隔离要求外，工艺管道、风管和电缆导管等管道应集中布置；

(12) 在管道设计时，应避免由于管道布置不合理导致的管道振动问题。

14.4.1.5　暖通布置

(1) 控制室所需的所有空气调节装置、过滤、净化和加压设备应布置在独立设备间，且应集中布置；

(2) 建筑物房间或小室的气流，应从较清洁区流至污染区或可能污染区；

(3) 对于可能污染的那些小室，建筑物墙和（或）楼板之间的抗震缝应加以密封；

(4) 通风系统的进风口应布置在尽可能高的地方，而排风口的布置位置不应导致排气直接回流到新风口；

(5) 通风进气口应设置成能减少污染空气进入的可能性；

(6) 除风冷机组等特殊要求的设备以外，空气处理机组、冷水机组、冷热盘管、风阀和风管等设备应布置在厂房内部。

14.4.1.6　电仪布置

(1) 电缆桥架、传感器、相关支架、仪表管线和导管应与高能管道系统以及阀体和法兰保持足够的距离，以防止由于环境温度升高而降低电缆载流量和/或使用屏障的必要性。如有可能，应使电缆穿过电厂低温区域，而不要穿过温度会升高的房间；

(2) 传感器和相关支架、仪表管线布置应满足安全列的隔离、系统内设备的逻辑分组、可操作性以及维修通道的要求，以减少火灾、高能管道等内部灾害造成的间接破坏；

(3) 在安全系列内的多层电缆桥架系统之间，至少应在上部桥架底部和下部桥架顶部之间留出至少 150 mm 的垂直间距，并在相邻桥架之间留出至少 100 mm 的水平间距；

(4) 电仪设备布置、电缆桥架路径和电仪套管路径的设计中应包括电缆敷设信息，同时要考虑电缆敷设时弯曲半径的要求，以便在可行的范围内最大程度地脱拽电缆；

(5) 为便于电缆敷设，应酌情将各桥架通道和走廊指定（分配）给各个安全系列；

(6) 应将电缆、电缆通道、电缆桥架通过颜色、字母、数字等按规则进行标识。

14.4.1.7　建筑给排水

(1) 给水系统的水质应符合使用要求；

(2) 生活用水点的给水压力不应小于 0.05 MPa，进水管的给水压力不应大于 0.35 MPa。给水管网的压力高于配水点允许的最高使用压力时，应设置减压阀；

(3) 生活给水管道宜布置成枝状管网，单向供水；

(4) 室内给水管道不应穿越变配电房、电梯机房、通信机房、计算机网络中心等遇水会损坏设备和引发事故的房间，并应避免在生产设备上方通过；

(5) 供水管道、阀门和配件应符合耐腐蚀和耐压的要求，并符合核岛厂房室内环境的使用要求；

(6) 用水器具和配件应采用节水型产品；

(7) 地下室生活排水，应设置污水

集水池和污水泵提升排至室外检查井；

(8) 厂房内的生活排水与生产排水宜分别排放，排放到其他水体时应满足国家排放标准。

14.4.1.8 通道设计

(1) 人员通行通道

1) 人员通行通道尺寸宽度不小于0.6 m，高度宜按照大于等于2.10 m控制。当营运单位提出其他合理要求的，可按营运单位要求进行适当调整；

2) 应确保所有设备的操作、检查或维修等活动的位置的人员可达性；

3) 应在高差超过一个台阶高度位置设置台阶，并设置警示标识。台阶高出侧面500 mm以上时，应考虑设置扶手或护栏；

4) 必须设置进入核岛厂房控制区的通行控制设施，该设施的入口和出口应进行分隔，并在入口和出口处留有足够的缓冲空间。通行控制设施的控制门应至少满足在30分钟内通过500人的要求。

(2) 设备运输通道

1) 应确保在不破坏厂房结构、不拆卸管道、电缆及其他物项的前提下，对设备进行运输，除非营运单位有特殊要求；

2) 应尽可能减少在设备运输路径上出现不台阶，如不可避免，则应采取适当应对措施。

(3) 人员疏散通道

1) 疏散通道的数量和宽度都应满足最大通行人数的要求；

2) 疏散路线通道的净高请按照《核电厂防火设计规范》(GB/T 22158) 执行；

3) 疏散路线通道的宽度应满足如下条件：

①疏散通道的宽度以0.60 m为基本宽度单位；

②当为1个基本宽度单位时，宽度为0.9 m；

③两个基本宽度单位时，宽度为1.4 m；

④当疏散人流大于2个基本宽度单位时，疏散宽度的数值为0.6 m的倍数；

⑤从楼梯口（不含门）至安全出口间的疏散通道的最小宽度请按照《核电厂防火设计规范》(GB/T 22158) 执行。

4) 安全疏散距离应符合下列规定：

①除反应堆厂房，其他厂房内从任意工作点到疏散楼梯的距离≤40 m；

②任一疏散楼梯间在逃生层到建筑物安全出口的距离≤20 m；

③逃生通道的袋形走道长度请按照《核电厂防火设计规范》(GB/T 22158) 执行。

5) 电梯和升降机不应作为安全疏散设施；

6) 为便于使用卡车和手推车，主通道（疏散通道和主通行区域）上禁止设置单独台阶；

7) 疏散通道应设置清晰的永久性指示牌、安全照明、应急照明等。标识指向最近的安全出口；

8) 正常运行情况下，疏散通道应经由楼梯间和走道通过进出厂房到达室外。除紧急出口外，不允许从放射性控制区域疏散至非放射性控制区域或直通室外；

9) 疏散通道布置应力求简捷，避免迷宫式、口中门的设计，出入路线尽可能短直。尽量避免单一疏散路径、袋形走道，不可避免时应尽量短，且应免受火灾威胁；

10) 所有可达房间应至少设置一个出口，该出口能直接或穿过其余房间到达受保护疏散通道；

11) 使用频率较高且面积超过180 m^2的房间应设置第二个出口（相对于第一个出口而言），以便能直接到达或通过其他房间到达受保护疏散通道。两个出口需分散布置；

12）可采用较小的非安全楼梯间作为第二种替代撤离方法，例如，辅助楼梯间、圆形楼梯间。如有必要，可使用梯子。但出于职业安全的原因，勿将梯子作为通往房间或隔间的唯一方式，而只能作为替代撤离方式。

（4）门

1）主要疏散楼梯间的门和其他房间的疏散门应向疏散方向开启，除了下列情况：

①（除甲、乙类生产车间外）人数不超过 60 人且每幢门的平均疏散人数不超过 30 人的房间，其疏散门的开启方向可以不限；

②由于两侧的压差原因，疏散门不宜朝疏散方向开启；

③其他特殊原因导致门无法朝疏散方向开启。

2）应考虑在电厂寿期内运输重型设备的门槛便于拆除或采取其他措施；

3）当门两侧通风系统独立设置形成压差时，应保证门的正常开启和关闭（包括事故工况下形成极大压差时）；

4）停堆换料期间，设置在门旁边用于管线临时穿过的洞口，其封堵后耐火极限与门相同；

5）厂房的疏散用门不应采用推拉门、滑升门；

6）设置变形缝的两个厂房之间的门，两侧墙上的洞口尺寸应一致并对齐。

（5）楼梯

1）所有疏散楼梯间在各层的平面位置不应改变，并通至厂房出口所在的楼层；

2）梯段改变方向时，扶手转向端处的平台最小宽度不应小于梯段宽度，并不得小于 1 m，当有搬运大型物件需要时应适量加宽。如需要，平台的宽度宜考虑便于担架水平转向通过；

3）楼梯平台上部及下部人员通行通道尺寸应按照《核电厂防火设计规范》（GB/T 22158）执行；

4）楼梯踏步基本尺寸宽度 W 为 0.22～0.32 m，高度 H 为 0.14～0.21 m（优先选 0.18 m，高度可根据具体情况在 0.17 m 到 0.19 m 之间调整），总范围控制在：0.6 m $\leqslant W+2H \leqslant$ 0.64 m，同一段楼梯的踏步尺寸应保持一致；

5）对于疏散楼梯间，厂房出口所在的楼层的上行段和下行段应分别设置门进行分隔，并设置明显的标识，以保证人员疏散至正确的楼层。

（6）廊道

1）最大间距：

①两个安全出口之间的距离：高火灾风险廊道内相邻两个安全出口间距离不超过 70 m，低火灾风险廊道内相邻两个安全出口距离不超过 350 m；

②袋形通道：高火灾风险廊道内袋形通道长度不超过 10 m，低火灾风险廊道内袋形通道长度不超过 50 m。

2）通行最小尺寸：

①正常通行宽度不小于 600 mm；

②疏散通道宽度不小于 900 mm；

③高度不小于 2200 mm。

14.4.1.9　安全设计

（1）内部火灾防护设计要求

1）电缆布置位置距离外表面温度高于 100 ℃的管道、设备或者包含易燃物质管道、设备应该不少于 1 m，除非该电缆用于为管道和设备提供供电或者控制服务；当高温管道或设备采取保温措施后，电缆距保温层外表面的距离应不小于 200 mm；

2）电缆托盘、仪表管穿过防火分区

边界时需要对穿孔位置进行防火封堵；

3）反应堆安全壳上的电仪贯穿件应该与机械贯穿分开布置；

4）低压电缆可不考虑为点火源；采用防火保护措施（如防火包裹）的设备、电缆可不将其考虑为点火源；

5）对于竖向电缆的情况，楼板位置考虑设置挡板，如果某层天花板和楼板之间的距离超过 8 m，则应该设置耐火隔板，以防止火灾的蔓延；

6）对于水平电缆的情况，如果电缆托盘距离天花板的距离少于 1 m，且未安装水基的固定灭火系统，则应该每隔 25 m 设置耐火隔板，以防止火灾的蔓延；

7）安全相关控制电缆，测量电缆敷设的沟槽不应有被易燃液体侵入的可能；

8）不同列的电缆应该通过防火屏障进行实体隔离；

9）正常供电电缆和应急供电电缆可以安装在同一个房间内，非安全级电缆和安全级电缆可以安装在同一个房间内；

10）电气配电盘和仪控机柜布置在不同的房间，动力电缆与控制及测量电缆需要布置在不同的桥架上；

11）远程停堆站的电缆不能被主控制室的火灾影响；

12）电缆应尽量采用下进线的方式连入机柜；

13）人员疏散通道防火区内尽量不考虑布置电缆托盘、机柜等，如无法避免，则考虑保护措施；

14）应该考虑动力电缆的发热效应，对于动力电缆穿过较厚墙体的情况，应该避免在墙壁两端均安装封堵，以防止热量积累；

15）电缆包裹可以用于降低可燃物风险特性，也可以用于安全列之间的隔离；

16）尽量避免三层（含三层）以上主托盘平行集中布置的情况尽量不设多层水平桥架，如必须设置则需要考虑给桥架上方留有足够的空间以便设置固定灭火系统；

17）所有电气柜和电缆密闭间必须易于接近以便于灭火，同时必须遵守有效的电气安全规则；

18）尽可能减少电缆布置在其他冗余列的情况，以避免带来的共模风险。若在设计中不可避免出现这种情况，则必须采取措施进行防护；

19）不同保护组的仪控电缆、机柜应尽量进行实体隔离，避免一场火灾导致多于一个保护组的电缆失效，引起保护组误动作；

20）只要可行，油压管道应当敷设在金属套管内或布置在混凝土地沟内以防止管道破裂时发生油扩散；

21）安全级暖通设备不应布置在人员疏散防火分区或非功能性防火分区内；

22）为疏散通道正压送风的风机应尽量布置在该人员疏散防火分区内；

23）排烟系统的风机应布置在所服务区域防火分区之外；

24）防火区的新风入口必须远离其他防火分区的排风口和排烟孔，远离的程度必须足以防止吸入烟气或燃烧产物，以防止火灾蔓延造成重要安全物项失效，或者可能导致放射性物质不可接受的释放；

25）若通风系统的过滤器所用滤芯是可燃的，且这些过滤器失效或故障引起的放射性物项释放不可接受，则须将过滤器组布置在独立的专用机房内，且应有适当的防护屏障进行隔离；必须防止该类过滤器火灾的影响，应在过滤器组前后的风管内设置火灾探测器检测器。

（2）内部水淹防护设计要求

1）电气和仪控设备可能由于水淹出现失效，单电缆不认为受到水淹影响，除非水淹的部位是电缆的接头位置。因此设备和电缆接头位置应布置在水淹风险较小的区域；

2）考虑到液体管线可能导致的温度、湿度、射流、水淹等效应对电仪设备的破坏和影响，在布置时应考虑电仪相关设备远离液体管线或实体隔离；

3）考虑到机柜本身对火灾蔓延有一定的阻隔作用，且设备功能易被水影响。电气机柜间一般不设置水基的固定灭火系统，仅设置火灾后排烟措施，因此机柜间尽量避免布置大量电缆、油或者其他快速可燃物，以保护设备可用性；

4）应优先考虑流体系统，储存水箱与安全级设备支架的实体隔离；

5）电气、仪控机柜所在的房间内应避免液体管道经过；

6）主控制室及燃料干式贮存区禁止布置液体管道；

7）若暖通风管穿越不同的水淹分区，应尽量通风口位置高于所在区域的水淹高度，避免水在不同水淹分区间漫延；

8）冷冻水和热水管道不应穿越乏燃料水池区域、核燃料干式贮存区和主控制室；

9）冷冻水和热水管道尽量避免穿越电气间或者仪控机柜间。

（3）内部爆炸防护设计要求

1）在具有爆炸风险的区域中需设计有除静电装置，用于人体静电释放，需设置风险警示装置，提示操作人员避免不当行为；

2）应通过选择适当的电气部件（如短路器）和通过设计来限制电弧可能出现的概率、大小和持续时间，把物理爆炸灾害（如那些由高电压电弧产生的爆炸）减至最小；

3）安全级电缆、电气机柜、仪表管线应远离具有爆炸风险的区域布置；

4）蓄电池间必须布置有氢气探测系统，设置有通风系统保证一定频率的通风换气。且必须采用防爆的电气仪控设备，以免出现电火花和电弧等；

5）高能管道尽量避免与含氢管道布置在同一房间，如不能避免，应尽可能远地分隔布置；

6）蓄电池间排风管道应尽量避免穿过安全级物项所在的区域；

7）含氢气管道布置路径上有可拆卸部件（法兰、阀门等）的位置所在区域应采用氢气探测报警装置，并且配有通风系统。

（4）内部飞射物防护设计要求

在安全列完全实体分隔的厂房且屏障不会被飞射物突破，其影响可以限制在一个安全列，不需要对飞射物的防护进行详细分析，但如果两列及以上安全列的电气设备或者电缆、仪表管布置在同一个区域，则需要关注周围是否有高能系统阀门、高能的罐体，在布置阶段应考虑避免该飞射物影响到多列冗余设备。

（5）重物坠落防护设计要求

1）重物坠落可能发生在吊车吊运路径上的任何位置，安全级电缆、电气设备应尽量避开吊车的吊运路径，或者采用冗余列屏障分隔或距离分隔布置的防护方式；

2）尽量避免安全级管道布置在吊车的吊运路径竖直投影范围内；

3）应避免冗余安全级暖通系统物项同时布置吊车服务区域范围内。

（6）管道破裂防护设计要求

1）对于高能管道，其破裂导致的局

部效应如甩击、射流等荷载会导致安全级的电缆托架、电气设备、仪表失效。因此需关注布置位置的合理性。高能管道破裂或泄漏导致的高温、高压、放射性等全局效应对电气设备的影响；

2）不会引发设计基准事故：

①不危及一回路压力边界的完整性：

非一回路压力边界的高能管道断裂，不影响一回路压力边界的完整性；

防止反应堆系统某一环路管道破裂导致同一环路或其他环路的其他管道破裂；

二次侧的灾害不能影响一次侧的完整性。

②不危及蒸汽发生器二次侧边界的完整性：

其他管道破裂（包括一次侧管道的断裂）不能影响与蒸汽发生器连接的管道（直至第一道或第二道隔离阀），以保证二次侧压力边界的完整性。

③不影响安全壳完整性：

甩击和射流不危及安全壳壳体结构的完整性；

甩击和射流要保证安全壳贯穿区的完整性；

安全壳贯穿区管道的长度要切合实际地尽量短；

穿过双层安全壳环廊的管道，如果其假想破损会影响安全壳构筑物的承压完整性，或会引起安全壳环廊中的压力升高到超出其设计限值，则应设置封闭的防护结构（防护套管）；

甩击和射流不危及布置安全级物项的厂房的主体结构稳定性。

④不影响缓解设计基准事故的系统物项的安全功能（需要考虑单一故障准则）：

破口发生后，允许其所在列的系统功能丧失，但不影响其他冗余列的功能；

安全功能仅有两套设施来保障时，不允许任何一套受到危害。

⑤不受影响安全系列之间的隔离：

工艺管道应布置在较低的位置，安全级电缆桥架尽量不布置在高能管道附近，以免甩击及喷射影响桥架的稳定性。但如果这种情况不可避免，则管道和桥架间的距离应符合布置要求；

避免冗余安全级暖通系统相关物项布置在同一高能管道甩击、射流的影响范围内；

同一列暖通风管尽量不穿越不同列安全设备所在的区域，以避免高能管道破口引起的蒸汽或水通过暖通管道影响不同列的安全设备。

（7）飞机撞击防护设计要求

1）安全级电缆托盘的支架尽量避免固定在厂房外墙和屋面上，除非证明该区域不会受到飞机撞击或者该墙体在撞击情况下发生的变形、振动不会引起电缆、电缆托盘失效；

2）安全级厂房或廊道的某些结构可能无须抵御小飞机撞击。这些结构由于飞机撞击破损后不能影响安全级电缆和电仪设备的功能，或者通过防护设计避免这些影响；

3）安全级管道尽量避免固定在厂房外边界墙体及飞机撞击影响区域，如不可避免，冗余列安全级管道或不同环路的主管道应尽量分开布置，以防止飞机撞击对安全功能产生影响；

4）对冗余安全级暖通系统的送/排风口，应分开布置，同时通风口尽量朝不同的方向。

（8）地震防护设计要求

1）安全相关厂房中的电缆桥架在地震中需要满足稳定性要求，以防止其失效可能导致火灾发生；

2）敷设安全级电缆的电缆通道/托盘、电气设备、仪表和仪表管需要满足相应的抗震要求，确保在地震情况下其功能便会丧失；

3）为敷设安全级电缆的托盘、电气设备、仪表及仪表管布置位置，需保证其在地震情况下不被非抗震设备影响和破坏，否则非抗震设备应按照抗震Ⅱ类进行验证；

4）抗震管道宜布置在一起。抗震管道和非抗震管道应尽量分开布置、避免交叉。抗震管道、抗震阀门、抗震风管、抗震桥架和抗震设备的正上方不应布置非抗震物项，避免非抗震物项对抗震物项的影响；

5）抗震管道不应布置在非抗震的壁面、钢结构区域，除非经过强度计算；

6）核岛房间内布置有安全级设备时，非抗震管道不宜布置在该房间内，除非经过评估后影响结果可接受；

7）含氢管道需进行抗震设计；

8）非抗震的暖通设备应避免布置在抗震设备上方；

9）冗余安全级暖通系统物项应避免布置在非抗震吊车驻车位置正下方。

（9）外部爆炸防护设计要求

1）避免将安全级电缆桥架、电气设备、仪表和仪表管布置在厂房永久开口的房间或区域，若不可避免，则需评价其可接受性或设置防护措施；

2）避免将安全级管道布置在厂房外边界永久开口的房间或区域，若不可避免，则需评价其可接受性或设置防护措施。

（10）极端气象防护设计要求

1）安全级电缆托盘的支架尽量避免固定在厂房外墙和屋面上；

2）避免将安全级电缆桥架、电仪设备等布置在厂房中有对外开口的房间或区域，除非证明该区域电仪设备不会受到极端气象条件（如强风、暴雪、暴雨、雷击等）的影响；

3）避免将安全级管道布置在厂房外边界永久开口的房间或区域，若不可避免，则需评价其可接受性或设置防护措施；

4）厂房边界和屋顶暖通系统开口应设置防雨水措施；

5）厂房边界安全级通风系统的开口应采取防龙卷风飞射物的防护措施；

6）厂房边界非安全级通风系统的开口（包括通风口、门、孔洞）附近应尽量避免布置安全级物项。

（11）电磁干扰防护设计要求

对于厂房内的高压配电装置、电缆等应考虑提供适当的屏障进行防护以避免电磁干扰对安全级设备的影响。

14.4.1.10 辐射防护

（1）设备布置的辐射防护

1）放射性部件应依据系统和辐射水平分组，减少非必要的分区隔离及维护，或涉及 ALARA 原则进行的隔离，从而可减少屏蔽；

2）安全壳外的管道贯穿区域应分为放射性区和非放射性区。相邻的放射性和非放射性隔间之间应提供屏蔽；

3）放射性管道和设备应与非放射性管道和设备隔离，以便在工作人员受照最少的情况下对非放射性部件进行维护，有必要连接的除外；

4）放射性管道和设备应尽可能利用现有结构作为屏蔽；

5）电子设备应尽可能组合封闭在一个隔间内，以便保持对环境的适当控制；

6）在设计基准事故（DBC）期间和之后运行所需的监测仪表和电气设备控制面板应位于可接近区域；

7）作为辐射照射重要来源的放射性部件，如过滤器、除盐装置和储罐，宜放置在单独的隔间内，隔间内的通风口设置应不得降低对放射性部件的屏蔽效果，如没有单独隔间，需则要经过评估。每个隔间应提供预期维护操作的空间。过滤器要具备无需进入隔间进行过滤器元件更换和潜在维修操作的措施，可将多个过滤器放置在一个公共隔间内；

8）积聚放射性物质的部件，如过滤器、储罐和除盐装置，应与同一系统的泵和阀门分开；

9）冗余放射性系统（包括管道、支架、阀门、泵等）应相互隔离；

10）放射性地坑和非放射性地坑应进行隔离。在布置有安全级设备的隔间，其地漏布置必须能防止水淹在隔间之间扩散。连续和经常使用的设备疏水需通过管道排往地坑；

11）容纳放射性设备的隔间入口可进行迷宫式通道或屏蔽门设计。

（2）辐射区和屏蔽

设备屏蔽应布置足够的操作和维护空间。所有放射性设备及其部件的设计必须满足以下辐射防护要求：

1）可操作性，必须可进行检查；

2）可维护性，能够进行检查及按照要求进行维修操作；如法规要求，审管部门的要求，运行程序，运行维修手册相关要求等；

3）可更换性，对于设计使用寿期较电厂运行寿期短的设备，应可执行更换；

4）运行期间，由于高放射性水平不允许进入的隔间，手动阀、阀门操作装置、就地控制器、远程操作阀门或部件以及仪表盘应设置于屏蔽层外部；

5）在可能超过辐射区指定值的设备上提供（并根据需要使用）可拆卸的局部屏蔽；

6）如果分析表明已超过设备的耐受剂量（特定设备可承受的剂量水平），则应在隔间内的设备之间提供屏蔽；

7）在电厂布置设计时评估屏蔽墙的可替代方案。设计替代方案包括设备重新定位、设备上的局部高密度屏蔽、其他非放射性设备的屏蔽等；

8）在临时屏蔽作为预期维护计划一部分的场所，应为临时屏蔽提供空间、支撑点和操作设备；

9）高放射性部件应通过屏蔽或距离与低放射性或非放射性部件分开，或从布置上满足在运行、试验和维修活动中减少对人员的照射；

10）厂房布置应最大限度地使用共用屏蔽墙和楼板。

（3）高辐射区的设计

部件和系统的设计应消除在电厂运行模式下人员接触大于 1 mSv/h（高辐射区）区域的可能。对于那些无法消除的区域，应在设计时尽量减少或消除对工作人员进行例行操作的需求。在需要操作和维护人员执行其职责时，应使用以下设计方法将辐射水平降至最低。

1）提供远程观察装置进行日常监视；

2）将阀门操作装置设置在低放区；

3）在低放射性区设置仪表指示器、电磁阀、控制盘和 E/P 转换器；

4）对于高放射性区的传感元件，在低放射性区设置转换读数装置；

5）仪表隔离阀位于屏蔽墙低辐射侧的贯穿件之外，以便在核电厂运行期间进行维护；

6）合理布置仪表及其隔离阀的位置，在不拆卸或拆除管道、格栅或其他结构的情况下使用、校准和维修；

7）使用长寿命及较少维修和校准的仪表设备；

8）使高放射性隔间的放射性监控器允许从临近的低放射区进行定期校准；

9）将穿过屏蔽墙的管道、风管设置在人员头部高度以上，以尽量减少对人员的照射。在辐射源和居留区域之间不应有直线贯穿孔道；

10）合理设置阀门位置并在必要时加装屏蔽，以便在阀门的维修时不会受到大的放射性照射；

11）管道布置应尽量减少穿越高放射性区。例如，通向正在维修的机柜内设备的支管总管，即使在冲洗机柜设备时也可能导致高辐射水平；

12）阀门及其驱动机构不会阻挡或占用设备维护所需的通道或走廊；

13）远程控制摄像机应设置于高辐射区域，以便对这些区域进行远程监控；

14）远程监控设备，包括音频、视频、人员展示、区域剂量率、设备运行参数等；

15）设计人员评估可能出现瞬态高辐射的区域（即：靠近燃料输送管、反应堆堆坑），通过将一般区域剂量率保持在正常、非瞬态水平，最大限度地降低此类瞬态源不必要辐射照射的可能性；

16）设计人员应确定，在正常和预计运行事件期间，人员在一小时内可能受到 1 mSv 及以上辐射剂量的区域。应通过设计避免这些区域的可接近性，或者当无法通过设计消除时，应通过可靠的控制措施将潜在影响降至最低；

17）污染控制；

18）核电厂的布置和厂房设计应提供有下列特性的结构表面，以减少放射性污染扩散的可能性，且便于清理；

19）需要排水的地板表面应倾斜至排水沟或地坑，排水沟和地坑的尺寸应与清洗水流速适应；

20）含有污染流体的箱体和可能有污染流体泄漏的区域的周围应设置屏蔽；

21）可能存在放射性污染的结构表面（例如，混凝土和防火）应进行保护，并应防水，尽量减少污染物的吸收。这些表面包括操作台表面以及房间内可能发生泄漏和被含有放射性污染的流体淹没或喷射的表面；

22）大型污染设备，如反应堆水池水闸门、螺栓拉伸机、导向柱等运输和临时存放期间，应考虑设置专门的污染防护设施；

23）辐射控制区内的地下结构应采用先进材料衬里或耐用、耐穿透、光滑的饰面涂层。这适用于所有楼层的内部表面和形成外部边界的墙壁。

14.4.1.11　结构设计

（1）结构体系

应有明确的计算简图和合理的地震作用传递途径；应具备必要的抗震承载力及安全裕度；应避免出现局部薄弱部位，若有局部薄弱部位应予加强。

（2）地基与基础

抗震Ⅰ、Ⅱ类物项不应采用液化土或软弱土构成的天然地基，也不宜选取水平方向力学性质差异大的岩土作为地基；同一结构单元的地基不应一部分为人工地基而另一部分为天然地基。

（3）混凝土结构设计

1）选用合理的结构体系、构件形式和布置；

2）结构的平、立面布置宜规则，各部分的质量和刚度宜均匀、连续；

3）结构传力途径应简捷、明确，竖向构件宜连续贯通、对齐；

4）宜采用超静定结构，重要构件和关键传力部位应增加冗余约束或有多条传力途径；

5）宜采取减小偶尔作用影响的措施。

（4）钢结构设计

1）钢结构材料、焊接材料及紧固件应满足相关技术规定的要求；

2）应采取必要措施保证钢结构与其他结构相适应，要考虑它们的公差。钢结构之间的连接应便于在工作现场进行调整，不允许进行临时的切割、焊接或钻孔。

14.4.1.12 施工建造

（1）结构和部件的模块化

1）从核电厂设计初期，有必要开始考虑结构和构件的模块化设计；

2）但模块设计需注意：

①核岛厂房的设计和布置应考虑最大的模块组合后的尺寸，模块组合后的重量应考虑吊车的起重能力；

②在保证经济性可行的条件下，模块的设计应与核岛厂房的框架设计相结合，利用厂房框架作为内部模块的支撑；

③模块的牛腿、支撑框架等提升装置应该与模块一起设计和制作；

④应提前考虑好模块的建造和搬运，模块预制厂的预装配区和车间应适应所有建造阶段的模块组装。应考虑模块从预装配区到安装现场的转移。

（2）施工出入口

1）核电厂内设置清晰的设备、材料和人员通道；

2）在多层和大工程量的核岛厂房建造过程中，应在相邻厂房预留出用于安装临时电梯的空间，临时电梯用于施工人员高峰期间使用。核电厂的永久电梯应尽早设计和安装，并能承担建造期间重负荷运行的能力；

3）核电厂内的永久单轨吊车和起重机应尽早设计并安装，以便建造期间使用。为确保施工人员在最好的工作条件下使用单轨吊车和起重机，使用前需进行吊车试验检查。垂直升降口处应预留临时吊车起吊设备的空间，以便在施工高峰期间吊装永久设备；

4）应为核岛厂房内混凝土附件和钢结构附属装置提供临时起吊索具等；

5）核岛厂房的基础和结构设计应能为建造施工期间使用的塔式起重机提供足够的支撑，确保塔式起重机可用；

6）设计人员应考虑临时厂房延伸场地或平台的位置，以便在建造的所有阶段进入电厂永久设施。

（3）起重机路径

1）设计人员应提供或指明吊车在不同区域转运所有重物的安全路径；

2）对所有重物或危险物应明确临时放置区，包括所有可能跌落后影响安全停堆装置的设备。

14.4.2 反应堆厂房

14.4.2.1 概述

反应堆厂房主要布置主回路的压力容器与其相连的输热环路，每条环路包含蒸汽发生器、反应堆冷却剂泵和主管道，在其中一个环路上连接稳压器。反应堆厂房在机组正常运行（包括机组停堆维修）时，保证反应堆冷却剂系统的运行，保证人员进出、设备安装及其他活动；事故工况下，作为生物屏障，应包容放射性物质，避免向外界环境不可接受地释放。

14.4.2.2　总体要求

（1）检修空间

1）提供足够的维修操作空间；

2）在反应堆厂房不同标高的低放射区，设置维修操作空间。在每个维修操作空间应提供配套设施，如压缩空气、动力电、冷却水、照明、除盐水、通讯和贮存设施的操作台和有标识的设备存放区；

3）在上述工作区、管理或控制区，应有视频和音频设施。并保证维修人员和管理人员之间的通讯；

4）应为停堆期间用于反应堆厂房内部检修的便携工具、设备和仪表中可拆除的部分提供清洁处理和测试区；

5）反应堆厂房内设备和系统的布置应减少必须在操作平台上执行的维修操作，并将环吊的吊装操作减至最小；

6）尽管量减少反应堆厂房在维修、反应堆换料停堆期间的维修操作密集度。

（2）反应堆厂房内气体混合

反应堆厂房的布置应确保在可行的范围内，最大限度地提高厂房内自然循环中的气体混合速率，并最大限度地降低氢气局部积聚的可能性。设计中，应避免有氢气源项的小型封闭空间，应尽量减少可能导致火焰加速和燃爆转变（DDT）的几何形状。

（3）反应堆厂房安全壳泄漏率

在最极限的冷却剂丧失和主蒸汽管道断裂设计基准事故情况下，反应堆厂房安全壳泄漏率应确保放射性释放满足《核电动力厂环境辐射防护规定》（GB 6249—2011）中的相关限值，该泄漏率通常为事故后 24 小时之内不大于 0.3%ΔV/d，24 小时之后不大于 0.15%ΔV/d。

（4）反应堆厂房反应堆堆腔

应设置堆腔注水措施，以在严重事故情况下冷却压力容器下封头，保证压力容器完整性，确保堆芯熔融物滞留在压力容器内。

（5）子隔间设计

包含高能管道的隔间应有足够的通风孔，以限制隔间内的温度和压力上升，确保不会超过隔间边界和安全相关设备的设计限值。

设备隔间，如蒸汽发生器隔间、安注箱隔间、阀门隔间/稳压器隔间、主泵隔间等的布置应为检修和换料期间移动设备和人员提供进出通道。

（6）反应堆厂房地坑

1）泄漏收集

①安全壳地坑的布置应有利于收集安全壳内的泄漏；

②安全壳地坑如需用于测量安全壳内泄漏，可设计为便于泄漏监测；

③安全壳地坑的设置应使来自非反应堆的泄漏不会与反应堆泄漏收集在同一地坑内；

④安全壳地坑应提供足够的泄漏收集能力。

2）严重事故缓解措施

反应堆压力容器堆腔的布置不允许堆芯熔融材料在堆腔中积聚，它会引起混凝土的逐渐退化，导致安全壳完整性的丧失。堆腔的几何形状和相应的排水或泵的排出管道的布置，应能阻止由于重力的作用使堆芯熔融物从安全壳内转移。

14.4.2.3　特殊要求

（1）反应堆厂房安全壳内径应保证留有足够的空间以便于停堆期间在操作平台和其他平面上搁置和装卸设备；

（2）应优化设计反应堆压力容器和反应堆冷却剂系统回路与安全壳中心的距离，使在反应堆冷却剂系统回路的布置和维修闸门之间有较大的存放空间和暂存区；

(3) 设计人员在操作平台预留出足够的维修区和存储区，在内部屏蔽墙内为蒸汽发生器的维修提供适当的通道，且确保屏蔽墙和安全壳之间足够的维修和检查通道；

(4) 围绕反应堆冷却剂系统回路部件的屏蔽墙和安全壳之间，换料水池边界和安全壳之间，确保预留足够的维修和检查通道；

(5) 反应堆厂房布置应确保一回路隔间内的氢气，例如反应堆冷却剂系统回路隔间，可直接排放到反应堆厂房安全壳内自然循环气流中，以保证大气能充分混合；

(6) 蒸汽发生器隔间和稳压器隔间的顶部应设置通风孔；

(7) 在安全壳上适当设置备用贯穿件，以便于在核电厂停运期间临时接一些电缆、管道或软管和核电厂运行后设计改造使用。

14.4.3 安全厂房

14.4.3.1 概述

安全厂房为主要用于布置安全系统、电气系统、仪控系统及通风系统的厂房，与相应的安全系列对应设置。

14.4.3.2 总体要求

(1) 根据三个基本的辐射量：外照射水平、表面污染和气载污染，将厂房划分为控制区和非控制区，除紧急出口外，必须保证两者通道完全独立、隔离，正常工况下不允许直接从控制区通往非控制区；

(2) 为尽量减少人员受辐照剂量，控制区主通道层宜与热更衣室设置在同一楼层；

(3) 充分考虑主通道层的走廊规划与其他厂房接口的合理性；

(4) 合理设置紧急出口，可以直接通向厂区或其他厂房，以满足人员紧急疏散要求；

(5) 如设置有主设备转运通道，其设计应满足最大、最重的设备运输要求；

(6) 将安全系统按系列布置在与之相应的厂房内；

(7) 厂房应考虑外部灾害的影响，确保在发生外部灾害时不丧失其安全功能；

(8) 确保任一厂房内发生水淹不会危及其他安全级厂房或分区；

(9) 应确保任何水淹都不会导致其他列执行安全功能的冗余系统（包括支持系统）故障，必要时应采取实体隔离及提高设备布置标高等方法；

(10) 冗余的安全系统之间、设备之间应进行实体隔离，以抵御火灾、内部飞射物及水淹等内部灾害。

14.4.4 控制厂房

14.4.4.1 概述

控制厂房为主要布置控制室综合体、远程停堆站、技术支持中心、工艺系统、电气系统、仪控系统及通风系统的厂房或相应功能区，可以用其他厂房名称（如电气厂房）独立设置，亦可作为安全厂房的一部分设置。控制室综合体包括主控制室和其他支持主控制室运行的房间；支持主控制室运行的房间包括电缆敷设间、计算机房、设备间、办公室及仪表间等。

14.4.4.2 总体要求

(1) 如有必要，应根据外照射水平、表面污染和气载污染三个基本的辐射量，将厂房划分为控制区和非控制区，除紧急出口外，必须保证两者通道完全独立、隔离，正常工况下不允许直接从控制区通往非控制区；

(2) 应合理设置紧急出口，可以直接通向厂区或其他厂房，以满足人员紧急疏散要求。

(3) 应充分考虑主通道层的走廊规划与其他厂房接口的合理性；

(4) 厂房应考虑外部灾害的影响，确保在发生外部灾害时不丧失其安全功能，为保证主控制室安全，还需保证其能抵御大型商用飞机的撞击；

(5) 应确保厂房内发生水淹不会危及其他安全级厂房或分区；

(6) 应确保任何水淹都不会导致其他列执行安全功能的冗余系统（包括支持系统）故障，必要时应采取实体隔离及提高设备布置标高等方法；

(7) 冗余的安全系统之间、设备之间应进行实体隔离，以抵御火灾、内部飞射物及水淹等内部灾害。

14.4.4.3　特殊要求

(1) 控制室综合体

控制室综合体应布置于反应堆厂房和汽轮机厂房之间，以便满足分隔和隔离要求；同时其布置及设计还需满足以下要求：

1) 应尽量使动力电缆和控制电缆的敷设量最小化，以降低成本；

2) 应保证能为电缆的布线和控制室设备的连接提供充足的空间；

3) 应保证能为主控制室提供所有假想设计工况下的人员通道及可居留性；

4) 当发生可能导致控制室撤离的火灾或其他危害时，应保证工作人员可从控制室经由房间或走廊进入远程停堆站；

5) 应保证能满足运行要求和功能要求，并考虑人因工程；

6) 应保证控制室综合体的防火区与远程停堆站的防火区不共用带有贯穿件、门或闸门的隔离屏障，以确保控制室综合体内的灾害（其中一些可能导致控制室撤离）不影响远程停堆站的使用；

7) 应保证重要文件查阅档案室、计算机房（如果是应急响应计划的必要组成部分）、值班长办公室、卫生间和厨房/就餐区域等人员持续或频繁居留的区域与主控制室相同的可居留性，以满足异常工况下的电厂操作要求及人因工程原则。

(2) 远程停堆站

1) 远程停堆工作站是为了能远距离操作以将核电厂引导至安全停堆状态，应将其布置在与主控制室相隔离的位置；

2) 远程停堆工作站的位置应结合人因工程学考虑，并确保主控制室发生火灾情况下人员撤离后可以到达。

(3) 技术支持中心（厂房内）

1) 应遵循相应的法律法规要求布置，其位置应考虑保障技术支持中心与控制室之间人员能安全往来；

2) 应具有与主控制室相同的可居留性；

3) 应能抵御设计基准外部事件（如设计基准地震、强风和洪水等）。

14.4.5　燃料厂房

14.4.5.1　概述

燃料厂房是指核电厂中进行新燃料接收、储存、检查、运输和乏燃料搬运、倒换、储存、检查、修理和发运的建筑物。

14.4.5.2　总体要求

(1) 燃料厂房应与反应堆厂房紧密相连，且正对燃料转运通道；

(2) 应根据外照射水平、表面污染

和气载污染三个基本的辐射量，将厂房划分为控制区和非控制区，除紧急出口外，必须保证两者通道完全独立、隔离，正常工况下不允许直接从控制区通往非控制区；

(3) 燃料厂房外轮廓应考虑设计成矩形（必须的连结区除外），尽可能提高空间利用率；

(4) 燃料厂房燃料操作大厅标高设置应考虑与反应堆厂房内操作大厅的操作便利性，乏燃料水池周围应预留足够空间便于人员通行；

(5) 燃料厂房应考虑设置两个或两个以上楼梯间和电梯；

(6) 燃料厂房工艺布置区应考虑按照工艺系统要求进行分区布置；

(7) 承担乏燃料水池冷却功能的系统，应考虑使其阻力尽可能小，以便减少电力消耗；

(8) 除燃料组件外，重物吊运不允许在燃料（包括受辐照的燃料）上空或附近经过，防止乏燃料运输容器或其他重物跌落在燃料上对燃料造成破坏；

(9) 乏燃料容器的装卸操作应远离乏燃料水池和其他重要设备布置区域。

14.4.6 核辅助厂房

14.4.6.1 概述

核辅助厂房主要布置核岛安全系统以外的辅助系统设施，并作为核岛废物收集处理中转站。

14.4.6.2 总体要求

(1) 核辅助厂房应尽量靠近反应堆厂房和燃料厂房，与燃料厂房之间的连接区应尽可能宽敞，满足贯穿区布置的要求；

(2) 应根据外照射水平、表面污染和气载污染三个基本的辐射量，将厂房划分为控制区和非控制区，除紧急出口外，必须保证两者通道完全独立、隔离，正常工况下不允许直接从控制区通往非控制区；

(3) 应合理设置紧急出口，可以直接通向厂区或其他厂房，以满足人员紧急疏散要求；

(4) 控制区和非控制区应分别合理设置电梯，以满足人员通行及小负荷物资运输使用要求；

(5) 如设置有主要设备转运通道，其设计应满足最大、最重的设备运输要求；

(6) 应按系统/专业采用“集中布置”原则划分功能区，其中工艺系统主要布置于下部楼层，电气、仪控系统主要布置于中间楼层，暖通系统主要布置于高处楼层；

(7) 高放射性的除盐床应集中布置，以便集中冲排操作；

(8) 高放射性的过滤器应集中布置，以便滤芯更换和转运操作；

(9) 放射性贮罐应考虑破损时就地滞纳，避免污染扩大；

(10) 转运废树脂和废滤芯的通道应尽可能靠近废物处理区域。

14.5 汽轮发电机厂房

汽轮发电机厂房一般由汽轮机房和除氧间组成，其中包括凝结水精处理车间、油箱室等。

14.5.1 建筑设计原则

建（构）筑物的防火及耐火等级根据各单体的不同性质和功能，并依据《建筑设计防火规范（2018 年版）》（GB 50016—2014）、《核电厂常规岛设计防火规范》(GB 50745—2012)等的要求具体确定：汽轮发电机厂房地上部分火灾危险性分类为丁类，耐火等级为二级；汽轮发电机厂房地下部分火灾危险性分类为丁类，耐火等级为一级。

汽轮发电厂房不划分防火分区。厂房内的下列场所进行防火分隔：电缆竖井、电缆夹层、电子设备间、配电间、蓄电池室、通风设备间、润滑油间、润滑油转运间、疏散楼梯。

防火分隔墙的耐火极限不应低于 2.00 小时，分隔楼板、梁的耐火极限不应低于 1.00 小时。防火分隔墙上设置的门、窗，应为甲级防火门、窗。汽轮发电机厂房的屋面承重构件的耐火极限不应低于 1.00 小时。

汽轮发电机厂房的疏散楼梯采用封闭楼梯间或室外楼梯，厂房内设一部客货两用梯。人员可从厂房内的楼梯间、电梯到达各楼层及工作平台。大件通过吊物孔吊运，小件也可以通过电梯搬运至所需楼层。

厂房内地上部分最远工作地点到外部出口或疏散楼梯的距离不大于 75 m；厂房内地下部分最远工作地点到疏散楼梯的距离不大于 45 m。

汽轮发电机厂房外墙运转层以下采用砌体围护，外刷外墙涂料，运转层以上根据工程所在地气候情况采用单层压型钢板或双层带保温压型钢板围护。窗采用彩色铝合金窗、门采用成品钢质门、钢质防火门、电动钢质卷帘门等，门窗满足抗风压、水密、气密三性指标的要求。

汽轮机房屋面防水等级为Ⅰ级，两道防水设防。屋面根据需要采用现浇钢筋混凝土屋面板带保温层，上铺设两道防水卷材，或双层带保温压型钢板屋面带防水垫层。屋面设备留孔均有可靠的防水处理。汽机房的屋面排水为重力有组织外排水，雨水均通过雨水管排至厂区排水系统。

压型钢板墙面板及屋面板应根据工程所在地具体情况考虑防盐雾腐蚀及抗台风措施，并提供防水检测及抗台风试验的报告。

14.5.2 结构设计原则

汽轮发电机厂房一般采用现浇钢筋混凝土框、排架结构。

汽轮发电机厂房零米以下采用钢筋混凝土地下室，±0.00 m 层采用现浇钢筋混凝土楼板，其他各层楼层结构一般采用钢次梁上压型钢板作底模的现浇钢筋混凝土楼板，汽机房屋面结构采用钢屋架钢檩条上铺设压型钢板作底模的现浇钢筋混凝土屋面板或钢屋架钢檩条上铺设带保温彩钢板轻型屋面。

汽机基座优先采用弹簧隔振技术，设置于隔振弹簧上的钢筋混凝土基座台板与厂房楼面结构脱开布置，下部基座结构为整体框架式现浇钢筋混凝土结构。

汽轮发电厂房定义为核电厂中与核安全无关的物项，按《建筑抗震设计规范（2016 年版）》(GB 50011—2010)进行抗震设计，同时保证在极限安全地震动 SL-2 作用下不发生倒塌，避免危及核岛厂房（Ⅰ类物项）。

第 15 章 概率安全分析

在华龙技术电厂的设计中以确定论安全分析为主，概率论安全分析作为有效和必要补充。在《核动力厂确定论安全分析》（HAD 102/01）中对确定论安全分析的目的、范围、分析方法、验收准则、不确定性分析和处理、事故源项分析等提出明确要求，在华龙技术电厂设计中确定论安全分析的相关要求遵循该导则执行，本节主要针对概率安全分析提出要求。

15.1 概述

15.1.1 目的

概率安全分析（PSA）的目的在于：

（1）评估核电厂的整体安全水平，符合概率安全目标的要求，即堆芯损坏频率小于 1.0×10^{-5}/堆·年，放射性大量释放频率小于 1.0×10^{-6}/堆·年；

（2）评价机组设计的平衡性，确认分析范围内的各始发事件对整体风险的贡献不会过大；

（3）确认核电厂参数的小偏离不会引起核电厂性能严重异常（陡边效应）；

（4）PSA 作为设计过程中的应用方法，结合利益/代价比分析支持电厂设计，提高核电厂的安全性和经济性。

此外，PSA 分析的作用还包括：

（1）确定风险重要的事故序列；

（2）确定潜在的电厂薄弱环节；

（3）满足核安全监管部门要求；

（4）为严重事故现象分析提供事故序列；

（5）为事故管理提供参考。

为了获得堆芯损坏频率、放射性大量释放频率和风险贡献的重要见解，PSA 通常采用最佳估算的方法、数据和假设。

本章的目的是：

（1）确定 PSA 的分析目标；

（2）详细评估 PSA 的分析范围，包括所考虑的风险源、事件类型及其筛选准则，和分析的详细程度等；

（3）确定开展 PSA 时所需的方法和假设，参考通用方法，或改进后的方法均可。

15.1.2 PSA 分析的分析范围

PSA 分析范围应包括内部事件和外部事件（但不包括恐怖袭击事件），电厂运行状态包括功率工况及低功率和停堆工况。分析层级方面应包括一级和二级，在分析对象方面包括堆芯和乏燃料贮存设施。具体应包括：

（1）内部事件一级 PSA；

（2）内部事件二级 PSA；

（3）外部事件筛选；

（4）内部水淹 PSA；

（5）内部火灾 PSA；

（6）地震 PSA；

（7）其他外部灾害 PSA；

（8）乏燃料水池风险评估。

功率工况及低功率和停堆工况 PSA 分析的要求和方法基本一致。需要注意的是：

（1）电厂运行状态（POS）划分应包括反应堆运行的完整运行周期，同时各POS 应不重叠，POS 划分过程中做出的假设和说明应形成记录；

（2）低功率和停堆工况 PSA 分析的始发事件清单在参考功率工况 PSA 时，应考虑对各 POS 的适用性，并对低功率和停堆工况下特有的始发事件进行梳理和补充；

（3）应充分考虑电厂在低功率和停堆工况下的特性，包括系统配置的变化、热量排出方式、维修活动的影响等。

15.2　通用分析要求

15.2.1　模型建模

电厂模型应包括事件树和故障树。事件树由始发事件和功能题头（或系统）的成功与否构成，对于一级 PSA 而言，每棵事件树的终态为"成功（OK）"或"堆芯损坏（CD）"，对于二级 PSA，终态为释放类（Release Category，RC）。故障树是以基本事件（设备失效、人误事件等）的形式来描述系统如何失效。

对于堆芯损坏的事故序列，需进行电厂损伤状态分析。根据电厂损伤状态分组后，进行用于维持安全壳完整性的系统分析及安全壳响应的物理进程分析。

15.2.2　堆芯损坏的定义

堆芯损坏的定义为堆芯裸露和升温到预计会造成堆芯相当大的一部分区域长期氧化和严重的燃料损坏。根据该定义，可依据以下准则判断堆芯是否损坏：

（1）采用具有详细堆芯模型的程序预计的堆芯燃料包壳表面峰值节点温度高于 1204 ℃；或者

（2）采用具有简化堆芯模型（例如，单节点堆芯模型，集总参数）的程序预计的堆芯燃料包壳表面峰值节点温度高于 982 ℃；或者

（3）采用具有简化堆芯模型的程序预计的堆芯出口温度持续 30 分钟高于 650 ℃；或者

（4）采取间接的判别准则。例如某个维持堆芯安全所必需的功能预计会发生不可恢复或者长时间的失效，也可以作为堆芯损伤的判断依据。

15.2.3　始发事件

应给出 PSA 分析需要考虑的所有可能的始发事件完整清单。应综合使用详细的工程判断、参考以往清单、演绎分析方法（即主逻辑图法）和电厂运行经验等四种方法来确保清单的完整性。

始发事件的筛选应包括当前电厂运行经验总结、相似电厂的参考和对系统设计的考虑。对电厂设计的每个系统进行筛查，找出可能导致反应堆停堆、或使防止堆芯损坏或厂址放射性释放的一个或多个系统降级的失效。为了便于分析，可将具有相似电厂响应的始发事件进行归并分类。

15.2.4　成功准则

在定义事件序列中的功能和系统的成功或失效时，应基于实际的电厂响应分析。

优先采用最佳估算的方式给出系统的成功或失效准则。

为避免不恰当的保守，应使用经验证的热工水力分析程序。

应明确所采用的保守假设，并对结果进行检查以保证这些保守性不会导致对结果的见解与现实情况严重不符。

15.2.5　任务时间

始发事件发生后，为了保证堆芯冷却

而需要持续运行的设备，其任务时间至少应为 24 小时。对于特定的系统，如果其任务时间小于 24 小时，则使用其特定的任务时间。在 24 小时以后需要的动作要明确说明（例如系统状态改变以及补充水源等）。

对于模化的设备和人员动作不能在 24 小时内达到稳定电厂状态的序列，则应进一步开展评估或模化分析，采用的方法包括：

（1）为该序列指定一个合适的电厂损伤状态（对于一级 PSA，一般为堆芯损伤）；

（2）延长任务时间，并调整受影响的分析，使电厂工况能表明电厂达到可接受的值；或者

（3）按照本节系统分析和人员可靠性分析要素中的要求，对该序列模化所需的系统恢复或操作员动作，从而证明证明可满足要求。

对于维持安全壳完整性所需的系统，通用的任务时间是 24 小时，对于堆芯损坏已经发生，而设备未能修复的事件序列，使用更长的任务时间。

对于长期堆芯冷却或者安全壳热量排出所需要的系统，需要对任务时间进行敏感性分析。

15.2.6 安全壳系统响应和模化

应考虑事件树和安全壳系统及其响应之间的影响，特别需要关注安全壳系统及其响应对堆芯损坏是否有影响。

15.2.7 相关性分析

需明确模化的相关性包括事件序列功能相关性、系统间相关性、部件间相关性、人员失误事件间的相关性、堆芯冷却系统和安全壳系统间的相关性。

事件序列功能相关性在事件树或等同的序列逻辑中考虑。

部件间相关性不仅要考虑同一系统内的相同部件，也要考虑不同系统的类似部件，推荐使用最新的方法和数据。

人员失误可能导致一系列部件不可用，应予以考虑。

如果没有适当考虑堆芯冷却系统和安全壳系统之间的相关性，可能会低估释放频率。推荐使用整合了堆芯冷却系统和安全壳系统的模型。

需要对共因始发事件进行分析。识别共因始发事件并在 PSA 模型中进行模化。共因始发事件限定为厂内系统的失效，例如控制和保护系统、电源系统、重要厂用水系统或者其他支持系统的失效。

需要进行部件共因失效分析。共因故障在系统模型中体现，应达到共因失效数据所能支持的程度。

15.2.8 人员可靠性分析

PSA 应进行人员可靠性分析。分析应至少包括：

（1）对风险重要的人员动作的识别；

（2）对风险重要的人员动作的量化分析；

（3）人员可靠性分析参数的敏感性分析。

应考虑如下类型的人员动作：

（1）始发事件前人员动作；

（2）如有必要，导致始发事件的人员动作；

（3）始发事件后人员动作。

在人员可靠性分析中，须充分考虑任务之间的相关性问题。

15.2.9 数据分析

在 PSA 分析中，所使用的数据主要分为以下三种：

（1）设备可靠性数据（包括共因失

效参数、试验及维修不可用）；

（2）始发事件频率；

（3）人员失误数据。

始发事件频率与人因失误数据分别在始发事件分析和人员可靠性分析中考虑，因此一般来说，数据分析主要针对设备可靠性数据进行。数据分析应满足以下基本原则：

（1）设备可靠性数据应能如实反映电厂配置和运行情况；

（2）考虑因试验、维护或维修导致的系统或设备不可用；

（3）考虑数据的不确定性。

华龙技术电厂设备可靠性数据推荐采用国家核安全局正式发布的最新版核电厂设备可靠性数据为通用数据。

15.2.10 定量化

事件序列模型定量化应该是一个整体的过程。

对于每个导致堆芯损坏的事件序列，应保留频率大于其割集中最大发生频率的 1% 的割集。截断值应不大于 1.0×10^{-8}/堆·年。

如果结果存在逻辑上不合理的情形，则需要对结果进行修正。

应获得风险评价的点估计值。对于没有进行不确定分析的情况，点估计值可以通过均值获得。

15.2.11 不确定性、敏感性、重要度分析

应对 PSA 分析结果和相关结论进行不确定性、敏感性和重要度分析。

15.2.11.1 不确定性和敏感性分析

对潜在的风险影响因素应进行不确定性分析。

定量化的不确定性分析应由定性的不确定性分析进行补充，不确定性分析是PSA 分析的一部分。不确定性分析至少包括以下内容：

（1）对重要不确定性因素的识别和描述；

（2）对建模的重要假设开展不确定性与敏感性分析；

（3）从 PSA 结果和结论的角度出发对不确定性因素的评价。

不确定性分析应由一系列定量的敏感性分析进行补充支持。需要针对部分重要的不确定性因素（如 PSA 的假设、参数方面等）的潜在影响进行敏感性分析。

15.2.11.2 重要度分析

重要度提供一种 PSA 结果的解释方法。因此，应计算事件和事件组的重要度。

15.2.12 文档记录

PSA 分析需形成正式的文档。

PSA 分析的模型、数据和假设等应形成文档，其详细程度足以确保未参加过此 PSA 分析的人员可以在和原分析人员最少沟通的前提下对分析结果进行再现。文档记录应包括的主要内容如下：

（1）对始发事件组的理解，通过对电厂经验反馈和电厂设计的审查确定始发事件组；

（2）基于事件树，给出系统的成功准则；

（3）系统故障树模型，包括在未完成电厂详细设计时所作的假设、考虑的故障模式（包括故障模式排除的理由）、共因故障的处理、人因相关性、可靠性数据库；

（4）详细的人员可靠性分析；

（5）始发事件频率、设备故障率、共因失效参数、试验和维修不可用相关的数据库；

（6）事件序列定量化过程，包括截

断值的选取等；

（7）安全壳事件树的发展，以及所考虑的安全壳事件树的合理性，包括给出不考虑某些安全壳事件树的理由；

（8）放射性源项分析；

（9）PSA 分析结果应给出定量化分析结果，电厂设计特性和不同的运行状态、不同始发事件和事故类别对风险的贡献，事件序列及其主要风险贡献的最小割集，不确定性、敏感性和重要度分析结果等；

（10）基于 PSA 分析给出核电厂设计改进和风险见解。

15.3 内部事件一级 PSA

内部事件一级 PSA 应按照 15.2 节通用要求开展分析工作，此外，还应满足下列要求。

15.3.1 事件序列建模

事件树由始发事件和功能事件组成。

功能事件是前沿系统或人员动作为实现反应性可控和持续冷却的稳定状态而做出的响应。功能事件应首先按照响应顺序给出，然后以优化事件序列的方式（如按照系统之间的功能关系、硬件之间的关系等）进行调整。

始发事件对系统可用性的影响要细致检查。

堆芯损坏的序列应对安全壳系统的可用性进行处理，在二级 PSA 中这些系统可能影响防止堆芯损坏的系统的可用性，安全壳系统的状态应在事件树中考虑，这样每个序列才能给出准确的事故进程后果。

15.3.2 故障树建模

应使用故障树或等效的数学方法建立系统失效模型。

基本事件应考虑设备失效、人误和试验维修导致的不可用。

应采用系统化或穷尽的方式建立基本事件，包括：

（1）失效模式与影响分析（FMEA）；

（2）试验维修规程分析。

由于试验维修导致的设备或系统不可用应考虑，分析应清晰的给出这方面是如何处理和考虑的，且应与可靠性数据相一致。

在基本事件层级上考虑人误事件。

基本事件的编码应利于最终割集的阅读和理解。不管采用何种编码方式，应包括如下内容：

（1）设备失效模式；

（2）共因失效；

（3）特定设备类型；

（4）设备所在系统。

15.3.3 不确定性和敏感性分析

为了计算堆芯损坏频率，对于电厂模型里的基本事件，需要考虑概率分布。这些分布要能够在结果中反映，以得到堆芯损坏频率的定量化特性以及和频率值相关的不确定性。

对堆芯损坏频率不确定性有重要贡献的因素包括但不限于：

（1）与现有电厂所用部件不同的部件失效率；

（2）共因故障参数；

（3）始发事件后操作员动作间的相关性；

（4）LOCA 频率，低功率及停堆工况下不同运行状态的持续时间。

15.4 内部事件二级 PSA

内部事件二级 PSA 应满足 15.2 节通

用要求相关规定，此外，还应满足下列要求。

15.4.1 堆芯损坏序列归并分组

应将堆芯损坏序列分组。

对于每个堆芯损坏分组，应确保特定组内的所有序列相对于安全壳响应和源项后果都会产生类似的影响。

15.4.2 系统分析

二级 PSA 分析中，应进行系统分析，以确定缓解堆芯损坏后果防止放射性物质释放的系统的可靠性，并明确地考虑同时影响防止堆芯损坏的系统与维持安全壳完整的系统的失效模式。

15.4.3 安全壳隔离

在评估安全壳泄漏路径时，应考虑安全壳贯穿件的影响。应分析以下两种释放路径的贯穿件：

(1) 不能隔离的常开管道，或在事故时可能会打开的常闭管道（如阀门位置错误）；

(2) 通过密闭贯穿件的泄漏（如，关闭的阀门座、电气贯穿件、人员气锁闸门等的泄漏）。

如果安全壳贯穿件满足以下标准之一，则可从分析中筛选掉：

(1) 泄漏或故障隔离的条件概率很小（例如小于 10^{-3}/事件）；

(2) 事故后果影响较低（例如，释放应通过某管道才能发生，但该管道在整个事故过程中一直充满水）；

(3) 安全壳内部或外部的闭合环路；

(4) 尺寸小的贯穿件，通过该路径的释放在可接受的标准范围内。

15.4.4 安全壳旁通

应对安全壳旁通序列进行评估，这包括所有与反应堆冷却剂系统连接的、可能导致反应堆冷却剂系统放射性大量释放的连接。

15.4.5 安全壳性能评价

应对安全壳保持完整性和密封性的承压能力采用安全壳结构性能分析方法进行评估，包括所有用于维持安全壳完整性的物项。安全壳性能的计算应考虑导致以下功能失效带来的影响：反应性引入、一回路压降、堆芯冷却剂存量控制、安全壳压力/温度控制、可燃气体控制、安全壳隔离和旁通控制、其他失效会导致安全壳受到挑战的功能。

15.4.6 安全壳事件树分析

安全壳事件树应包括与安全壳载荷和（或）源项演变相关的重要现象学问题。

应使用最佳估算值对安全壳事件树中事件及建立的事件树模型进行量化。在可行范围内，这些值应为平均值。如果事件代表严重事故现象或堆芯恶化和安全壳响应的其他方面，且事件有较大不确定性，并且对于发生释放的可能性很重要，则应在明确考虑与这些事件相关的不确定性的基础上确定这些值。

用于确定安全壳事件树概率的基础和支持信息应全部编制文件进行记录。

15.4.7 源项分析

对每个释放类应选择典型序列，该序列应能现实地代表该释放类中所有序列的源项。用于选择各释放类的代表性二级 PSA 事故序列，应考虑其频率、裂变产物向环境的释放量和释放时间。应使用现实的模型、经验关系式和参数值表征显著影响裂变产物输运计算的物理过程，裂变产物输运从放射源（燃料）开始，通过包括反应堆冷却剂系统和安全壳在内的释放路径向环境释放。

15.4.8 核电厂放射性释放类

将各安全壳事件树的序列终态进行归

并，得到有限数量的几组释放类，并开展源项分析。

15.4.9 晚期释放评估

二级 PSA 分析中，对于 72 小时内不会导致安全壳严重失效的每个序列，应证明 72 小时后可采取简单可行的人员行动，以保持安全壳的完整性并终止放射性释放。

15.4.10 不确定性和敏感性分析

需要对影响放射性释放频率的事件和现象的不确定性进行分析。可能影响释放频率的事件和现象中的不确定性应予以考虑。尤其是在安全壳事件树中特别重要的事件。此外，还应通过敏感性分析来确定这些不确定性对各种事故结果频率的影响，如包括下列各相关参数的敏感性问题：

（1）氢气燃烧风险相关的参数，如氢气产生速率、绝热燃烧温度等；

（2）压力容器失效后对堆芯碎片的冷却能力，包括可用的水量和热量传递路径的有效性；

（3）安全壳的承压能力、安全壳压力载荷导致的破口位置和尺寸；

（4）影响高压熔喷的参数，包括压力容器破口尺寸、压力容器失效时一回路的压力、压力容器失效时释放的堆芯熔融物的数量；

（5）压力容器外可燃气体的相关参数，例如包括熔融堆芯与混凝土反应（MCCI）反应的持续时间和气体产生速率；

（6）影响事故进程的操作员动作，例如氢气大量聚集的情况下恢复安全壳冷却操作。

15.5 外部事件风险评价

外部事件 PSA 应满足 15.2 节通用要求相关规定，此外，还应满足下列要求。

15.5.1 外部事件识别与筛选

15.5.1.1 外部事件识别

可依据《应用于核电厂的概率安全评价 第 6 部分：功率运行其他外部事件筛选和保守分析》（NB/T 20037.6）附录 A 中列出的外部事件在华龙技术电厂 PSA 中进行分析。

15.5.1.2 外部事件初步筛选

在初步筛选中，以下筛选准则中的任意一条都可以作为筛除外部事件的合理依据：

（1）该事件不适用于分析的厂址；

（2）该事件的潜在危害等同或小于电厂设计对外部事件的抵抗能力；

（3）该事件发生位置距电厂较远，不足以对电厂造成影响；

（4）该事件已经包含在另一事件的定义中；

（5）该事件发展缓慢，并且可以证明有足够的时间排除危险源或者采取措施使电厂不会受到该事件的影响。

15.5.1.3 外部事件定量筛选

在定量筛选中，满足以下准则之一，可筛除该外部事件：

（1）该事件不适用于分析的厂址；

（2）该事件的潜在危害等同或小于电厂设计事件；

（3）该事件发生位置距电厂较远，不足以对电厂造成影响；

（4）该事件已经包含在另一事件的定义中；

(5) 该事件发展缓慢，并且可以证明有足够的时间排出危险源或者采取措施使电厂不会受到该事件的影响；

(6) 单个事件的发生频率比总体风险水平小两个量级。

15.5.2　内部水淹 PSA

应对核电厂的内部水淹风险进行评估，以从水淹风险影响的角度检查核电厂设计平衡性。

(1) 应对可能导致堆芯损坏的内部水淹开展评估；

(2) 应对水淹区域进行详细的水淹风险分析。

内部水淹 PSA 的执行应包括下列步骤：

(1) 水淹区域的定性筛选；

(2) 基于水淹漫延分析对所选区域开展水淹情景的定量评价；

(3) 以内部事件 PSA 模型为基础建立水淹 PSA 模型，反映水淹导致的设备不可用，计算水淹导致的堆芯损坏频率。

可依据《应用于核电厂的概率安全评价 第 3 部：水淹》(NB/T 20037.3)、《核电厂内部水淹概率安全评价开发方法》(NB/T 20425) 进行内部水淹 PSA 分析。

15.5.3　内部火灾 PSA

应对核电厂的内部火灾风险进行评估，以从火灾风险影响的角度检查核电厂设计平衡性。

(1) 应对可能导致堆芯损坏的内部火灾开展评估；

(2) 应对火灾区域进行详细的火灾风险分析。

内部火灾 PSA 的执行应包括下列步骤：

(1) 火灾隔间的定性筛选；

(2) 对所选区域开展火灾情景的定量评价；

(3) 以内部事件 PSA 模型为基础建立火灾 PSA 模型，反映火灾导致的设备不可用，计算火灾导致的堆芯损坏频率。

可依据《应用于核电厂的概率安全评价 第 4 部分：火灾》(NB/T 20037.4) 和《核电厂内部火灾概率安全评价开发方法标准》(NB/T 20487) 进行火灾风险评价。

15.5.4　地震 PSA

应开展地震 PSA，以从地震风险影响的角度检查核电厂设计平衡性。

华龙技术电厂地震风险的定量化应包括对如下内容的评估：

(1) 风险支配性割集和电厂易损度参数；

(2) 地震导致的堆芯损坏频率和大量放射性释放频率。

地震 PSA 的执行应包括如下内容：

(1) 应开展厂址特定的地震危险性分析工作，获得厂址地区地震危险性分析曲线簇和均一危险性反应谱。

(2) 应对安全相关构筑物和设备开展地震易损度分析。

1) 根据内部事件 PSA 模型提出所有涉及的安全相关构筑物和设备；

2) 应对构筑物和设备的清单进行筛选，筛除的构筑物和设备的风险贡献应是足够低的、不重要的；

3) 对未筛除的构筑物和设备应计算其地震易损度，评价其抗震能力。

(3) 应对能够引起或传播地震导致的堆芯损坏事故序列的 SSC 失效组合进行地震 PSA 建模工作。

1) 以地震为始发事件进行事故序列分析并建立地震 PSA 模型；

2) 应将地震危险性分析和易损度分

析结果并入到地震 PSA 模型中，完成定量化。

(4) 应对满足条件的核电厂开展核电厂走访，验证构筑物和设备的抗震能力情况。

可依据《应用于核电厂的概率安全评价 第 5 部分：功率运行地震》(NB/T 20037.5) 进行地震风险评价。

15.5.5 其他外部灾害风险评估

应根据华龙技术电厂的厂址特定情况，结合 15.5.1.2 节的外部事件筛选结果，可依据《应用于核电厂的一级概率安全评价 第 9 部分：功率运行其他外部灾害》(NB/T 20037.9) 开展其他外部灾害风险评估。

15.6 乏燃料水池风险评估

乏燃料水池风险评估应满足 15.2 节通用要求中与乏燃料水池 PSA 相关的技术要求来开展分析工作，此外，还应满足下列要求。

15.6.1 燃料损坏定义

燃料损坏是指由于乏燃料水池丧失冷却水或水流失导致乏燃料水池水位下降而引起的燃料裸露。

第 16 章　经济性评价

华龙技术电厂可依据《核电厂建设项目经济评价方法》（NB/T20048—2011）开展经济性评价工作。

16.1　财务效益与费用估算

财务效益与费用估算是财务分析的重要基础，财务效益与费用估算应采用以市场价格体系为基础的预测价格。在建设期内，应尽可能考虑投入的相对价格变动，又考虑价格总水平变动。设计人员应提供工程造价和发电能力等相关数据，尽可能贴近实际发生的价格水平，并且细化各部分费用目标，以便能综合所有必要的资料来计算发电成本并且分析各部分费用在发电成本中的占比，使财务分析合理并准确，有助于业主更好的完成经济性优化工作。

(1) 项目总投资：包括工程建成价和生产流动资金。工程建成价分别形成固定资产、无形资产、其他资产；

(2) 项目资本金和债务资金：国内项目的项目资本金占工程建成价的比例应符合国家法定资本金制度。建设项目的资金使用应根据项目的建设工期合理安排、明确项目资本金和债务资金的年度使用计划；

(3) 总成本费用：总成本费用分为固定成本和可变成本。其中固定成本包括折旧费、摊销费、修理费、工资及福利费、退役基金、保险费、其他费用及财务费用；可变成本包括核燃料费、乏燃料后处理费、材料费、水费、中低放废物处理处置费、核应急费等。同时要求计算单位生产总成本；

(4) 经营成本：经营成本包括核燃料费、乏燃料后处理费、材料费、水费、中低放废物处理处置费、核应急费、修理费、工资及福利费、退役基金、保险费、其他费用，经营成本等于发电总成本扣除折旧费、摊销费和财务费用；

(5) 财务效益：财务效益指销售产品所获得的收入，包括但不限于售电收入，采用不含增值税的价格计算。销售税金及附加费：销售税金及附加费应包括增值税、城市维护建设税、教育费附加等；

(6) 企业所得税：应根据税法规定，并注意正确使用相关优惠政策。

16.2　财务分析

通过编制财务分析基本报表，计算财务指标，分析项目的盈利能力、偿债能力和财务生存能力，判断项目的财务可接受性，明确项目对业主的价值贡献，为项目投资决策提供依据。

16.2.1　盈利能力分析

盈利能力分析主要以项目投资内部收益率、项目资本金内部收益率和项目投资回收期为主要指标，以项目投资财务净现值、总投资收益率和项目资本净利润为辅助指标。盈利能力分析应结合市场环境、业主需求等因素进行分析，并给出以下指标：

(1) 项目投资内部收益率；

(2) 项目资本金内部收益率；

(3) 财务净现值；

(4) 项目投资回收期；

(5) 总投资收益率；

(6) 项目资本金净利润率。

16.2.2 偿债能力分析

偿债能力分析主要以利息备付率、偿债备付率、资产负债率、流动比率、速动比率为主要指标进行分析，并判断其资产偿还长期债务与短期债务的能力。

16.2.3 财务生存能力分析

财务生存能力分析是通过编制财务计划现金流量表，考察项目计算期内的投资、筹资和经营活动所产生的各项现金流入和流出，计算净现金流量和累计盈余资金，分析项目是否有足够的净现金流量维持正常运营，以实现财务可持续性。

16.3 财务分析计算参数

参数的测定和选用应坚持谨慎性和准确性原则，财务分析工作需要在大量预测的基础上进行，对参数不能简单套用，而是在充分论证分析的基础上，结合具体情况合理选定相应参数，每个参数均有其自身的有效期，都需要适时的进行调整。

(1) 机组年利用小时数：机组年利用小时数=8760小时×负荷因子

(2) 电厂经济寿命期：经济寿命期参考《核电厂建设项目经济评价方法》选取。

(3) 项目建设工期：根据电厂建设进度的信息，确定电厂建设融资时借贷资本成本。

(4) 价格基准日期：核电厂经济评价应选取一个固定的基准日期。

(5) 借款利率：按项目法人与银行签订的还款协议中约定的利率，签订协议之前，按中国人民银行发布的编制当期的贷款利率。

(6) 汇率：核电厂经济评价应采用与基准日期相一致的汇率。

16.4 补充要求

基础信息应考虑下面的额外因素：

(1) 不确定性与风险分析：应根据实际需求进行不确定性与风险分析，包括盈亏平衡分析、敏感性分析、风险分析等。

(2) 提供设计输出功率：包括确定的数值和期望范围，数据应是合理评估值。

附录　缩略语及相关术语

在华龙系列用户要求文件中的相关术语定义如下：

（1）正常运行：核动力厂在规定的运行限值和条件范围内的运行。

（2）预计运行事件：在核动力厂运行寿期内预计至少发生一次的偏离正常运行的各种运行过程；由于设计中已采用相应措施，这类事件不至于引起安全重要物项的严重损坏，也不至于导致事故工况。

（3）设计基准事故：导致核动力厂事故工况的假想事故，这些事故的放射性物质释放在可接受限值以内，该核动力厂是按确定的设计准则和保守的方法来设计的。

（4）设计扩展工况：超出设计基准事故考虑范围的事故工况，在设计过程中应该按最佳估算方法加以考虑，并且该事故工况的放射性物质释放在可接受限值以内。设计扩展工况包括没有造成堆芯明显损伤的工况和堆芯熔化（严重事故）工况。

（5）纵深防御：各种设备和程序在不同层次分级布置，以防止预计运行事件逐步升级，并在运行状态和（对一些屏障而言）事故工况下保持置于辐射源或放射性物质与工作人员、公众或环境之间的实物屏障的有效性。

（6）陡边效应：在核动力厂中，由微小变化的输入引发核动力厂状态的重大突变。

（7）未能紧急停堆的预计瞬态：发生预期瞬态而要求停堆时，由于非特定的共因失效，控制棒组件未插入堆芯。

（8）单一故障：导致单一系统或部件不能执行其预定安全功能的一种故障，以及由此引起的各种继发故障。

（9）实体隔离：由几何隔离（距离、方位等）、适当的屏障或二者结合形成的隔离。

（10）安全系统：安全上重要的系统，用于保证反应堆安全停堆、从堆芯排出余热或限制预计运行事件和设计基准事故的后果。

（11）严重事故：严重性超过设计基准事故并造成明显堆芯恶化的事故工况。

（12）集体剂量：群体所受的总辐射剂量的一种表示，为受到给定辐射源照射的群体的成员数量与他们所受的平均有效剂量的乘积，单位为人·希［沃特］（人·Sv）。

（13）源项：从一个设施释放（或假定要释放）的物质的数量、同位素组成、化学形态及释放时序。用来模拟尤其是在核装置发生事故或处置库中放射性废物释放的情况下放射性核素向环境的释放。

（14）放射性流出物：通常情况下，核电厂以气体、气溶胶、粉尘和液体等形态排入环境并在环境中得到稀释和弥散的放射性物质。

（15）序列：某一给定系统或设备组的名称，他们能与其他冗余设备组在实体、电气和功能上保持独立。

（16）常备厂用负荷：单元机组在正常停运过程中以及停运期间需要运行的设备，其中有些设备在单元机组正常运行时也需要工作。

(17) 全厂断电：核电厂内重要和非重要的配电装置母线全部失去交流电源，即失去厂外电源同时汽机脱扣和厂内应急交流电力系统不可用，但是未失去厂内蓄电池通过逆变器送到母线的交流电源或替代交流电源。

(18) 不间断电源：不因厂外或厂内电源丧失而断电的电源系统。

(19) 多样性：为执行某一确定功能设置两个或多个独立的系统或部件，这些不同的系统或部件具有不同的属性，从而减少了共因故障（包括共模故障）的可能性。

(20) 固件：安装在硬件中并与该硬件特性密切耦合的软件。

(21) 运行人员：电厂运行当班工作的电厂人员，包括控制室人员、维护人员等。

(22) 废物最小化：在从设施设计到退役的各个阶段，通过减少废物的产生、进行再循环与再利用、对一次废物和二次废物做适当处理等措施，使放射性废物的体积和放射性活度均保持在可合理达到的尽量低水平。

在华龙系列用户要求文件中下述缩略语的含义见附表 1。

附表 1　缩略语

序号	缩写	英文描述	中文描述
1	ALARA	As Low As Reasonable Achievable	可合理达到的尽量低
2	ATWS	Anticipated Transient Without Scram	未能紧急停堆的预计瞬态
3	CDF	Core Damage Frequency	堆芯损坏频率
4	DBC	Design Basis Condition	设计基准工况
5	DCS	Distributed Control System	分布式控制系统
6	DEC	Design Extension Condition	设计扩展工况
7	DiD	Defense in Depth	纵深防御
8	DNB	Departure from Nucleate Boiling	偏离泡核沸腾
9	FAC	Flow Accelerated Corrosion	流动加速腐蚀
10	HUR	Hualong Utility Requirements	华龙技术电厂用户要求
11	LBB	Leak Before Break	破前漏
12	LOCA	Loss of Coolant Accident	冷却剂丧失事故
13	LOOP	Loss of Offsite Power	丧失厂外电源
14	LRF	Large Release Frequency	大量放射性释放频率
15	LUHS	Loss Ultimate Heat Sink	丧失最终热阱
16	MCR	Main Control Room	主控室
17	MOV	Motor Operated Valve	电动阀
18	MSIV	Main Steam Isolation Valve	主蒸汽隔离阀
19	MSLB	Main Steam Line Break	主蒸汽管线破裂

续表

序号	缩写	英文描述	中文描述
20	MTBF	Mean Time Between Failure	平均无故障工作时间
21	PCT	Peaking Cladding Temperature	包壳峰值温度
22	PSA	Probabilistic Safety Assessment	概率安全评价
23	RCS	Reactor Coolant System	反应堆冷却剂系统
24	RO	Reactor Operator	反应堆操作员
25	RPV	Reactor Pressure Vessel	反应堆压力容器
26	SBO	Station Blackout	全厂断电
27	SG	Steam Generator	蒸汽发生器
28	SGTR	Steam Generator Tube Rupture	蒸汽发生器传热管破裂
29	SL-2	Ultimate Safety Ground Motion	极限安全地震动
30	SL-1	Operational Safety Ground Motion	运行安全地震动
31	SSC	Structures Systems and Components	构筑物、系统和部件

ISBN 978-7-5221-1928-1